21 世纪高职高专新概念规划教材

AutoCAD 2012 实用教程

主　编　孙江宏

副主编　滕　萍　付　伟　于琳琳　谭桂华

内 容 提 要

全书以 AutoCAD 2012 中文版为基础，系统地介绍利用 AutoCAD 绘图应作的准备、二维平面绘图、图形对象编辑、图块与属性、外部参照与设计中心、文本注释、尺寸标注、参数化设计、打印输出等内容。本书结构清晰，内容详实，每章最后提供思考题和练习题，便于读者总结提高。

本书充分考虑到当前教学要求，由浅入深，内容丰富，可供高职高专院校建筑设计、机械设计、电子电路设计、造型设计、平面设计等行业及相关专业人员学习和参考，尤其适合 AutoCAD 的初学者。

为了方便课程教学和读者自学，作者还编写了配套《AutoCAD 2012 实验指导》。读者可以到中国水利水电出版社和万水书苑的网站上免费下载电子教案和相关教学资源，网址为：http://www.waterpub.com.cn/softdown/和 http://www. wsbookshow.com。

图书在版编目（CIP）数据

AutoCAD 2012实用教程 / 孙江宏主编. -- 北京 : 中国水利水电出版社, 2012.4
21世纪高职高专新概念规划教材
ISBN 978-7-5084-9494-4

Ⅰ. ①A… Ⅱ. ①孙… Ⅲ. ①AutoCAD软件－高等职业教育－教材 Ⅳ. ①TP391.72

中国版本图书馆CIP数据核字(2012)第030457号

策划编辑：雷顺加　　责任编辑：宋俊娥　　封面设计：李　佳

书　　名	21 世纪高职高专新概念规划教材 AutoCAD 2012 实用教程
作　　者	主　编　孙江宏 副主编　滕　萍　付　伟　于琳琳　谭桂华
出版发行	中国水利水电出版社 （北京市海淀区玉渊潭南路 1 号 D 座　100038） 网址：www.waterpub.com.cn E-mail：mchannel@263.net（万水） sales@waterpub.com.cn 电话：（010）68367658（发行部）、82562819（万水）
经　　售	北京科水图书销售中心（零售） 电话：（010）88383994、63202643、68545874 全国各地新华书店和相关出版物销售网点
排　　版	北京万水电子信息有限公司
印　　刷	北京泽宇印刷有限公司
规　　格	184mm×260mm　16 开本　18 印张　438 千字
版　　次	2012 年 4 月第 1 版　2012 年 4 月第 1 次印刷
印　　数	0001—4000 册
定　　价	30.00 元

前　言

计算机辅助设计（CAD）是计算机科学的重要分支之一，它广泛应用于机械、建筑、电子、航天和水利等工程领域及科学研究领域。近几年来，由于CAD技术发展迅速，应用领域更加广泛，因此越来越成为企业开发、设计不可缺少的工具。

AutoCAD是当今世界上主要的计算机辅助设计软件工具，由美国Autodesk公司开发。自从1982年被推出以来，AutoCAD在功能和应用方面都有了很大的提高，由于该软件具有简单易学、构图精确等优点，因此受到广大工程设计人员的青睐。这也是本书选择它（采用的版本为AutoCAD 2012）作为教学软件的主要原因。

AutoCAD 2012是Autodesk公司开发的最新版本。在经历了多次完善后，AutoCAD 2012比以前版本有很大提高，绘图功能更加强大，操作更加灵活，且方便设计小组协同工作；网络功能进一步提高，操作界面更加智能化和人性化，与Microsoft Office的操作习惯更加贴近；联机设计中心可以方便获取保存在本地计算机、局域网内或Internet上的资源，功能面板、工具选项板可以快速查看和修改对象特性。

本书在编写过程中注重基础知识的讲解，结合作者多年的教学和应用经验，理论与实践相结合，软件应用与工程设计相结合，力图使读者在学会绘制CAD图形的同时，巩固设计理论，丰富实践经验。

本书按照应用进行组织，结构清晰，易于检索，强化基础，注重实践，课后附有思考练习题，指出本章重点难点，并给出工程设计范例，便于读者实践和总结。本书详略有序，不求面面俱到，而是在有限的篇幅内详细介绍常用功能，对一些不常用的功能则作淡化处理，以突出重点，强调实用。

考虑到AutoCAD的主要目的和院校学生的使用范围，本书侧重平面图形设计和基础应用，而没有加入三维造型设计。全书分为12章，具体内容如下。

第1章：讲解AutoCAD 2012的安装/卸载，如何获取在线帮助，文件的创建、保存和打开等基本操作。

第2章：讲解绘图前的准备，包括坐标系统，绘图单位和图纸大小，图层操作，线型和颜色设置，工具栏的设置，精确绘图模式及设置（如捕捉、栅格等），这些是绘图的基础。

第3章：讲解基本绘图工具，包括绘制点、直线、矩形、多边形、圆（圆弧）、椭圆（椭圆弧）、圆环、多线、多段线、修订云线等，这些是本书的重点。

第4章：讲解常规编辑、对象的选择技巧、对象特性和信息查询及视图操作等。这些是图形编辑的基础。

第5章：讲解对象的修改方法，包括镜像、偏移、阵列、旋转、缩放、拉伸、修剪、打断、倒角等，这些是本书的重点。

第6章：讲解图案填充及其编辑方法，工具选项板的使用等。

第7章：讲解面域的创建及面域间的逻辑运算。

第8章：讲解尺寸标注的组成和类型，标注的步骤，标注样式的设计，各种标注的标注方法，标注的编辑等，这些内容是本书的重点。

第 9 章：讲解文字样式的设置，单行文字处理和多行文字处理，文字的编辑等。

第 10 章：讲解块的定义和插入，块属性的设置，外部参照，设计中心的使用等。

第 11 章：讲解通过几何约束与标注约束等来进行参数化绘图，提高绘图效率。

第 12 章：简要讲解打印机配置，打印样式列表，设置页面布局，打印输出等。

本书由浅入深，内容丰富，可供建筑设计、机械设计、电子电路设计、造型设计、平面设计等行业及相关专业人员学习和参考，尤其适合 AutoCAD 的初学者。

本书由孙江宏任主编，滕萍、付伟、于琳琳、谭桂华任副主编，主要编写人员分工如下：孙江宏编写第 1、2、9、12 章，于琳琳编写第 3 章，滕萍编写第 4、5 章，王志宏编写第 6、7 章，付伟编写第 8、10 章，谭桂华编写第 11 章。参加编写工作的还有易源霖、马驰、黄小龙、毕首权、马向辰、于美云、许九成、王雪艳、韩凤莲、李富强、蔡川等。

由于技术的发展，加之编写时间仍显仓促，书中难免有不足或疏漏之处，敬请广大读者批评指正，以便及时修订。如果读者对本书有任何技术问题，可以通过电子邮件（278796059@qq.com）联系，我们将竭诚为您服务。

由于技术的发展，加之编写时间仍显仓促，书中难免有不足或疏漏之处，敬请广大读者批评指正，以便及时修订。

作　者

2012 年 1 月

目　　录

前言

第 1 章　AutoCAD 2012 操作基础……1

1.1　AutoCAD 2012 的安装……3

1.1.1　软硬件系统要求……3

1.1.2　AutoCAD 2012 的安装与卸载……3

1.2　AutoCAD 2012 用户界面……6

1.2.1　启动 AutoCAD 2012……6

1.2.2　工作界面……6

1.2.3　退出 AutoCAD 2012……10

1.3　获取帮助……10

1.3.1　获取帮助……10

1.3.2　使用帮助功能……11

1.4　文件操作……11

1.4.1　创建新图形……11

1.4.2　打开图形……14

1.4.3　局部打开图形……14

1.4.4　快速打开图形……16

1.4.5　保存图形……16

习题一……18

第 2 章　AutoCAD 2012 绘图初步……20

2.1　设置图纸大小和单位……20

2.1.1　图纸幅面……20

2.1.2　设置绘图单位……21

2.1.3　设置绘图区大小……23

2.2　坐标系统……24

2.3　图层、线型和颜色……25

2.3.1　图层基本概念及其特性……25

2.3.2　设置图层……26

2.3.3　设置线型……30

2.3.4　设置颜色……32

2.3.5　设置线宽……32

2.3.6　利用功能面板设置……33

2.4　AutoCAD 2012 的命令执行方式……34

2.4.1　命令的执行方式……35

2.4.2　命令参数……36

2.4.3　系统变量……36

2.5　自定义工作环境……37

2.5.1　工具栏编辑……38

2.5.2　设置工作空间……41

2.6　图形的刷新……42

2.7　设置精确绘图模式……43

2.7.1　正交模式……43

2.7.2　捕捉模式……44

2.7.3　栅格显示……45

2.7.4　对象捕捉……46

2.7.5　三维对象捕捉……47

2.7.6　极轴追踪……48

2.7.7　自动捕捉与自动追踪……49

2.7.8　动态输入……51

习题二……54

第 3 章　绘制基本对象……58

3.1　绘制点……59

3.1.1　设置点的样式及大小……59

3.1.2　绘制一个点（单点）……59

3.1.3　绘制多个点（多点）……60

3.1.4　在一个对象上按指定的数目画点（定数等分点）……60

3.1.5　在一个对象上按指定的距离画点（定距等分点）……61

3.2　绘制直线……62

3.2.1　绘制单一直线……62

3.2.2　绘制构造线……63

3.2.3　绘制射线……65

3.3　绘制矩形和正多边形……66

3.3.1　绘制矩形……66

3.3.2　绘制正多边形……68

3.4　绘制圆、圆弧、椭圆、椭圆弧和圆环……69

3.4.1　绘制圆……69

3.4.2　绘制圆弧……71

3.4.3 绘制椭圆 …… 75
3.4.4 绘制椭圆弧 …… 76
3.4.5 绘制圆环 …… 76
3.5 绘制多线 …… 77
3.5.1 绘制多线 …… 78
3.5.2 定义多线样式 …… 79
3.6 绘制样条曲线 …… 83
3.7 绘制多段线 …… 85
3.7.1 绘制多段线 …… 85
3.7.2 控制多段线的宽度 …… 86
3.7.3 多段线弧 …… 87
3.7.4 多段线的分解 …… 90
3.7.5 多段线编辑 …… 91
3.8 修订云线、区域覆盖与表格 …… 93
3.8.1 修订云线 …… 93
3.8.2 区域覆盖 …… 95
3.8.3 表格 …… 96
习题三 …… 105
第 4 章 编辑与查看图形对象 …… 109
4.1 选择对象 …… 109
4.1.1 选择对象 …… 109
4.1.2 构造对象选择集 …… 111
4.1.3 选择集模式和夹点编辑 …… 112
4.2 编辑对象 …… 116
4.2.1 对象的删除和恢复 …… 116
4.2.2 复制对象 …… 117
4.3 查看对象特性和信息 …… 119
4.3.1 编辑对象特性 …… 119
4.3.2 对象特性匹配 …… 122
4.3.3 信息查询 …… 123
4.4 视图操作 …… 127
4.4.1 图形的缩放 …… 128
4.4.2 图形的平移 …… 131
习题四 …… 132
第 5 章 对象修改 …… 135
5.1 对象复制相关操作 …… 135
5.1.1 镜像复制 …… 136
5.1.2 偏移复制 …… 136
5.1.3 阵列复制 …… 138
5.2 对象方位相关操作 …… 140
5.2.1 移动对象 …… 140
5.2.2 旋转对象 …… 141
5.2.3 对齐对象 …… 143
5.3 对象缩放和变形 …… 144
5.3.1 缩放 …… 144
5.3.2 拉伸对象 …… 145
5.3.3 拉长对象 …… 147
5.3.4 延伸对象 …… 148
5.3.5 修剪对象 …… 150
5.3.6 打断 …… 152
5.3.7 打断于点 …… 153
5.3.8 对象合并 …… 153
5.4 对象倒角 …… 154
5.4.1 倒直角 …… 154
5.4.2 倒圆角 …… 156
5.5 绘图次序更改 …… 157
习题五 …… 159
第 6 章 图案填充 …… 164
6.1 图案填充 …… 164
6.2 编辑图案填充 …… 172
6.2.1 编辑填充图案 …… 172
6.2.2 修剪边界 …… 173
6.2.3 图案可见性控制 …… 174
6.3 工具选项板 …… 174
6.3.1 启动与功能 …… 174
6.3.2 “工具选项板”窗口的基本组成 …… 175
6.3.3 插入块和图案填充 …… 175
6.3.4 更改设置 …… 176
习题六 …… 179
第 7 章 面域造型 …… 181
7.1 创建面域 …… 181
7.1.1 利用命令建立面域 …… 181
7.1.2 使用边界命令建立面域 …… 182
7.2 面域间的布尔运算 …… 183
7.2.1 并集运算 …… 183
7.2.2 差运算 …… 184
7.2.3 相交运算 …… 185
7.3 获取面域质量特性 …… 186
习题七 …… 186
第 8 章 标注尺寸 …… 187

8.1 尺寸标注组成……187
8.2 尺寸标注类型……188
8.2.1 线性标注……188
8.2.2 径向尺寸标注……188
8.2.3 角度标注……188
8.2.4 其他标注……189
8.3 标注尺寸步骤……189
8.3.1 基本步骤……189
8.3.2 标注工具……189
8.4 设置标注样式……190
8.4.1 设置文字样式……190
8.4.2 设置标注样式……191
8.5 尺寸标注方法……193
8.5.1 线性尺寸标注……193
8.5.2 连续尺寸标注与基线尺寸标注……195
8.5.3 径向尺寸标注……197
8.5.4 标注角度……198
8.5.5 标注弧长……199
8.5.6 三种引线标注……199
8.5.7 其他标注……206
8.6 编辑尺寸标注和文本……207
8.6.1 尺寸标注编辑……207
8.6.2 放置尺寸文本位置……208
8.6.3 尺寸关联……209
8.7 公差标注……209
习题八……211
第9章 文字注释……213
9.1 文本及字体……213
9.2 设置文字样式……214
9.2.1 设置样式……214
9.2.2 选择字体……215
9.2.3 文字效果……215
9.3 简单文字……216
9.4 多行文字……218
9.5 编辑文字……221
9.5.1 编辑文字……221
9.5.2 注释与注释性……221
习题九……223
第10章 块、参照和设计中心……225
10.1 块……225
10.1.1 定义块……225
10.1.2 插入块……228
10.1.3 块属性……230
10.2 外部参照……232
10.2.1 使用“外部参照”选项板附着外部参照……232
10.2.2 外部参照的编辑……237
10.3 设计中心……238
10.3.1 设计中心界面……239
10.3.2 查看图形内容……240
10.3.3 在文档间复制对象……240
10.3.4 使用收藏夹……242
10.4 动态块的创建……243
10.4.1 动态块的创建过程……243
10.4.2 使用动态编辑器……244
10.4.3 向动态块中插入元素……246
习题十……249
第11章 参数化绘图……251
11.1 参数化概述……251
11.2 几何约束……253
11.3 标注约束……258
习题十一……263
第12章 打印输出……264
12.1 配置绘图仪……264
12.2 管理打印样式表……265
12.2.1 打印样式类型……265
12.2.2 编辑打印样式表……266
12.2.3 应用打印样式……266
12.3 设置页面……266
12.3.1 设置打印设备……267
12.3.2 设置布局……268
12.4 打印输出……269
12.4.1 打印预览……269
12.4.2 打印图形……269
习题十二……271
附录 部分习题参考答案……273
参考文献……277

第 1 章　AutoCAD 2012 操作基础

- 了解安装 AutoCAD 2012 的软硬件要求。
- 了解 AutoCAD 2012 的安装过程和获取授权码的方法。
- 认识 AutoCAD 2012 的工作界面。
- 学会如何获取在线帮助。
- 学会如何创建、打开和保存文件。

CAD（Computer Aided Design，计算机辅助设计）技术萌芽于 20 世纪 50 年代后期，目前已经广泛应用于航空、航天、冶金、船舶、机械、纺织、建筑、地理信息、出版等行业。在众多的 CAD 软件中，美国 Autodesk 公司开发的 AutoCAD 以其对计算机系统的要求较低，价格便宜，具有较高的性价比等优势，占据了微机 CAD 市场的主导地位，而且其图形格式已成为一种事实上的国际性工业标准。

AutoCAD 2012 是 Autodesk 公司最新推出的面向未来的先进设计软件，它是一体化、功能丰富、面向未来的设计软件，可充分地组合用户和设计信息。在 AutoCAD 2012 的技术平台框架上，充分考虑到易用性、数据共享和网络化协同，通过创新的智能化设计环境，构成了一个轻松易用的设计环境，使用户能够将精力集中于设计而不是软件本身。AutoCAD 2012 作为 AutoCAD 的最新版本，增加了新的功能，并对过去版本中的功能进行了增强，如局部参数化设计、三维打印、PDF 输出与动态块的使用等。

表 1-1 列出了 AutoCAD 各版本发布时间及简单的发展概况。

表 1-1　AutoCAD 各版本的发布时间及发展概况

版本	发布时间	发展概况
V1.0（R1）	1982.12	首次推出
V1.3（R2）	1983.4	增加尺寸标注功能
V1.3（R3）	1983.8	增加系统配置工具及对大型绘图机的支持
V1.4（R4）	1983.10	增加 ARRAY 命令及模式/坐标状态行
V2.0（R5）	1984.10	增加属性功能
V2.1（R6）	1985.5	增加原型图及三维功能，增加 AutoLISP 语言（2.18 版）
V2.5（R7）	1986.6	增加上下文敏感帮助，允许输出图形到文件
V2.6（R8）	1987.4	增加三维线、三维面对象
R9	1987.9	改善用户界面，提供了下拉菜单、对话框，可以绘制样条曲线

续表

版本	发布时间	发展概况
R10	1988.10	增强三维绘图功能与句柄功能
R11	1990.10	增加图纸空间、标注样式、扩展实体数据、实体造型功能；提供修复工具、ADS 二次开发工具、网络支持
R12	1992.6	用户界面作了重大修改，增加夹点编辑功能、渲染功能
R13	1994.11	采用面向对象的程序设计方法，提供了全新的尺寸标注命令、多行文本编辑器（MTEXT）以及 ARX 二次开发工具
R14	1997.6	采用 HEIDI 图形子系统，改进多行文本编辑器，集成 Internet 功能
R14 中文版	1998.4	Autodesk 公司推出的第一个使用简体中文语言的版本
2000	1999.3	提供多文档设计环境、AutoCAD 设计中心、特性管理窗口等一系列新特性
2000i	2000.9	提供在 Internet 上的设计工具，可以进行电了传递、网上发布等提高效率的工作
2002	2001.6	主要在数据交换、CAD 标准以及属性提取等方面进行了增强
2004 中文版	2003.4	提供网络协同、数字签名、工具选项板、文字格式等新特性，并去掉了“今日”等实用性不强的功能
2005 中文版	2004.3	新增图纸集管理器和集成的协作平台
2006 中文版	2005.3	增强了一些绘图命令、尺寸标注、图案填充和多行文字编辑等功能。新增了动态块、动态输入等工具
2007 中文版	2006.3	增加了三维工具、外部参照和用户界面，新增了材质、光源、动画等工具
2008 中文版	2007.3	在面板、工作空间、图形管理等方面进行了增强，功能更加稳定，三维操作融入了 3ds max 功能，更加方便灵活
2009 中文版	2008.3	在工作空间的管理、功能面板的使用、选项板的使用、自定义用户界面、图形管理、外部参照文件与块的使用、图形文件的修复等方面进行了增强
2010 中文版	2009.4	在用户界面、局部参数化设计、三维打印、PDF 文档输出、动态块操作以及生产力增强等方面进行了增强
2011 中文版	2010.9	在 3D 功能方面增强了曲面造型、网面造型、实体造型和工具，在 API 方面改进了属性面板、动态块和参数化绘图功能，加速了文档处理，实现无缝沟通和定制，探索设计创意
2012 中文版	2011.5	新增关联数组、多功能夹点、图纸集管理器、自动完成命令等功能，同时针对概念设计、模型制图和现实捕捉提供新的工作流程和扩展工作流程。AutoCAD 2012 提供功能强大的工具以简化 3D 设计和制图工作流程，包括模型制图工具、点云支持等

在各个时段，AutoCAD 的侧重点都是不同的。其中，R8 是商品化的第一个产品，R10 是 AutoCAD 开始得到广泛关注的版本，并提供了中文汉化版。AutoCAD R12 是其发展的一个重要里程碑，代码全部重写，分别提供了基于 DOS 和 Windows 版本。AutoCAD R14 中文版是该软件发展的又一重要里程碑。随着技术的成熟和发展，AutoCAD 中文版推出速度也逐渐加快，从 2004 版基本上达到了和英文版同步。AutoCAD 2009 版可以说是界面变化最大的一次，完全淡化了原来的菜单操作形式，而代之以目前最为流行的功能面板方式，并一直

延续下来。AutoCAD 2012 是 Autodesk 公司推出的面向未来的先进设计软件，本书将围绕该软件的平面功能进行讲解。

1.1 AutoCAD 2012 的安装

1.1.1 软硬件系统要求

由于充分考虑到当前计算机软硬件发展的现状，所以 AutoCAD 2012 对软件系统和硬件系统都提出了较以往版本更高的要求。

1．软件系统要求

AutoCAD 2012 的软件系统要求如下。

（1）操作系统：对于 32 位操作系统而言，可操作平台包括 Microsoft Windows XP Home 和 Professional、Microsoft Windows Vista 以及 Windows 7。对于 64 位操作系统而言，可操作平台包括 Microsoft Windows XP Professional、Microsoft Windows Vista 或 Windows 7。

（2）网络协议：如果在网络上安装 AutoCAD 2012，要求计算机必须装有相应的 TCP/IP 或 IPX 协议。

（3）Web 浏览器：Microsoft Internet Explorer 7.0 或更高版本。

2．硬件系统要求

AutoCAD 2012 的硬件系统要求如下。

（1）处理器：Pentium 4 或 AMD Athlon Dual Core 处理器，3.0GHz 为最低。建议采用更快的处理器。

（2）内存：最低 2GB。

（3）显示器：1024×768 VGA，真彩色（24 位以上）。

（4）硬盘：安装空间需要 2GB 以上。

（5）定点设备：鼠标、跟踪球或其他设备。

（6）DVD 驱动器：由于只是在安装中使用，所以可以为任意速度。

（7）可选硬件：OpenGL 或 Direct3D 兼容的三维显卡，建议显存为 128MB 或更高。

1.1.2 AutoCAD 2012 的安装与卸载

在安装 AutoCAD 2012 之前，需要保证计算机能够完全符合前面所讲的最低要求，确认后就可以进行安装了。

AutoCAD 2012 的安装方法和其他软件的安装方法类似，这里只对其中的关键步骤进行详细讲解。

将 AutoCAD 2012 的安装光盘放在光驱内，系统将自动运行安装程序，弹出如图 1-1 所示的 AutoCAD 2012 安装程序初始化界面，并最终显示如图 1-2 所示的对话框。选择需要的语言为“中文简体”，单击“在此计算机上安装”按钮。

在弹出的如图 1-3 所示的“许可协议”界面中，阅读相关的许可协议后，选中“我接受”单选按钮，然后单击“下一步”按钮，如图 1-4 所示。

在弹出的“产品信息”界面中，选择许可类型和产品信息，输入产品序列号，单击“下一步”按钮，如图 1-5 所示。确定产品安装路径完成配置。单击“安装”按钮，开始安装产品，如图 1-6 所示。

图 1-1　安装界面

图 1-2　选择安装产品

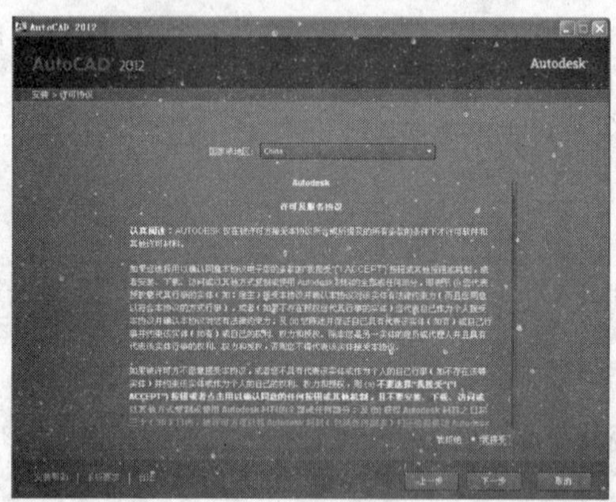

图 1-3　许可协议

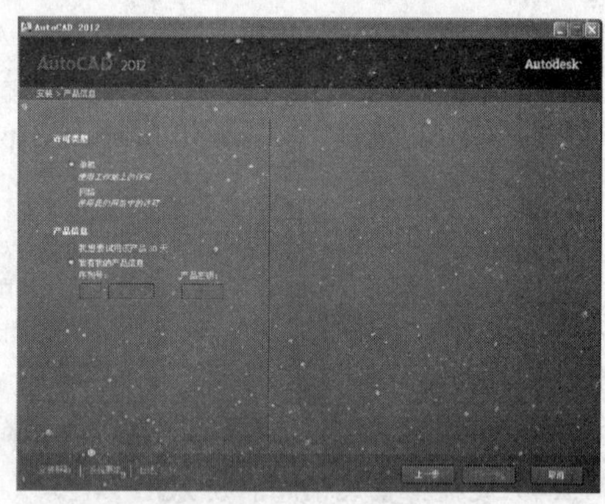

图 1-4　产品信息

图 1-5　查看配置

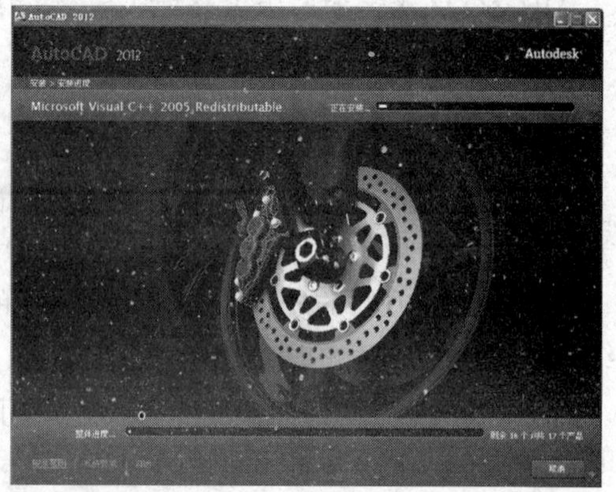

图 1-6　安装产品

当安装完成后，系统显示如图 1-7 所示的对话框。单击“完成”按钮，完成系统安装。

安装完 AutoCAD 2012 后不能直接使用，还需要向 Autodesk 公司申请授权码。在安装后第一次启动 AutoCAD 2012 时，系统将弹出“请激活您的产品”对话框，如图 1-8 所示。

图 1-7 完成

图 1-8 提示激活

单击“激活”按钮，在弹出的“产品许可激活选项”对话框中，选中“我具有 Autodesk 提供的激活码”单选按钮，输入产品的序列号或编组，如图 1-9 所示。单击“下一步”按钮，进入“感谢您激活”界面，如图 1-10 所示，单击“完成”按钮。

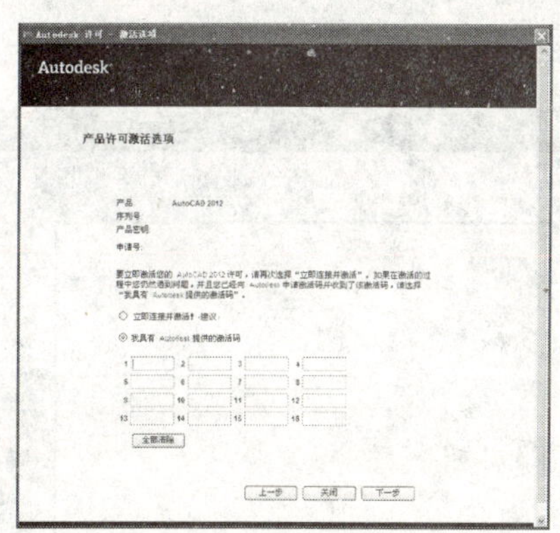

图 1-9 现在注册

图 1-10 完成激活

完成注册并注册成功后，启动程序时将显示“AutoCAD 2012 中的新内容”界面，单击 Close 按钮即可，如图 1-11 所示。

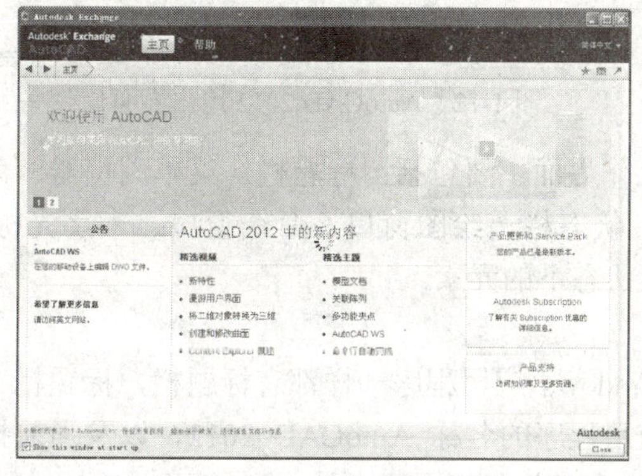

图 1-11 新内容提示

1.2 AutoCAD 2012 用户界面

1.2.1 启动 AutoCAD 2012

AutoCAD 2012 安装完成后，安装程序自动在 Windows 桌面上建立 AutoCAD 2012 Simplified Chinese 快捷图标，并在“程序”菜单中生成 Autodesk 程序组。

双击桌面上的快捷图标，或者单击 AutoCAD 2012 - Simplified Chinese 程序组中的 AutoCAD 2012 程序项，均可启动 AutoCAD 2012 进入工作界面。

1.2.2 工作界面

启动 AutoCAD 2012 后，首先看到的是 AutoCAD 2012 的工作界面，所有的绘图任务都是在 AutoCAD 2012 的工作界面中完成的，其各种绘图工具也都显示在工作界面之中。

比起旧版本，AutoCAD 2012 仍然采用了工作空间及功能面板方式，使用方便，即使最大化显示图形，也可以非常容易地使用大部分的工具，如图 1-12 所示。

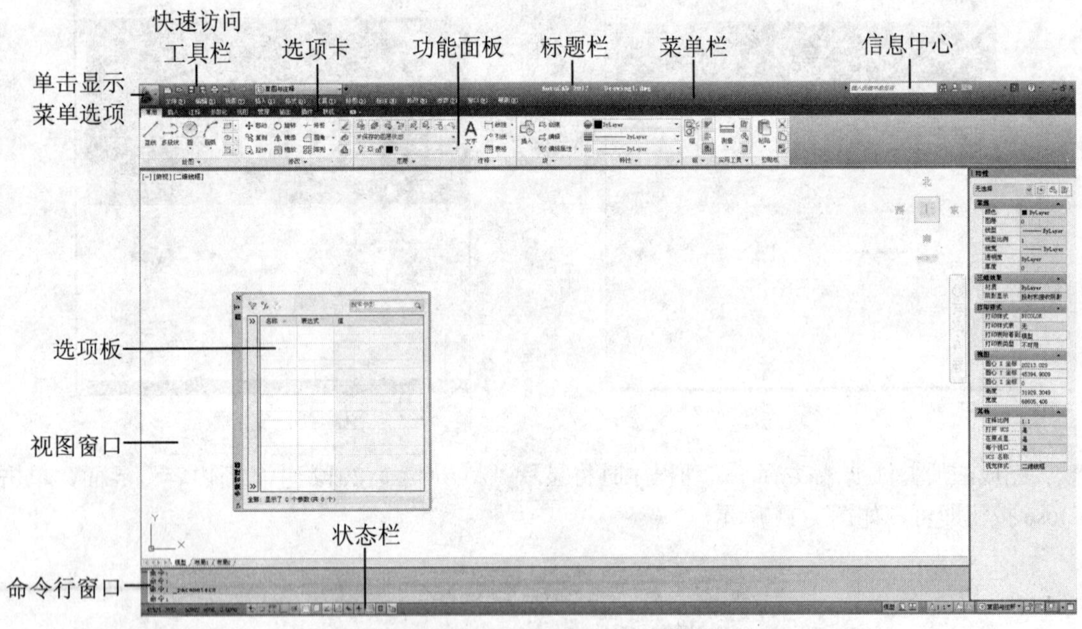

图 1-12 AutoCAD 2012 用户界面

AutoCAD 2012 的工作界面主要包括：标题栏、菜单浏览器、菜单栏、功能区、快速访问工具栏、工具选项板、状态栏、绘图窗口、命令窗口、十字光标等，另外还包括信息中心。下面就讲解这些默认状态下的元素。

1．标题栏

AutoCAD 窗口和 Windows 应用程序一样都有标题栏，标题栏一般位于应用程序主窗口的上部，它显示了当前应用程序的名称 AutoCAD 2012，以及当前打开的文件名称。若是刚启动 AutoCAD 2012，但没有打开任何图形文件，则显示 Drawing-n，n 为自然数。

2. 菜单浏览器

在 AutoCAD 2012 工作空间的左上角单击菜单浏览器按钮，即可弹出如图 1-13 所示的菜单选项列表，其形式仿效传统的垂直显示菜单，直接覆盖在 AutoCAD 窗口上。在菜单浏览器中选择一个菜单命令，则会展开其级联菜单，以便用户选择命令。如果要显示传统的菜单栏，可以在最上端的工具栏右侧单击按钮，在下拉菜单中选择“显示菜单栏”选项即可，反之亦然。传统菜单栏如图 1-12 所示，提供了 AutoCAD 运行、绘图、编辑、标注等各方面的命令，几乎所有的操作都可以通过菜单栏中的选项来实现。

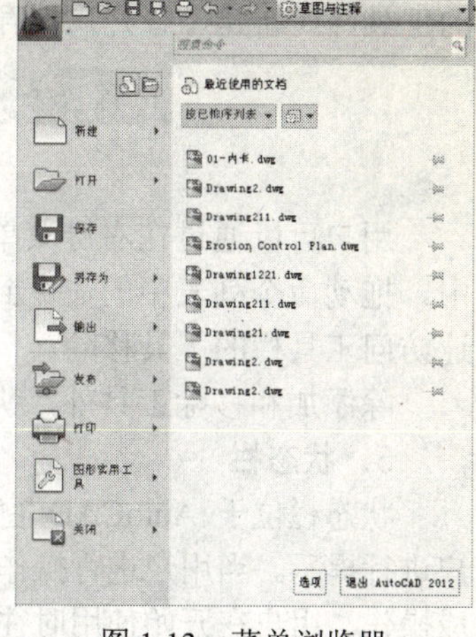

图 1-13　菜单浏览器

在级联菜单中，有的选项后面有“▸”符号或“…”符号，这表明该菜单项与其他菜单项不同。

选项后面出现“▸”符号的，表明该菜单项包含下一级子菜单，单击该菜单项时将弹出其子菜单，在子菜单中有更详细的选项。比如单击“绘图”下拉菜单的“圆”选项，将弹出包含 6 个选项的下一级子菜单，可以对绘制圆的不同方式进行选择。

选项后面出现“…”符号的，表明选中该选项将打开一个对话框，用户可以通过对话框进行进一步的选择或设置。

需要指出的一点是，当打开某一个下拉菜单时并不是所有菜单选项都可用，在某些状态下有些菜单项会灰显，表示在当前状态下该项功能不能使用。

打开下拉菜单后，如果不选择任何菜单选项就想关闭下拉菜单并返回到绘图状态，可按两次 Esc 键，或单击 AutoCAD 2012 窗口的其他部分。

每一个菜单项基本上都有相应的命令与其对应。菜单栏不是本书的推荐工具，因为它的操作并不是最方便的，所以不再赘述。

在如图 1-13 所示菜单选项列表上方还包括“搜索命令”栏，它让用户可以通过键入条件来搜索 CUI 文件。选择菜单选项列表右下方的命令，可以查阅最近使用的文档，也可以访问最近的操作，还可以查看最近执行的动作列表，然后直接选择并重复执行这些动作。

3. 功能区

在 AutoCAD 2012 中，功能区中的按钮是一种代替命令的简便工具，如图 1-14 所示。利用功能区中的按钮可以完成绘图过程中的大部分工作，而且使用工具按钮比使用菜单的工作效率要高很多。

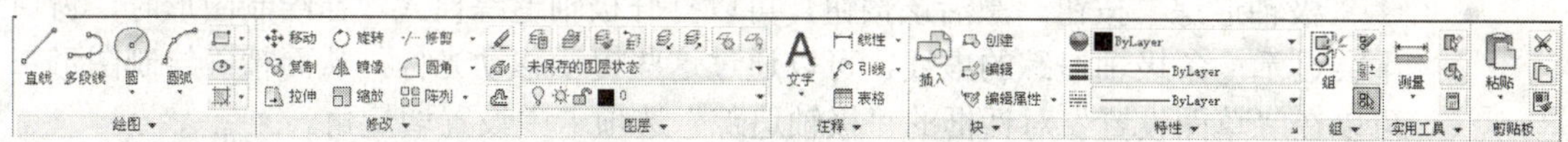

图 1-14　“常用”功能区

单击面板选项卡，AutoCAD 的功能区出现相应的功能项。有的功能项的右下角带有一个三角符号，表示该工具项带有附加工具。

有时为了画图方便，需要将功能区隐藏，单击面板选项卡右边的按钮即可。

4. 快速访问工具栏

快速访问工具栏显示在 AutoCAD 窗口的顶端，在菜单浏览器的旁边。它包括最常使用的工具，如新建、打开、保存、另存为、打印、放弃及重做，如图 1-15 所示。

图 1-15　快速访问工具栏

用户可以通过在右键菜单中选择“自定义”命令，在弹出的“自定义用户界面”对话框中，拖动命令列表中的命令到快速访问工具栏中完成添加。通过右键菜单也可以轻易地将快速访问工具栏的工具移除。

除添加和移除工具外，快速访问工具栏的右键菜单还可以控制菜单栏和工具栏的显示。

5．状态栏

状态栏位于 AutoCAD 窗口的底部，它显示了用户的工作状态或相关信息，可以随时对用户进行提示。当用户进行操作或者出现问题时，查看状态栏将可以帮助用户解决问题，顺利完成操作。用户在开始使用时往往注意不到状态栏的显示，使用一段时间后就会觉得适当查看状态栏对绘图很有用。AutoCAD 2012 状态栏中的图标如图 1-16 所示，在默认状态下，左侧显示绘图区中光标定位点的 X、Y、Z 的坐标值；中间显示“捕捉模式”、“栅格显示”等辅助绘图工具按钮；右侧显示“模型”、“平移”等用于导航、快速查看和注释缩放的工具。

图 1-16　状态栏

通过在右键菜单中选择“使用图标”命令，可以在图标和传统文字标签两者之间切换状态栏的显示状态。“快捷特性”按钮是在状态栏中新增的项目。

每个按钮都可以设置相应的功能，其中部分按钮的功能设置如下：

- “推断约束”按钮。激活该按钮，将可以在创建和编辑几何对象时自动应用几何约束。
- “捕捉模式”按钮。激活该按钮，将打开捕捉模式，此时光标只能在 X 轴、Y 轴和极轴方向移动固定的距离。可以在“草图设置”对话框的“捕捉和栅格”选项卡中设置捕捉 X 轴和 Y 轴的间距，还可以设置当前捕捉类型为矩形捕捉、等轴测捕捉或极轴捕捉模式等。
- “栅格显示”按钮。激活该按钮，可以打开栅格显示。可以在“草图设置”对话框的“捕捉和栅格”选项卡中设置栅格 X 轴和 Y 轴的间距。
- “正交模式”按钮。激活该按钮，可以打开正交模式，此时只能绘制水平和竖直的直线，也只能在水平和竖直方向编辑图形对象。
- “极轴追踪”按钮。激活该按钮，可以打开极轴追踪模式，在绘制图形时，窗口中会显示一条极轴追踪的虚线，可以通过这些提示移动光标，从而精确绘制图形。可以在“草图设置”对话框的“极轴追踪”选项卡中设置增量角。
- “对象捕捉”按钮。激活该按钮，可以打开对象捕捉模式。所有对象上都有决定其形状和位置的点，可以利用对象捕捉模式捕捉这些点。可以在“草图设置”对话框的“对象捕捉”选项卡中设置捕捉点的类型。
- “三维对象捕捉”按钮。激活该按钮，可以设定三维对象的对象捕捉模式，可以在“草图设置”对话框的“三维对象捕捉”选项卡中设置捕捉点的类型，包括面的中点、顶点等。

- “对象捕捉追踪”按钮。激活该按钮，可以打开对象追踪模式，可以通过捕捉对象上的点，并利用在极轴方向上拖动指针而显示的光标位置和捕捉点之间的相对关系来精确绘制图形。
- “允许/禁止动态 UCS”按钮。单击可以打开或关闭动态 UCS。使用动态 UCS 功能，可以在创建对象时使 UCS 的 XY 平面自动与实体模型上的平面临时对齐。
- “动态输入”按钮。激活该按钮，可以显示动态输入文本框，在绘制图形时，可以在文本框中输入数据以方便绘制图形。
- “显示/隐藏线宽”按钮。激活该按钮，可以显示当前线宽。如果在图层中设置了不同的线宽，单击该按钮，可以在图形中显示不同的线宽，以标识不同的图形对象。
- “显示/隐藏透明度”按钮。激活该按钮，将决定打开透明度控制。
- “快捷特性”按钮。激活该按钮，可以显示“快捷特性”面板。

6. 绘图窗口

在 AutoCAD 2012 的界面上，最大的空白窗口是绘图窗口，亦称视图窗口，它是用户用来绘图的地方。绘图窗口相当于工程制图中的图纸，是用户工作的平台，用户进行的所有操作都会在该窗口中反映出来。

在 AutoCAD 2012 视窗中有十字光标、用户坐标系等。十字光标即为 AutoCAD 在图形窗口中显示的绘图光标，它主要用于绘图时点的定位和对象的选择，因此具有两种显示状态。

在视图窗口右边和下面有两个滚动条，用户可利用它进行视图的上下或左右移动，以观察图纸的任意部位。

在 AutoCAD 2012 视窗的状态栏上有“模型”和“布局”两种模式，单击“模型”和“布局”选项卡，可在这两种模式之间切换。通常情况下，用户先在模型空间绘制图形，然后转至布局空间安排图纸的输出布局。

7. 工具选项板

工具选项板以默认方式浮动于 AutoCAD 绘图窗口上面，它主要包含各种进行渲染的工具。例如，当绘制了一个封闭图形后，可以通过将其中的各种图案拖动到封闭图形中，显示相应的填充效果。

8. 命令行窗口

使用命令行绘图是比较典型的绘图方式，命令的输入在命令行窗口完成。AutoCAD 2012 的命令行窗口位于绘图窗口下方状态栏的上面，是一个水平方向较长的小窗口。命令行窗口是用户与 AutoCAD 2012 进行交互的地方，用户输入的信息显示在这里，系统出现的信息也显示在这里。命令行窗口的大小是可以进行调整的。当鼠标指针放在除左边框外的其他边框上时，指针变为双向箭头，拖动它就可以调整命令行窗口的大小。其位置也是可以变化的，用鼠标在命令行窗口框处按下并拖动鼠标，就可将其放到其他位置。如果放置在图形窗口中，就会使其变成浮动状态。命令行窗口也有水平和垂直滚动条。

命令行不但是命令选择的地方，也是具体输入参数的地方。菜单栏和工具面板中各命令的参数输入大部分也是在这里完成的。

9. 文本窗口

所谓文本窗口可以看作是扩大了的命令行窗口。命令行窗口比较小，不能显示太多的信息，要想看到比较多的信息，可以打开文本窗口。文本窗口中显示的信息与命令行窗口中显示的信息是一样的，只不过在文本窗口中可以同时显示的信息更多。在默认情况下，文本窗口是隐藏的，用户可以直接按 F2 键显示或隐藏文本窗口。在文本窗口中将显示对当前文件进行所有操作的信息。AutoCAD 2012 的文本窗口如图 1-17 所示。

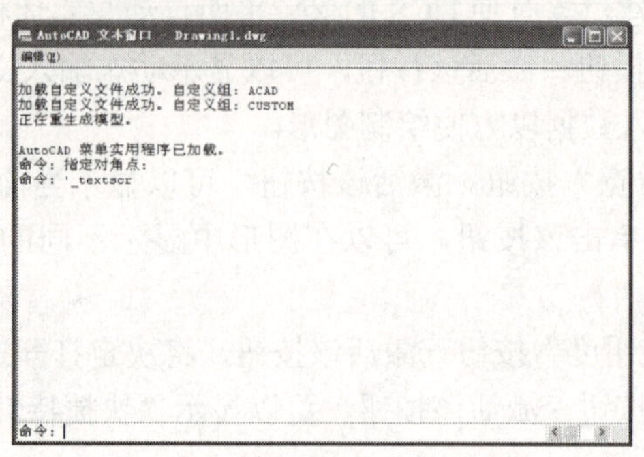

图 1-17　AutoCAD 2012 文本窗口

10．十字光标

十字光标是 AutoCAD 2012 在绘图窗口中显示的绘图光标，它主要用于绘图时点的定位和对象的选择等。当在绘图窗口移动十字光标时，光标的坐标值就显示在状态栏中。

11．坐标系

坐标系是 AutoCAD 的基本定位基础，它可以随着窗口内容的移动而移动。默认模式下的坐标系是平面状态，三维状态下将显示 Z 轴。

1.2.3　退出 AutoCAD 2012

进入 AutoCAD 2012 后，可以随时退出 AutoCAD。具体方法有 3 种。

- 菜单：“文件”菜单→“退出”命令，或单击→“退出 AutoCAD 2012”选项。
- 命令行：QUIT 或 EXIT，此操作与单击图形窗口的关闭按钮一样。
- 快捷键：Ctrl+Q。

如果执行 QUIT 命令时，图形修改尚未保存，AutoCAD 会弹出一个消息框，询问用户是否保存图形。

1.3　获取帮助

AutoCAD 2012 向用户提供了非常丰富的联机文档，这使得它易于学习，用户能随时随地获取帮助信息。熟练使用帮助是用户提高自身学习能力的一个重要环节。

1.3.1　获取帮助

为了得到帮助，可以采取以下方法之一：

- 菜单：“帮助”菜单→“帮助”命令。
- 命令行：HELP 或“?”。
- 使用功能键 F1。

系统将打开如图 1-18 所示的窗口，从中选择即可。另外，AutoCAD 2012 还提供了一些联机求助方式，用户在执行某个命令时，如果输入“'HELP”或“'?”，则可以迅速得到该命令的联机文档。

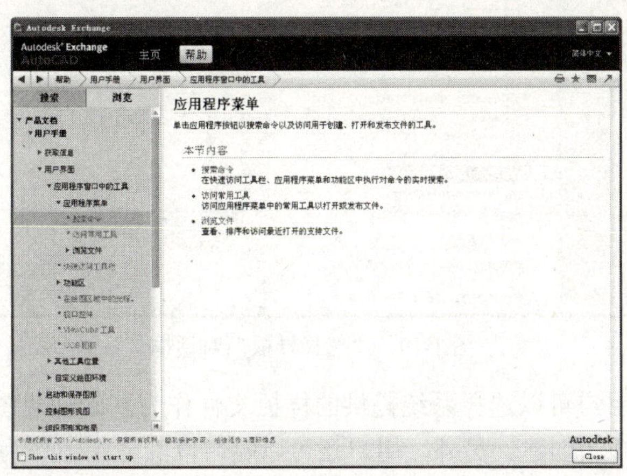

图 1-18　帮助窗口

1.3.2 使用帮助功能

图 1-18 同标准 IE 浏览器基本相似，在其中可以进行 AutoCAD 2012 帮助功能的获取工作。左侧窗格显示主题，右侧窗格显示主题的详细信息。

在其中可以进行以下几项工作。

（1）按培训手册方式查找主题。在“浏览”选项卡下可以直接查找主题。如果主题处于折叠状态，可单击三角箭头继续查找。找到后在主题上单击，右侧窗格将显示相关内容。

（2）按搜索方式查找。有时可能不确定自己要查找的主题名称到底是什么，这时可以通过主题可能涉及的某个单词等线索查找。在图 1-18 中单击“搜索”选项卡，在左侧窗格的查找文本框中输入单词，下面列表中将显示含有该单词的所有主题页，选择后双击，将在右侧窗格显示相关内容。

1.4 文件操作

1.4.1 创建新图形

在 AutoCAD 2012 中，用户创建新的图形有两种方式：一种是按照 AutoCAD 2012 新提供的“选择样板”对话框创建；一种是按照以前版本的“启动”对话框创建。

1．启动方式

在 AutoCAD 2012 中，有三种方式可以创建新图形。

- 菜单：“文件”菜单→“新建”命令。
- 工具栏：快速访问工具栏→“新建”按钮。
- 命令行：NEW 或 QNEW。

系统将弹出如图 1-19 所示的对话框。

图 1-19 “选择样板”对话框

在该对话框中，用户可以选择系统提供的样板文件作为基础创建图形，也可以按照不同的单位制从空白文档开始创建。另外，用户还可以随时以其他图形作为基础开始创建。

2．创建新图形

（1）利用样板创建图形。AutoCAD 2012 的样板文件就是图形文件，其根据绘图时要用到的标准设置，预先用图形文件格式存储文件，扩展名为.dwt，而 AutoCAD 2012 中的图形文件扩展名为.dwg，这样可以保护样板文件不会因为粗心而被改变。

样板列表框中列出 AutoCAD 2012 的 Template 目录下的所有样板。AutoCAD 2012 提供了一些样板，另外，用户可以在以前版本中找到一些 ANSI 样板、GB 样板、JIS 样板、DIN 样板和 ISO 样板，这样可以免去很多麻烦。样板所在的默认目录可以修改，只要选择“选项”对话框的“文件”选项卡的“样板设置”来指定即可。

选取某一样板后，“预览”框中将显示该样板中的内容。选好样板文件后单击“打开”按钮，AutoCAD 自动将所选样板文件中的设置及图形对象传递到新图中。如果列表框中没有列出需要的样板，单击“搜索”按钮选择样板目录即可。

（2）从空白样板开始创建。在样板列表中包含两个空白样板，分别为 acad.dwt 与 acadiso.dwt。这两个样板不包含图框和标题栏。acad.dwt 样板为英制，图形边界（绘图界限）默认设置成 12 英寸×9 英寸。Acadiso.dwt 样板为公制，图形边界默认设置成 429 毫米×297 毫米。

用户也可以从“打开”下拉按钮中选取无样板开始创建，分别选取英制或公制即可。

3．“选择样板”对话框的其他操作

在“选择样板”对话框中，还有几个其他选项。

（1）查看样板文件形式。“查看”下拉列表包括有 4 种方式。列表方式只显示样板文件名称；详细资料方式将显示样板文件的名称、大小、类型、修改时间等；缩略图方式显示样板文件的缩略图；预览则决定是否可以预览文件。

（2）利用“工具”下拉列表进行查找等操作。

1）查找文件。选择“查找”选项，将显示“查找”对话框，如图 1-20 所示。在“名称和位置”选项卡中可指定驱动器、路径、文件类型。在“修改日期”选项卡中，可指定符合时间范围的文件，包括介于两个日期之间、在某个日期之前和某个日期之后，如图 1-21 所示。另外，用户还可以选择是对所有文件进行查找，还是只对符合时间条件的新创建的或修改过的文件进行查找。

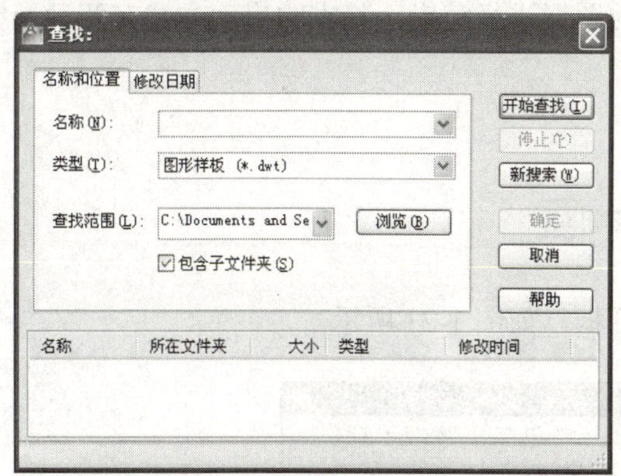

图 1-20　“名称和位置”选项卡

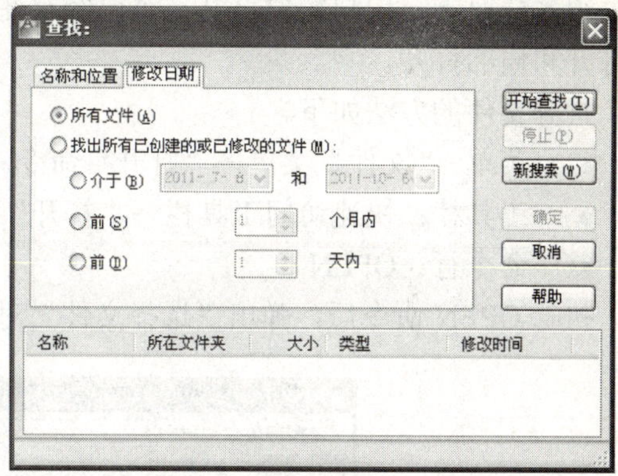

图 1-21　“修改日期”选项卡

单击“开始查找”按钮，将在下面的列表中显示符合条件的文件。

2）定位文件信息。如果选择“定位”选项，将显示当前样板文件所有信息涉及的目录信息。

3）定义可以在标准文件选择对话框中浏览的 FTP 站点。选择“添加/修改 FTP 位置”选项，弹出如图 1-22 所示的对话框。

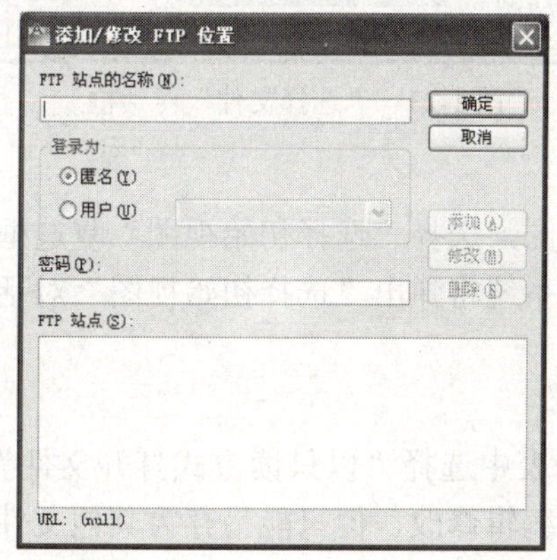

图 1-22　“添加/修改 FTP 位置”对话框

在“FTP 站点的名称”文本框中为 FTP 位置指定站点名称，在“登录为”域中指定是匿名登录还是用特定用户名登录 FTP 站点。如果 FTP 站点不允许匿名登录，可选择“用户”并输入有效用户名。在“密码”文本框中指定用于登录到 FTP 站点的密码。单击“添加”按钮，将新 FTP 站点添加到 FTP 站点列表中。如果不满意，可以单击“修改”按钮修改选定的 FTP 站点以便使用指定的站点名、登录名和密码，或者利用“删除”按钮删除选定的 FTP 站点。下面的 URL 将显示选定 FTP 站点的 URL。

4）将当前文件夹添加到“位置”列表中。选择该选项，将在窗口左侧窗格中建立同名文件夹。

5）将当前文件夹添加到收藏夹中。选择“添加到收藏夹”选项，用户所选择的样板文件信息将保存在 MEASURE 系统变量中。用户可以随时利用设置命令更改单位、图形界限等。

1.4.2 打开图形

很多情况下，用户需要打开一个已经存在的图形进行编辑。基本的启动方式有两种：完全打开和局部打开。

打开文件的方法如下。

- 菜单："文件"菜单→"打开"命令。
- 工具栏：快速访问工具栏→"打开"按钮。
- 命令行：OPEN。

执行 OPEN 命令后，弹出"选择文件"对话框，如图 1-23 所示。

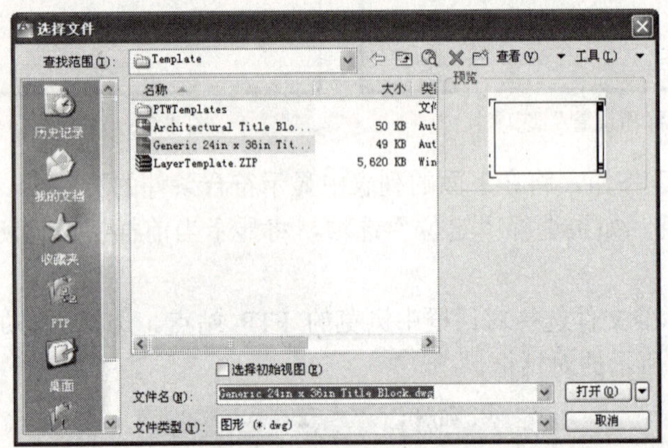

图 1-23 "选择文件"对话框

1．选择初始视图

如果图形包含多个命名视图，选择"选择初始视图"复选框，则在打开图形时显示指定的视图。单击"打开"按钮，系统将弹出"选择初始视图"对话框，从中选择一个视图后，将只显示该视图。

2．以只读方式打开文件

在"打开"按钮的下拉列表中选择"以只读方式打开文件"，则图形文件将以只读方式打开。用户可以对该文件进行编辑修改，但只能另存为其他文件名。只读打开方式可以有效地保护图形文件被意外改动。

除了上面介绍的文件打开方法外，还可以将要打开的图形文件从 Windows 资源管理器中拖动到 AutoCAD 中。如果将文件拖动到 AutoCAD 窗口中绘图区域以外的区域，如命令行窗口等，AutoCAD 将打开该图形文件。但是，如果将一个图形文件拖动到一个已打开的图形绘图区域中，AutoCAD 会将该图形作为外部参照插入到当前图形中。用户也可以在资源管理器中双击图形文件启动 AutoCAD 并打开指定的图形。

另外，单击后，将显示"最近使用的文档"子菜单，列出最近编辑的图形文件。在其中选择一个文件即可将其打开。

1.4.3 局部打开图形

局部打开图形功能允许只打开图形的一部分。局部打开的图形可以是以前保存的某一视图中的图形，可以是部分图层上的图形，也可以是由用户选择的图形。一旦使用局部打开方式打开图形，则可以使用局部装入功能按照给定的视图或图层继续装入图形的其他部分。

在“选择文件”对话框中选择某个文件，然后在“打开”按钮的下拉列表中选择“局部打开”，或者在“文件”菜单中选择“局部加载”选项，AutoCAD 2012 将显示如图 1-24 所示的“局部打开”对话框。AutoCAD 在加载用户选定的部分图形时，将该图形中的所有块、尺寸标注样式、层、布局、线型、文字样式、UCS、视图和视口的配置一同加载。

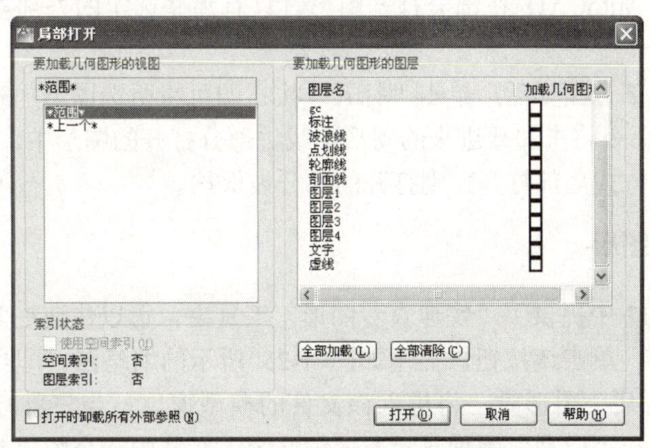

图 1-24 “局部打开”对话框

1. 加载视图中的几何图形

在局部加载图形时，只能加载模型空间中的视图。如果要加载图纸空间中的几何图形，可通过加载这些图形所在的层来实现。

AutoCAD 在“要加载几何图形的视图”选项组的视图列表中显示所选图形中的全部可用的模型空间视图。如果选择了某个视图，AutoCAD 2012 将该视图添加到视图名称编辑框中。默认情况下，AutoCAD 加载“*范围*”视图中的几何图形。在执行部分加载功能时，AutoCAD 将只加载同时位于所选视图中和所选层中的几何图形。用户不能只从一个视图中加载图形，这是因为在 AutoCAD 中任何一个几何图形均位于某一层上，它们不能脱离某层而单独存在。

2. 加载图层中的几何图形

AutoCAD 将所选图形中的全部层显示在“要加载几何图形的图层”列表框中，可单击需要被加载图层的“加载几何图形”列将该层选定。如果要加载所选图形中的全部层，则单击“全部加载”按钮即可将全部图层选中；单击“全部清除”按钮可将用户对层所作的选择全部清除；可以选择一个或多个图层进行加载。在 AutoCAD 中加载所选图层时，所选图层上的模型空间几何图形和布局空间几何图形均会被加载进来。部分加载后，虽然所选图形中的全部层均加载进来，但是只有所选图层上的几何图形被加载。

3. 索引状态

在“索引状态”选项组中，AutoCAD 显示当前所选图形中是否含有空间索引或图层索引。所谓空间索引是指 AutoCAD 2012 将图形对象按照其在空间中的位置组织。这样，当部分打开一个图形时，AutoCAD 使用空间索引定位被加载的图形来加快图形的打开速度。所谓图层索引是一个图形对象与层之间的对照表，它表明某一对象位于哪一层上。同样，在部分打开图形时，AutoCAD 会利用图层索引定位被加载的图形以加快图形的打开速度。“空间索引”和“图层索引”两个选项用于显示当前所选图形中是否含有这两种索引信息。“使用空间索引”选项用于控制在部分加载图形时是否使用空间索引，如果图形中不包含空间索引，该选项将被置灰而不能使用。

4. 打开时卸载所有外部参照

默认情况下，AutoCAD 会加载所有的外部参照。但是，如果选择了“打开时卸载所有外部参照”复选框，AutoCAD 在部分打开图形时只有那些选定的外部参照被加载并绑定到部分打开的图形中。

选择完要加载的部分图形后，单击“打开”按钮即可将所选图形加载进来。此后，可以使用 PARTIALOAD 命令将未加载进来的图形加载进部分打开的图形中。

如果选择以只读方式局部打开，则打开的部分被保护。

1.4.4 快速打开图形

在 AutoCAD 2012 中提供了“快速查看图形”工具，可以快速在多个图形之间切换。该工具位于状态栏中，单击该按钮，显示如图 1-25 所示的缩略图，即当前打开的多个图形简图。如果直接双击某个图形时，将进入该文件的模型窗口。当将鼠标移动到某个图形上时，将显示“布局”和“模型”两种显示方式缩略图，在其中一个图上单击，将进入相应图形环境，如图 1-26 所示。

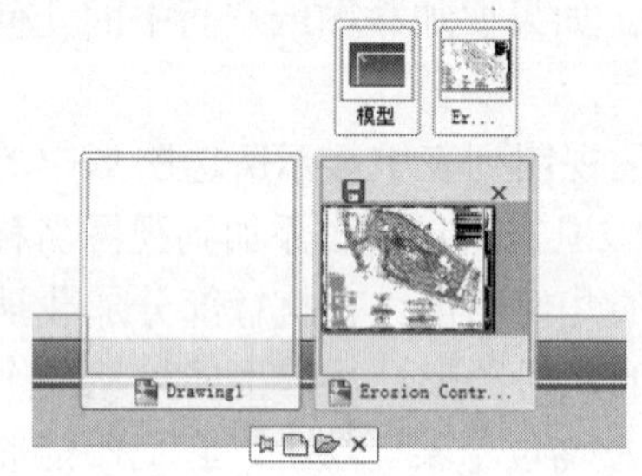

图 1-25 快速查看图形

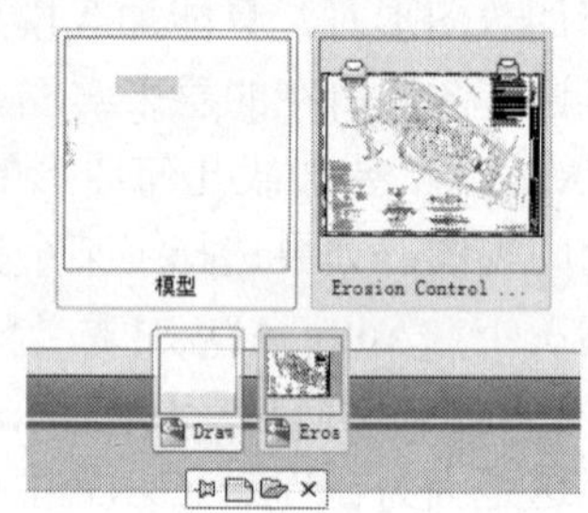

图 1-26 “模型”缩略图

1.4.5 保存图形

图形绘制完成后，需要将其保存到磁盘上，以便以后使用和交流。AutoCAD 为此提供了 SAVE、QSAVE 和 SAVEAS 三种方式。

1. 使用 SAVE 命令

- 命令行：SAVE。

SAVE 命令以图形的当前文件名或新文件名保存图形，每次执行 SAVE 命令均显示“图形另存为”对话框。SAVE 命令只能在命令行调用。

2. 使用 QSAVE 命令

- 单击按钮，选择“保存”命令。
- 菜单：“文件”菜单→“保存”命令。
- 工具栏：快速访问工具栏→“保存”按钮。

- 命令行：QSAVE。

如果在执行 QSAVE 命令之前还没有保存过当前编辑图形，则 AutoCAD 会弹出“图形另存为”对话框，否则 QSAVE 命令以当前的文件名直接保存图形。

3. 使用 SAVEAS 命令

- 单击按钮，选择“另存为”命令。
- 菜单：“文件”菜单→“另存为”命令。
- 命令行：SAVEAS。

SAVEAS 命令的功能类似于 SAVE 命令。

这三个命令均使用“图形另存为”对话框。在“保存于”下拉列表框中指定文件要保存的位置，在“文件名”编辑框中输入文件名，在“文件类型”下拉列表框中选择需要的文件类型。AutoCAD 2012 可以将图形保存成“AutoCAD 2004 图形”、“AutoCAD 2000/LT2000 图形”等 12 种类型的文件。单击“保存”按钮，完成文件保存。

另外，用户可以对保存的文件进行设置。选择“工具”下拉列表中的“选项”，将显示如图 1-27 所示的“另存为选项”对话框。该对话框中包含“DWG 选项”和“DXF 选项”选项卡。用户可以设置一些选项来控制 AutoCAD 2012 保存文件时的行为。

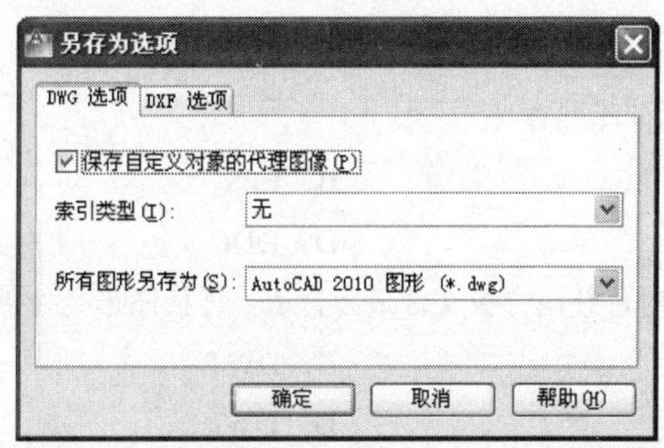

图 1-27 “另存为选项”对话框中的“DWG 选项”选项卡

（1）“保存自定义对象的代理图像”选项。如果将当前图形保存为 R12 版以后的文件格式，而图形中含有应用程序自定义的对象，并且用户选择了该选项，AutoCAD 在保存图形时将在图形中保存自定义对象的图像，否则，AutoCAD 将只保存一个图框来代表自定义对象。

（2）“索引类型”下拉列表框。选择 AutoCAD 在保存图形时是否保存空间索引或图层索引。如果当前的图形为部分打开的图形且原来没有生成过索引，那么该选项不可用。

“另存为选项”对话框中的“DXF 选项”选项卡如图 1-28 所示。

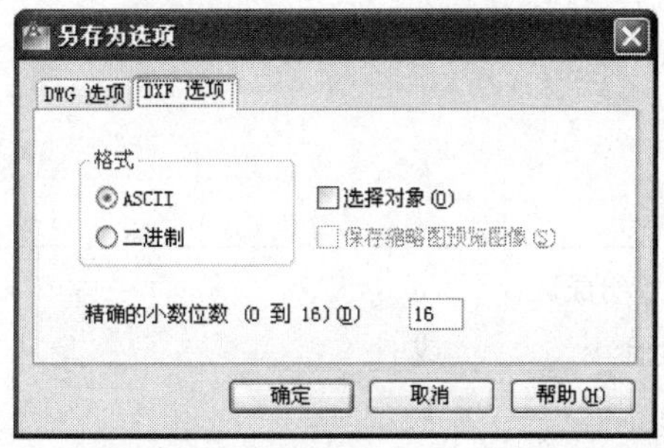

图 1-28 “另存为选项”对话框中的“DXF 选项”选项卡

（1）“格式”选项组。选择是以 ASCII 格式还是以二进制格式创建 DXF 交换文件。ASCII 码格式的 DXF 文件可以直接使用文本编辑器进行查看与修改，并可供许多其他应用程序使用。二进制格式的 DXF 文件中的内容与 ASCII 码格式的 DXF 文件完全相同，只是其格式更加紧凑，且读写速度较快。

（2）“选择对象”选项。选择该选项后，AutoCAD 在保存 DXF 文件时会同时选择对象。在选择对象后，AutoCAD 仅将所选择的对象输出到 DXF 文件中，否则，AutoCAD 将当前图形中的全部对象保存到 DXF 文件中。

（3）“保存缩略图预览图像”选项。确定是否保存图形的预览图像。如果保存了预览图像，可以在“选择文件”对话框的预览窗口中观察图形。

（4）“精确的小数位数”编辑框。在该编辑框中确定文件保存时的数字精度。

在“另存为选项”对话框中完成设置后，单击“确定”按钮，返回“图形另存为”对话框。在“图形另存为”对话框中单击“保存”按钮，完成图形保存。

习题一

一、选择题

1．AutoCAD 可以存储的文件类型有（　　）。

A．DWG　　B．EPS

C．DXF　　D．DOC

2．统一标准创建图形文件时，使用样板文件最为合适，样板图形文件扩展名为（　　）。

A．DWG　　B．DWT

C．DWF　　D．DWL

3．在 AutoCAD 中保存文件的安全选项是（　　）。

A．自动锁定文件　　B．口令和数字签名

C．用户和密码　　D．数字化签名

4．画笔和 Photoshop 等很多软件都可以绘图，但和 AutoCAD 相比它们不能（　　）。

A．打印图形　　B．保存图形

C．精确绘图和设计　　D．打开图形

5．AutoCAD 不能处理（　　）。

A．矢量图形　　B．光栅图形

C．声音信息　　D．文字信息

二、填空题

1．AutoCAD 的界面由________、________、________、________、________、________、________、________、________等组成。

2．退出 AutoCAD 可以利用命令________或________。

3．AutoCAD 的基本功能是________。

4．在 AutoCAD 中可设置多文档工作环境，可利用________快捷键来切换文档。

5．在 AutoCAD 绘图中，有两种空间供用户选择，针对图形对象的空间是________，针对图纸布局的空间是________。

三、思考题

1．安装 AutoCAD 2012 的硬件要求是什么？

2．安装 AutoCAD 2012 的软件环境是什么？

3．AutoCAD 2012 的用户界面主要由哪几部分组成？各有什么作用？

4．如何从模板创建一个新文件？如何将它保存到指定的位置？

5．SAVE、QSAVE 和 SAVEAS 命令有什么区别？

6．AutoCAD 2012 提供了哪些帮助功能？

7．如何局部打开图形？

8．如何改变绘图区域的背景颜色？

9．如何在工作空间中切换不同的工作空间模式？

四、操作题

试着打开系统自带的文件 db_samp.dwg，使显示效果如图 1-29 所示（提示，选择下面的图层 E-B-CORE、E-B-ELEV、E-B-GLAZ、E-B-MULL、E-F-STLL、E-F-STAIR、E-F-TERR、E-S-COLM）。图 1-30 为全部打开的图形。

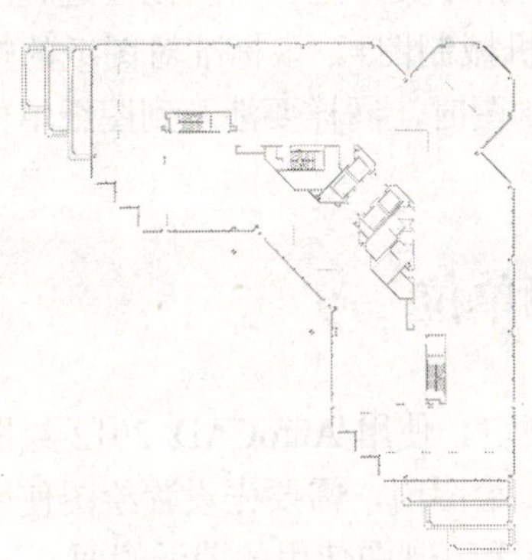

图 1-29　局部打开图形

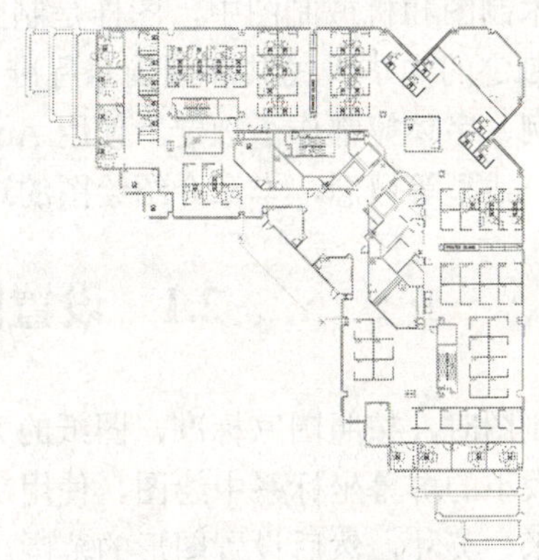

图 1-30　全部打开的图形

第 2 章　AutoCAD 2012 绘图初步

- 了解工程绘图的图纸大小。
- 掌握设置绘图单位和图形界限的方法。
- 理解笛卡尔坐标和用户坐标，直角坐标和极坐标的区别。
- 学会设置图层。
- 学会设置线型和颜色。
- 理解命令执行的方式。
- 掌握工具栏的设置方法。
- 掌握工作空间的设置方法。
- 理解不同的精确辅助绘图模式及其作用。

在技术制图和机械制图中，图样是制图过程中的重要技术文件之一。在制图过程中必须遵守国家制定的中华人民共和国国家标准《技术制图与机械制图》。该标准对图纸的幅面及格式、比例、字体等都作了规定。使用 AutoCAD 2012 制图时，同样要涉及到图纸单位、大小、字体、线型等概念，本章介绍绘图的这些基础知识。

2.1　设置图纸大小和单位

手工制图时，按照国家标准，图纸的大小有严格的规定。使用 AutoCAD 2012 绘图，可以在任意大小的屏幕坐标系中绘图。使用 AutoCAD 2012 绘图前，需要先设置绘图使用的单位，如毫米、英寸，然后设置图形的范围。下面首先介绍手工制图使用的图纸幅面。

2.1.1　图纸幅面

进行绘图时，需要一定幅面的图纸，这在中华人民共和国国家标准《技术制图与机械制图》中都有详细的规定。首先介绍一下工程制图中的图纸幅面。

图纸幅面分为基本幅面和加长幅面。不管哪种幅面的图纸，其单位都是毫米。绘制技术图样时，一般优先采用基本幅面。图纸基本幅面如表 2-1 所示。

表 2-1　图纸基本幅面　　　（单位：mm）

幅面代号	尺寸 B×L
A0	841×1189
A1	594×841

续表

幅面代号	尺寸 B×L
A2	420×594
A3	297×420
A4	210×297

在绘图时根据实际的需要也可以使用加长的幅面。图纸的加长幅面如表 2-2 所示。

表 2-2　图纸加长幅面　　　　（单位：mm）

幅面代号	尺寸 B×L
A3×3	420×891
A3×4	420×1189
A4×3	297×630
A4×4	297×841
A4×5	297×1051
A0×2	1189×1682
A0×3	1189×2523
A1×3	841×1783
A1×4	841×2378
A2×3	594×1261
A2×4	594×1682
A2×5	594×2102
A3×5	420×1468
A3×6	420×1783
A3×7	420×2080
A4×6	297×1261
A4×7	297×1471
A4×8	297×1682
A4×9	297×1892

2.1.2　设置绘图单位

绘图需要图纸，在使用 AutoCAD 2012 绘图时，同样需要一个绘图区域，即工作区。工作区就是绘图需要的环境。与绘图时使用的图纸不同的是，使用 AutoCAD 2012 绘图时，需要首先建立一个工作区，其中包括对度量系统、图纸尺寸以及绘图比例等的确定。国家标准中对图纸的幅面（单位和大小）进行了具体的规定，而在 AutoCAD 2012 中，则可以对度量的单位进行更多的设置。

由于设计单位、项目的不同，同时有不同的度量系统，如英制、米制、工程单位制和建筑单位制等，因此在工作区的建立中，首要是选择用户需要的单位制，下面介绍如何进行绘图单位的设置。

单击“菜单浏览器”按钮，选择“图形实用工具”→“单位”，或在命令行输入 UNITS 命令，都可以打开如图 2-1 所示的“图形单位”对话框。

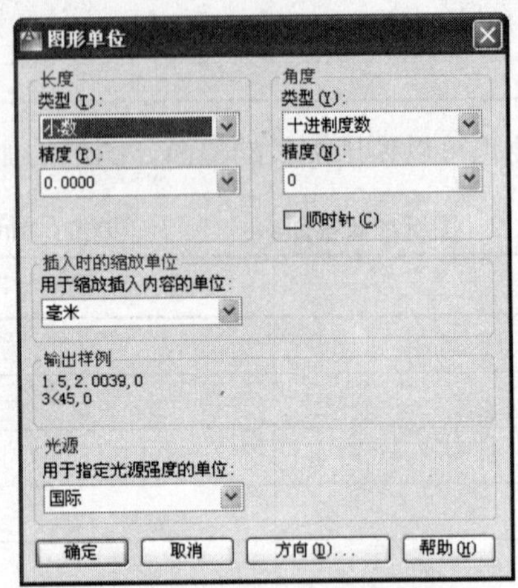

图 2-1 “图形单位”对话框

通过“图形单位”对话框，可以进行如下设置。

（1）长度：设置长度测量单位类型和测量的精度。

“类型”下拉列表框中提供了“分数”、“工程”、“建筑”、“科学”、“小数”5 个选项。默认方式下使用小数，一般工程单位制用于大块土地布置的图形，建筑单位制在建筑项目中使用。根据不同的绘图目的可以选用不同的单位类型，其中“工程”格式和“建筑”格式的单位用英尺或英寸显示，一个图形单位表示 1 英寸。

“精度”下拉列表框用于设置当前单位类型的测量精度，单击下拉按钮，会弹出一个长度测量单位的精度列表，根据实际绘图的需要从中选取一项。

（2）角度：设置角度测量单位类型、测量的精度和测量的正方向。

“类型”下拉列表框中提供了“百分度”、“度/分/秒”、“弧度”、“勘测单位”、“十进制度数”5 种选项。其中十进制度数一般用于平面图的绘制，为默认方式。在“角度”选项组中还可以设置角度单位的 0 度方向和测量角度的方向。

“精度”下拉列表框用于设置当前角度单位类型的测量精度。

AutoCAD 对不同的角度测量使用以下约定：度显示为十进制数，百分度显示为数后跟一个小写 g 后缀，弧度显示为数后跟一个小写 r 后缀。度/分/秒/格式使用 d 指度，′指分，″指秒。

勘测单位使用方向角表示角度，N 和 S 表示南和北，度/分/秒表示角度离正南或正北偏东西向多少，E 和 W 表示东或西。

勘测单位中的角度始终小于 90 度，并且使用度/分/秒格式显示。如果角度是正南、正北、正西或正东，则只显示代表方向的字母。

用户可以使用“顺时针”复选框设置角度的测量方向。在默认状态下，该选项是未选中的，即在精度测量时逆时针方向为正。如果选择了该选项，则在精度测量时 AutoCAD 将以顺时针为正方向。

（3）插入时的缩放单位：设置缩放拖放内容的单位。

控制使用工具选项板（例如 DesignCenter 或 i-drop）拖入当前图形的块的测量单位。如果块或图形创建时使用的单位与该选项指定的单位不同，则在插入这些块或图形时，将对其按比例缩放。插入比例是源块或图形使用的单位与目标图形使用的单位之比。如果插入块时不按指定单位缩放，请选择"无单位"。

AutoCAD 2012 中文版共提供 21 种单位，分别如下，其中的数字表示相应的系统变量值。

0－无单位	1－英寸	2－英尺	3－英里
4－毫米	5－厘米	6－米	7－千米
8－微英尺	9－密耳	10－码	11－埃
12－微毫米	13－微米	14－分米	15－十米
16－百米	17－百万公里	18－天文单位	19－光年
20－秒差距			

（4）光源：用于指定光源的强度单位，包括国际、美国和常规三种类型。

（5）基准角度的方向：单击"方向"按钮，打开如图 2-2 所示的"方向控制"对话框。

该对话框主要用于设置基准角度的方向，即零度角方向。在 AutoCAD 2012 中，零度角方向是相对于用户坐标系的方向，它影响整个角度测量，如角度的显示格式、对象的旋转角度等。默认状态下，0 度方向为东，即水平指向图形右侧（X 轴正方向），并且按逆时针方向测量角度。用户可以选择其他的方向，如"北"、"西"或"南"等。

单击"其他"选项，用户可以在编辑框中输入 0 角度的方向与 X 轴沿逆时针方向的夹角。

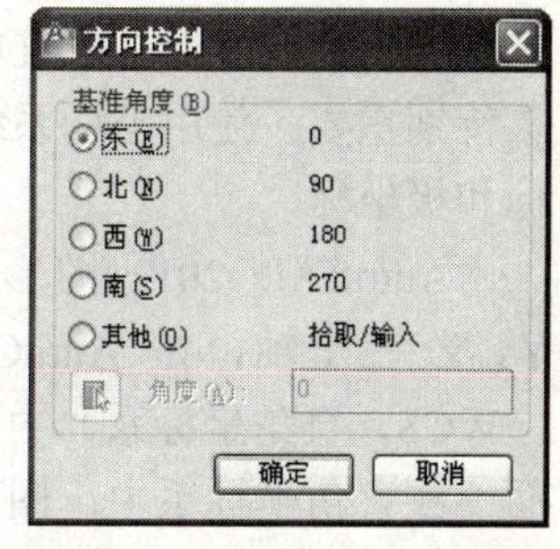

图 2-2 "方向控制"对话框

单击"角度"按钮，拾取角度作为基准角度。

（6）输出样例：提供当前图形单位设置的样例预览，反馈当前设置的显示方式，辅助用户作出正确的设置。

2.1.3 设置绘图区大小

绘图区就是确定图形设置所控制的区域，相当于手工绘图中图纸的尺寸。在 AutoCAD 2012 中是通过图形界限来设置绘图空间中的一个假想矩形绘图区域的。

图形界限相当于用户选择的图纸图幅大小。通常图形界限是通过屏幕绘图区的左下角和右上角的坐标来规定的。但是，用户不能在 Z 方向上添加界限。

图形界限的设置是通过 LIMITS 命令确定的，执行这个命令后系统将会有相应的提示，根据提示输入两个坐标值即可。

执行 LIMITS 命令可以有两种方法：

- 菜单："格式"菜单→"图形界限"命令。
- 命令行：LIMITS。

执行该命令后，系统提示如下：

重新设置模型空间界限：

指定左下角点或 [开(ON)/关(OFF)] <0.0000,0.0000>:
指定右上角点 <420.0000,297.0000>:

其中:

- 开：打开图形界限检查。处于该状态时，AutoCAD 2012 将拒绝输入任何位于图形界限外部的点。但因为界限检查只检测输入点，所以其他的图形，如矩形的某些部分可能延伸出界限。
- 关：关闭图形界限检查，但保留边界值，以备将来进行边界检查。这时允许在界限之外绘图，这是默认设置。
- 指定左下角点：给出界限左下角坐标值。输入坐标值后，系统将提示：
  指定右上角点<420.0000,297.0000>:
- 指定右上角点：输入图形界限的右上角绝对坐标值即可决定当前图幅的大小。

2.2 坐标系统

在绘制图形前，必须首先了解坐标的概念。因为不管绘制的是什么图形，其位置都是由其在某坐标系中的坐标决定的。比如要定位一点，可以通过用鼠标拾取的方法定位点，这种方法简单快捷，但是很难精确定位点的位置，而在实际的应用中，精确定位点对绘制精确对象特别重要。使用坐标系统就可以精确地确定某一点的位置。常用的平面坐标系统有直角坐标和极坐标。

AutoCAD 2012 图形中的位置是用笛卡尔右手坐标系来确定的。笛卡尔坐标系有 X、Y、Z 三个轴，在 AutoCAD 2012 中绘制新图形时，默认情况是将图形置于世界坐标系（WCS，直角坐标系）中。WCS 的 X 轴为水平方向，Y 轴为垂直方向，Z 轴垂直于 XY 平面。在直角坐标系中，图形中的任何一点都是用相对于坐标原点(0,0,0)的距离和方向来表示的。在绘图中 WCS 是最重要的。它不能被改变，其他任何坐标系都可以相对于 WCS 建立。虽然 WCS 不能改变，但可以从任意角度来观察或转动而不用改变为另外的坐标系。

1. 直角坐标

直角坐标用点到坐标轴 X、Y、Z 的距离来确定点的位置，但对二维图形来说，某点的位置由(X,Y)决定，Z 为 0。

（1）绝对直角坐标。在二维空间中，绝对直角坐标是从坐标原点出发的沿 X 轴和 Y 轴的位移。例如某点的坐标为(10,6)，表示该点在 X 轴正方向 10 个单位与 Y 轴正方向 6 个单位的位置上。

（2）相对直角坐标。使用相对坐标，用户通过输入相对于当前点的位移或者距离和角度的方法来输入新点。直角坐标与极坐标都可以采用相对坐标的方式来定位点。

AutoCAD 规定，所有相对坐标的前面添加一个@号，用来表示与绝对坐标的区别。例如，前一点的坐标值为(3,5,7)，如果在命令行输入点的提示下输入：@4,6,-27，那么该点的绝对坐标值为(7,11,-20)。

2. 极坐标

与直角坐标系不同的是，极坐标系使用一个距离和角度来定位一个点。对二维图形来说，就是通过输入某点在 XOY 坐标平面上的投影与坐标原点的距离，以及该点和坐标原点的连线与 X 轴正向的夹角值来确定该点的位置。

（1）绝对极坐标。绝对极坐标将点看成相对原点在某一方向一定距离的位移。用极坐标表示点的位置需要用距离和角度两个单位。例如某点的极坐标为 20<60，表示该点距坐标原点的距离为 20，该点与坐标原点的连线和 X 轴正向的夹角为 60 度。

（2）相对极坐标。相对极坐标输入各参数的意义与绝对坐标相同，只是格式上略有不同。例如，“@10<45”表示距当前点的距离为 10 个单位，与 X 轴夹角为 45 度的点。

2.3 图层、线型和颜色

在绘制、设计各种各样的设计图时，经常会碰到这样的问题——图的许多地方是相同的。大到一个结构，小到一个螺钉，在手工绘图时，经常要花费很多时间去重复这部分工作；另外，在手工绘图中并不清楚一个局部设计的修改对其余部分会带来什么影响，等等。使用 AutoCAD 2012 提供的图层命令，能够帮助解决这些问题。在 AutoCAD 2012 中，可以在不同的图层上绘制子系统，当别的设计中需要其中的某一子系统时，可以通过图层移动来借用这一子系统而不必重复绘图。下面要介绍图层的生成、颜色、线型等有关方面的知识。

2.3.1 图层基本概念及其特性

所谓图层，最直观的理解方法是：把它想象成没有厚度的透明片，各层之间完全对齐；一层上的某一基准点准确地对应于其他各层上的同一基准点；在不同的层上可以使用不同颜色、型号的画笔绘制线条样式不同的图形；在绘制同一个图形时可以使用不同的图层直接组合完成。

图层是管理图形信息的工具，用于图形中执行信息的组织、管理和分类。在图层中可以对图元的线型、颜色等属性进行设置，从而更好地管理图层中的信息，以满足对图形中图层信息的了解，以及图层中图形的编辑操作。

1．基本概念

（1）图层的线型。

图层的线型是指在图层上绘图时所用的线型，一层可以赋有一个或多个线型。不同的图层可以赋有相同的线型，也可以是不同的线型。AutoCAD 2012 提供了丰富的线型，可根据需要从中选择所需要的线型，也可以定义自己的线型，以满足特殊需要。

线型分连续线和不连续线两类，不连续线由线素（如点、短划、长划和间隔等）重复图案组成。每种线型都有一个名称和定义，描述了点划线、点和空格的顺序，以及已包括的文本或图形的特性。

受线型影响的图形对象有直线、构造线、多线、射线、圆、圆弧、椭圆、椭圆弧、样条曲线以及多段线等。如果一条线太短，以致于不能够画出线型所具有的点线，AutoCAD 2012 就在两个端点之间画一条实线。

1）在图层上绘制对象时，该对象可采用图层所具有的线型。但是，单个对象可以使用单独的线型。

2）图层默认状态下的线型均为实线（CONTINUOUS）。

（2）图层的颜色。

图层的颜色是指图层上面线型的颜色。每一图层都应具有一定的颜色。在彩色屏幕上显示图线时，不同的颜色可以明确地区分图形中不同的元素。通常，为了使用上的方便，每一个图层具有一种颜色。在所建立的图层中，如果用户不加载线型的颜色，系统按默认方式把该图层的线型颜色定义为 white，即白色。不同的图层可以放置相同的颜色，也可以设置为不同的颜色。

图层共有 255 种颜色，分别用颜色号表示，其中前 7 个颜色号赋予标准颜色，分别是：

1－红 Red

2－黄 Yellow

3－绿 Green

4－青 Cyan

5－蓝 Blue

6－洋红 Magenta

7－白 White

2．图层的特性

图层具有以下特性：

（1）在一幅图中可以设置任意多的图层，每一图层上的对象数不受限制。

（2）每一个图层都应有一个名字以区别于其他图层。图层的名字既可以按系统默认的名字命名，也可以自行设定。0 图层是 AutoCAD 的默认图层，其余图层需用户来定义名字。图层名可以包含多达 255 个字符，包括字母、数字、中文字符和其他专用符号。此外，AutoCAD 2012 中的图层名允许包含空格。图层特性管理器会按照图层名称的字母顺序排列图层。

（3）只有把图层设置为当前层，才能在该图层绘图，即只能在当前图层绘图。可以通过图层操作命令或对象特性工具栏改变当前层。

（4）各图层具有相同的坐标系、显示缩放倍数以及绘图界限。对于不同图层上的对象可同时进行编辑操作。

（5）对每一个图层都可以进行开与关、冻结与解冻、锁定与解锁等操作，以设置图层的可见性与可操作性。下面分别介绍以上各项的含义。

1）开与关：可以打开和关闭图层。如果图层被打开，该图层上的图形可以在输出设备上输出，如显示器、绘图仪；如果图层被关闭，它将不显示出来，但它仍然是图的组成部分。

2）冻结与解冻：如果冻结了图层，该图层上的实体不能显示出来，也不能在该图层绘制，该图层也不参加图层之间的运算。在复杂的图形中，冻结不需要的图层，可以大大提高系统速度，提高绘图效率。

3）锁定与解锁：如果图层被锁定，该图层上的实体仍然可以显示出来，只是不能改变该图层上的实体，也不能对其进行编辑操作，但可以改变图层上实体的颜色和线型；如果锁定的是当前层，仍可以在该图层上作图。

2.3.2 设置图层

AutoCAD 提供了 LAYER 命令进行有关图层操作。对图层进行设置，既可以使用“图层”功能面板，也可以使用 LAYER 命令，或者使用菜单。

1．使用方法

- 功能面板：单击“常用”选项卡，“图层”功能面板→“图层特性”按钮。
- 菜单：“格式”菜单→“图层”命令。
- 命令行：LAYER。

执行 LAYER 命令后，将显示如图 2-3 所示的“图层特性管理器”对话框。

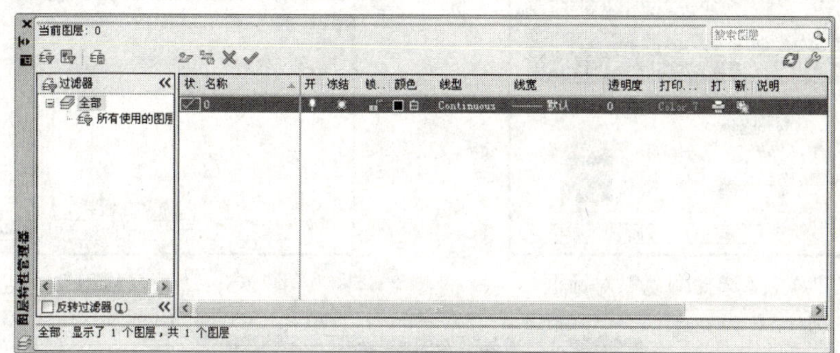

图 2-3 “图层特性管理器”对话框

“图层特性管理器”对话框在 AutoCAD 2012 中变化比较大，下面详细讲解。首先讲解右侧的图层操作，然后讲解左侧图层过滤器的操作。

2．图层选项的意义

（1）图层列表框。显示当前图形中所有图层以及图层的特性。每一层的属性由一个标签条显示，如果要修改某个特性，可以单击特性标签下的相应项，实现图层的排序。单击可以显示快捷菜单，它可以快速选择全部图层。

各项含义如下：

1）名称：显示并修改定义图层的名字。选择某一层名，单击“名称”，可以修改层名。

2）开：打开/关闭图层。当图层打开时，它与其上的对象可见，并且可以打印；当图层关闭时，它与其上的对象不可见，且不能打印。单击该列中的图标，可以切换层的开关状态。

3）冻结：控制在所有视口中图层的冻结与解冻，冻结的图层及其上对象不可见。

注意

冻结的图层上的对象不参加重生成、消隐、渲染和打印等操作，而关闭的图层则要参加这些操作；在复杂的图形中冻结不需要的图层，可以加快重新生成图形时的速度，但不能冻结当前图层。

4）锁定：控制图层的加锁与解锁。加锁不影响图层上对象的显示。如果锁定层是当前图层，仍可以在该图层上作图。此外，用户还可在锁定层上使用查询命令和目标捕捉功能，但不能对其进行其他编辑操作。当只想将某一图层作为参考层而不想对其进行修改时，可以将该图层锁定。

5）颜色：设置图层的颜色。选定某图层，单击该图层对应的颜色项，弹出如图 2-4 所示的“选择颜色”对话框。从调色板中选择一种颜色，或者在“颜色”文本框直接键入颜色名（或颜色号），指定颜色。

6）线型：设置图层的线型。选定某图层，单击该图层对应的线型项，弹出“选择线型”对话框，如图 2-5 所示。如果所需线型已经加载，可以直接从线型列表框中选择后单击“确定”按钮。如果当前所列线型不能满足要求，单击“加载”按钮，弹出“加载或重载线型”对话框，如图 2-6 所示。

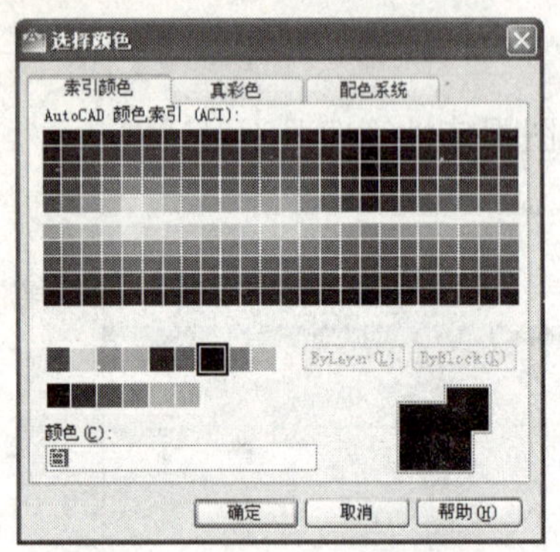

图 2-4 “选择颜色”对话框

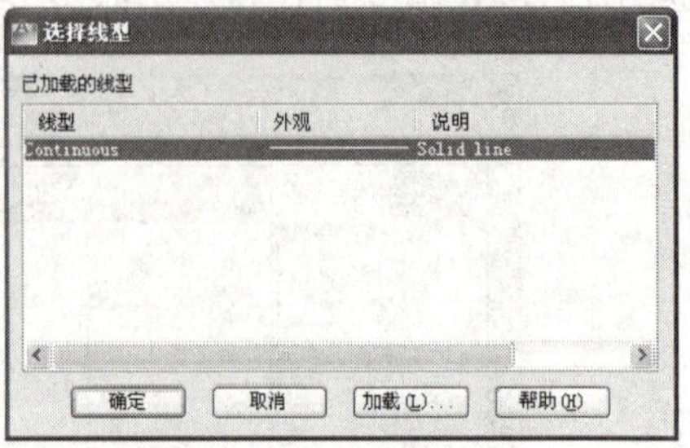

图 2-5 “选择线型”对话框

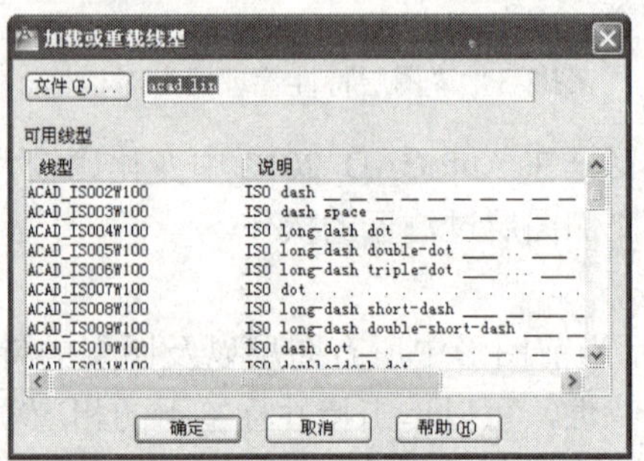

图 2-6 “加载或重载线型”对话框

在图 2-6 中，AutoCAD 2012 列出 acad.lin 线型库中的全部线型，用户可以从中选择一个或多个线型加载。如果要使用其他的线型库中的线型，则单击“文件”按钮，显示“选择线型文件”对话框，在该对话框中选择需要的线型库。

7）线宽：设置在图层上对象的线宽。单击该列，AutoCAD 2012 将显示如图 2-7 所示的“线宽”对话框。

“线宽”列表框中显示出当前所有可用线宽设置，并在列表框下部显示该图层原有线宽和新设置线宽。当新创建一个图层时，AutoCAD 2012 赋予该图层默认值，该值在打印时的宽度为 0.01 英寸/0.25 毫米宽。

8）打印样式：设置与图层相关的打印样式。打印样式是指 AutoCAD 在打印过程中用到的属性设置集合，如果正在使用颜色相关打印样式表，就不能改变与图层相关的打印样式。

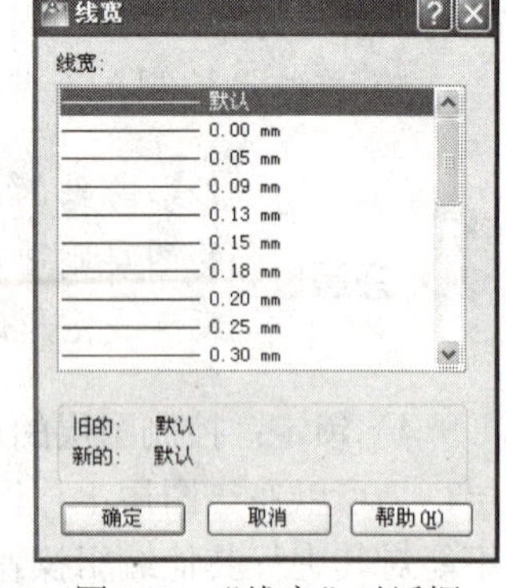

图 2-7 “线宽”对话框

“打印样式”列表框中显示了当前所有可用的打印样式，包括默认的普通打印样式。在列表框下面显示了当前图层旧的和新的打印样式。如果所需要的打印样式不在打印样式表文件中，可以在“活动打印样式表”下拉列表中选择需要的样式表。单击“编辑器”按钮，可以对当前打印样式表进行编辑。“活动打印样式表”列表中显示当前的打印样式所附着的布局。

9）打印：设置在打印输出图形时是否打印该图层。如果关闭某一图层的打印设置，AutoCAD 2012 在打印输出时就不会打印该图层上的对象。但是，该图层上的对象在 AutoCAD 中仍然是可见的。该设置只影响解冻图层，对于冻结图层，即使打印设置是打开的，也不会打印输出该图层。

（2）创建新图层。“图层特性管理器”对话框中的“新建图层”按钮用于创建新图层。单击该按钮后，在列表框中将显示图层名，如“图层 1”等，并且是可更改状态，只要输入图层名即可。也可以在图层列表框中右击，显示快捷菜单，在快捷菜单中通过选择“新建图层”选项来建立图层。

图层取名应有实际意义，并且要简单易记。对于新建的图层，AutoCAD 2012 使用在图层列表框中所选择的图层设置作为新建图层的默认设置。如果在新建图层时没有在图层列表框中选择任何图层，AutoCAD 将指定该图层的颜色为白色（WHITE），线型为实线（CONTINUOUS），线宽为（Default）。新图层建好后，可以根据需要进行修改。

（3）设置当前图层。用户只能在当前图层上绘制图形，AutoCAD 2012 在图层列表框上面显示当前图层名。对于含有多个图层的图形，必须在绘制对象之前将该图层设置为当前图层。

选中某图层，单击“置为当前”按钮。或者用鼠标在某一图层上右击，显示快捷菜单，选择“置为当前”选项。AutoCAD 将当前图层的图层名保存到 CLAYER 系统变量中。

（4）删除图层。选择要删除的图层，然后单击“删除图层”按钮，即可将所选择的图层删除。

注意　不能删除 0 图层、当前层以及包含图形对象的图层。

（5）图层的单独显示。图层的显示与否同用户的选择有关系。如果选中“指示正在使用的图层”复选框，则在列表视图中显示图标，以指示图层是否处于使用状态。在具有多个图层的图形中，清除此选项可提高系统性能。

如果在默认状态下，则显示所有正在使用的图层；此时若选中“反转过滤器”复选框，则所有图层消失。如果设置了图层过滤器，则只显示符合条件的图层；选中该复选框，则显示不符合条件的图层。

如果选中“应用到图层工具栏”复选框，可以通过应用当前图层过滤器来控制图层列表中图层的显示。

（6）图层状态的处理。在图层列表中右击，显示快捷菜单。选择“保存图层状态”选项，系统弹出“要保存的新图层状态”对话框，如图 2-8 所示。在其中可以输入新图层状态名及相关说明，保存后可以在需要的时候打开。选择“恢复图层状态”选项，系统将弹出“图层状态管理器”对话框，如图 2-9 所示。在其中可以输出当前状态，也可以导入当前状态；对希望进行恢复的图层设置进行选择，并可以保留不改变的设置。要恢复某个图层的设置，选中某个设置，然后单击“恢复”按钮即可。

3．图层过滤器

用户可以使用图层过滤器将不需要的图层过滤掉，只显示需要的图层。在图层列表中右击，显示快捷菜单，选择“显示过滤器树”选项，则在对话框左侧显示过滤器树。

在图层过滤器树中，AutoCAD 2012 显示预定义的图层过滤器，包括“所有使用的图层”、“特性过滤器”、“组过滤器”和“全部”。

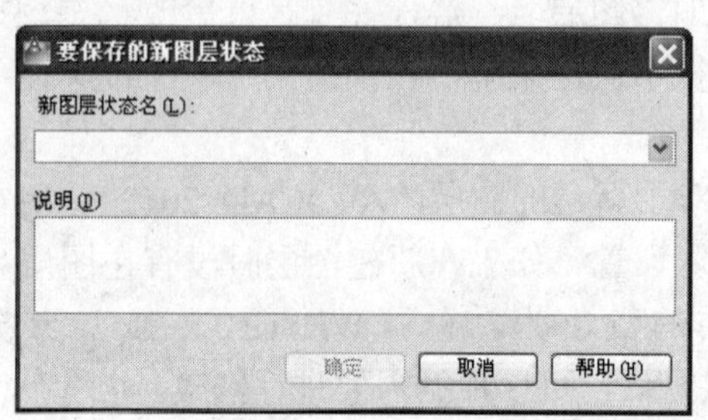

图 2-8 “要保存的新图层状态”对话框

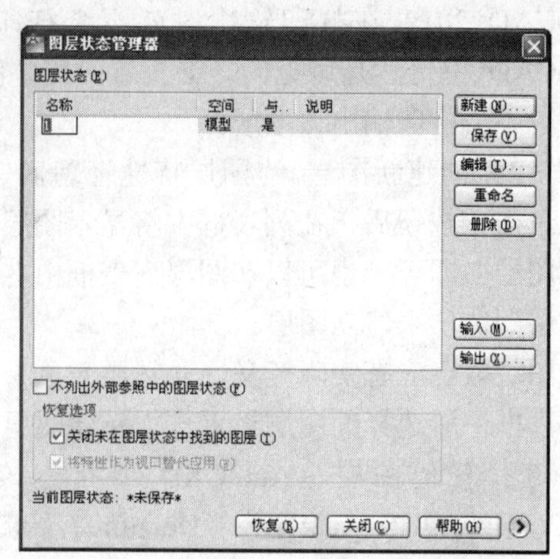

图 2-9 “图层状态管理器”对话框

如果这些预定义的过滤器不能满足用户需求，可以单击“新建特性过滤器”按钮，系统弹出如图 2-10 所示的“图层过滤器特性”对话框。

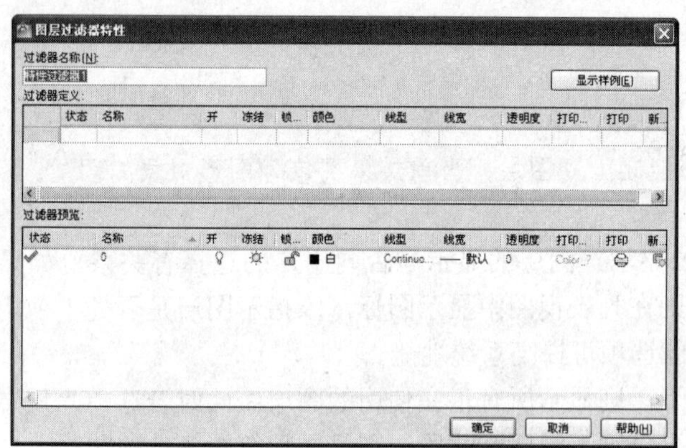

图 2-10 “图层过滤器特性”对话框

在该对话框中，用户可以设定自己的过滤条件，显示符合条件的部分图层。过滤条件中的图层名称、颜色、线型、线宽和打印样式等在编辑框中可以使用通配符。用户可以使用一个或多个特性来定义过滤器。例如，可以将过滤器定义为显示所有正在使用的某种颜色图层。如果要进行其他特性过滤，也可以通过在下面一行复制过滤器并选择不同设置的方式来定义。如果要去掉某个过滤器特征，可以在该行上右击，选择“删除行”选项即可。

另外，可以将选定的图层添加到过滤器中，这就是组过滤器。单击“新建组过滤器”按钮即可。另外，用户可以通过选用反转过滤器，然后选择图层并拖动的方式建立组过滤器。

有关图层的锁定、可见性、删除等设置，可以通过快捷菜单来完成。

2.3.3 设置线型

AutoCAD 提供了 LINETYPE 命令用于加载、建立及设置线型。LINETYPE 命令可以透明执行。

1．使用方法

- 在“常用”选项卡的“特性”功能面板中单击“线型”列表中的“其他”命令。
- 菜单：“格式”菜单→“线型”命令。
- 命令行：LINETYPE。

执行 LINETYPE 命令后，系统显示如图 2-11 所示的“线型管理器”对话框。

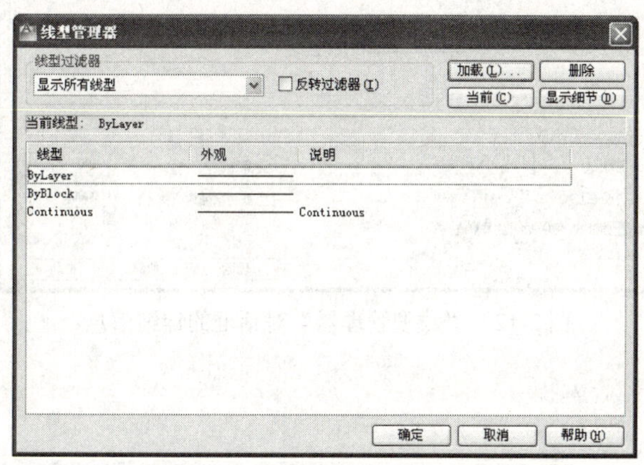

图 2-11 “线型管理器”对话框

2．各选项意义

（1）“线型”列表框。在该列表框中列出当前图形中所有可用的线型。

单击右键，使用快捷菜单可以快速选择全部线型。该列表框中各项的意义如下：

1）线型：显示已加载线型名称，单击此按钮，则对所有线型进行排序。

2）外观：显示线型的形状。

3）说明：对线型的特性进行说明。

AutoCAD 提供了两种特殊的逻辑线型，即 ByLayer 和 ByBlock；如果某一图形对象的线型为 ByLayer，那么该图形对象的线型将取其所属图层的线型；如果某一图形对象的线型为 ByBlock，那么该图形对象的线型将取其所属块插入到图形中时的线型。逻辑线型 ByBlock 主要用于块定义中的图形对象。

（2）“加载”按钮。如果当前图形所加载的线型中没有需要的线型，可以单击“加载”按钮，从线型库中加载所需要的线型。

（3）“当前”按钮。选择要置为当前的线型，单击“当前”按钮，则以后绘制对象均使用此线型。

（4）“删除”按钮。选定图形中不再需要的线型，单击“删除”按钮即可将其从线型库中删除。

（5）线型过滤器。线型过滤器可以过滤一些线型，只显示符合条件的线型。AutoCAD 2012 包含三个预定义线型过滤器：“显示所有线型”、“显示所有使用的线型”和“显示所有依赖于外部参照的线型”。用户只能使用这三个预定义的过滤器和“反转过滤器”选项，而不能创建自定义的线型过滤器。

（6）“显示细节”按钮。单击“显示细节”按钮，AutoCAD 2012 将在“线型管理器”

对话框中列出线型的具体特性，此时该对话框如图 2-12 所示。

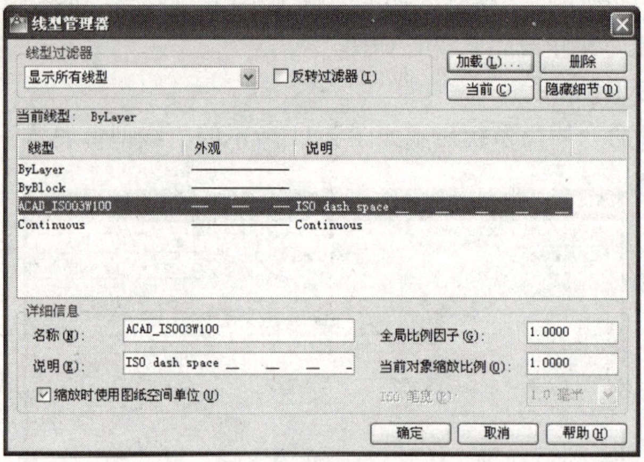

图 2-12 “线型管理器”对话框的详细信息

2.3.4 设置颜色

图形中的每一个元素均有自己的颜色，AutoCAD 2012 提供了 COLOR 命令用于为新建实体设置颜色。

使用方法如下：

- 在“常用”选项卡的“特性”功能面板的“对象颜色”列表中单击“选择颜色”命令。
- 菜单：“格式”菜单→“颜色”命令。
- 命令行：COLOR。

执行 COLOR 命令后，AutoCAD 显示“选择颜色”对话框。

在设置颜色时，可以在“索引颜色”选项卡中单击某一颜色进行选择。AutoCAD 2012 会自动将选择的颜色名称或颜色号显示在“颜色”编辑框中，用户可以直接在该编辑框中输入颜色号。“配色系统”、“真彩色”选项卡主要用于填充，更多内容可参见后面的相关章节。

注意

AutoCAD 提供了两种特殊的逻辑颜色：ByLayer（随层）和 ByBlock（随块）。如果某一图形对象的颜色为 ByLayer，该图形对象的颜色将取其所属的图层的颜色；如果某一图形对象的颜色为 ByBlock，该图形对象的颜色将取其所属块插入到图形中时的颜色。逻辑颜色 ByBlock 主要用于块定义中的图形对象。

2.3.5 设置线宽

设置线宽是指指定图形对象和某些类型的文字的宽度值。进行线宽设置，可以用粗线和细线清晰地表现出截面的剖切方式、标高深度、尺寸线和小标记等。线宽的值也可以设置为随层、随块或者默认三种方式。为此，AutoCAD 2012 提供了绘制带宽度的直线功能——LWEIGHT 命令。

具体使用方式如下。

- 在“常用”选项卡的“特性”功能面板的“线宽”列表中单击“线宽设置”命令。
- 菜单：“格式”菜单→“线宽”命令。
- 命令行：LWEIGHT。
- 在状态栏的“显示/隐藏线宽”按钮上右击，显示快捷菜单，选择“设置”选项。

执行 LWEIGHT 命令后，AutoCAD 2012 显示如图 2-13 所示的“线宽设置”对话框。

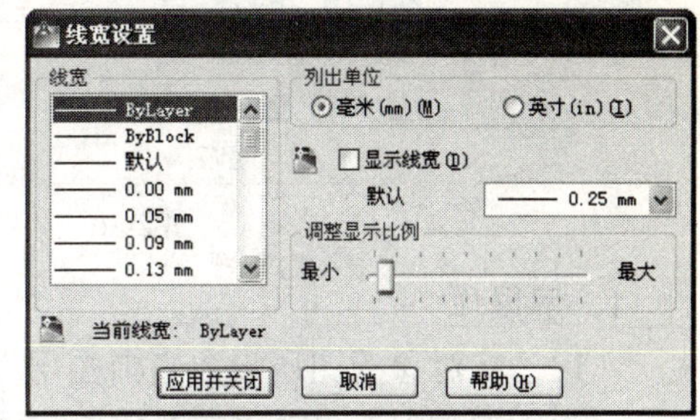

图 2-13　“线宽设置”对话框

“线宽”列表框中列出当前所有可用的线宽系列，可根据需要选择。当前线宽设置显示在“线宽”列表框的“当前线宽”选项中，单击“确定”按钮完成线宽设置。

注意

AutoCAD 2012 提供了 ByLayer（随层）和 ByBlock（随块）两种逻辑线宽。此外，AutoCAD 2012 还提供了“默认”线宽选项，用户可在“默认”下拉列表框中设置默认线宽的宽度，该设置保存在 LWDEFAULT 系统变量中。在使用时，要注意线宽的单位是“毫米”还是“英寸”，并根据需要选用。

默认情况下，AutoCAD 2012 不在图形中显示线宽。如果要显示线的宽度，可在该对话框中选择“显示线宽”复选框，或者在状态栏中单击“显示/隐藏线宽”按钮，切换线宽显示状态。可以使用对话框中的“调整显示比例”滑块来调整线宽的显示比例。该操作不会影响线的实际宽度。

打开系统自带的文件 Lineweights.dwg，显示线宽的效果如图 2-14 所示，显示了不同的线宽。隐藏线宽的效果如图 2-15 所示。

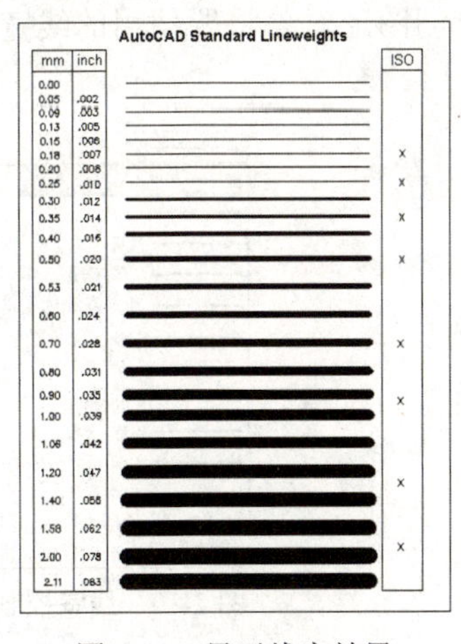

图 2-14　显示线宽效果

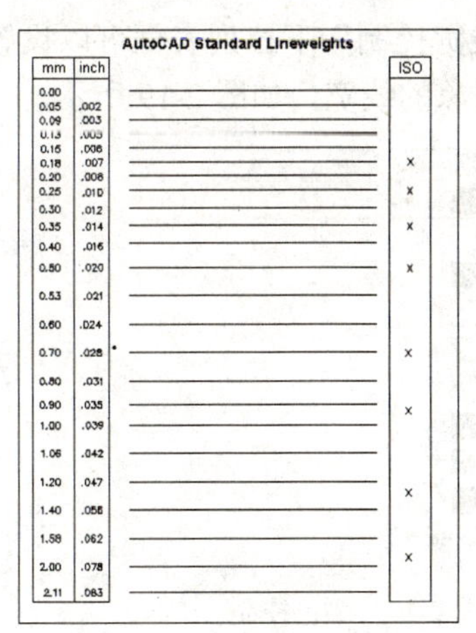

图 2-15　隐藏线宽效果

2.3.6　利用功能面板设置

为了方便用户在绘图时的操作，AutoCAD 提供了“图层”和“特性”功能面板，如图

2-16 所示，可以使用它们迅速地改变或查看被选对象的图层、颜色和线型。

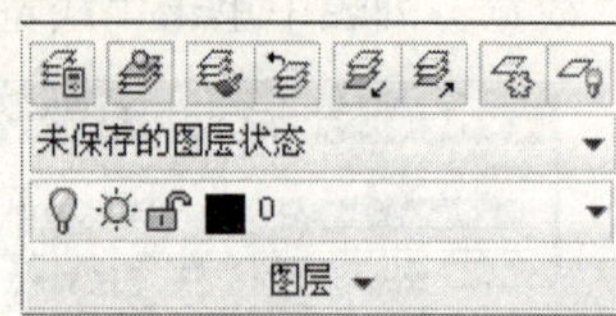

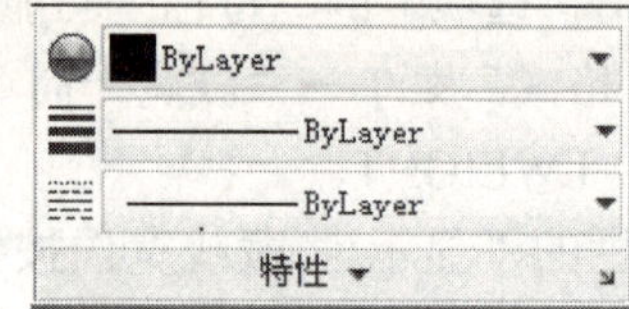

图 2-16 “图层”和“特性”功能面板

1. 层操作

（1）“将对象的图层设为当前图层”按钮。单击该按钮后，提示选择对象。选择对象后，AutoCAD 2012 自动将该对象所在图层设置为当前图层，也可以使用 AI_MOLC 命令完成同样的功能。

（2）“图层特性”按钮。单击该按钮，弹出“图层特性管理器”对话框，操作同前。

（3）“上一个”按钮。单击该按钮，将返回到上一个图层信息。

（4）“图层设置”下拉列表框。在该下拉列表中选取某一层，即可将其设置为当前图层。选择一个对象后，可以查看和改变对象所属图层。单击某一图标，可快速改变图层状态。

2. 颜色设置

通过“颜色控制”下拉列表框，可以设置当前颜色（即新建图形对象将要使用的颜色）。选择某一对象后，AutoCAD 2012 将该对象的图形显示在列表框中，此时在列表中选择其他颜色即可改变图形颜色。如果选择多个具有不同颜色的对象，列表框中将不显示特定颜色，此时选择一个颜色，可以将所选择的全部对象设置成该颜色，如图 2-17 所示。

3. 线型设置

“线型控制”下拉列表框可以设置当前线型（即新创图形对象将要使用的线型）、查看和改变对象的线型，如图 2-18 所示。

4. 线宽选择

“线宽控制”下拉列表框可以设置当前线宽（即新创图形对象将要使用的线宽）、查看和改变对象的线宽，如图 2-19 所示。

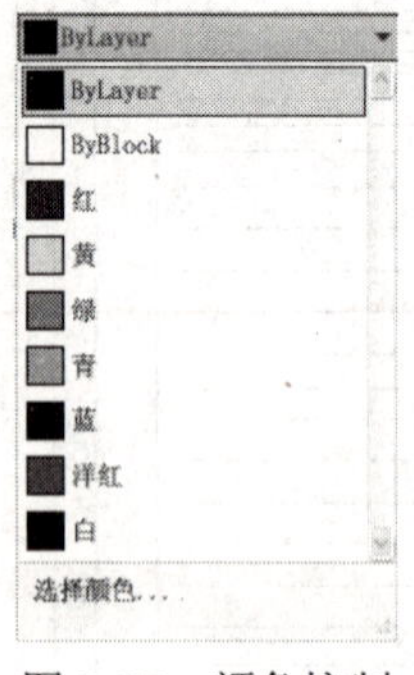

图 2-17 颜色控制

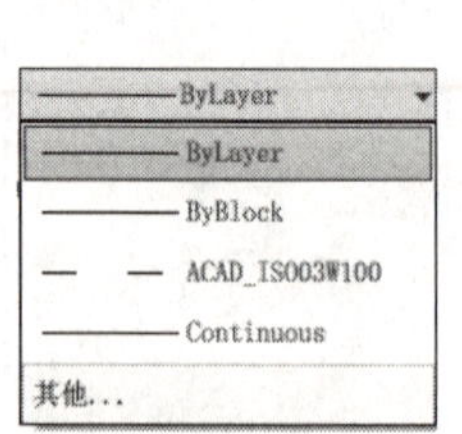

图 2-18 线型控制

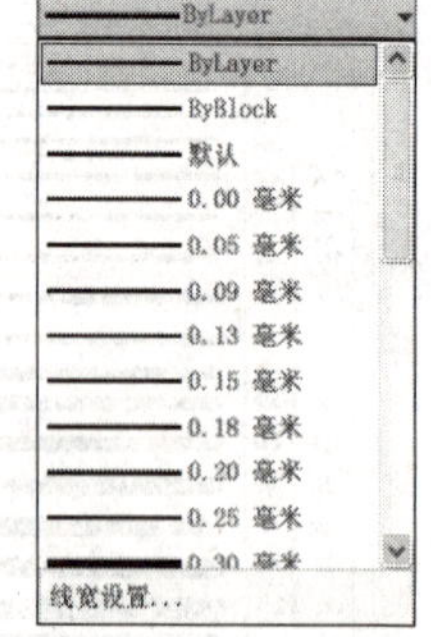

图 2-19 线宽控制

2.4 AutoCAD 2012 的命令执行方式

使用 AutoCAD 进行设计工作时，主要是通过命令驱动 AutoCAD 进行的。AutoCAD

执行的每个功能均需要用命令来启动。通常，命令告诉 AutoCAD 要执行何种操作，然后 AutoCAD 响应命令并给出提示信息。命令的提示信息告诉用户当前系统的状态或给出一些选项让用户选择。

2.4.1 命令的执行方式

1. 执行命令

AutoCAD 命令主要采用鼠标选取和键盘输入方式，可以使用下拉菜单、屏幕菜单、功能面板、快捷菜单、快捷键启动命令，也可以在命令行直接输入命令。

不管使用何种方法启动命令，都将在命令行中显示提示信息。AutoCAD 大部分命令均会提供一些选项供用户选择。通常情况下，这些选项显示在方括号中。如果要选择一个选项，只需在命令行键入圆括号中的字母，大小写均可。

例如，用于多段线绘制的命令如下。

```
命令: pline
指定起点:
当前线宽为 0.0000
指定下一个点或 [圆弧(A)/半宽(H)/长度(L)/放弃(U)/宽度(W)]:
```

如果选择圆弧方式，只需键入 A 或 a 即可。输入命令或命令选项后，可以按 Enter 键、空格键，或在绘图区域右击并在显示的快捷菜单中选择“确认”选项，完成相应功能。在默认情况下，AutoCAD 将空格键视为 Enter 键。

2. 取消命令执行

在 AutoCAD 中，可以使用 Esc 键或 Ctrl+C 键取消当前命令。可以在“选项”对话框的“用户系统配置”选项卡中设置取消执行命令的方式。

3. 重复执行命令

有时，用户需要重复执行一个 AutoCAD 命令来完成设计任务。主要存在两种情况。

（1）重复执行一个命令，主要包括以下方式。

1）直接按 Enter 键、空格键或在绘图区域右击，显示快捷菜单并选择“重复”选项。

2）在命令行窗口中右击，显示快捷菜单，在“近期使用的命令”子菜单中列出了最近使用过的 6 个命令，可以选择一个命令执行。

3）在命令行中输入 MULTIPLE 并按 Enter 键，然后在 AutoCAD 的提示下输入要重复执行的命令。

（2）重复执行多个命令。为了使用方便，AutoCAD 2012 还提供了多重重做和多重放弃命令。例如，如果用户已经依次执行了直线、多段线、圆弧命令，那么，如果决定放弃这三个命令，可以直接选取放弃直线命令，则其后执行的所有命令均放弃。如果在放弃后要恢复多段线命令，则在恢复的同时多线段命令前面的直线命令也将恢复。

其具体操作可以利用工具栏按钮或者命令行输入两种方式。

- 工具栏：快速访问工具栏→  。
- 命令行：MREDO 或 UNDO。

工具栏方式可以从按钮下拉列表中选取，如图 2-20 所示。只要从中选择相应命令即可多重执行。

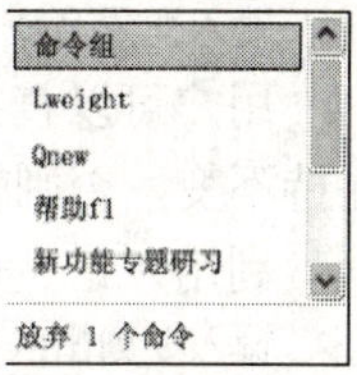

命令组
Lweight
Qnew
帮助f1
新功能专题研习
放弃 1 个命令

图 2-20 选取命令

如果在命令行中输入命令，则需要确定一些基本参数。对于多重重做来说，将显示如下命令：

输入操作数目或[全部(A)/上一个(L)]：(指定选项、输入正数或按 Enter 键)

其中，“操作数目”即恢复指定数目的操作，“全部”即恢复前面的所有操作，“上一个”即只恢复上一个操作。

4．对话框与命令行的切换

在 AutoCAD 中，有一些命令在执行时既可以使用对话框的形式，也可以使用命令行的形式。通常，用户可以在命令前加一连字符“-”强迫该命令在命令行中显示命令提示，而不显示对话框。这两种命令执行方式中的命令选项可能会稍有不同，但这不会影响用户的操作。

2.4.2 命令参数

为了完成需要的工作，大多数 AutoCAD 命令要求提供某些有关的参数。下面介绍不同参数的输入方法。

（1）坐标点的输入。在 AutoCAD 中，既可以用鼠标等定点设备输入，也可以用键盘输入一个点。

用鼠标输入点时，将绘图区中的十字光标移到需要的位置单击即可。该操作称为拾取点。在拾取点时，用户可以使用对象捕捉、坐标捕捉和坐标过滤器等工具以提高工作效率。

使用键盘输入点时，坐标的各个分量之间用逗号分割，如 X,Y,Z。如果不需要三维点时，Z 坐标可以省略。由键盘输入的坐标可以采用直角坐标系或极坐标系的形式，以及绝对坐标或相对坐标的形式。

（2）数值的输入。一般情况下，数值的输入（整型或实型）只能由键盘来输入，但有些情况下也可以由鼠标输入，例如距离和角度等。

（3）字符串的输入。字符串的输入只能由键盘来完成，在输入时可以包含特殊的转义字符。

2.4.3 系统变量

AutoCAD 系统提供了一系列系统变量用以设置绘图状态、方式及范围等，并且可以使用命令方式直接修改这些变量。

1．全局修改

系统变量是全局变量，可以使用统一的 SETVAR 命令进行查询和设置。启动方式如下。

- 菜单：“工具”菜单→“查询”→“设置变量”命令。
- 命令行：SETVAR。

系统提示：

输入变量名或 [?]：

用户可以直接输入系统变量名称并回车，系统提示是否更改变量值。如果直接回车，则保持不变，否则输入新值。

利用“？”可以查看变量信息，系统进一步提示：

输入要列出的变量 <*>：

指定具体名称，系统给出该值。如果回车，则列出所有系统变量。用户也可以使用通配符列出部分变量。

2．单独修改

如果确切知道某个系统变量，可以直接在命令行输入该名称，单独修改即可。

2.5 自定义工作环境

在前面几节的学习中可能会感觉到，有些工具按钮在常规的功能面板中没有，这需要自定义方可看到。AutoCAD 2012 提供了默认的工作环境，但是用户一般都有自己的使用需求和使用习惯，所以需要对自己常用的工具等进行配置，以便得心应手。例如，对于工具栏来说，用户可以根据需要显示或隐藏。为更加方便、有效地使用最常用的 AutoCAD 命令，用户可自定义这些工具栏并创建自己的工具栏。

使用 AutoCAD 提供的 TOOLBAR 命令可以定制工具栏，该命令的启动方法如下。

- 菜单："视图"菜单→"工具栏"命令。
- 命令行：TOOLBAR。

执行 TOOLBAR 命令后，AutoCAD 2012 显示如图 2-21 所示的"自定义用户界面"对话框的"自定义"选项卡。它可以管理自定义用户界面元素，例如工作空间、工具栏、菜单、快捷菜单和键盘快捷键。

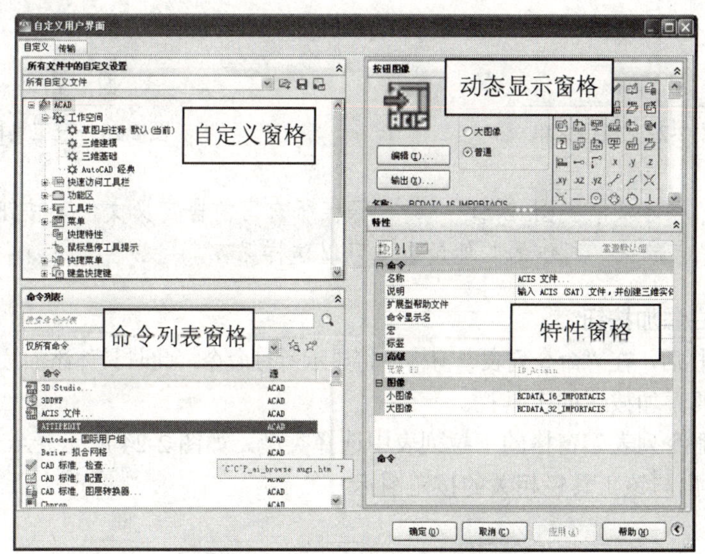

图 2-21 "自定义用户界面"对话框

在这个对话框中，可以进行具体的设置并对设置结果进行预览，还可以通过"特性"选项板等方式对其具体的一些特性进行更改。

从图 2-21 中可以看出，它主要分为四部分。

（1）自定义窗格部分。显示可以自定义的用户界面元素（例如工作空间、功能区、工具栏、菜单、部分 CUI 文件等）的树状结构并进行设置。本节以工具栏编辑和工作空间设置为例讲解具体的设置过程。

（2）动态显示窗格。显示特定于在自定义窗格的树状图中选择的用户界面元素的内容，包括信息、特性、按钮图像和快捷键等。

（3）命令列表窗格。显示程序中加载的命令列表。

（4）特性窗格。显示可以查看、编辑或删除的用户界面特性。

2.5.1 工具栏编辑

1. 创建工具栏

具体的创建步骤如下：

（1）在自定义窗格中选择“工具栏”项。

（2）右击，在如图 2-22 所示的快捷菜单中选择“新建工具栏”选项，将在树状图上建立新的工具栏名称，然后输入名称回车即可。

（3）单击“确定”按钮，关闭对话框。此时，AutoCAD 2012 将显示如图 2-23 所示的空工具栏。

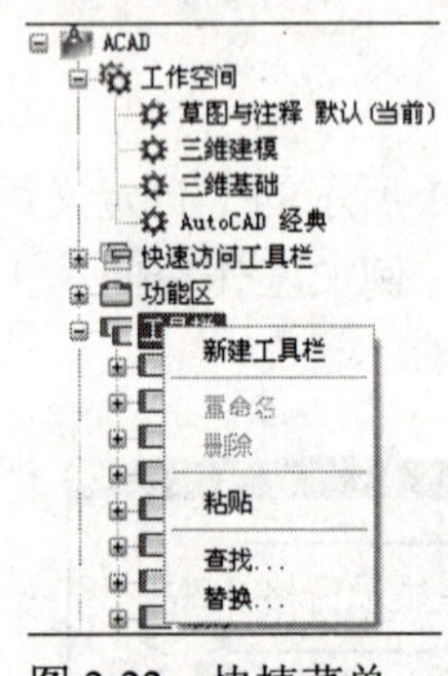

图 2-22 快捷菜单

图 2-23 空工具栏

提示 可以单击图 2-21 中的“保存所有当前自定义文件”按钮，将这些设置保存起来。所作的其他设置也可以这样保存。

2. 向工具栏添加按钮

当建立工具栏后，在“命令列表”窗格中将显示所有命令。此时具体添加按钮的方式如下：

（1）选择要添加按钮的工具栏。

（2）在“命令列表”窗格的下拉列表中选择类型，如图 2-24 所示。AutoCAD 会在“命令”列表框中列出与该工具栏相关的按钮图标。

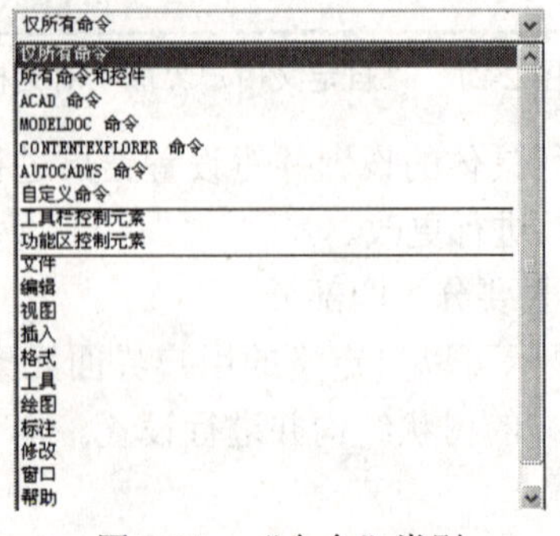

图 2-24 “命令”类别

（3）选择某一个图标后，AutoCAD 会在“按钮图像”窗格中给出相应的按钮图像，并在“特性”窗格中显示该按钮的所有特性，如图 2-25 所示。

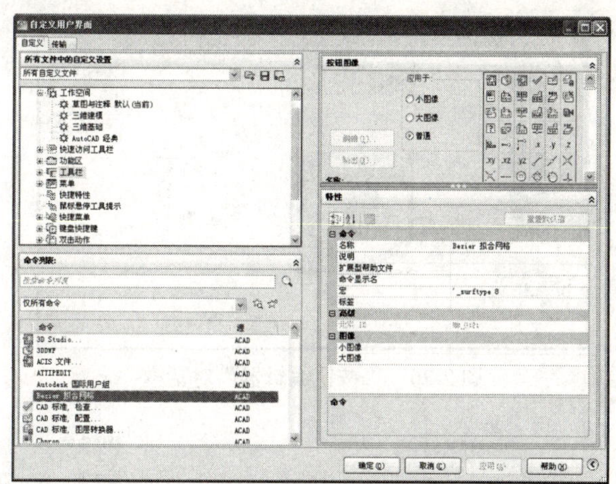

图 2-25　显示按钮图像和名称

（4）选择需要的按钮，将所选择的按钮直接拖动到“自定义”窗格中的工具栏内，放开鼠标，完成操作。

（5）重复以上步骤添加需要的按钮。如果要从工具栏中删除按钮，在将要删除的按钮上右击，然后在快捷菜单中选择“删除”选项即可；如果要在工具栏之间移动，从一个工具栏中将要移动的按钮拖动到另外一个工具栏中即可；如果在移动时按住 Ctrl 键不放，AutoCAD 将拖动的按钮复制到另一个工具栏中。

（6）在“特性”窗格中修改具体特征，确定即可。

3．工具栏重命名

（1）在“自定义”窗格的“工具栏”树中选择要重命名的工具栏。

（2）右击并选择“重命名”选项，该名称处于可更改状态。

（3）输入新的工具栏名称并回车即可。

4．删除工具栏

（1）在“自定义”窗格的“工具栏”树中选择要删除的工具栏。

（2）右击并选择“删除”选项即可。

5．编辑工具按钮

AutoCAD 除了允许自定义工具栏外，还允许编辑和创建新的工具栏按钮。

（1）在图 2-25 中的“按钮图像”窗格中单击“编辑”按钮，系统弹出如图 2-26 所示的按钮编辑器，显示可以编辑的按钮图案。

（2）在上面一行工具栏中选择需要的工具，包括画笔、直线、圆和橡皮。

（3）在右侧选择需要的颜色，进行绘制即可，或者使用一个 BMP 图像文件。如果对绘制的具体位置没把握，可以选中“栅格”复选框，按钮图像将显示栅格（如图 2-27 所示）以便准确定位。

6．新建命令按钮

要新建命令按钮，可以遵循下列步骤：

（1）在图 2-25 中“自定义”选项卡的“命令列表”窗格的命令列表中右击，弹出快捷菜单，如图 2-28 所示。

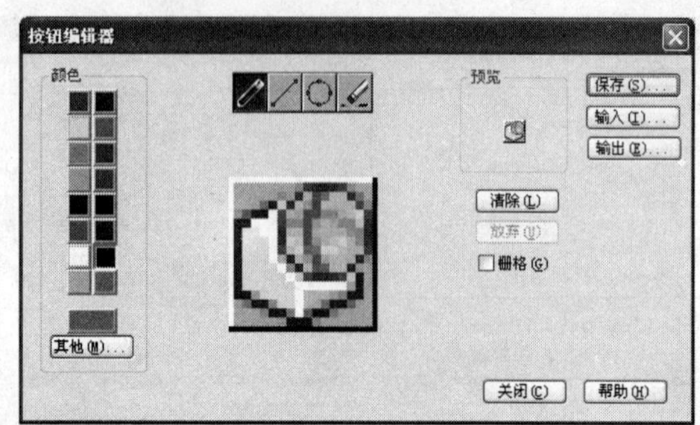

图 2-26 “按钮编辑器”对话框

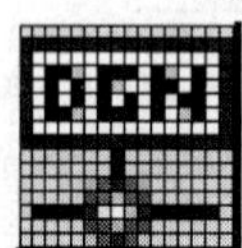

图 2-27 显示栅格

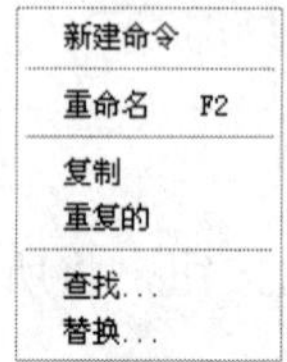

图 2-28 “命令列表”窗格的快捷菜单

（2）选择“新建命令”选项，将在命令列表中建立一个“命令*”的按钮。

（3）在图 2-25 中“自定义”选项卡的“按钮图像”窗格中选择需要的按钮，进行按钮编辑。

（4）在“特性”窗格的“名称”框中输入按钮名称，该名称将作为按钮提示显示。

（5）在“说明”框中输入按钮说明，该说明将显示在状态栏中。

（6）在“宏”框中输入该按钮将执行的 AutoCAD 命令。大多数命令都以^C^C 开始。

（7）在“大图像”和“小图像”框中选择图标，如图 2-29 所示。

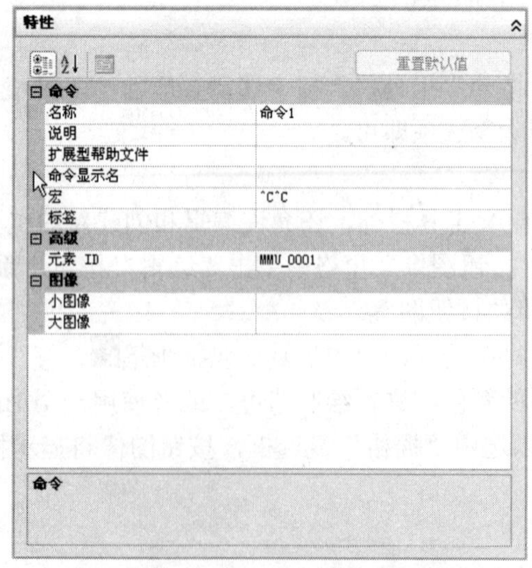

图 2-29 在“特性”窗格中定义按钮属性

（8）单击“应用”按钮，完成创建。

2.5.2　设置工作空间

当用户不希望再移动某些工具栏位置时，或者对浮动的窗口不希望移动时，可以将其锁定。另外，工作到某个时间时，可以将当前整个工作环境保存起来，便于以后随时采用。这就是工作空间所要做的工作。用户可以自定义工作空间以创建图形环境，在该环境中仅显示用户选定的快速访问工具栏、工具栏、菜单、功能区选项卡和选项板上的那些命令。有关设置操作与前面的工具栏设置一样，在此不再赘述。

1．锁定或浮动工作空间内容

具体操作如下：

（1）单击“窗口”菜单的“锁定位置”选项，如图 2-30 所示。

（2）选择需要的对象即可，包括浮动/固定工具栏、浮动/固定窗口等。浮动的工具栏对象和锁定的工具栏对象如图 2-31 所示。锁定的对象不能再随便移动了。

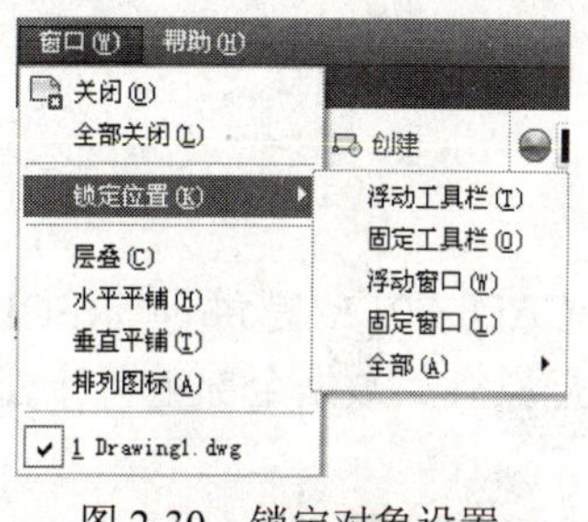

图 2-30　锁定对象设置

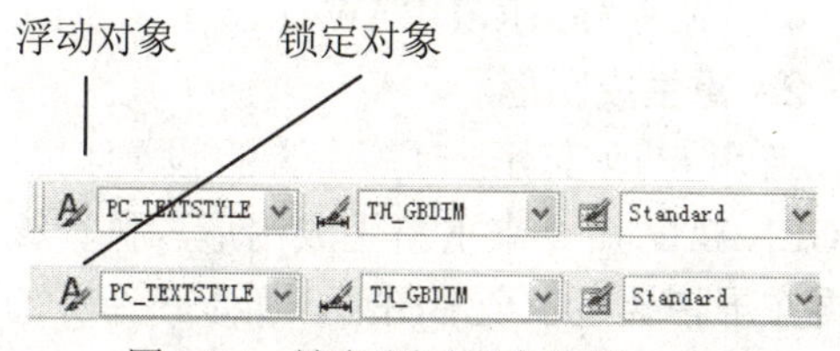

图 2-31　锁定/浮动对象比较

（3）如果要使对象浮动，重复前两步即可。

2．工作空间的快速切换

工作空间的列表显示顺序和内容可以进行修改，通过菜单浏览器上的菜单将 AutoCAD 用户界面中的工作空间设置为当前。具体操作如下：

（1）单击标准工具栏中工作空间下拉列表，或者单击图形窗口右下角“工作空间”按钮，分别如图 2-32 所示。

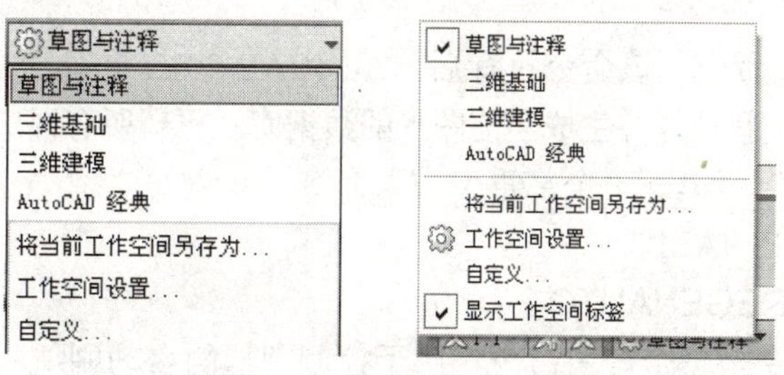

图 2-32　工作空间的切换

（2）要想切换工作空间，直接在工作空间列表中选择工作空间名称即可。

提示

工作空间只设置绘图环境，不同于用“选项”对话框进行系统设置。

2.6 图形的刷新

在很多情况下，由于显示精度等问题，对象可能会在屏幕上出现锯齿等，这并不是图形本身出了问题，而是由于屏幕缩放等原因造成的，此时可以通过重画等措施进行屏幕刷新，使其光滑显示。

1. 重画

（1）重画当前视口中的图形。REDRAW 命令用于重画当前视口中显示的图形，清除所有绘图时留下的十字小标记和编辑命令留下的符号。该命令的执行方法如下：

- 命令行：REDRAW。

可以将视口分解成工程制图中的不同视图，如主视图、俯视图等，只不过它们都显示在同一绘图区中。

（2）重画所有视口中的图形。REDRAWALL 命令用于重画所有视口中显示的图形，执行方法为：

- 菜单："视图"菜单→"重画"命令。
- 命令行：REDRAWALL。

2. 重生成图形

当用户改变了一些系统的设置时，可以利用 AutoCAD 2012 提供的 REGEN、REGENALL 命令来重新生成图形。执行该命令时，由于要把原有的数据全部重新计算一遍后再在屏幕上显示全部图形，所以该命令的速度较慢。

（1）REGEN 命令。该命令重新生成当前图形的数据库并更新当前视口的显示。此外，REGEN 命令将重新计算所有对象的屏幕坐标，重新建立图形数据库索引以优化显示及对象选取的速度，并把不光滑的曲线进行光滑处理。

启动 REGEN 命令的方法有如下几种。

- 命令行：REGEN。
- 菜单："视图"菜单→"重生成"命令。

当使用上述方式中的任一种输入命令后，AutoCAD 会有如下提示：

正在重生成模型。

（2）REGENALL 命令。该命令执行后，AutoCAD 2012 重新生成所有视口。

REGENALL 命令重新计算并生成当前图形的数据库，更新所有视口显示，执行方法如下：

- 菜单："视图"菜单→"全部重生成"命令。
- 命令行：REGENALL。

3. 自动重生成（REGENAUTO）

REGENAUTO 命令是一个开关命令，用于控制图形的自动刷新。当 REGENAUTO 命令打开时，AutoCAD 图形将自动刷新。该命令的状态保存于 REGENMODE 系统变量中。该命令的执行方法如下：

- 命令行：REGENAUTO。

该命令执行后，AutoCAD 提示用户：

输入模式 [开(ON)/关(OFF)] <开>:

用户可以输入 ON 或 OFF，打开或关闭自动重生成，或按 Enter 键接受默认状态。

（1）开：自动地再生整个图形，由于要把所有的数据重新计算一遍，所以有时很费时间。

（2）关：图形不能自动再生。

如果 REGENAUTO 处于关闭状态，而图形又需重新生成，系统提示用户：

ON 或 OFF？

当进行图形的缩放显示时，图形很可能变形。通过重生成方式可以更改其状态。图 2-33 说明了重生成前后圆的显示情况。

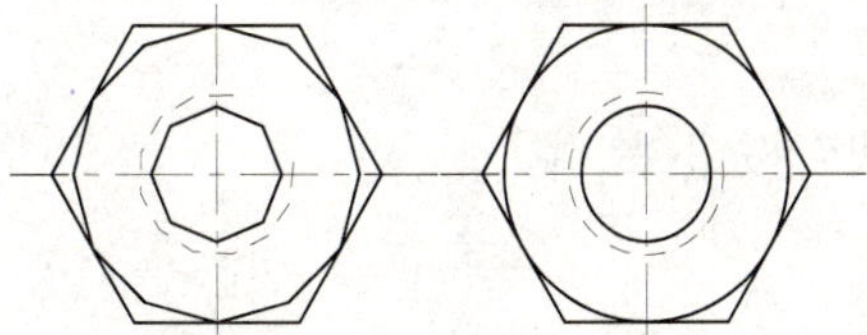

图 2-33　不同显示状态下的同一个圆

2.7　设置精确绘图模式

在绘制单个对象时，有时不需要精确确定一些点的位置，如圆心。但是，在绘制比较复杂的图形时，往往需要精确指定点的位置。AutoCAD 2012 为用户提供了精确绘图工具和命令。

精确绘图主要有命令行操作、状态栏操作、快捷菜单和功能键等方式。建议用户使用状态栏方式。在状态栏中列出了有关的系统工作状态，与精确绘图有关的按钮如图 2-34 所示，单击相应按钮可以完成该状态的“开/关”切换。

图 2-34　状态栏辅助绘图工具

2.7.1　正交模式

正交模式决定了光标只能沿水平或垂直方向移动，所以绘制的线条只能是完全水平或垂直的。

1．启动

- 命令行：ORTHO。
- 状态栏：“正交模式”按钮。
- 功能键：F8。

2．操作方法

命令：ORTHO

输入模式 [开(ON)/关(OFF)] <当前值>：

在提示中输入 ON 或 OFF，或在右键快捷菜单中选择“启用”选项，将打开或关闭正交绘图模式。

3．说明

（1）当坐标系旋转时，正交模式作相应旋转。

（2）光标离哪根轴近，就沿着哪根轴移动。当在命令行输入坐标或指定对象捕捉时，AutoCAD 2012 忽略正交模式。

2.7.2 捕捉模式

捕捉是 AutoCAD 2012 提供的一种定位坐标点的功能，它使光标只能按照一定大小的间距移动。捕捉功能打开时，如果移动鼠标，十字光标只能落在距该点一定距离的某个点上，而不能随意定位。AutoCAD 2012 提供的 SNAP 命令就可以透明地完成该功能的设置。

1．启动

- 命令行：SNAP。
- 状态栏："捕捉模式"按钮。
- 功能键：F9。

2．操作方法 1

命令：SNAP

指定捕捉间距或 [开(ON)/关(OFF)/纵横向间距(A)/样式(S)/类型(T)] <当前值>:

（1）捕捉间距：系统默认项。在提示中直接输入一个捕捉间距的数值，AutoCAD 将使用该数值作为 X 轴和 Y 轴方向上的捕捉间距进行光标捕捉。

（2）开/关：在提示中输入 ON 或 OFF 来打开或关闭捕捉功能。

（3）纵横向间距：在提示下输入 A，AutoCAD 提示用户分别设置 X 轴和 Y 轴方向上的捕捉间距。如果当前捕捉模式为"等轴测"，则不能分别设置。

（4）样式：在提示中输入 S，或在快捷菜单中选择"样式"选项，AutoCAD 提示如下：

输入捕捉栅格类型 [标准(S)/等轴测(I)] <当前值>:

AutoCAD 提供了两种模式：标准模式和等轴测模式。

1）标准模式：AutoCAD 显示平行于当前 UCS 的 XY 平面的矩形栅格，X 和 Y 的间距可以不同。

2）等轴测模式：AutoCAD 显示等轴测栅格，此处栅格点初始化为 30 度和 150 度角。等轴测捕捉可以旋转但不能对不同的 X 轴和 Y 轴捕捉间距值。

（5）类型：在提示中输入 T，或在快捷菜单中选择"类型"选项，AutoCAD 提示如下：

输入捕捉类型 [极轴(P)/栅格(G)] <当前值>:

AutoCAD 2012 提供了两种捕捉类型："极轴捕捉"和"栅格捕捉"。

1）"极轴捕捉"类型：AutoCAD 将捕捉设置成与"极轴追踪"相同的设置。

2）"栅格捕捉"类型：AutoCAD 将捕捉设置成与"栅格"相同的设置。

3．操作方法 2

在"草图设置"对话框中也可以设置捕捉栅格的功能，用户可使用如下方法打开"草图设置"对话框。

- 菜单："工具"菜单→"草图设置"命令。
- 快捷菜单：在状态栏中的"捕捉"、"栅格"、"极轴"、"对象捕捉"或"对象追踪"等按钮上右击，在快捷菜单中选择"设置"选项。
- 命令行：DSETTINGS。

打开"草图设置"对话框后，切换到"捕捉和栅格"选项卡，如图 2-35 所示。

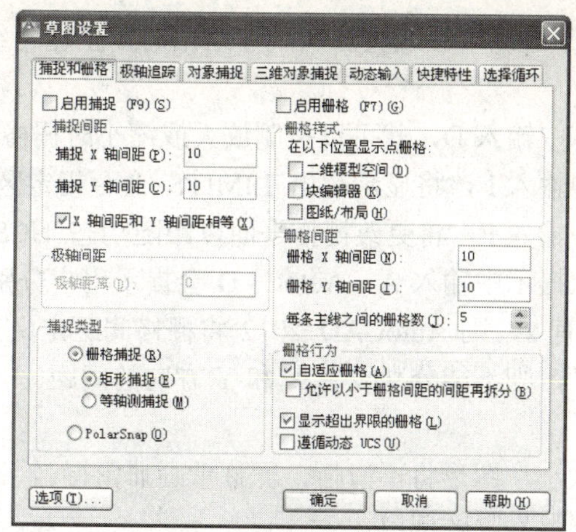

图 2-35 “捕捉和栅格”选项卡

在“捕捉和栅格”选项卡中，可以选择或取消“启用捕捉”复选框来打开或关闭捕捉功能；在“捕捉间距”选项组中，可以设置 X 轴和 Y 轴方向的捕捉间距；在“捕捉类型”选项组中，可以设置捕捉类型和样式。

4．说明

（1）捕捉功能可以让鼠标快速定位。

（2）旋转将影响栅格和正交模式，但不会影响 UCS 的原点和方向。

（3）捕捉栅格的改变只影响新点的坐标，图形中已有的对象保持原来的坐标。

（4）在透视视图下捕捉模式无效。

2.7.3 栅格显示

同光标捕捉不同，显示栅格的目的仅仅是为给绘图提供一个可见参考，它不是图形的组成部分。因此，AutoCAD 2012 在输出图形时并不会打印栅格。栅格也不具有捕捉功能，但它是透明的。在视图操作中曾经提到过，下面主要讲解其设置和特殊应用。

1．启动

- 命令行：GRID。
- 状态栏：“栅格显示”按钮▦。
- 功能键：F7。

2．操作方法

命令：GRID

指定栅格间距(X) 或[开(ON)/关(OFF)/捕捉(S)/主(M)/自适应(D)/界限(L)/跟随(F)/纵横向间距(A)]<当前值>:

（1）指定栅格间距：系统默认值。在提示中直接输入栅格显示的间距。如果数值后跟一个 x，可将栅格间距设置为捕捉间距的指定倍数。

（2）开/关：在提示中输入 ON 或 OFF，打开/关闭栅格。

（3）捕捉：在提示中输入 S，或在快捷菜单中选择“捕捉”选项，将栅格间距设置成当前的捕捉间距。

（4）主：在提示中输入 M，可以设置主栅格。如果栅格以线而非点显示，则颜色较深的线称为主栅格线。在以十进制单位或英尺和英寸绘图时，主栅格线对于快速测量距离尤其有用。

（5）自适应：在提示中输入 D，就可以控制放大或缩小时栅格线的密度。

（6）界限：在提示中输入 L，将显示超出 LIMITS 命令指定区域的栅格。

（7）跟随：在提示中输入 F，将更改栅格平面以跟随动态 UCS 的 XY 平面。

（8）纵横向间距：在提示中输入 A，AutoCAD 会提示用户分别设置栅格的 X 向间距和 Y 向间距。如果输入值后有 x，则 AutoCAD 2012 将栅格间距定义为捕捉间距的指定倍数。如果捕捉样式为“等轴测”，则不能分别设置 X 和 Y 方向的间距。

3．说明

（1）如果栅格间距太小，图形将不清晰，屏幕重画非常慢。

（2）栅格仅显示在图形界限区域内。

2.7.4 对象捕捉

使用 AutoCAD 2012 提供的对象捕捉功能，可以在对象上准确定位某个点，而不必知道坐标或绘制构造线。特别是在绘图时需要用到已经绘制好的图形上的几何点时，这种方法就显得尤其重要。

如果要绘制一个新的目标，利用输入坐标值的方法是十分有用的，但当需要通过已经绘制对象上的几何点定位新的点时，利用目标捕捉功能则是比较方便迅捷的。

目标捕捉是用来选择图形的关键点，如端点、中点、中心点、节点、象限点、交点、插入点、垂足、切点、最近点、外观交点等。

1．启动

对象捕捉模式的设定可以通过如下方法进行。

- 状态栏：“对象捕捉”按钮。
- 命令行：在点输入提示下输入关键字（如 MID、CEN、QUA 等）。

这种捕捉模式基本上与上一功能相似，主要区别在于它可以设置多种对象捕捉模式。执行方式是在点输入提示下输入关键字，各关键字用“,”隔开。

- 命令行：执行 OSNAP 命令，或在点提示下透明执行这个命令，弹出“草图设置”对话框，从而对关键点进行设置。
- 菜单：“工具”菜单→“草图设置”命令。
- 快捷菜单：右击状态栏中的“对象捕捉”按钮，在快捷菜单中选择“设置”选项，弹出“草图设置”对话框，选择“对象捕捉”选项卡，从中选取对象捕捉关键点，如图 2-36 所示。

2．说明

AutoCAD 2012 共提供了 13 种目标捕捉模式，下面对每一种模式分别进行介绍。

（1）端点：捕捉直线、圆弧或多段线的离拾取点最近的点。

（2）中点：捕捉直线、多段线或圆弧的中点。

（3）圆心：捕捉圆弧、圆或椭圆的中心。

（4）节点：捕捉点对象，包括尺寸的定义点。

（5）象限点：捕捉直线、圆或椭圆上 0 度、90 度、180 度或 270 度处的点。

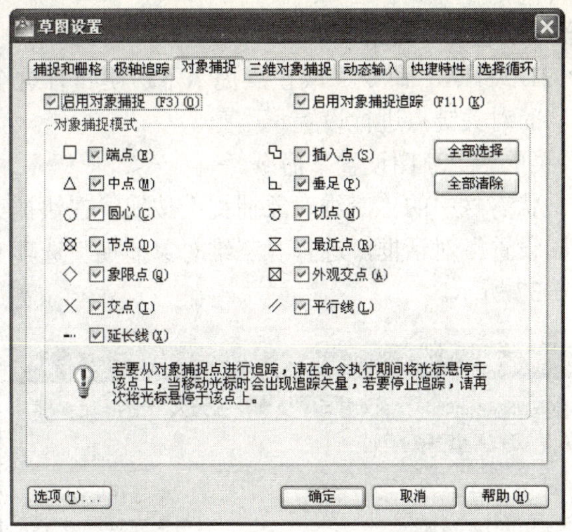

图 2-36 “对象捕捉”选项卡

（6）交点：捕捉直线、圆弧或圆、多段线和另一直线、多段线、圆弧或圆任何组合的最近交点。

（7）延长线：当光标经过对象的端点时，显示临时延长线或圆弧，以使用户在延长线或圆弧上指定点。

（8）插入点：捕捉插入文件中的文本、属性和符号（块或形的原点）。

（9）垂足：捕捉与直线、圆弧、圆、椭圆或多段线上的一点（对于用户拾取的对象）相切的点，该点与上一点到用户拾取的对象形成一正交（垂直的）线，结果点不一定在对象上。

（10）切点：捕捉同圆、椭圆或圆弧相切的点，该点与上一点到拾取的圆、椭圆或圆弧形成一切线。

（11）最近点：捕捉对象上最近的点，一般是端点、垂点或交点。

（12）外观交点：该选项（APPARENT INTERSECTION）与交点（INTERSECTION）相同，只是它还可捕捉 3D 空间中两个对象的视图交点（这两个对象实际上不一定相交，但视觉上相交），在二维空间中，APPARENT INTERSECTION 和 INTERSECTION 模式是等效的。

该捕捉模式不能和 INTERSECTION 捕捉模式同时有效。

（13）平行线：捕捉与某条线平行的线上的一点，在被参考对象上将显示平行标记“//”。

2.7.5 三维对象捕捉

AutoCAD 2012 提供的三维对象捕捉功能，可以在三维对象上的精确位置指定捕捉点。选择多个选项后，将应用选定的捕捉模式，以返回距离靶框中心最近的点。按 Tab 键可以在这些选项之间循环。可以捕捉的目标点包括顶点、边中点、节点、垂足等。

1. 启动

对象捕捉模式的设定可以通过如下方法进行。

- 状态栏："三维对象捕捉"按钮。
- 命令行：执行 3DOSNAP 命令，或在点提示下透明执行这个命令，弹出"草图设置"对话框，从而对关键点进行设置。
- 菜单："工具"菜单→"草图设置"命令。
- 快捷菜单：右击状态栏中的"三维对象捕捉"按钮，在快捷菜单中选择"设置"选项，弹出"草图设置"对话框，选择"三维对象捕捉"选项卡，从中选取对象捕捉关键点，如图 2-37 所示。

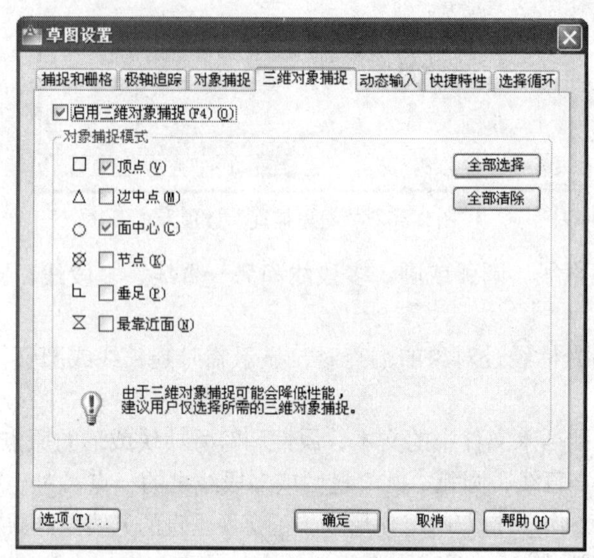

图 2-37 "三维对象捕捉"选项卡

2．说明

AutoCAD 2012 共提供了 6 种目标捕捉模式，下面对每一种模式分别进行介绍。

（1）顶点：捕捉三维对象最近的顶点。

（2）边中点：捕捉面边的中点。

（3）面中心：捕捉面所在的中心。

（4）节点：捕捉样条曲线上得节点。

（5）垂足：捕捉垂直于面的点。

（6）最靠近面：捕捉最靠近三维对象面上的点。

2.7.6 极轴追踪

极轴追踪可用来按照指定角度绘制对象。在该模式下确定目标点时，光标附近将按照指定的角度显示对齐路径，并自动在该路径上捕捉距离光标最近的点，如图 2-38 所示。

1．启动

- 状态栏："极轴追踪"按钮。
- 功能键：F10。

2．选项

用户可以在"草图设置"对话框的"极轴追踪"选项卡中设置该功能，如图 2-39 所示。

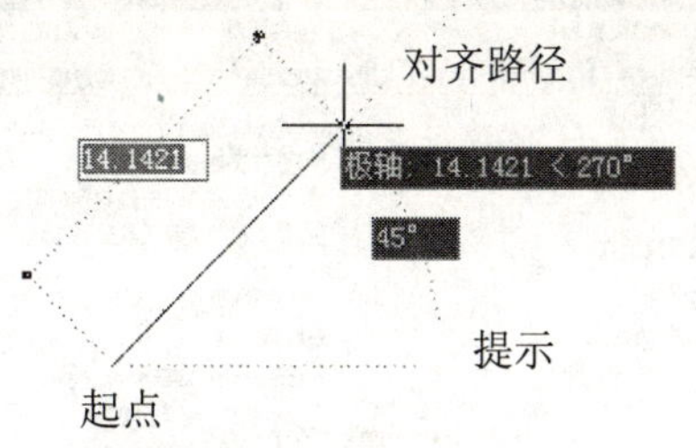

图 2-38　极轴追踪表示

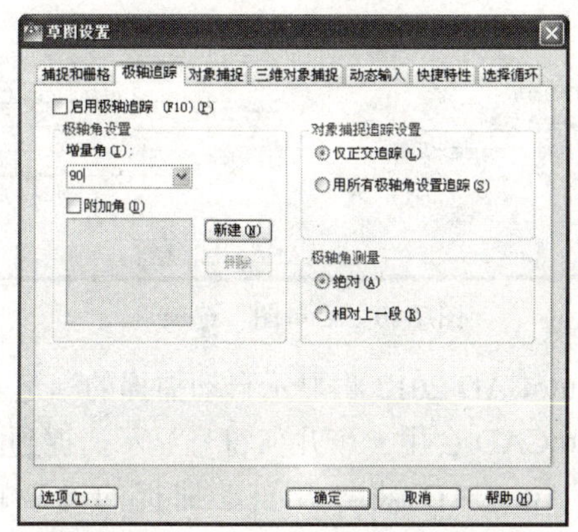

图 2-39　“极轴追踪”选项卡

在其中可以进行以下设置。

（1）要确定启用极轴追踪，只要选择“启用极轴追踪”复选框即可。

（2）设置极轴角。在“增量角”下拉列表中可以选择或者输入增量角度，极轴将按此追踪。例如，如果选择 90 度，则系统将按照 0 度、90 度、180 度、270 度方向指定目标点位置。

另外，可以设置附加追踪角度。选择“附加角”复选框，可以通过“新建”按钮创建新的一些角度，使用户可以在这些角度方向上指定追踪方向。该角度最多有 10 个。

（3）设置对象捕捉追踪方式，主要有两种。

1）仅正交追踪：选择该方式，则只在水平与垂直方向上显示相关提示，其他增量角和附加角均无效。

2）用所有极轴角设置追踪：选择该方式，所有增量角和附加角均有效。

（4）设置极轴角测量，它有两种方式。

1）绝对：以当前坐标系为基准计算极轴追踪角。

2）相对上一段：以最后创建的两个点的连线作为基准。

2.7.7　自动捕捉与自动追踪

如果使用自动捕捉功能，当用户把光标放在一个对象上时，AutoCAD 2012 会自动捕捉到该对象上符合条件的特征点，同时显示该捕捉方式的提示。

可以在“选项”对话框的“绘图”选项卡中设置自动捕捉功能，如图 2-40 所示。

有关自动捕捉内容的具体含义如下。

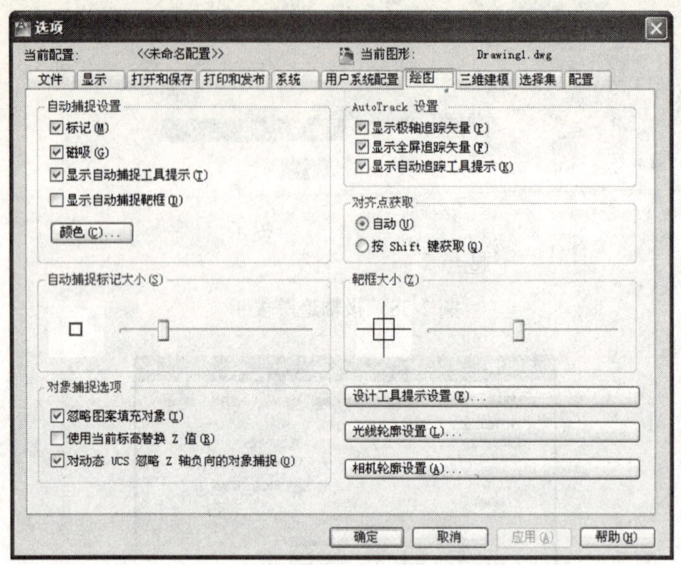

图 2-40 “草图”选项卡

（1）标记：选择它，AutoCAD 2012 将显示自动捕捉的标记。当用户将光标移动到一个对象上的某一捕捉点时，AutoCAD 会用一个几何符号显示捕捉到的点的位置。

（2）磁吸：选择它，AutoCAD 将打开自动捕捉的磁吸功能。磁吸功能打开后，AutoCAD 自动将光标锁定到与其最近的捕捉点上。此时，光标只能在捕捉点之间移动。

（3）显示自动捕捉工具栏提示：AutoCAD 在对象上捕捉到点后，会在光标处显示文字，提示用户捕捉到的点的相关数据，如图 2-41 所示。

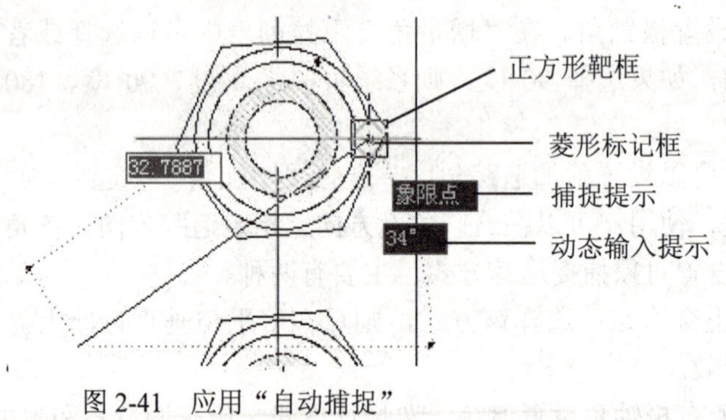

图 2-41 应用“自动捕捉”

（4）显示自动捕捉靶框：选择它，AutoCAD 2012 在捕捉对象点时以光标中心点为中心，显示一个小正方形，即靶框，如图 2-41 所示。

（5）颜色：通过该按钮可以选择捕捉标记框的显示颜色。

（6）自动捕捉标记大小：通过拖动滑块可以设置捕捉标记的大小。

在默认设置中，当用户从命令行进入对象捕捉，或使用“对象捕捉设置”对话框打开对象捕捉时，自动捕捉（AutoSnap）也自动打开。当捕捉到特征点时，将显示标记框和捕捉提示。

另外，在图 2-40 中还可以设置自动追踪、对齐点获取以及靶框大小。

（1）显示极轴追踪矢量：选择该选项，当极轴追踪打开时，将沿指定角度显示一个矢量。使用极轴追踪，可以沿角度绘制直线。极轴角是 90 度的约数，如 45 度、30 度和 15 度。

（2）显示全屏追踪矢量：选择此选项，AutoCAD 将以无限长直线显示对齐矢量。

（3）显示自动追踪工具提示：选择该选项，工具提示作为一个标签显示追踪坐标。

（4）对齐点获取：控制在图形中显示对齐矢量的方法，有以下两种方式。

1）自动：当靶框移到对象捕捉上时，自动显示追踪矢量。

2）按 Shift 键获取：当按 Shift 键并将靶框移到对象捕捉上时，显示追踪矢量。

（5）靶框大小：选择它，可以调整靶框显示的尺寸大小。

2.7.8 动态输入

动态输入即 DYN 功能。启用动态输入功能时，工具栏提示将在光标附近显示信息，该信息会随着光标移动而动态更新。

所选择的操作或者对象不同，动态提示内容也将不同。

1．启动

- 状态栏："动态输入"按钮。
- 功能键：F12。

2．选项

可以在"草图设置"对话框的"动态输入"选项卡中设置该功能，如图 2-42 所示。动态输入包括三方面内容：指针输入、标注输入和动态提示。

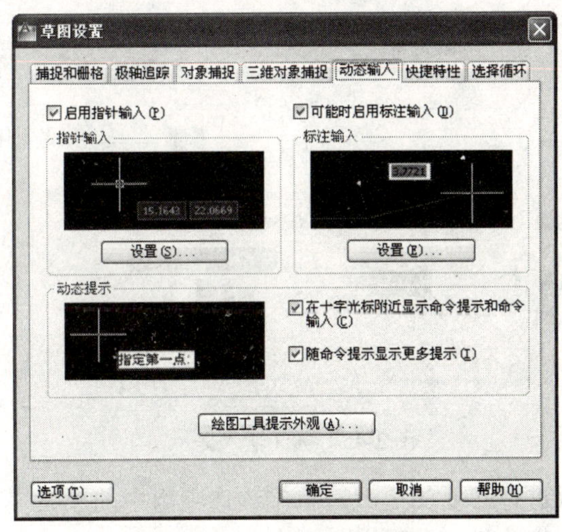

图 2-42 "动态输入"选项卡

（1）指针输入设置。在图 2-42 中选中"启用指针输入"复选框，将在十字光标附近的工具提示中显示坐标值，如图 2-43 所示。

用户可以对指针输入进行必要的更改，单击该选项组中的"设置"按钮，系统弹出如图 2-44 所示的对话框。

在图 2-44 中可以进行以下设置：

1）点输入格式设置。包括极轴格式、笛卡尔格式、相对坐标和绝对坐标格式。

2）可见性设置，即何时显示。包括三种方式。

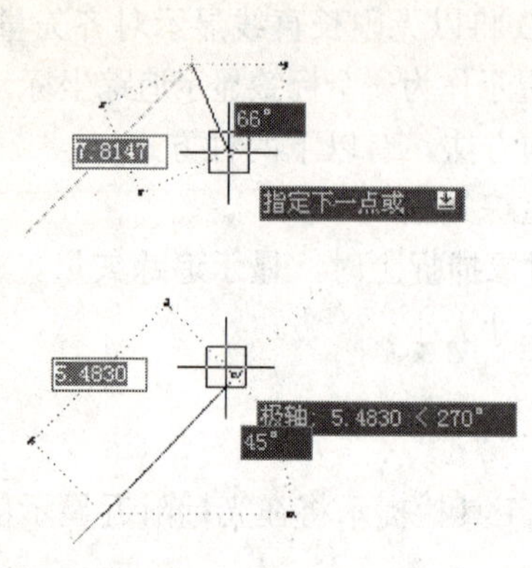

图 2-43 动态提示

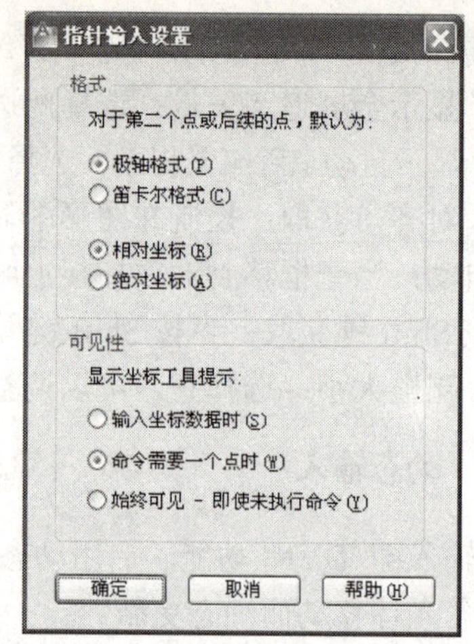

图 2-44 “指针输入设置”对话框

- 输入坐标数据时：仅当开始输入坐标数据时才显示工具提示。
- 命令需要一个点时：只要命令提示输入点就显示工具提示。
- 始终可见－即使未执行命令：始终显示工具提示。

（2）标注输入设置。在图 2-42 中选中“可能时启用标注输入”复选框，当命令提示输入第二点时，工具提示将显示距离和角度值。工具提示中的值将随着光标移动而改变，按 Tab 键可以将光标移动到要更改的值，输入数值即可，如图 2-45 所示。

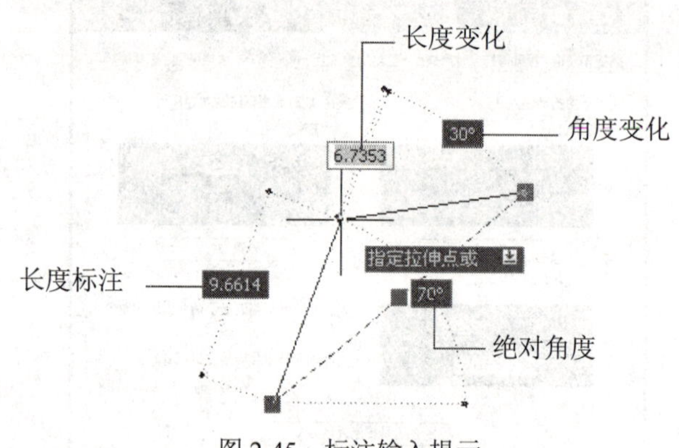

图 2-45 标注输入提示

用户可以对标注输入进行必要的更改，单击该选项组中的“设置”按钮，系统弹出如图 2-46 所示的对话框。

在图 2-46 中可以进行以下设置。

1）每次仅显示 1 个标注输入字段：使用夹点编辑拉伸对象时，仅显示距离标注输入工具提示。

2）每次显示 2 个标注输入字段：使用夹点编辑拉伸对象时，显示距离和角度标注输入工具提示。

3）同时显示以下这些标注输入字段：使用夹点编辑拉伸对象时，显示选定的标注输入工具提示。可以选择一个或多个提示，包括结果尺寸、角度修改、长度修改、圆弧半径和绝对角度。

（3）动态提示。用户可以在“动态提示”选项组中决定是否显示提示。另外，用户还可以设置工具提示的外观。在图 2-42 中单击“绘图工具提示外观”按钮，系统将显示如图 2-47 所示的对话框。在此对话框中可以进行以下设置：

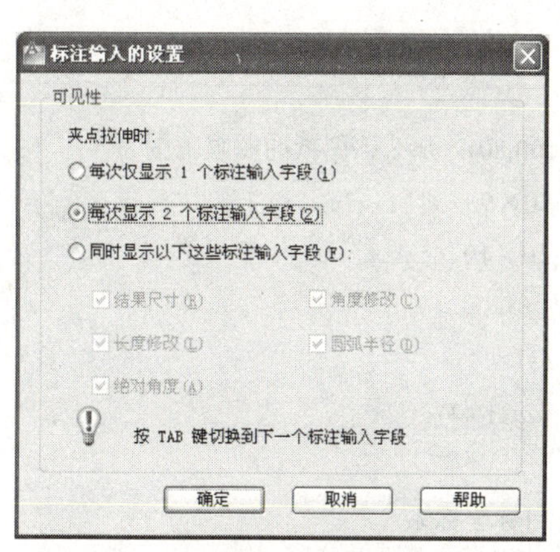

图 2-46 “标注输入的设置”对话框

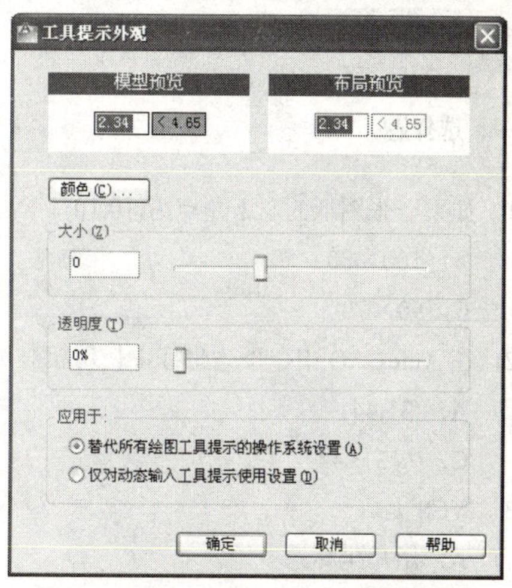

图 2-47 “工具提示外观”对话框

1）颜色：可以指定模型空间和布局空间中工具提示的颜色。通过该按钮可以打开“图形窗口颜色”对话框，从中选择需要的颜色或者颜色方案即可，如图 2-48 所示。

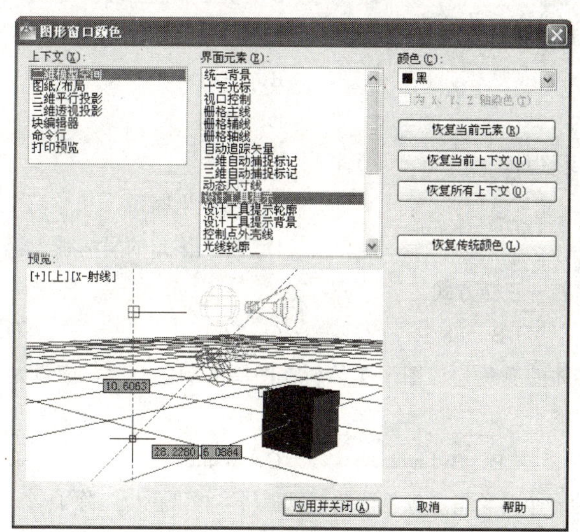

图 2-48 “图形窗口颜色”对话框

2）大小：指定工具提示的大小。默认大小为 0。使用滑块可以放大或缩小工具提示。

3）透明度：控制工具提示的透明度。设置的值越低，工具提示的透明度越低。当值设置为 0 时工具提示为不透明。

4）应用于：可以在两种情况下应用这些设置。

- 替代所有绘图工具提示的操作系统设置：将设置应用于所有的工具提示，从而替代操作系统中的设置。

- 仅对动态输入工具提示使用设置：将这些设置仅应用于动态输入中使用的绘图工具提示。

习题二

一、选择题

1. 如果一张图纸的左下角点为(10,10)，右上角点为(100,80)，那么该图纸的图限范围为（ ）。

A. 100×80　　B. 70×90

C. 90×70　　D. 10×10

2. 在 AutoCAD 中，下列坐标中使用相对极坐标的是（ ）。

A. (31,44)　　B. (31<44)

C. (@31<44)　　D. (@31,44)

3. WCS 是（ ）。

A. 用户坐标系　　B. 目标坐标系

C. 世界坐标系　　D. 全球坐标系

4. 重复执行上一次操作的快捷键是（ ）。

A. Enter　　B. Esc

C. Shift　　D. 以上都不正确

5. AutoCAD 中对图层的操作有（ ）。

A. 关闭　　B. 引用

C. 冻结　　D. 锁定

6. UCS 是一种坐标系图标，属于（ ）。

A. 世界坐标系　　B. 用户坐标系

C. 自定义坐标系　　D. 单一固定的坐标系

7. （ ）可以快速打开正交方式。

A. ^D　　B. F8　　C. F6　　D. F2

8. 为了保持图形实体的颜色与该图形实体所在图层的颜色一致，应设置该图形实体的颜色特性为（ ）。

A. ByBlock　　B. ByLayer　　C. White　　D. 任意

9. 在 AutoCAD 中给一个对象指定颜色特性可以使用多种调色板，除了（ ）外。

A. 灰度颜色　　B. 索引颜色

C. 真彩色　　D. 配色系统

10. 在 AutoCAD 中给一个对象指定颜色的方法很多，除了（ ）外。

A. 直接指定颜色特性　　B. 随层 ByLayer

C. 随块 ByBlock　　D. 随机颜色

11. 在 AutoCAD 中可以给图层定义的特性不包括（ ）。

A. 颜色　　B. 线宽

C．打印/不打印　　D．透明/不透明

12．在 AutoCAD 中默认存在的命名图层过滤器不包括（　　）。

A．显示所有图层　　B．显示所有使用图层

C．显示所有打印图层　　D．显示所有依赖于外部参照的图层

13．在需输入点坐标时，用 Midpoint 目标捕捉方式可以捕捉实体中点，下列叙述错误的有（　　）。

A．可以用来捕捉圆的中心

B．两次连续使用 MID 可以捕捉一直线中点与端点之间的中点

C．可以捕捉直线的中点

D．可以捕捉圆弧的中点

E．可以捕捉正多边形的中心

14．以下哪些对象不能被删除？（　　）

A．世界坐标系　　B．文字对象

C．锁定图层上的对象　　D．不可打印图层上的对象

15．在 AutoCAD 中，可以通过（　　）激活一个命令。

A．在命令行输入命令名　　B．单击命令对应的工具栏图标

C．从下拉菜单中选择命令　　D．右击，从快捷菜单中选择命令

16．在 AutoCAD 中，可以通过（　　）改变一个系统变量的值。

A．在命令行输入系统变量名，然后键入新的值

B．右击，从快捷菜单中选择系统变量，然后键入新的值

C．在某些对话框中改变复选框的状态

D．在下拉菜单中，选择“工具”→“查询”→“设置变量”命令进行变量设置

17．在 AutoCAD 中，可以设置透明度的界面元素有（　　）。

A．所有的对话框　　B．浮动命令窗口

C．帮助界面　　D．工具选项板

18．在 AutoCAD 中，下列坐标中使用绝对极坐标的是（　　）。

A．(31,44)　　B．(31<44)

C．(@31 <44)　　D．(@31,44)

19．在 AutoCAD 中被锁定的图层上（　　）。

A．不显示本图层的图形　　B．不可修改本图层的图形

C．不能增画新的图形　　D．不能显示、修改或增画新图形

二、填空题

1．AutoCAD 的坐标系统有________、________，其中________是固定不变的。

2．AutoCAD 默认的线型是________，Center 表示________。

3．图层的基本特性有________、________、________、________、________、线宽和打印样式。

4．在机械制图中，中国标准图纸的规格有________、________、________、________、________。

5．A4 图纸的大小是________，A3 图纸的大小是________。

6．在图层操作中，所有图层均可关闭，________图层无法冻结。

7．在 AutoCAD 中，自动追踪功能是一个非常有用的辅助绘图工具，分为两种：________和________。

8．极轴追踪是按设定的________来追踪特征点，极轴追踪模式是在________对话框的“极轴追踪”选项卡中设置的。

三、判断题

1．用户坐标系统（UCS）有助于建立自己的坐标系统。 （ ）

2．UCS 图标仅是一个 UCS 原点方向的图形提示符。 （ ）

3．在复杂图形中，冻结图层可加快系统重生成图形的速度，所有图层都可选为冻结状态。 （ ）

4．在默认状态下，当鼠标位于菜单栏或者工具栏上时，状态栏显示相应命令的提示信息。 （ ）

5．打开图形界限检查，图形绘制允许超出图形界限。 （ ）

6．默认图层为 0 层，它是可以删除的。 （ ）

7．正交功能打开时就只能画水平或垂直的线段。 （ ）

8．所有图层均可加锁，也可以关闭所有图层。 （ ）

9．加锁后的图层，该层上的物体无法编辑，但可以向该图层画图形。 （ ）

10．应用对象追踪时，应同时使用“对象追踪”和“对象捕捉”。 （ ）

11．当启用正交命令时，只能画水平和垂直线，不能画斜线。 （ ）

12．将某一图层的图形转移到一个新图层后，该图形的线型自动变为新图层的线型。 （ ）

四、操作题

1．按照横向 A4 图纸的大小，设置图形界限。

2．按照如下表的要求设置线型和颜色。

图层	线型描述	颜色
01	粗实线	白
02	细实线	蓝
03	粗虚线	
04	细虚线	黄
05	细点划线	蓝绿/浅绿
06	粗点划线	棕
07	细双点划线	粉红/橘红

3．打开系统自带文件 8th floor furniture.dwg，使用“图层”功能面板练习图层的开/关，冻结/解冻，锁定/解锁。

五、思考题

1．AutoCAD 使用的绘图单位与日常使用的单位有何区别？

2．绘图时设置的栅格间距和网格捕捉间距有关系吗？

3．如何快速准确地绘制水平和垂直直线？

4．什么是对象捕捉？对象捕捉的作用是什么？有哪几种对象捕捉模式？

5．如何设置对象捕捉标记的大小和颜色？

6．极轴追踪在绘图中有何作用？如何设置追踪的增量角度？

7．什么是自动追踪？自动追踪有几种方式？

8．如何自定义工作空间？

第 3 章　绘制基本对象

- 了解点在绘图中的作用和绘制方法。
- 理解定数等分点和定距等分点的区别。
- 理解直线、构造线和射线的区别，熟练掌握画线的方法。
- 学会绘制矩形和正多边形的方法。
- 掌握常用的绘制圆（圆弧）、椭圆（椭圆弧）的方法。
- 理解多线、多段线、样条曲线的含义。
- 初步掌握多段线和多线的绘制方法。
- 了解修订云线和区域覆盖的作用。

用 AutoCAD 绘图，首先需要了解和熟悉基本的绘图命令。绘制图形是进行设计的最基本操作，任何复杂的图形都是由基本的图形组合而来的，对于一个初次使用或不能熟练使用 AutoCAD 的设计者来说，往往会感到用计算机绘图比用手工绘图要慢，但当他能够灵活运用 AutoCAD 时，就会真正体会到使用该软件绘图的方便之处。下面从基本的绘图命令开始，介绍如何在 AutoCAD 2012 中绘制图形。

AutoCAD 2012 的基本图形包括点、线、圆、圆弧、椭圆、椭圆弧、圆环、矩形、正多边形、修订云线、样条曲线等基本对象。AutoCAD 2012 将与绘图有关的命令放在“绘图”菜单中，如图 3-1 所示。同时，“绘图”功能面板提供了菜单选项相应的命令按钮，如图 3-2 所示。

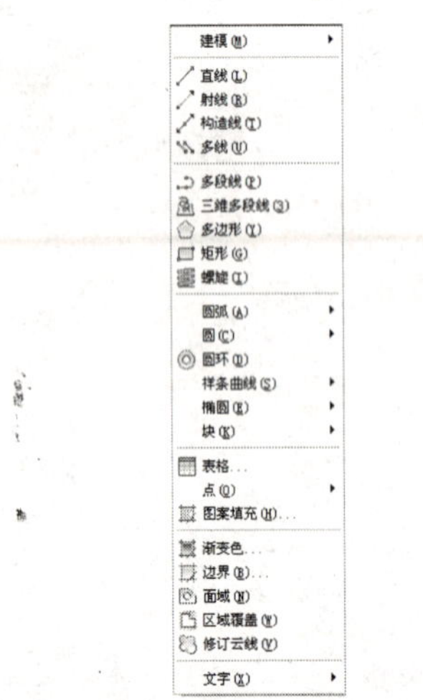

图 3-1　“绘图”下拉菜单

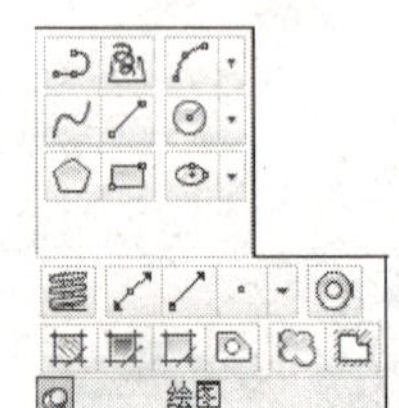

图 3-2　“绘图”功能面板

3.1 绘制点

在一般的图形图像处理软件中，很少有绘制点的命令，但在工程制图中，点是很有用的基本图形。在 AutoCAD 2012 中绘制图形时，经常要绘制一些点，如圆的圆心、线段的端点、圆弧的圆心及其端点等。AutoCAD 提供了三种画点方法，分别使用 POINT、DIVIDE 和 MEASURE 命令。用户可以根据屏幕大小或绝对单位来设置点的样式及其大小。

3.1.1 设置点的样式及大小

在用 AutoCAD 绘图前，首先需要知道到底要画什么样的点，点到底有多大。可以根据需要在“点样式”对话框中选择点对象的样式和大小。

1．启动

- 菜单：“格式”菜单→“点样式”命令。
- 命令行：DDPTYPE。

2．选择点的样式和大小

执行 DDPTYPE 命令后，AutoCAD 显示如图 3-3 所示的“点样式”对话框。

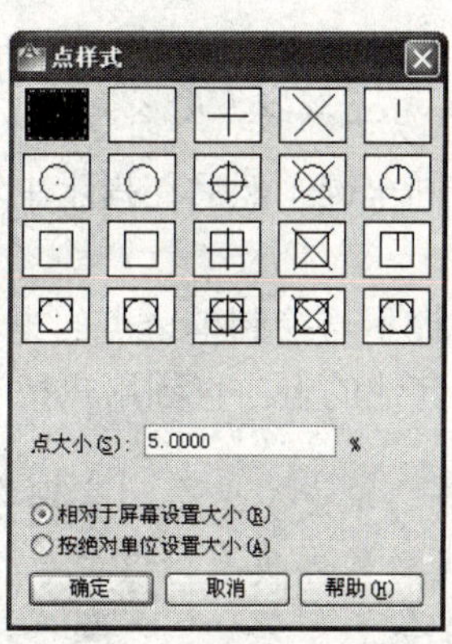

图 3-3 “点样式”对话框

“点样式”对话框中显示出所提供的点样式以及当前正在使用的点样式，用户可以根据需要选择。在“点大小”列表中，可以设置点在绘制时的大小。点的大小既可以按照相对于屏幕大小来设置，即点的大小随显示窗口的变化而变化，也可以按绝对绘图单位来设置。

设置完成后，单击“确定”按钮，关闭“点样式”对话框并结束操作。

3．说明

（1）在改变点的样式和大小后，用户绘制的点对象将使用新设置的值。对于所有已经存在的点，则要等到执行重生成（REGEN）命令后才会更改为设置的值。

（2）如果将点的大小设置成相对屏幕的大小，在缩放图形时点的显示不会改变。如果将点的大小设置成按绝对单位的大小，在缩放显示时点的显示大小将会相应改变。

3.1.2 绘制一个点（单点）

在 AutoCAD 2012 中常常需要绘制单点，如某圆的圆心，要在指定的位置创建单一的点，可以使用 POINT 命令。

1．启动

- 菜单："绘图"菜单→"点"→"单点"命令。
- 命令行：POINT。

2．绘制单点

执行绘制点命令后，AutoCAD 2012 首先显示系统变量 PDMODE 和 PDSIZE 的值，即当前点的样式和大小。然后提示用户指定要绘制点的位置，提示如下。

命令：POINT
当前点模式：PDMODE=0 PDSIZE=0.0000
指定点：

此时，可以使用键盘输入点坐标，也可用鼠标直接在屏幕上拾取点。

3.1.3 绘制多个点（多点）

在 AutoCAD 2012 中绘图时，有时需要在图形中绘制多个点。如果绘制每一个点都使用一次 POINT 命令，那将浪费很多时间。这时可以使用绘制多点的方法，执行一次命令，绘制多个点，从而提高绘图效率。

1．启动

- 功能面板：单击"常用"选项卡，"绘图"功能面板→"多点"按钮。
- 菜单："绘图"菜单→"点"→"多点"命令。
- 命令行：MULTIPLE 并按回车键，然后在提示中输入 POINT 命令。

2．绘制多点

执行绘制多点命令后，系统的提示与绘制单个点的提示基本相同，只是在用户绘制完一个点后，系统会继续提示用户绘制其他的点，直到用户按 Esc 键结束该命令为止。

注意

"多点"命令与"单点"命令的区别在于，在执行后者以后只能绘制一个点，如需再绘制点必须再次执行该命令，前者在执行后可以绘制多个点，而不用再次执行点命令。

3.1.4 在一个对象上按指定的数目画点（定数等分点）

在 AutoCAD 2012 中，可以在一个对象上按指定的数目等距离放置一些点，这些点可以作为绘图的辅助点。如果需要，用户也可以用块来代替点放到对象上。

1．启动

- 功能面板：单击"常用"选项卡，"绘图"功能面板→"定数等分"按钮。
- 菜单："绘图"菜单→"点"→"定数等分"命令。
- 命令行：DIVIDE。

2．操作方法

命令：DIVIDE
选择要定数等分的对象：(用鼠标在绘图区域选择要放置点的对象，如直线、样条曲线、圆等)
输入线段数目或 [块(B)]：(输入定数等分的等分数)

3．说明

（1）“定数等分的对象”可以是直线、圆、圆弧、多段线和样条曲线等，但不能是块、尺寸标注、文本及剖面线。

（2）DIVIDE 命令一次只能等分一个对象，不能同时等分多个对象。

（3）DIVIDE 命令最多只能将一个对象分为 32767 份。

例如，利用 DIVIDE 命令将一条多段线等分为 5 等份，结果如图 3-4 所示。

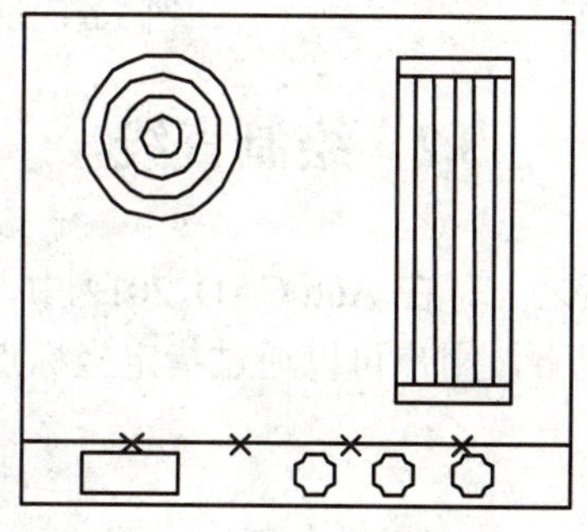

图 3-4　定数等分多段线

3.1.5　在一个对象上按指定的距离画点（定距等分点）

在 AutoCAD 2012 中，可以在一个对象上按指定的距离放置一些点。如果需要，用户也可以用块来代替点放到对象上。

1．启动

- 功能面板：单击“常用”选项卡，“绘图”功能面板→“定距等分”按钮。
- 菜单：“绘图”菜单→“点”→“定距等分”命令。
- 命令行：MEASURE。

2．操作方法

命令：MEASURE
选择要定距等分的对象：(用鼠标在绘图区域选择要放置点的对象，如直线、多段线、圆等)
指定线段长度或 [块(B)]：(输入等分距离，或用鼠标在屏幕上指定两点来确定长度)

3．说明

（1）“定距等分的对象”可以是直线、圆、圆弧、多段线和样条曲线等，但不能是块、尺寸标注、文本及剖面线。

（2）放置点或块的起点位置是离选择对象点较近的端点，同时块的属性被排除。

（3）若对象总长不能被指定间距整除，则选定对象的最后一段小于指定间距的数值。

（4）MEASURE 命令一次只能测量一个对象。

例如，利用定距等分点命令将圆弧按指定长度 15 进行测量分隔，如图 3-5 所示。

例如，对于同一条直线，首先进行定数等分，等分数为 4，得到 3 个点，将直线等分为 4 个相等的部分。然后进行定距等分，等分的长度为 25，起点在直线右端，结果也得到 3 个点，但将直线分为 3 个长度为 25 的相等的部分和一个较短的部分，如图 3-6 所示。

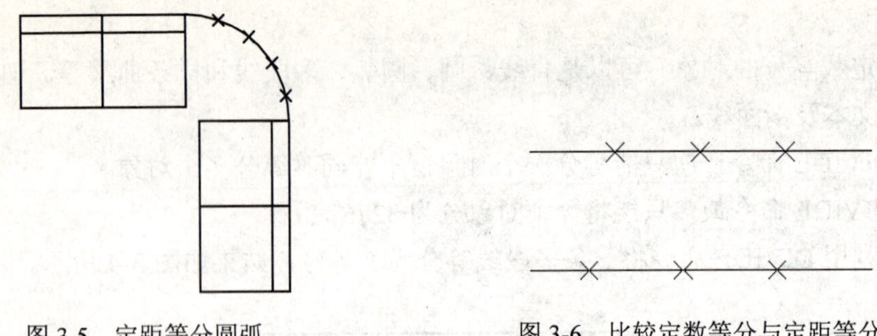

图 3-5　定距等分圆弧　　　　图 3-6　比较定数等分与定距等分

3.2　绘制直线

线是绘制几何图形的三元素之一。在 AutoCAD 2012 中，可以绘制各种样式的线，如直线、构造线、射线等。一般情况下，用户可以通过指定坐标点、特性（如线型、颜色）和测量单位（如长度）来画线。

3.2.1　绘制单一直线

LINE 命令用来绘制线段，它可以画一条线段，也可以通过连续输入点坐标来绘制多条首尾相连的线段，或者封闭的线段环。其中每条线段都是独立的线对象，可使用线段编辑命令对单一的线段进行编辑。

1．启动

- 功能面板：单击“常用”选项卡，“绘图”功能面板→“直线”按钮。
- 菜单：“绘图”菜单→“直线”命令。
- 命令行：LINE。

2．操作方法

执行 LINE 命令，系统作如下提示：

命令：LINE
指定第一点：(在此提示下指定直线的起点)
指定下一点或 [放弃(U)]：(指定直线的终点)
指定下一点或 [放弃(U)]：

在此提示下，可以继续输入直线端点来绘制直线，或者选择“闭合”或“放弃”选项。在该提示下，按回车键、空格键或右击显示快捷菜单，在快捷菜单中单击“确认”选项即可结束此命令。如果继续输入一个点，则 AutoCAD 2012 将把前一点视为直线的起点，以该点作为直线的终点绘制一条直线。当在一次操作中输入三个点后，系统提示：

指定下一点或 [闭合(C)/放弃(U)]：

在此提示下，用户可以继续输入直线的端点来绘制直线，或者选择其他两个选项。

3．说明

（1）输入线段端点坐标的方法可以是用鼠标在窗口绘图区域中拾取点，或者使用键盘直接键入坐标值。坐标值可分为绝对直角坐标、相对直角坐标、极坐标。

（2）如果在命令行中输入 C，或在快捷菜单中选择“闭合”选项，AutoCAD 将用户输入的最后一点和第一点连成一条直线，形成封闭图形，并结束直线绘制。

（3）如果在命令行输入 U，则 AutoCAD 会擦去上一次绘制的线段。如果不断使用“放弃”选项，AutoCAD 则会按绘制时相反的次序擦除所绘制的线段。

（4）在“指定第一点”提示下按回车键，可以从上次刚画完的线段终点开始画一条新线段。如果上次刚画完的是圆弧，则新线段的起点为圆弧终点并且线段在此点与弧相切。

（5）可以先用鼠标确定直线方向，然后用键盘输入直线长度。

例如，绘制如图 3-7 所示的图形，部分命令如下：

命令：LINE

指定第一点：(确定直线的起始点 1)

指定下一点或[放弃(U)]：(确定直线的端点 2)

指定下一点或[放弃(U)]：(确定直线的端点 3)

指定下一点或[闭合(C)/放弃(U)]：C

图 3-7　绘制封闭图形

3.2.2　绘制构造线

构造线是一种没有始点和终点的无限长直线。用几何学上的话说就是“直线”，它通常用作辅助绘图线，并单独地放在一层中。

构造线具有普通 AutoCAD 2012 图形对象的各种属性，如图层、颜色、线型等，它可以通过修剪、打断等命令成为射线或直线。

1．启动

- 功能面板：单击“常用”选项卡，“绘图”功能面板→“构造线”按钮。
- 菜单：“绘图”菜单→“构造线”命令。
- 命令行：XLINE。

2．操作方法

执行构造线命令后，系统提示如下：

命令：XLINE

指定点或[水平(H)/垂直(V)/角度(A)/二等分(B)/偏移(O)]：

下面分别介绍各选项的含义。

（1）指定点：该项为默认项，用来绘制通过指定两点的构造线。当在上面的提示下输入一个点时，AutoCAD 2012 接着提示：

指定通过点：

在此提示下再输入一个点，则绘制出通过这两点的构造线，同时 AutoCAD 2012 继续提示：

指定通过点：

如果再输入一个点，则绘制出通过第一点和该点的另外一条构造线。如果不再绘制构造线，可以通过输入空格或者回车来结束 XLINE 命令。

利用该功能可以绘制出通过一固定点的多条构造线。

（2）水平：该选项的功能是绘制通过指定点的水平构造线。

如果要绘制水平的构造线，可在提示中输入 H。AutoCAD 提示用户：

指定通过点：

如果输入新的点，又绘制出通过新点的水平构造线。利用该功能可以绘制出多条水平的构造线。

（3）垂直：该选项的功能是绘制通过指定点的竖直构造线。

如果要绘制垂直的构造线，可在提示中输入 V。AutoCAD 提示用户：

指定通过点：

在该提示下，用户可以不断地指定垂直构造线的位置来绘制多条垂直构造线。

（4）角度：该选项的功能是绘制与 X 轴正方向成一定角度的构造线，或与某一条直线成一定角度的构造线。

如果要绘制带有指定角度的构造线，可在提示中输入 A，AutoCAD 提示用户：

输入构造线的角度 (0) 或 [参照(R)]:

用户可以输入一个角度值，然后指定构造线的通过点，绘制与坐标系 X 轴成一定角度的构造线。

如果要绘制与某一直线成一定角度的构造线，则输入 R，此时 AutoCAD 2012 会提示选择直线对象并指定构造线与直线的夹角，然后可以指定通过点来绘制构造线。

（5）二等分：此选项的功能是绘制平分一已知角的构造线。

如果要绘制平分角度的构造线，可以在提示中输入 B，系统提示如下：

指定角的顶点：

指定角的起点：

指定角的端点：

依次指定角度的顶点、起点和端点，AutoCAD 2012 通过指定的端点绘制构造线，该构造线平分起点与顶点和端点与顶点两条连线所夹的角度。

（6）偏移：此选项的功能是绘制出与指定线偏移一定距离的平行构造线。

如果要绘制平行于直线的构造线，可在提示中输入 O，系统提示如下：

指定偏移距离或 [通过(T)] <1.0000>:

如果指定偏移距离，AutoCAD 2012 会提示选择直线对象，并指定构造线相对直线的位置。系统提示如下：

选择直线对象：

指定向哪侧偏移:

如果输入 T，系统则提示选择直线对象并指定构造线要通过的点。系统提示如下：

选择直线对象：

指定通过点：

3．说明

（1）构造线可以使用“修剪”命令而变成线段或射线。

（2）构造线一般作为辅助作图线，在绘图时可将其置于单独一层，并赋予一种特殊颜色。

关于构造线的绘制举例如下。

（1）绘制通过指定点 A 的三条构造线，如图 3-8 所示。

命令：XLINE

指定点 或[水平(H)/垂直(H)/角度(A)/二等分(B)/偏移(O)]：(确定点 A)

指定通过点：(确定点 B)

指定通过点：(确定点 C)

指定通过点：(确定点 D)

（2）绘制出如图 3-9 所示的平分已知角∠BAC 的构造线。

命令：XLINE

指定点 或[水平(H)/垂直(H)/角度(A)/二等分(B)/偏移(O)]：B

指定角的顶点：(拾取 A 点)

指定角的起点：(拾取 B 点)
指定角的端点：(拾取 C 点)
指定角的端点：(回车结束命令)

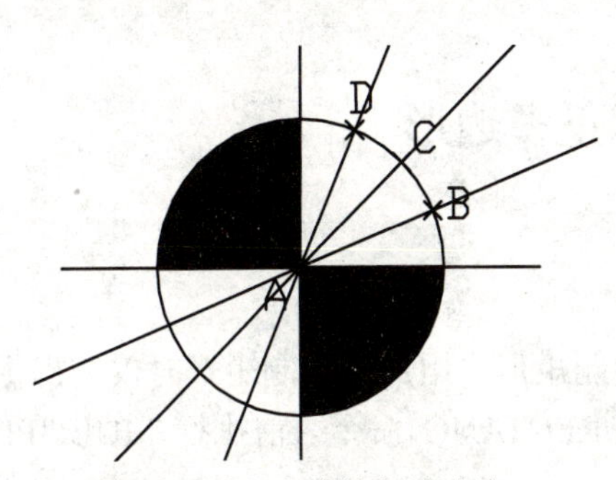

图 3-8　过指定点绘制构造线

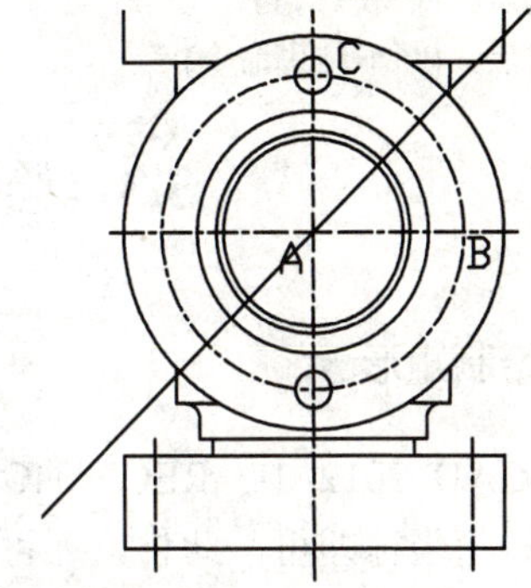

图 3-9　绘制平分已知角∠BAC 的构造线

3.2.3　绘制射线

射线为只有一个起始点并沿伸到无穷远的直线，通常作图时仅作为辅助线使用。

1．启动

- 功能面板：单击“常用”选项卡，“绘图”功能面板→“射线”按钮。
- 菜单：“绘图”菜单→“射线”命令。
- 命令行：RAY。

2．操作方法

命令：RAY
指定起点：(指定射线的起始点)
指定通过点：(指定射线通过的点，可以连续键入通过点来画起点相同、方向不同的射线，除非按回车键或 Esc 键结束命令)

3．说明

（1）射线可通过使用“修剪”命令变成线段。

（2）射线是辅助作图线，可放于单独一层并赋予一种颜色，便于独立处理以及与其他图线区分。

例如，绘制以 A 点为起点的两条射线，如图 3-10 所示。

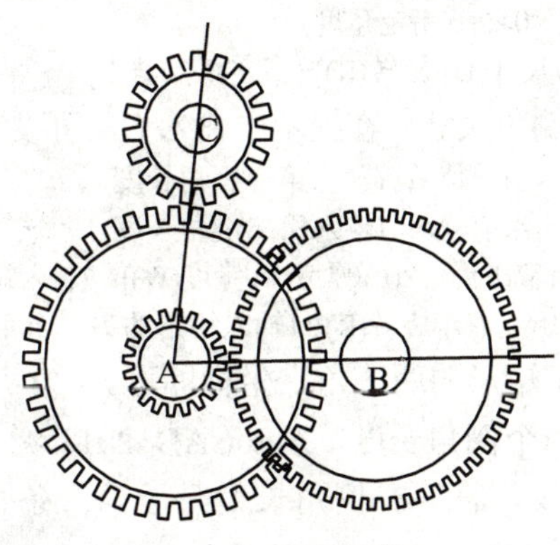

图 3-10　绘制射线

命令：RAY
指定起点：(拾取 A 点)
指定通过点：(拾取 B 点)
指定通过点：(拾取 C 点)
指定通过点：(回车结束命令)

3.3 绘制矩形和正多边形

3.3.1 绘制矩形

在 AutoCAD 2012 中，RECTANG 命令用于绘制矩形，用户在绘制矩形时仅需提供绘制矩形的两个对角坐标即可，此外，还可通过在执行 RECTANG 命令之前执行 MULTIPLE 命令连续绘制多个矩形。

1．启动

- 功能面板：单击“常用”选项卡，“绘图”功能面板→“矩形”按钮。
- 菜单：“绘图”菜单→“矩形”命令。
- 命令行：REC、RECTANG 或 RECTANGLE。

2．操作方法

命令：RECTANG
指定第一个角点或 [倒角(C)/标高(E)/圆角(F)/厚度(T)/宽度(W)]:

下面分别介绍各选项的含义。

（1）第一个角点：输入矩形的一个角点，系统提示“指定另一个角点或 [面积(A)/尺寸(D)/旋转(R)]:”，输入矩形的另一个角点，AutoCAD 2012 以这两个点作为矩形的对角点绘制矩形。AutoCAD 2012 对矩形命令进行了改进，增加了按照面积和旋转角度来绘制矩形的功能。

如果输入 A，则 AutoCAD 2012 提示如下：

指定另一个角点或 [面积(A)/尺寸(D)/旋转(R)]: A
输入以当前单位计算的矩形面积 <100.0000>:(输入面积值)
计算矩形标注时依据 [长度(L)/宽度(W)] <长度>: L(或 W)
输入矩形长(宽)度 <10.0000>:(输入矩形长(宽)度结束)

如果输入 R，则 AutoCAD 2012 提示如下：

指定另一个角点或 [面积(A)/尺寸(D)/旋转(R)]: R
指定旋转角度或 [拾取点(P)] <0>:　(指定角度)
指定另一个角点或 [面积(A)/尺寸(D)/旋转(R)]:(指定角点结束)

（2）倒角：确定矩形的倒角尺寸。在提示中输入 C，可设置倒角长度，系统提示如下：

指定矩形的第一个倒角距离 <当前值>：(输入第一倒角长度)
指定矩形的第二个倒角距离 <当前值>：(输入第二倒角长度)
指定第一个角点或 [倒角(C)/标高(E)/圆角(F)/厚度(T)/宽度(W)]：(输入矩形的一个角点)
指定另一个角点或 [面积(A)/尺寸(D)/旋转(R)]: (输入矩形的另一个角点)

设置完倒角长度后，指定矩形的两个角点坐标即可。

如果设置了长度不等的两个倒角长度，AutoCAD 2012 总是将第一倒角长度赋予首尾相连的两条直线中的第一条直线，将第二倒角长度赋予第二条直线。在判断直线的顺序时，AutoCAD 2012 使用顺时针方向排序。

图 3-11 所示为第一倒角距离为 15，第二倒角距离为 5 的矩形。

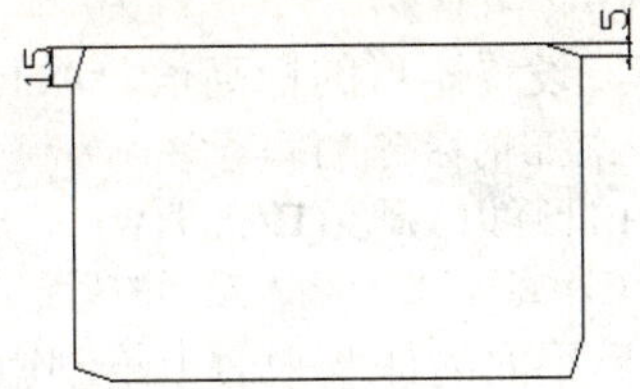

图 3-11 倒角时不同的倒角距离

（3）圆角：确定矩形倒圆角的大小。

在提示中输入 F，设置倒圆角的圆角半径，系统提示如下：

指定矩形的圆角半径 <当前值>：(输入圆角半径)

指定第一个角点或 [倒角(C)/标高(E)/圆角(F)/厚度(T)/宽度(W)]：(输入矩形的一个角点)

指定另一个角点或 [面积(A)/尺寸(D)/旋转(R)]: (输入矩形的另一个角点)

输入圆角半径后，指定矩形的两个角点即可。如图 3-12 所示为圆角半径为 25.0000 的矩形。

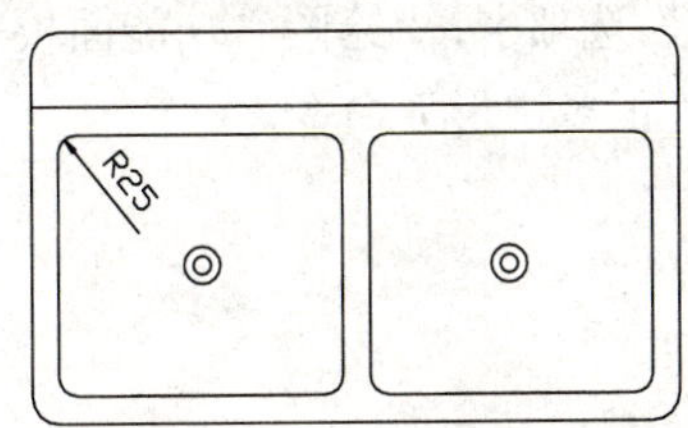

图 3-12 圆角矩形

（4）宽度：确定矩形的线宽。

在提示中输入 W，设置矩形边框线的绘制宽度。系统提示如下：

指定矩形的线宽 <当前值>：(输入矩形边框线的宽度)

指定第一个角点或 [倒角(C)/标高(E)/圆角(F)/厚度(T)/宽度(W)]：(输入矩形的一个角点)

指定另一个角点或 [面积(A)/尺寸(D)/旋转(R)]: (输入矩形的另一个角点)

该设置可与前面的三种矩形绘制方法组合使用。图 3-13 所示为线的宽度值为 10.0000 的矩形。

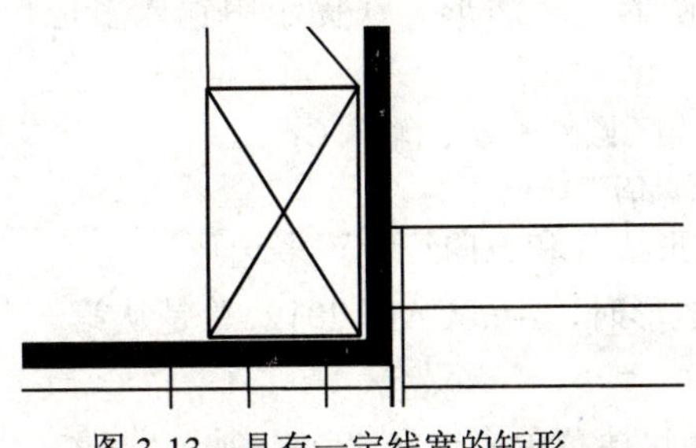

图 3-13 具有一定线宽的矩形

（5）厚度：此选项一般用于三维绘图，确定矩形的绘图厚度。

在提示中输入 T，设置矩形边框线的厚度。AutoCAD 2012 提示如下：

指定矩形的厚度 <当前值>：(输入矩形边框线的厚度)

指定第一个角点或 [倒角(C)/标高(E)/圆角(F)/厚度(T)/宽度(W)]：(输入矩形的一个角点)

指定另一个角点或 [面积(A)/尺寸(D)/旋转(R)]: (输入矩形的另一个角点)

厚度就是矩形在 Z 坐标方向上的高度。如果输入的厚度值为正，则向上拉伸矩形；如果输入的厚度值为负，则向下拉伸矩形。

（6）标高：在提示中输入 E，设置矩形的标高值。AutoCAD 2012 提示如下：

指定矩形的标高 <当前值>：(输入矩形的标高值)
指定第一个角点或 [倒角(C)/标高(E)/圆角(F)/厚度(T)/宽度(W)]：(指定矩形的一个角点)
指定另一个角点或 [面积(A)/尺寸(D)/旋转(R)]: (输入矩形的另一个角点)

该设置可以在平行于 XY 坐标平面的任意平面上绘制矩形。它能够与三种矩形和其他选项组合使用。

3.3.2 绘制正多边形

在 AutoCAD 2012 中，可以使用 POLYGON 命令绘制正多边形（也称为等边多边形）。正多边形是具有等边长的封闭多线段，线段数目为 3～1024。用户可通过与假想圆内接或外切的方法来绘制正多边形，也可以指定正多边形某一边的端点来绘制它。

1．启动

- 功能面板：单击“常用”选项卡，“绘图”功能面板→“正多边形”按钮。
- 菜单：“绘图”菜单→“正多边形”命令。
- 命令行：POLYGON。

2．操作方法

命令：POLYGON
输入侧面数 <4>: (指定多边形的边数)
指定多边形的中心点或 [边(E)]：

正多边形主要有以下三种画法。

（1）通过指定正多边形中心、外接圆半径绘制正多边形。

下面绘制内接于假想圆的正多边形。在提示中输入多边形中心点，即假想圆的圆心，AutoCAD 2012 提示如下：

输入选项 [内接于圆(I)/外切于圆(C)] <I>：(输入 I)
指定圆的半径：(输入假想圆的半径)

（2）通过指定正多边形中心、内切圆半径来绘制正多边形。

下面绘制外切于假想圆的正多边形。在提示中输入多边形中心点，即假想圆的圆心，AutoCAD 2012 提示如下：

输入选项 [内接于圆(I)/外切于圆(C)] <I>：(输入 C)
指定圆的半径：(输入假想圆的半径)

（3）通过指定正多边形边长和方向绘制正多边形。

用这种方法绘制正多边形时，AutoCAD 2012 总是从第一个端点到第二个端点，沿逆时针方向绘出正多边形。

在提示中输入 E，或在快捷菜单中选择“边”项，AutoCAD 2012 提示如下：

指定边的第一个端点：(指定多边形某一边的一个端点)
指定边的第二个端点：(指定该边的另一个端点)

3．说明

使用假想圆绘制多边形时，在“指定圆的半径：”提示下，如果使用键盘输入半径值，则多边形至少有一条边是水平放置的；如果使用鼠标拾取，则可动态改变多边形的大小和旋转角度。

对于不规则的多边形或复杂一些的图形对象，用户可使用多段线（PLINE）方法来绘制，使用多段线来绘制不规则的多边形，虽然表面上看起来也是由若干段直线组成，但它实际上是一个整体，LINE命令也可以创建任何矩形或多边形，但它们的每个边均为独立的直线对象。

例如在图3-14中，就是用3种方式以50为半径绘制的正五边形。

图3-14（a）所示为通过键盘输入圆的半径来绘制五边形，其中有一条边是水平的。

图3-14（b）所示为使用鼠标拾取半径方式绘制的五边形，位置可以随意放置。

图 3-14（c）所示是用内接于圆与用外切于圆的方式绘制的五边形比较，外切于圆绘制的五边形要比内接于圆绘制的五边形大。

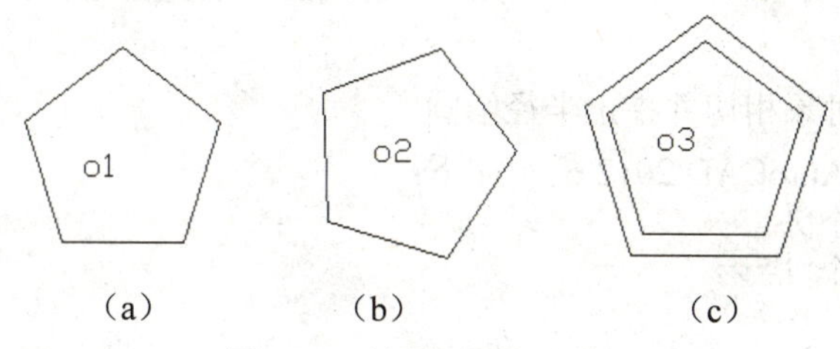

图3-14 绘制不同的多边形

3.4 绘制圆、圆弧、椭圆、椭圆弧和圆环

3.4.1 绘制圆

在AutoCAD 2012中，与绘制直线相比，绘制圆的方法要多一些。AutoCAD 2012提供了6种绘制圆的方法，从如图3-15所示的“绘图”菜单的“圆”子菜单中就可以看出。

1．启动

- 功能面板：单击“常用”选项卡，“绘图”功能面板→“圆”按钮。
- 菜单：“绘图”菜单→“圆”命令→画圆选项。
- 命令行：CIRCLE。

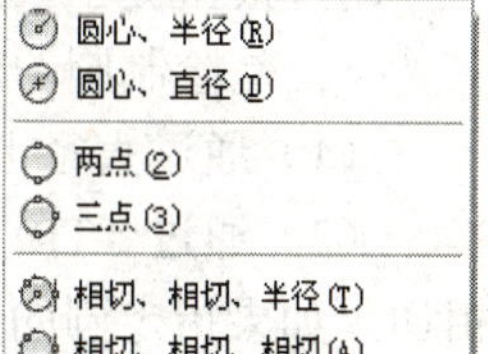

图3-15 “圆”命令

2．操作方法

执行绘圆命令，系统提示：

命令：CIRCLE

指定圆的圆心或 [三点(3P)/两点(2P)/切点、切点、半径(T)]:

（1）根据圆心、半径或圆心与直径绘圆。

在提示中用鼠标或键盘输入圆心点，系统提示如下：

指定圆的半径或 [直径(D)] ：(用键盘或鼠标指定圆的半径)

直接键入数值，即可完成利用圆心、半径绘制圆的过程。

如果在提示中输入D，AutoCAD 2012会提示输入圆的直径：

指定圆的直径：

在该提示下输入圆的直径，即可完成利用圆心、直径绘制圆的过程。

（2）根据圆上的三点绘圆。

在提示中输入 3P，AutoCAD 2012 提示如下：

指定圆上的第一个点：
指定圆上的第二个点：
指定圆上的第三个点：

根据提示确定三个点，将通过这三个点绘制一个圆。如果所指定的三个点位于一条直线上，AutoCAD 2012 会提示指定的点无效，结束命令。

（3）根据直径上两点绘圆。

在提示中输入 2P，AutoCAD 2012 提示如下：

指定圆直径的第一个端点：
指定圆直径的第二个端点：

根据提示指定两个端点后，即绘制出以两点连线的中点为圆心，两点连线的长度为直径的圆。

（4）根据与两个对象相切并指定半径绘圆。

在提示中输入 T，AutoCAD 2012 提示如下：

指定对象与圆的第一个切点:
指定对象与圆的第二个切点:
指定圆的半径:

用户根据提示首先选择与所绘制的圆相切的两个对象，然后指定圆的半径。如果提供的参数不能绘制出圆，AutoCAD 2012 会提示用户“圆不存在”并结束命令。如果不止一个圆符合用户所指定的数据，AutoCAD 2012 将绘制出其切点与选择点最近的一个圆。

（5）根据与三个对象相切绘圆。

- 功能面板：单击“常用”选项卡，“绘图”功能面板→“相切，相切，相切”按钮。
- 菜单：“绘图”菜单→“圆”→“相切、相切、相切”命令。

命令：circle
指定圆的圆心或 [三点(3P)/两点(2P)/切点、切点、半径(T)]: 3p
指定圆上的第一个点：tan 到(拾取点 1)
指定圆上的第二个点：tan 到(拾取点 2)
指定圆上的第三个点：tan 到(拾取点 3)

用户根据提示依次单击与所绘制的圆相切的三个对象上的切点所在边。

下面是绘制圆的例子。

（1）通过直径上的两点 A、B 绘圆，结果如图 3-16（a）所示。

（2）通过 TTR 方法绘圆。假设已经绘制了直线 1 与圆 2，现绘制圆 3 与直线 1 和圆 2 相切。如果指定圆的半径为 50，结果如图 3-16（b）所示。如果指定圆的半径为 60，结果如图 3-16（c）所示。如果指定圆的半径为 30，结果如图 3-16（d）所示。

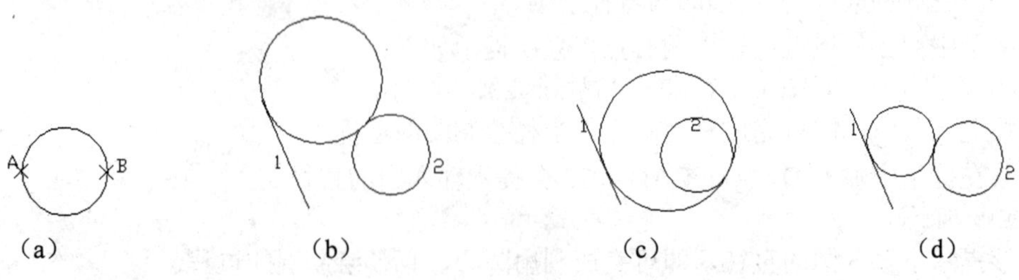

图 3-16　绘制圆

当半径取值不同时，切点位置也不一样。

3.4.2 绘制圆弧

圆弧是圆的一部分，绘制圆弧不像绘制圆，因为圆只有圆心和半径，而圆弧的控制要难一点，条件要多一点。除了圆心和半径外，圆弧还需要起始角和终止角才能完全定义。此外，圆弧还有逆时针和顺时针特性。

AutoCAD 提供了很多种画圆弧的方法，图 3-17 为“绘图”菜单中的“圆弧”子菜单。

1．启动

- 功能面板：单击“常用”选项卡，“绘图”功能面板→“圆弧”按钮。
- 菜单：“绘图”菜单→“圆弧”命令→圆弧选项。
- 命令行：ARC。

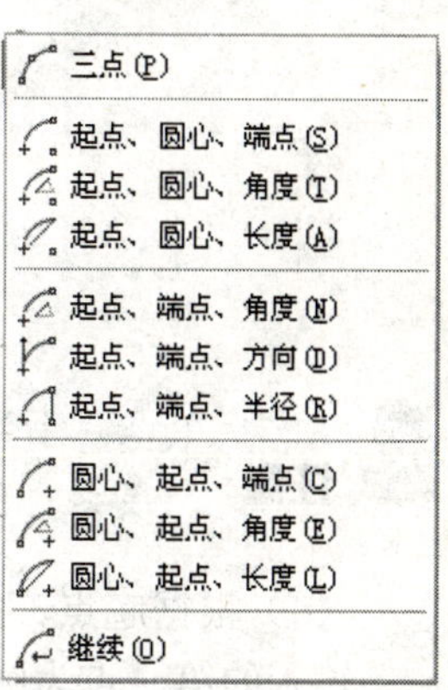

图 3-17 “圆弧”子菜单

2．操作方法

执行圆弧命令，进入绘制圆弧状态。

（1）根据指定圆弧的起点、终点及弧上一点绘制圆弧。

系统默认的方法是通过三个指定点画圆弧。输入的第一点为圆弧起点，第二点为弧上任意一点，第三点是圆弧终点。执行该命令后，系统提示如下：

命令：ARC
指定圆弧的起点或 [圆心(C)]：(拾取起点 1)
指定圆弧的第二个点或 [圆心(C)/端点(E)]：(拾取点 2)
指定圆弧的端点：(拾取端点 3)

绘制结果如图 3-18（a）所示。

（2）根据起点、圆心和端点绘制圆弧。

输入的第一点为圆弧起点，第二点为圆弧圆心，第三点为圆弧端点。执行该命令后，系统提示如下：

命令：ARC
指定圆弧的起点或 [圆心(C)]：(拾取起点 1)
指定圆弧的第二个点或 [圆心(C)/端点(E)]：(键入 C)
指定圆弧的圆心：(拾取圆心点 2)
指定圆弧的端点或 [角度(A)/弦长(L)]：(拾取端点 3)

绘制结果如图 3-18（b）所示。

（3）根据起点、圆心及圆弧的圆心角绘制圆弧。

输入的第一点为圆弧起点，第二点为圆弧圆心。执行该命令后，系统提示如下：

命令：ARC
指定圆弧的起点或 [圆心(C)]：(拾取起点 1)
指定圆弧的第二个点或 [圆心(C)/端点(E)]：(键入 C)
指定圆弧的圆心：(拾取圆心点 2)
指定圆弧的端点或 [角度(A)/弦长(L)]：(键入 A)
指定包含角：(输入圆弧的圆心角)

绘制结果如图 3-18（c）所示。

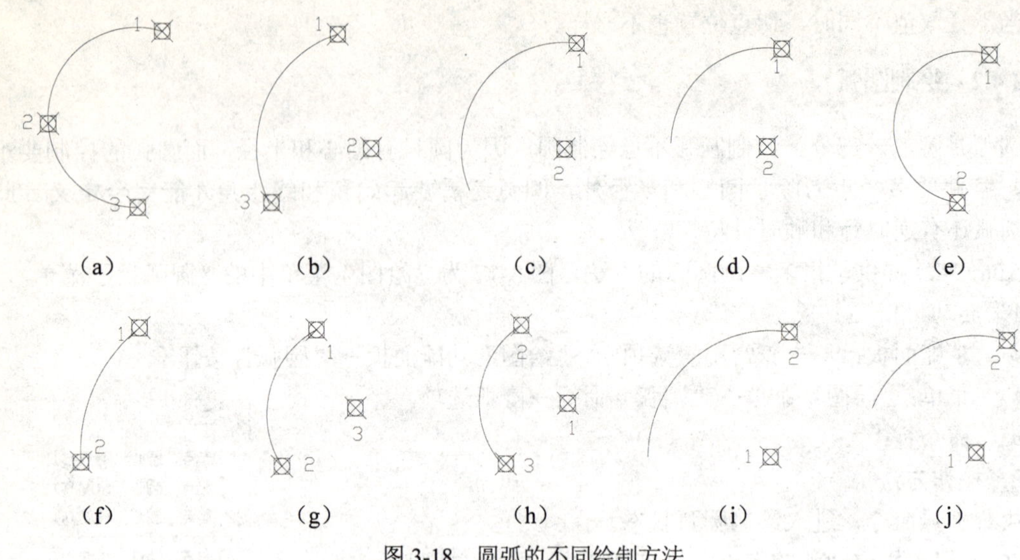

图 3-18 圆弧的不同绘制方法

注意 若输入角度为正值，则弧绕圆心从起始点沿逆时针方向绘出；若输入角度为负值，则沿顺时针方向绘出。

（4）根据起点、圆心及弦长绘制圆弧。

输入的第一点为圆弧起点，第二点为圆弧圆心，然后输入圆弧弦长。执行该命令后，系统提示如下：

命令：ARC
指定圆弧的起点或 [圆心(C)]：(拾取起点 1)
指定圆弧的第二个点或 [圆心(C)/端点(E)]：(键入 C)
指定圆弧的圆心：(拾取圆心点 2)
指定圆弧的端点或 [角度(A)/弦长(L)]：(键入 L)
指定弦长：(输入圆弧的弦长)

绘制结果如图 3-18（d）所示。

注意 若输入弦长为正值时，圆弧圆心角不超过 180 度；若为负值时，圆心角超过 180 度。

（5）根据起点、端点及圆弧的圆心角绘制圆弧。

输入的第一点为圆弧起点，第二点为圆弧端点，然后输入圆弧的圆心角。执行该命令后，系统提示如下：

命令：ARC
指定圆弧的起点或 [圆心(C)]：(拾取起点 1)
指定圆弧的第二个点或 [圆心(C)/端点(E)]：(键入 E)
指定圆弧的端点：(拾取端点 2)
指定圆弧的圆心或 [角度(A)/方向(D)/半径(R)]：(键入 A)
指定包含角：(输入圆弧的圆心角)

绘制结果如图 3-18（e）所示。

注意

若输入圆弧圆心角为正值，则从起点到终点按逆时针方向绘弧；若为负值，则按顺时针方向绘弧。

（6）根据起点、端点及圆弧在起始点处的切线方向绘制圆弧。

输入的第一点为圆弧起点，第二点为圆弧端点，然后输入圆弧起点的切线方向。执行该命令后，系统提示如下：

命令：ARC
指定圆弧的起点或 [圆心(C)]：(拾取起点 1)
指定圆弧的第二个点或 [圆心(C)/端点(E)]：(键入 E)
指定圆弧的端点：(拾取端点 2)
指定圆弧的圆心或 [角度(A)/方向(D)/半径(R)]：(键入 D)
指定圆弧的起点切向：(输入圆弧起始点处的切线方向与水平方向的夹角)

绘制结果如图 3-18（f）所示。

注意

起点方向指输入圆弧在起始点的切线与 X 轴正向的夹角。输入的角度为正或负值，其效果不同。

（7）根据起点、端点和圆弧的半径绘制圆弧。

输入的第一点为圆弧起点，第二点为圆弧端点，然后输入圆弧半径。执行该命令后，系统提示如下：

命令：ARC
指定圆弧的起点或 [圆心(C)]：(拾取起点 1)
指定圆弧的第二个点或 [圆心(C)/端点(E)]：(键入 E)
指定圆弧的端点：(拾取端点 2)
指定圆弧的圆心或 [角度(A)/方向(D)/半径(R)]：(键入 R)
指定圆弧的半径：(输入圆弧所在圆的半径值)

绘制结果如图 3-18（g）所示。

（8）根据圆弧圆心、起点、端点绘制圆弧。

输入第一点为圆弧圆心，第二点为圆弧起点，第三点为圆弧端点。执行该命令后，系统提示如下：

命令：ARC
指定圆弧的起点或 [圆心(C)]：(键入 C)
指定圆弧的圆心：(拾取圆心点 1)
指定圆弧的起点：(拾取起点 2)
指定圆弧的端点或 [角度(A)/弦长(L)]：(拾取端点 3)

绘制结果如图 3-18（h）所示。

（9）根据圆弧的圆心、起点及圆弧的圆心角绘制圆弧。

输入的第一点为圆弧圆心，第二点为圆弧起点，然后输入圆弧的圆心角。执行该命令后，系统提示如下：

命令：ARC
指定圆弧的起点或 [圆心(C)]：(键入 C)
指定圆弧的圆心：(拾取圆心点 1)
指定圆弧的起点：(拾取起点 2)
指定圆弧的端点或 [角度(A)/弦长(L)]：(键入 A)

指定包含角：(输入圆弧的圆心角)

绘制结果如图 3-18（i）所示。

注意 若输入的角度为正值，则从起始点绕圆心沿逆时针方向绘制圆；若输入负值，则沿顺时针方向绘制圆。

（10）根据圆心、起点以及圆弧的弦长绘制圆弧。

输入的第一点为圆弧圆心，第二点为圆弧起点，然后输入圆弧弦长。执行该命令后，系统提示如下：

命令：ARC
指定圆弧的起点或 [圆心(C)]：(键入 C)
指定圆弧的圆心：(拾取圆心点 1)
指定圆弧的起点：(拾取起点 2)
指定圆弧的端点或 [角度(A)/弦长(L)]：(键入 L)
指定弦长：(输入圆弧的弦长)

绘制结果如图 3-18（j）所示。

注意 若输入弦长为正值时，绘制出的圆弧所对应的圆心角小于或等于 180 度；若输入的弦长值为负，则绘制出的圆弧所对应的圆心角大于或等于 180 度。

下面是绘制弧的例子。

（1）按照起点、圆心、长度方式，绘制圆弧的起点 1、圆心 2，半径相等而弦长不同的圆弧。

指定弦长为 40，绘制结果如图 3-19（a）所示；指定弦长为-40，绘制结果如图 3-19（b）所示。

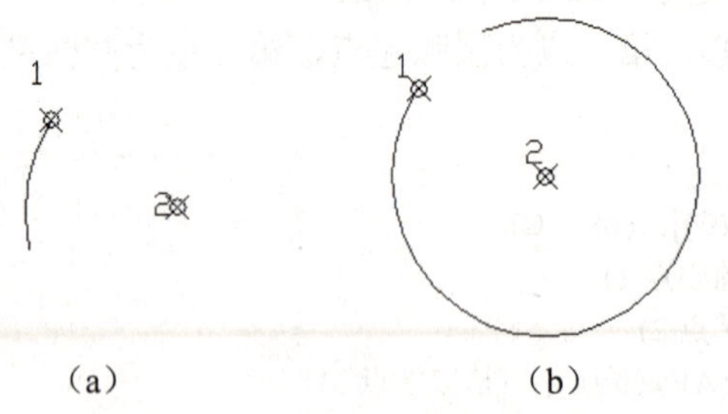

图 3-19 半径相等弦长不同的圆弧

（2）按照起点、端点、方向方式，绘制圆弧的起点 1、端点 2，方向不同的圆弧。

圆弧的起点切向为 90 度，绘制结果如图 3-20（a）所示；圆弧的起点切向为-90 度，绘制结果如图 3-20（b）所示。

3．绘制连续圆弧

绘制连续圆弧是在前一个圆弧的基础上进行绘制的。它以前一个圆弧的终止端点为起点绘制与前一圆弧相切的圆弧。下面通过一个示例进行介绍。

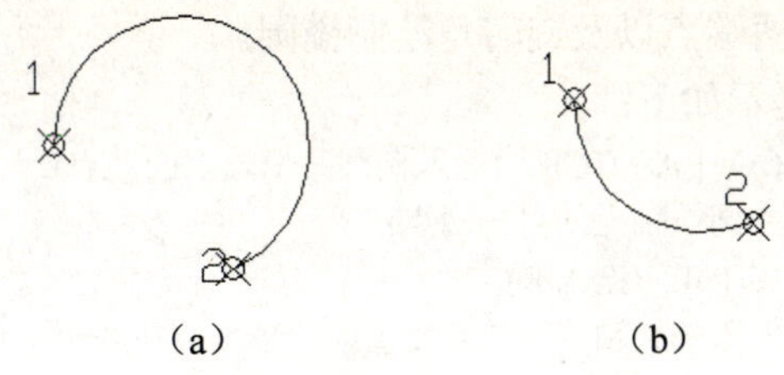

图 3-20　起点方向不同的圆弧

- 菜单："绘图"菜单→"圆弧"→"三点"命令。

指定圆弧的起点或[圆心(C)]：(指定圆弧的起点 1)
指定圆弧的第二个点或[圆心(C)/端点(E)]：(指定圆弧上任意一点 2)
指定圆弧的端点：(指定圆弧的端点 3)

绘制结果如图 3-21（a）所示。

- 菜单："绘图"菜单→"圆弧"→"继续"命令（在执行此命令的同时，光标自动捕捉到图 3-21（a）所示的端点 3）。

指定圆弧的端点：(确定圆弧的端点 4)

绘制结果如图 3-21（b）所示，两圆弧相切。

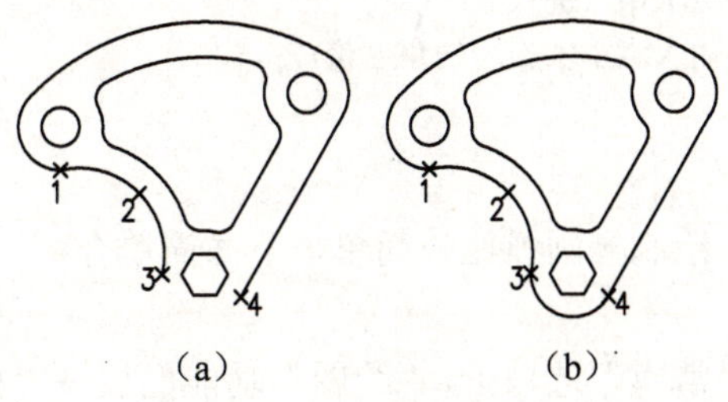

图 3-21　绘制连续圆弧

3.4.3　绘制椭圆

在 AutoCAD 2012 中可以创建整个椭圆或它的一部分。在椭圆中，较长的轴线称为长轴，较短的轴线称为短轴。

1．启动

- 功能面板：单击"常用"选项卡，"绘图"功能面板→"椭圆"按钮。
- 菜单："绘图"菜单→"椭圆"命令→椭圆选项。
- 命令行：ELLIPSE。

2．操作方法

执行椭圆命令后，系统提示如下：

命令：ELLIPSE
指定椭圆的轴端点或 [圆弧(A)/中心点(C)]：

（1）根据椭圆某一轴上的两个端点及另一轴的半长轴值绘制椭圆。

执行该命令后，系统提示如下：

指定椭圆的轴端点或[圆弧(A)/中心点(C)]：(输入椭圆某一轴上的端点)
指定轴的另一个端点：(输入同一轴上的另一端点)
指定另一条半轴长度或[旋转(R)]：(输入另一轴的半长轴值，或用鼠标在绘图区域指定椭圆第二个轴的端点)

（2）根据椭圆一轴的两端点以及旋转角绘制椭圆。

执行该命令后，系统提示如下：

指定椭圆的轴端点或[圆弧(A)/中心点(C)]：(输入椭圆某一轴上的端点)
指定轴的另一个端点：(输入同一轴上的另一端点)
指定另一条半轴长度或[旋转(R)]：(键入 R)
指定绕长轴旋转的角度：(输入绕长轴旋转的角度值，此角度值在 0～89.4 度之间)

（3）根据椭圆中心、一轴上的一个端点和另一轴的半长绘制椭圆。

所谓椭圆的中心点，即指椭圆长轴和短轴的交点。执行该命令后，系统提示如下：

指定椭圆的轴端点或[圆弧(A)/中心点(C)]：(键入 C)
指定椭圆的中心：(输入椭圆的中心)
指定轴的端点：(输入某一轴上的一端点)
指定另一条半轴长度或[旋转(R)]：(输入另一轴的半长轴)

（4）根据椭圆中心、一轴的一个端点和旋转角绘制椭圆。

执行该命令后，系统提示如下：

指定椭圆的轴端点或[圆弧(A)/中心点(C)]：(键入 C)
指定椭圆的中心：(输入椭圆的中心)
指定轴的端点：(输入某一轴上的一端点)
指定另一条半轴长度或[旋转(R)]：(键入 R)
指定绕长轴旋转的角度：(输入绕主轴旋转的角度值)

3.4.4 绘制椭圆弧

相对于绘制椭圆来说，绘制椭圆弧比较简单，下面简单介绍。

1. 启动

- 功能面板：单击“常用”选项卡，“绘图”功能面板→“椭圆弧”按钮。
- 菜单：“绘图”菜单→“椭圆”→“圆弧”命令。
- 命令行：ELLIPSE。

2. 操作方法

执行该命令后，进入绘图状态，系统提示如下：

指定椭圆的轴端点或 [圆弧(A)/中心点(C)]：(键入 A)
指定椭圆弧的轴端点或 [中心点(C)]：

在此提示下，操作方法与绘制椭圆相同。确定了椭圆形状后，AutoCAD 2012 继续作如下提示：

指定起点角度或 [参数(P)]：

默认值为起始角度，如果选择了该项，则可以通过指定椭圆弧的起始角度和终止角度确定椭圆弧。AutoCAD 2012 继续作如下提示：

指定端点角度或[参数(P)/包含角度(I)]：

输入参数或角度后，就可以绘制一定范围内的椭圆弧。AutoCAD 2012 提供了两种绘制椭圆弧的方法：角度方式和参数方式。这两种方式的提示和输入基本相似，只是计算方法不同。

3.4.5 绘制圆环

圆环实际上就是两个半径不同的同心圆之间所形成的封闭图形。利用绘制圆环功能可以绘制出有一定外径和内径的圆环或填充圆。

1．启动

- 功能面板：单击“常用”选项卡，“绘图”功能面板→“圆环”按钮◎。
- 菜单：“绘图”菜单→“圆环”命令。
- 命令行：DONUT。

2．操作方法

要创建圆环，应指定它的内外直径和圆心。通过指定不同圆心，可连续创建具有相同直径的多个圆环对象，直到按回车键结束为止。

执行该命令后，系统提示如下：

命令：DONUT

指定圆环的内径 <当前值>：(指定圆环内径)

指定圆环的外径 <当前值>：(指定圆环外径)

指定圆环的中心点或<退出>：(指定圆环中心位置)

3．说明

（1）在绘制圆环时，如果圆环内径值为 0，AutoCAD 2012 会画一个半径为圆环外径的填充圆。

（2）系统变量 FILLMODE 的值不同，圆环状态也不同。

下面是绘制圆环的例子。

（1）绘制一个圆环，其内径为 30，外径为 80（FILLMODE=1），结果如图 3-22（a）所示。

（2）绘制一个圆环，其内径为 0，外径为 80（FILLMODE=1），结果如图 3-22（b）所示。

（3）绘制一个圆环，其内径为 30，外径为 50（FILLMODE=0），结果如图 3-22（c）所示。

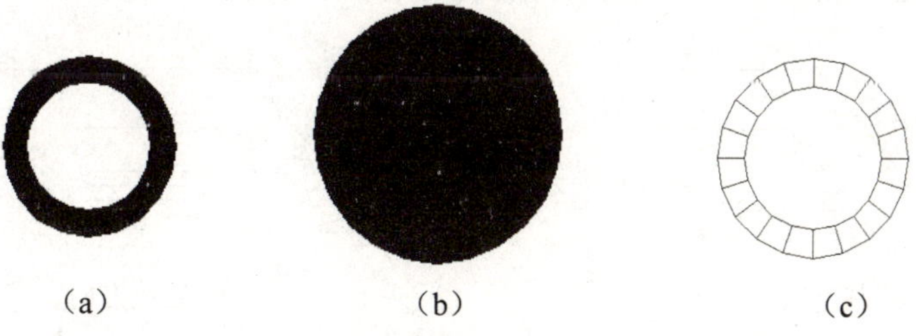

（a）　（b）　（c）

图 3-22　绘制不同内径和不同 FILLMODE 值的圆环

3.5　绘制多线

所谓多线是指多条相互平行的直线。这些直线的线型可以相同，也可以不同，用绘制多线命令可以同时绘出这些直线。在建筑设计中，多线命令的功能特别有用，尤其是绘制墙的结构，既快速又方便。

3.5.1 绘制多线

1．启动

在 AutoCAD 2012 中，可以通过下列方式启动多线命令。

- 菜单：“绘图”菜单→“多线”命令。
- 命令行：MLINE。

2．操作方法

启动多线命令后，系统提示如下：

当前设置：对正=上，比例=20.00，样式=STANDARD

指定起点或[对正(J)/比例(S)/样式(ST)]:

第一行为当前的多线设置，第二行为绘制多线时的各选项，下面分别对各选项的含义进行介绍。

（1）起点：此项为默认选项，执行该选项输入多线的起点。命令行继续提示如下：

指定下一点：

在此提示下确定下一点，操作风格类似 LINE 命令。

这样 AutoCAD 2012 以当前的线型样式、线型比例和绘图方式绘制出多线。

（2）对正：该选项的功能是确定绘制多线的方式。

在命令行“指定起点或[对正(J)/比例(S)/样式(ST)]:”提示下，键入 J 并回车，执行该选项，系统提示如下：

输入对正类型[上(T) /无(Z)/下(B)]<上>:

下面是它们的含义。

1）上：该选项表示当从左往右绘制多线时，多线上最顶端的线将随着光标移动；当从右往左绘制多线时，则恰恰相反。

图 3-23（a）所示为从左往右绘制多线时的上偏移状况。

2）无：该选项表示绘制多线时，光标将随着多线的中间线移动，如图 3-23（b）所示。

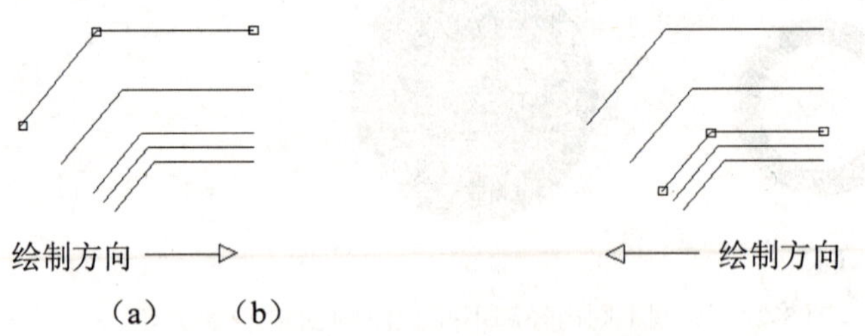

图 3-23　绘制多线（1）

3）下：该选项与“上”选项的含义相反，也就是当从左往右绘制多线时，多线上最底端的线将随着光标移动；当从右往左绘图时，则正好相反。

图 3-24（a）所示为从左往右绘制多线时的下偏移状况；图 3-24（b）所示为从右往左绘制多线时的下偏移状况。

（3）比例：用来确定所绘多线相对于定义的多线的比例因子。执行该选项后，系统提示如下：

输入多线比例<20.00>：(输入新的比例因子值，其中 20.00 是默认的比例因子值)

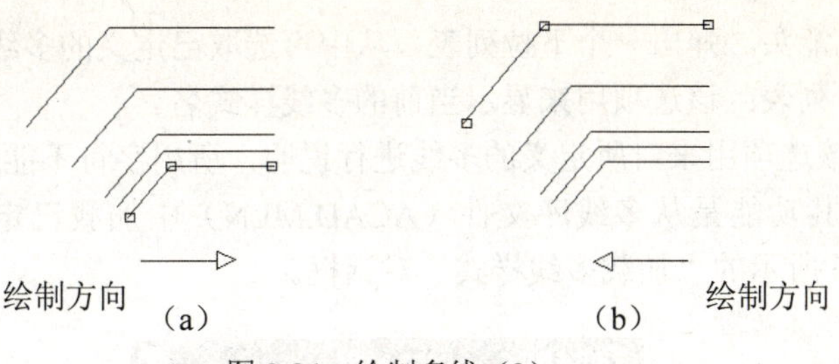

图 3-24　绘制多线（2）

（4）样式：用来确定绘制多线时所用的线型样式。执行该选项后，系统提示如下：

输入多线样式名或[？]:

在该提示下，用户指定需要的多线样式。

所输入的多线样式名称必须是已加载的样式或者用户创建的库文件（MLN）中已定义的样式名。如果用户输入“？”，则 AutoCAD 2012 列表显示当前已加载的多线样式。

3.5.2　定义多线样式

1．启动

可以通过下列方式执行该命令。

- 菜单：“格式”菜单→“多线样式”命令。
- 命令：MLSTYLE。

2．操作方法

执行该命令后，弹出如图 3-25 所示的“多线样式”对话框。

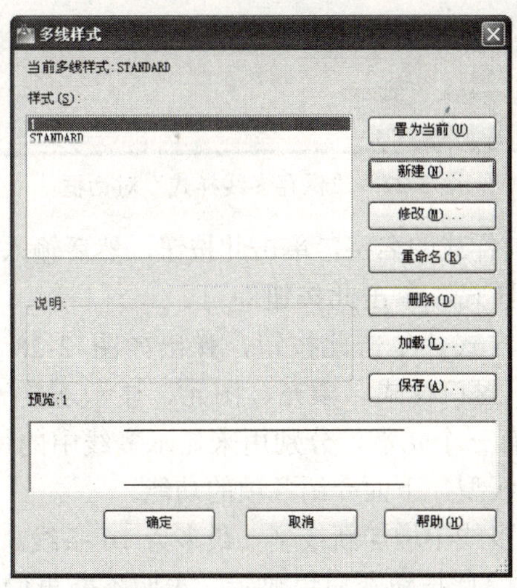

图 3-25　“多线样式”对话框

此对话框的作用及含义分别如下：

（1）置为当前：该选项所对应的选项框内显示当前的多线样式名，右边有一个方向朝下的箭头，单击此箭头，弹出一个下拉列表，从中可选取已定义的多线作为当前多线。

（2）“样式”列表：该选项用来显示当前的多线样式名。

（3）说明：该选项用来对所定义的多线进行说明，所用字符不能超过 256 个。

（4）加载：其功能是从多线库文件（ACAD.MLN）中加载已定义的多线。单击该按钮，弹出如图 3-26 所示的“加载多线样式”对话框。

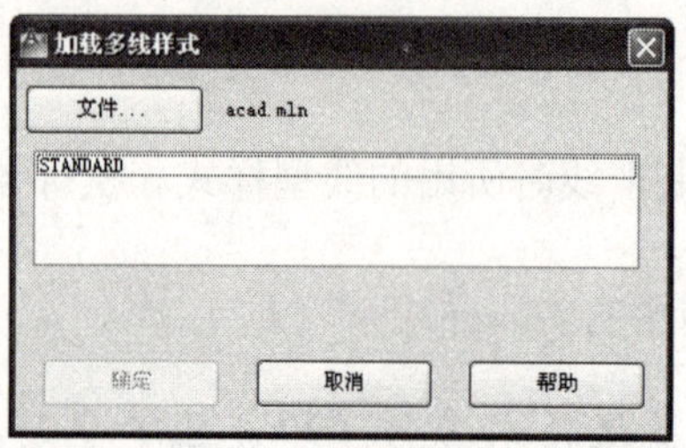

图 3-26 “加载多线样式”对话框

（5）保存：将当前的多线样式存入多线文件中（文件的扩展名为.MLN），单击此按钮，弹出如图 3-27 所示的“保存多线样式”对话框，输入其文件名进行保存。

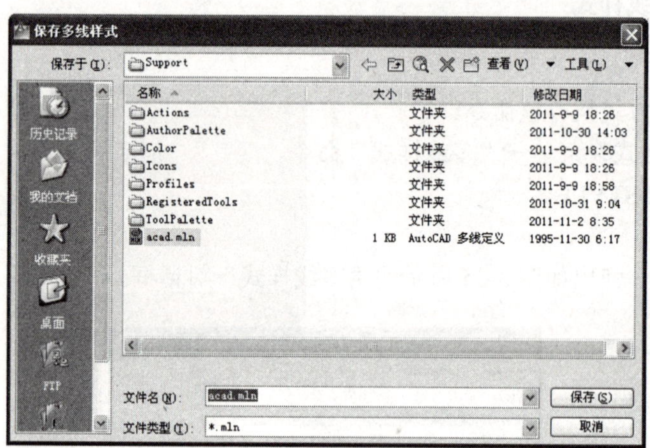

图 3-27 “保存多线样式”对话框

（6）重命名：更改当前样式的名字，单击此按钮，然后输入更改后的名字。

（7）删除：选择某个样式，单击此按钮即可。

（8）修改：选择某个样式，单击此按钮，弹出如图 3-28 所示的对话框。在该对话框中可以修改样式的说明、封口样式、填充、图元、显示连接等。

1）元素特性。其中共有三个元素，分别用来显示多线中的每条线相对于多线原点的偏移量、多线的颜色及多线的线型。下面介绍各项的功能。

- “添加”按钮：给多线中增加新线型（最多为 16 条线。当加到 16 条以后继续再单击“添加”按钮时，此按钮灰白色显示，表明不能再增加线型）。单击“添加”按钮，分别利用偏移、颜色、线型项来定义新增加线型的偏移量、颜色和线型。
- “删除”按钮：从多线样式中删除当前选取的线。
- “偏移”列表：改变当前线的偏移量，把偏移量值输入对应的框中。

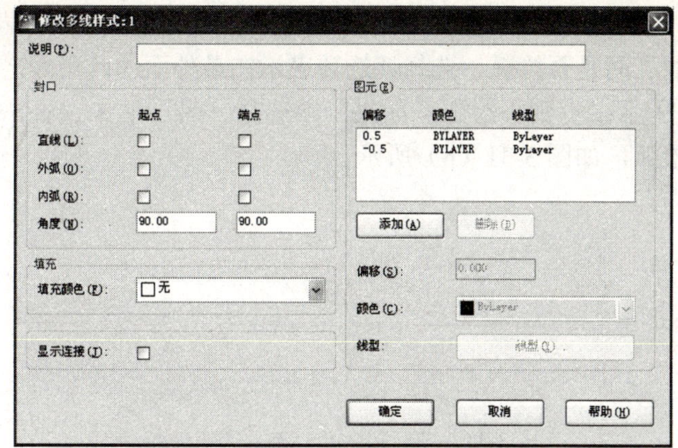

图 3-28　“修改多线样式”对话框

- “颜色”列表：单击该下拉按钮，弹出“选择颜色”对话框，从中选取当前多线的颜色。
- “线型”按钮：单击该按钮，弹出“选择线型”对话框，从中选取当前多线样式的线型。

2）多线特性。利用图 3-28 对话框左侧窗格可对多线样式的绘制方式进行设置。该对话框中各项的功能如下：

- 显示连接：选择此项，连续绘出的多线在转折处显示出交叉线，如图 3-29（a）所示；否则不显示交叉线，如图 3-29（b）所示。

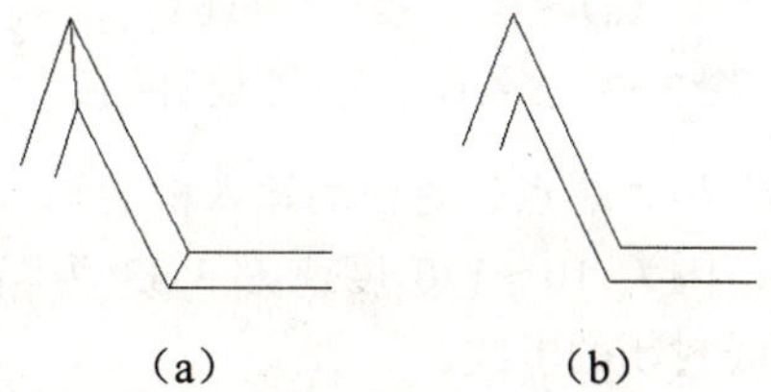

（a）　　（b）

图 3-29　显示和关闭连接的多线

- 封口：在该栏中有四个选项，包括直线、外弧、内弧、角度。前三项均对应起点、端点两个选项，“角度”对应两个输入框，可以在其中输入角度值。下面分别介绍它们的含义。
  - 直线：利用“起点”和“端点”开关确定“多线”在起始端或终止端是否封闭。选择该选项表示封闭，如图 3-30（a）所示；否则不封闭，如图 3-30（b）所示。如果一端选择，另一端未选择，则一端封闭，另一端不封闭。图 3-30（c）显示的是起始端封闭，终止端不封闭的多线。

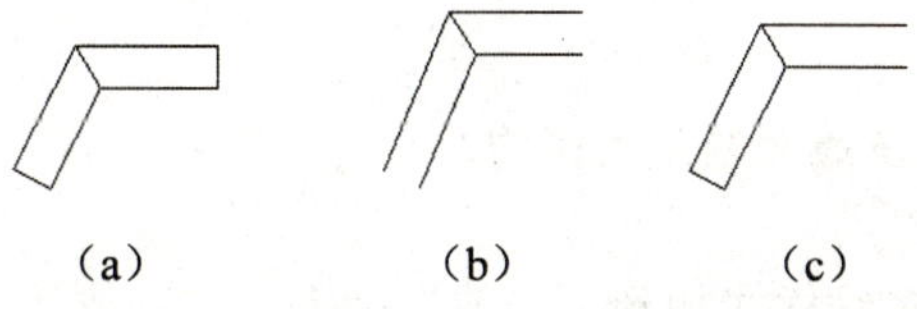

（a）　　（b）　　（c）

图 3-30　封闭和不封闭起（端）点的多线

➢ 外弧：利用“起点”和“端点”开关确定“多线”在起始端或终止端最外面的两条线之间是否绘弧。选择该选项表示在最外面的两条线之间绘弧，如图 3-31（a）所示；否则不绘弧。如果一端选择，另一端未选择，则一端绘弧，另一端不绘弧，如图 3-31（b）所示。

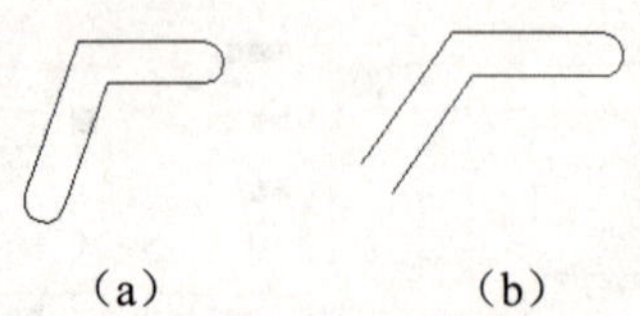

图 3-31 多线起（端）点是否绘外弧

➢ 内弧：利用“起点”和“端点”开关确定“多线”在多线的内部成偶数的线的两端是否绘弧。图 3-32（a）是“多线”为偶数，两端绘弧示例。若多线由奇数条线组成，则位于中心的线不绘弧，图 3-32（b）是“多线”为奇数两端绘弧示例。

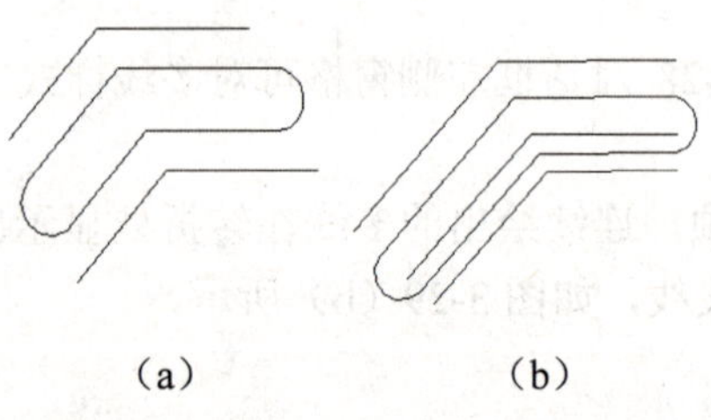

图 3-32 多线起（端）点绘制内弧

➢ 角度：在“起点”和“端点”对应的输入框中输入角度值，从而控制多线两端的角度，其有效范围为 10～170 度。图 3-33 为起始端为 60 度，终止端为 90 度，并且两端直线封闭的多线。

- 填充：打开此开关绘制多线时，AutoCAD 2012 会用指定的颜色填充所绘制的多线。可通过列表中的“选择颜色”选项打开“选择颜色”对话框来选取颜色。图 3-34 所示为多线填充示例。

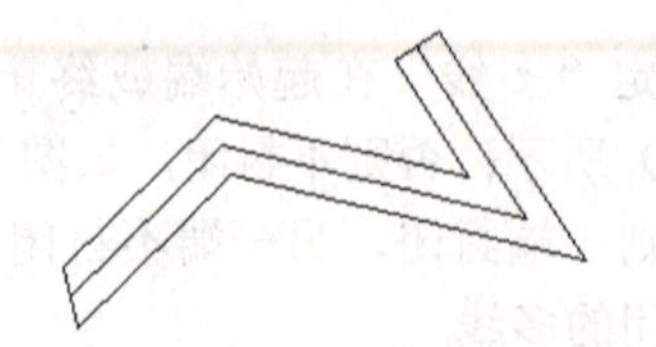

图 3-33 多线起点与端点角度不同

图 3-34 多线填充

注意 填充的多线必须是封闭的。

将“名称”列表中的多线样式加到“当前”列表中，则该线型变为当前线型。

3.6 绘制样条曲线

样条曲线是由多条线段光滑过渡组成。

1．启动

激活该命令有以下几种方式：

- 功能面板：单击“常用”选项卡，“绘图”功能面板→“样条曲线”按钮。
- 命令行：SPLINE。
- 菜单：“绘图”菜单→“样条曲线”命令。

2．操作方法

激活该命令后，状态行提示如下：

指定第一个点或 [方式(M)/节点(K)/对象(O)]:

各选项含义如下：

（1）指定第一个点——指定样条曲线的第一个点，或者是第一个拟合点或者是第一个控制点，具体取决于当前所用的方法。

当按照“指定第一个点”方式操作后，系统提示：

输入下一个点或 [起点切向(T)/公差(L)]:

1）指定下一点：按起点切向绘制曲线。

绘制如图 3-35 所示图形。

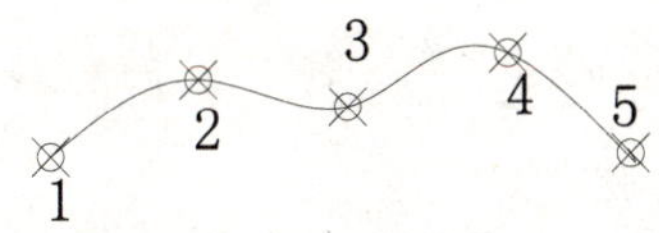

图 3-35　样条曲线

步骤如下：

命令: spl
当前设置: 方式=拟合　　节点=弦
指定第一个点或 [方式(M)/节点(K)/对象(O)](拾取点 1)
输入下一个点或 [起点切向(T)/公差(L)]: (拾取点 2)
输入下一个点或 [端点相切(T)/公差(L)/放弃(U)]: (拾取点 3)
输入下一个点或 [端点相切(T)/公差(L)/放弃(U)/闭合(C)]: (拾取点 4)
输入下一个点或 [端点相切(T)/公差(L)/放弃(U)/闭合(C)]: (拾取点 5)
输入下一个点或 [端点相切(T)/公差(L)/放弃(U)/闭合(C)]:（空格）

2）“起点切向”和“端点相切”：分别通过指定起点和终点的相切条件来绘制样条曲线。

绘制如图 3-36 左图所示图形。

步骤如下：

命令: spl
当前设置: 方式=拟合　　节点=弦
指定第一个点或 [方式(M)/节点(K)/对象(O)]: (拾取点 1)
输入下一个点或 [起点切向(T)/公差(L)]: (拾取点 2)

输入下一个点或 [端点相切(T)/公差(L)/放弃(U)]: (拾取点 3)
输入下一个点或 [端点相切(T)/公差(L)/放弃(U)/闭合(C)]: (拾取点 4)
输入下一个点或 [端点相切(T)/公差(L)/放弃(U)/闭合(C)]: (拾取点 5)
输入下一个点或 [端点相切(T)/公差(L)/放弃(U)/闭合(C)]: t（选择端点相切方式）
指定端点切向: (拾取点 6)

从图 3-36 右图可以看出，其各段曲线的切线方向。

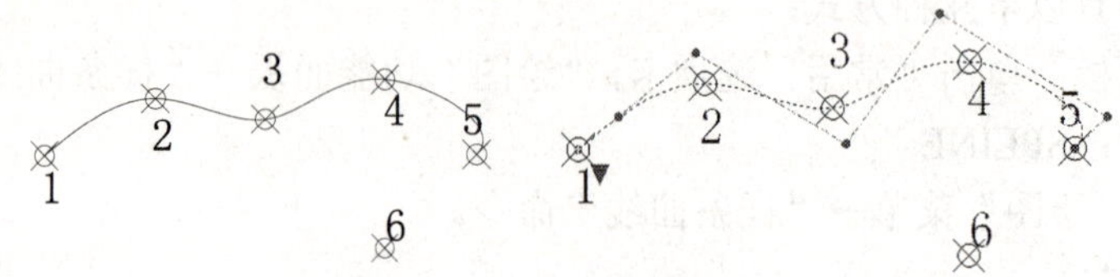

图 3-36 绘制端点相切的样条曲线

3）闭合：封闭样条曲线。

绘制如图 3-37 所示图形。

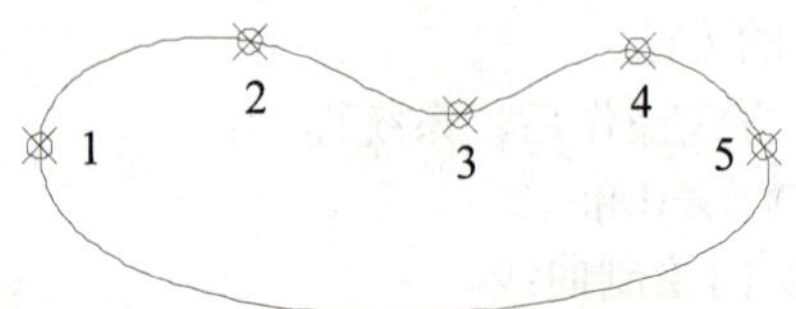

图 3-37 绘制封闭的样条曲线

步骤如下：

命令: spl
当前设置: 方式=拟合 节点=弦
指定第一个点或 [方式(M)/节点(K)/对象(O)]: (拾取点 1)
输入下一个点或 [起点切向(T)/公差(L)]: (拾取点 2)
输入下一个点或 [端点相切(T)/公差(L)/放弃(U)]: (拾取点 3)
输入下一个点或 [端点相切(T)/公差(L)/放弃(U)/闭合(C)]: (拾取点 4)
输入下一个点或 [端点相切(T)/公差(L)/放弃(U)/闭合(C)]: (拾取点 5)
输入下一个点或 [端点相切(T)/公差(L)/放弃(U)/闭合(C)]: c

4）公差：指定样条曲线可以偏离指定拟合点的距离。公差值 0（零）要求生成的样条曲线直接通过拟合点。公差值适用于所有拟合点（拟合点的起点和终点除外），始终具有为 0（零）的公差。

调整公差，仍然绘制如图 3-38 所示图形。注意各点与原样条曲线的位置关系。

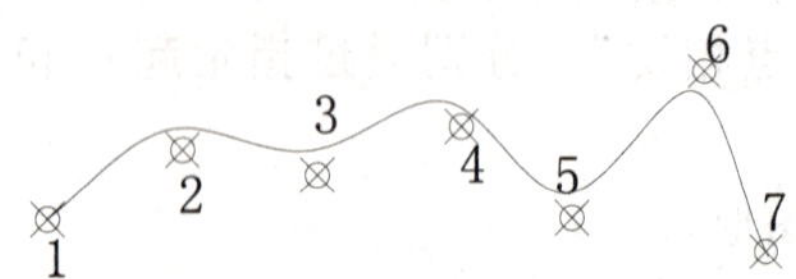

图 3-38 绘制封闭的样条曲线

步骤如下：

命令: spl

```
当前设置: 方式=拟合    节点=弦
指定第一个点或 [方式(M)/节点(K)/对象(O)]: (拾取点 1)
输入下一个点或 [起点切向(T)/公差(L)]: l（选择输入公差）
指定拟合公差<0.0000>: 50（输入公差值）
输入下一个点或 [起点切向(T)/公差(L)]: (拾取点 2)
输入下一个点或 [端点相切(T)/公差(L)/放弃(U)]: (拾取点 3)
输入下一个点或 [端点相切(T)/公差(L)/放弃(U)/闭合(C)]: (拾取点 4)
输入下一个点或 [端点相切(T)/公差(L)/放弃(U)/闭合(C)]: (拾取点 5)
输入下一个点或 [端点相切(T)/公差(L)/放弃(U)/闭合(C)]: (拾取点 6)
输入下一个点或 [端点相切(T)/公差(L)/放弃(U)/闭合(C)]: (拾取点 7)
输入下一个点或 [端点相切(T)/公差(L)/放弃(U)/闭合(C)]: (回车结束)
```

（2）方式：控制是使用拟合点还是使用控制点来创建样条曲线。其中，拟合点方式是通过指定样条曲线必须经过的拟合点来创建 3 阶（三次）B 样条曲线。控制点方式则是通过指定控制点来创建 1 阶（线性）、2 阶（二次）、3 阶（三次）直到最高为 10 阶的样条曲线。通过移动控制点调整样条曲线的形状通常可以提供比移动拟合点更好的效果。该方式适合于三维 NURBS 曲面创建。

（3）节点：指定节点参数化，它是一种计算方法，用来确定样条曲线中连续拟合点之间的零部件曲线如何过渡。包括弦长、平方根和统一三种方式。

（4）对象：将二维或三维的二次或三次样条曲线拟合多段线转换成等效的样条曲线。根据 DELOBJ 系统变量的设置，保留或放弃原多段线。

3.7 绘制多段线

用基本线条、弧、圆等绘制图形后，还要区分各种实体。其中，使它们有不同的线宽就是区分实体的最好方法之一。多段线的一个显著特点就是可以控制线宽。多段线是由一系列线段和弧组成的，其中每段线段都是整体的一部分，在执行编辑命令时，只要选取其中的一段，则整个多段线都将发生变化。多段线除了能控制线宽外，还可以画锥形线、封闭多段线、用不同的方法画多段线弧，而且多段线可以方便地改变形状和进行曲线拟合。

3.7.1 绘制多段线

在 AutoCAD 2012 中，使用 PLINE 命令绘制多段线，其中包括直线段部分和弧线段部分，并能够定义不同的线宽，以致形成锥形线。

1．启动

AutoCAD 2012 提供了三种启动 PLINE 的方法。

- 功能面板：单击“常用”选项卡，“绘图”功能面板→“多段线”按钮。
- 菜单：“绘图”菜单→“多段线”命令。
- 命令行：PL 或 PLINE。

2．操作方法

```
命令：PLINE
指定起点：(输入多段线的起点)
当前线宽为 0.0000
```

指定下一个点或 [圆弧(A)/半宽(H)/长度(L)/放弃(U)/宽度(W)]：(指定下一点)

指定下一点或 [圆弧(A)/闭合(C)/半宽(H)/长度(L)/放弃(U)/宽度(W)]：

在绘制过程中，每条新线段的起点都是上一条线段的终点，只有按回车键才结束。多段线分为直线部分和弧线部分。

下面分别介绍绘制直线多段线与直线段和弧线段相结合的多段线的具体步骤。

（1）绘制多段线的直线段部分。

1）菜单："绘图"菜单→"多段线"命令。

2）选取多段线的起始点。

3）选取多段线的终点。

4）键入 C 封闭多段线，或按回车结束命令。

（2）绘制如图 3-39 所示的多段线，直线段部分和弧线段部分结合。具体步骤如下：

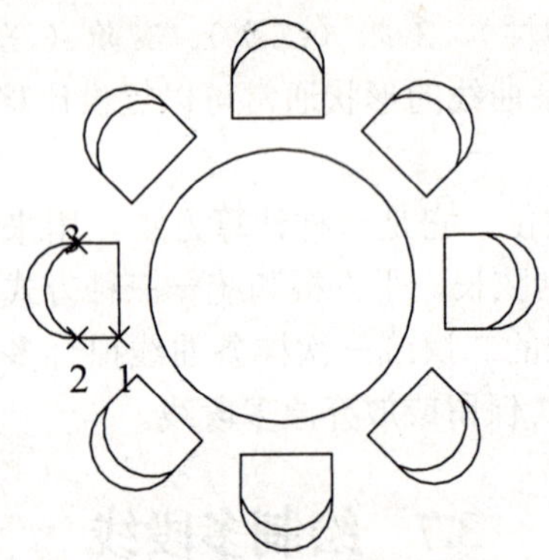

图 3-39 绘制多段线

单击"绘图"功能面板→"多段线"按钮，系统提示如下：

指定起点：(选取直线段部分的起始点 1)

当前宽度为 0.0000

指定下一个点或 [圆弧(A)/半宽(H)/长度(L)/放弃(U)/宽度(W)]：(选取直线段部分的终点 2)

指定下一个点或 [圆弧(A)/半宽(H)/长度(L)/放弃(U)/宽度(W)]：A(切换到 ARC 模式下)

指定圆弧的端点或[角度(A)/圆心(CE)/闭合(CL)/方向(D)/半宽(H)/直线(L)/半径(R)/第二点(S)/放弃(U)/宽度(W)]：(指定弧段的端点 3)

指定圆弧的端点或[角度(A)/圆心(CE)/闭合(CL)/方向(D)/半宽(H)/直线(L)/半径(R)/第二点(S)/放弃(U)/宽度(W)]：(按回车结束此命令，也可以继续输入圆弧端点)

在绘制多段直线时，也可以不用拾取多段线的端点，而直接输入直线的长度。AutoCAD 提供了"长度"选项。"长度"选项绘制与上一条线段平行的线，要改变方向，必须输入一个负的长度值。如果上一条线段为弧线，则此线与弧线相切。

3.7.2 控制多段线的宽度

多段线的一个显著特点就是可以控制线宽。当线宽为 0 时，多段线和一般的直线没有区别，要改变多段线的线宽，就要在执行"多段线"命令中设置，当选取起始点后，命令提示行中的显示如下：

指定下一个点或 [圆弧(A)/半宽(H)/长度(L)/放弃(U)/宽度(W)]：W

指定起点宽度<0.0000>:(输入起点宽度值)

指定端点宽度<0.0000>:(输入端点宽度值)

指定下一个点或 [圆弧(A)/半宽(H)/长度(L)/放弃(U)/宽度(W)]:

例如，绘制一条宽为 8 的多段线，要求效果如图 3-40（a）所示。

命令：PLINE

指定起点：(指定多段线的起始点 1)

当前宽度为 0.0000

指定下一个点或 [圆弧(A)/半宽(H)/长度(L)/放弃(U)/宽度(W)]：W

指定起点宽度<0.0000>:8

指定端点宽度<8.0000>:

指定下一个点或 [圆弧(A)/半宽(H)/长度(L)/放弃(U)/宽度(W)]：(确定多段线的终止点 2)

指定下一个点或 [圆弧(A)/半宽(H)/长度(L)/放弃(U)/宽度(W)]：(回车结束该命令)

其中起点宽度和终点宽度相同，所以形成一条有宽度的直线。但是当起点和终点宽度不同时，就会绘制成一条如图 3-40（b）所示的锥形线，其命令如下：

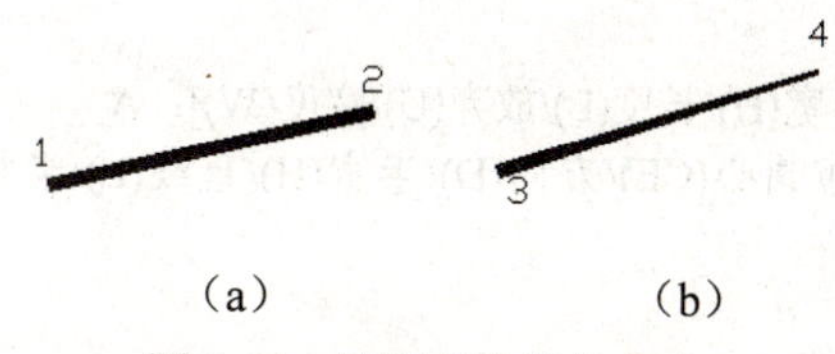

图 3-40　控制多段线的宽度

命令：PLINE

指定起点：(指定多段线的起始点 3)

当前宽度为 0.0000

指定下一个点或 [圆弧(A)/半宽(H)/长度(L)/放弃(U)/宽度(W)]：W

指定起点宽度<0.0000>：8

指定端点宽度<8.0000>：2

指定下一个点或 [圆弧(A)/半宽(H)/长度(L)/放弃(U)/宽度(W)]：(确定多段线的终止点 4)

指定下一个点或 [圆弧(A)/半宽(H)/长度(L)/放弃(U)/宽度(W)]：(回车结束该命令)

除了用“宽度”（WIDTH）选项控制线宽外，还可以使用“半宽”选项。“半宽”选项是指从线中心到线边缘设置多段线的宽度。启用“半宽”和启用“宽度”选项一样，先执行“多段线”命令，拾取起始点，然后键入 H，就可以分别输入起始点和终点的半宽值，再拾取终点，命令就完成了。

3.7.3　多段线弧

绘制多段线弧就像绘制弧一样有多种绘制方式，其中有起点－圆心式、终点－角度式、终点－圆心式、起点－半径式和三点作弧式等，而且可以通过“方向”命令改变圆弧起始方向。

1. 输入角度法

输入角度法就是利用 ANGLE 选项绘制多段线弧，该选项可以使用三种方法来作弧：起点－角度－终点、起点－角度－圆弧中心和起点－角度－半径。其中第一种方法是默认选项。还要注意的一点是，系统默认角度是按逆时针方向旋转的。当输入一个负值时，则按顺时针方向转动。以下就这三种方法分别作介绍。

（1）起点－角度－终点：在输入圆心角后，直接选取弧线终点的方法。绘制如图 3-41

（a）所示的一个圆心角为 80 度的多段线弧。命令如下：

命令：PLINE

指定起点：(指定多段线的起始点 1)

当前宽度为 0.0000

指定下一个点或 [圆弧(A)/半宽(H)/长度(L)/放弃(U)/宽度(W)]：A

指定圆弧的端点或[角度(A)/圆心(CE)/方向(D)/半宽(H)/直线(L)/半径(R)/第二个点(S)/放弃(U)/宽度(W)]: A

指定包含角：80

指定圆弧的端点或[圆心(CE)/半径(R)]：(确定终点 2)

指定圆弧的端点或[角度(A)/圆心(CE)/闭合(CL)/方向(D)/半宽(H)/直线(L)/半径(R)/第二个点(S)/放弃(U)/宽度(W)]:

（2）起点－角度－圆弧中心：在输入圆心角后，选取圆弧的中心点。绘制如图 3-41（b）所示的一个圆心角为 80 度的多段线弧。命令如下：

命令：PLINE

指定起点：(指定多段线的起始点)

当前宽度为 0.0000

指定下一个点或 [圆弧(A)/半宽(H)/长度(L)/放弃(U)/宽度(W)]：A

指定圆弧的端点或[角度(A)/圆心(CE)/方向(D)/半宽(H)/直线(L)/半径(R)/第二个点(S)/放弃(U)/宽度(W)]:A

指定包含角：80

指定圆弧的端点或[圆心(CE)/半径(R)]：CE

指定圆弧的圆心：(确定圆弧的圆心)

指定圆弧的端点或[角度(A)/圆心(CE)/闭合(CL)/方向(D)/半宽(H)/直线(L)/半径(R)/第二个点(S)/放弃(U)/宽度(W)]: (回车结束该命令)

（3）起点－角度－半径：在输入圆心角后，再输入圆弧半径而绘制多段线弧的方法。绘制如图 3-41（c）所示的一个圆心角为 80 度的多段线弧。命令如下：

命令：PLINE

指定起点：(指定多段线的起始点)

当前宽度为 0.0000

指定下一个点或 [圆弧(A)/半宽(H)/长度(L)/放弃(U)/宽度(W)]：A

指定圆弧的端点或[角度(A)/圆心(CE)/方向(D)/半宽(H)/直线(L)/半径(R)/第二个点(S)/放弃(U)/宽度(W)]:A

指定包含角：80

指定圆弧的端点或[圆心(CE)/半径(R)]：R

指定圆弧的半径：50(确定圆弧的半径)

指定圆弧的弦方向<133>：(回车)

指定圆弧的端点或[角度(A)/圆心(CE)/闭合(CL)/方向(D)/半宽(H)/直线(L)/半径(R)/第二个点(S)/放弃(U)/宽度(W)]: (回车结束命令)

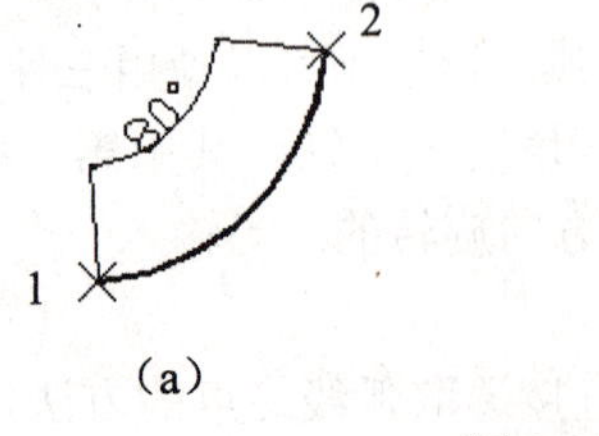

（a）

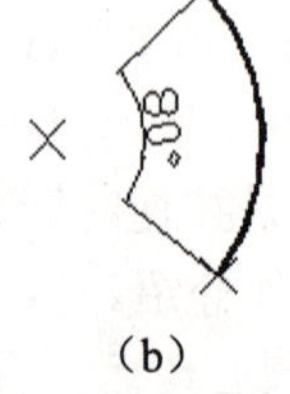

（b）

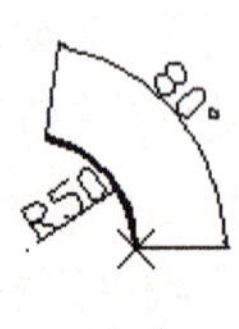

（c）

图 3-41　绘制多段线弧

2. 圆弧中心法

圆弧中心法是利用“圆心”选项绘制多段线弧的方法。在命令提示下，键入 CE，系统将提示“指定圆弧的圆心：”，拾取圆心后，将出现如下提示：

指定圆弧的端点或[角度(A)/长度(L)]:

可以看出“圆心”选项也有三种方法：起点－圆心－终点、起点－圆心－角度和起点－圆心－弦长。

（1）起点－圆心－终点：在拾取圆心后，直接选取终点来绘制多段线弧的方法。绘制如图 3-42（a）所示的一个已确定起点、圆心和终点的多段线弧。命令如下：

命令：PLINE

指定起点：(指定多段线的起始点)

当前宽度为 0.0000

指定下一个点或 [圆弧(A)/半宽(H)/长度(L)/放弃(U)/宽度(W)]：A

指定圆弧的端点或[角度(A)/圆心(CE)/方向(D)/半宽(H)/直线(L)/半径(R)/第二个点(S)/放弃(U)/宽度(W)]: CE

指定圆弧的圆心：(确定圆弧的圆心)

指定圆弧的端点或[角度(A)/长度(L)]：(确定圆弧的终点)

指定圆弧的端点或[角度(A)/圆心(CE)/闭合(CL)/方向(D)/半宽(H)/直线(L)/半径(R)/第二个点(S)/放弃(U)/宽度(W)]: (回车结束该命令)

（2）起点－圆心－角度：在拾取圆心后，输入一个角度值绘制多段线弧的方法。绘制如图 3-42（b）所示的一个已确定起点、圆心和角度的多段线弧。命令如下：

命令：PLINE

指定起点：(指定多段线的起始点)

当前宽度为 0.0000

指定下一个点或 [圆弧(A)/半宽(H)/长度(L)/放弃(U)/宽度(W)]：A

指定圆弧的端点或[角度(A)/圆心(CE)/闭合(CL)/方向(D)/半宽(H)/直线(L)/半径(R)/第二点(S)/放弃(U)/宽度(W)]：CE

指定圆弧的圆心：(确定圆弧的圆心)

指定圆弧的端点或[角度(A)/长度(L)]：A

指定包含角：80(确定所包含的圆心角)

指定圆弧的端点或[角度(A)/圆心(CE)/闭合(CL)/方向(D)/半宽(H)/直线(L)/半径(R)/第二点(S)/放弃(U)/宽度(W)]：(回车结束该命令)

（3）起点－圆心－弦长：在拾取圆心后，输入弦长绘制多段线弧的方法。绘制如图 3-42（c）所示的一个已确定起点、圆心和弦长的多段线弧。命令如下：

命令：PLINE

指定起点：(指定多段线的起始点)

当前宽度为 0.0000

指定下一个点或 [圆弧(A)/半宽(H)/长度(L)/放弃(U)/宽度(W)]：A

指定圆弧的端点或[角度(A)/圆心(CE)/闭合(CL)/方向(D)/半宽(H)/直线(L)/半径(R)/第二点(S)/放弃(U)/宽度(W)]：CE

指定圆弧的圆心：(确定圆弧的圆心)

指定圆弧的端点或[角度(A)/长度(L)]：L

指定弦长：50(确定弦的长度)

指定圆弧的端点或[角度(A)/圆心(CE)/闭合(CL)/方向(D)/半宽(H)/直线(L)/半径(R)/第二个点(S)/放弃(U)/宽度(W)]: (回车结束该命令)

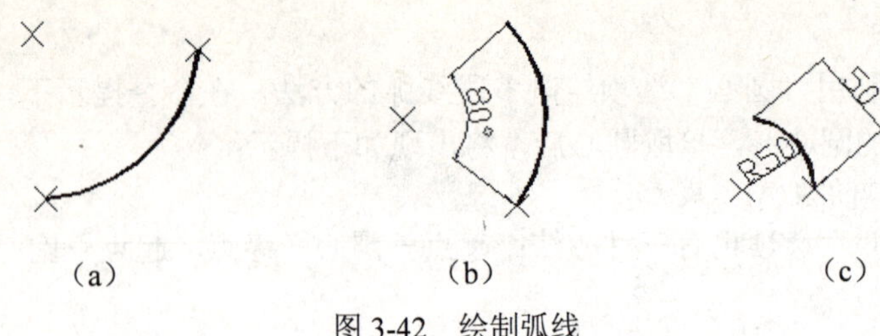

图 3-42　绘制弧线

3．圆弧半径法

圆弧半径法是利用“半径”选项绘制多段线弧的方法。

命令：PLINE

指定起点：(指定多段线的起始点)

当前宽度为 0.0000

指定下一个点或 [圆弧(A)/半宽(H)/长度(L)/放弃(U)/宽度(W)]：A

指定圆弧的端点或[角度(A)/圆心(CE)/闭合(CL)/方向(D)/半宽(H)/直线(L)/半径(R)/第二点(S)/放弃(U)/宽度(W)]：R

指定圆弧的半径：(确定圆弧的半径值)

指定圆弧的端点或[角度(A)]：

其中两个选项的含义与前面讲述的相同。

4．圆弧方向法

圆弧方向法是通过利用“方向”命令改变要绘制的多段线弧的起始方向来绘制多段线弧的方法。AutoCAD 2012 中，系统默认多段线弧的起始方向与前一段弧相切，利用“方向”命令可以重新设置弧的起始方向。

命令：PLINE

指定起点：(指定多段线的起始点)

当前宽度为 0.0000

指定下一个点或 [圆弧(A)/半宽(H)/长度(L)/放弃(U)/宽度(W)]：A

指定圆弧的端点或[角度(A)/圆心(CE)/闭合(CL)/方向(D)/半宽(H)/直线(L)/半径(R)/第二点(S)/放弃(U)/宽度(W)]：D

指定圆弧的起点切向：(确定圆弧起点的切向角度值)

指定圆弧的端点：(确定圆弧的端点)

5．三点作弧法

三点作弧法是利用“第二点”选项绘制多段线弧的方法。所谓三点作弧就是拾取除起点、终点外的另一点，用这三点来绘制多段线弧，将能更好地确定弧的位置。

6．连续作弧法

连续作弧法就是在进入绘制多段线弧的状态下，直接选取弧的起点和终点，下一段弧的起点是上一段弧的终点，并且每一段弧都与上一段弧相切。这种方法的缺点是不能精确地确定弧的位置。

3.7.4　多段线的分解

编辑多段线的优点是只要选取其中一段，就能编辑整条多段线，但有些时候，需要编辑其中一段。系统提供了 EXPLODE 命令，执行此命令可以把多段线分解成单个的对象。

1．启动

启动 EXPLODE 命令的方法如下：

- 功能面板：单击“常用”选项卡，“修改”功能面板→“分解”按钮。
- 命令：X 或 EXPLODE。
- 菜单：“修改”菜单→“分解”命令。

2．操作方法

使用“分解”命令的步骤如下：

（1）用以上的任一方法执行 EXPLODE 命令。

（2）选取要编辑的多段线，则多段线转化为独立的线段或弧段。

（3）如果多段线具有指定的宽度，将出现提示，可以恢复原有状态。这要根据具体情况而定，看这个宽度对多段线是否重要。

在命令提示行中键入 UNDO，将恢复到分解以前的状态。

3.7.5　多段线编辑

除了用标准的编辑方法外，还可以使用 PEDIT 命令来编辑多段线。PEDIT 命令中的编辑选项包括打开、闭合、合并、宽度、编辑顶点、拟合、样条曲线、非曲线化、放弃。使用这些命令可以打开封闭的多段线，在封闭的多段线中添加线、弧等多段线，还可以改变多段线的形状。

1．启动

进入 PEDIT 命令的方法如下：

- 菜单：“修改”菜单→“多段线”命令。
- 命令：PE 或 PEDIT。

2．操作方法

进入 PEDIT 命令后，命令提示行中提示“选择多段线：”，选取要编辑的多段线。它的编辑选项将根据所选多段线是否闭合而不同，当所选多段线闭合时，选项中的第一项为“打开”；当所选多段线为非闭合时，“打开”被“闭合”代替。

命令：PE

选择多段线或 [多条(M)]: (选取非封闭的多段线)

输入选项 [闭合(C)/合并(J)/宽度(W)/编辑顶点(E)/拟合(F)/样条曲线(S)/非曲线化(D)/线型生成(L)/反转(R)/放弃(U)]:

如果选取封闭的多段线则输入选项为：

[打开(O)/合并(J)/宽度(W)/编辑顶点(E)/拟合(F)/样条曲线(S)/非曲线化(D)/线型生成(L)/反转(R)/放弃(U)]:

3．说明

（1）打开：此选项主要用于打开封闭的多段线，删除多段线的封闭段。封闭段是指用 CLOSE 命令画出的段，如果没有用 CLOSE 命令而直接返回到起点，OPEN 选项将不会有效果。

（2）闭合：此选项用于形成闭合的多段线，当选取的多段线本来就是闭合的，此选项使该多段线被打开。

注意　“多段线”命令的“闭合”选项和 PEDIT 命令中的“闭合”选项有一定区别，请读者加以区分。

（3）合并：此选项用于在指定的多段线中添加线、弧和其他多段线。

（4）宽度：此选项用于改变当前多段线的宽度。

（5）编辑顶点：此选项用于改变多段线的顶点位置，以便于改变多段线的形状。进入此状态后，所选多段线的第一个顶点将出现一个 X，并出现如下提示：

[下一个(N)/上一个(P)/打断(B)/插入(I)/移动(M)/重生成(R)/拉直(S)/切向(T)/宽度(W)/退出(X)]<N>:

下面解释提示中的 10 个选项。

1）下一个：此选项用于选择多段线的下一个顶点。当执行 N 命令时，多段线端点的 X 标记将移到下一个顶点，再一次执行，X 标记将继续移动，一直移到需要的顶点。

2）上一个：此选项用于选择多段线的前一个顶点。使用 P 命令时，可以使 X 标记向 NEXT 的相反方向移动。P 和 N 是顶点编辑最基本的选项，有了它们别的选项才能进行。

3）打断：此选项用于删除两顶点间的多段线段。执行此选项的步骤如下：

[下一个(N)/上一个(P)/打断(B)/插入(I)/移动(M)/重生成(R)/拉直(S)/切向(T)/宽度(W)/退出(X)]<N>：B
输入选项[下一个(N)/上一个(P)/转至(G)/退出(X)]<N>:

其中 N 或 P 选项移动 X 标记到所需的位置，G 选项用来执行删除命令，X 选项用来退出“打断”命令。

注意　如果在一条闭合的多段线上使用“打断”选项，则将删除闭合段。

4）插入：此选项用于插入一个新顶点，新顶点插入在当前标有 X 顶点之后。执行该选项的步骤如下：

[下一个(N)/上一个(P)/打断(B)/插入(I)/移动(M)/重生成(R)/拉直(S)/切向(T)/宽度(W)/退出(X)]<N>：I
指定新顶点的位置：(确定新的顶点)

此时多段线将出现一个新顶点，系统自动退出“插入”选项。

5）移动：把多段线的当前顶点移到新的位置。执行该选项的步骤如下：

[下一个(N)/上一个(P)/打断(B)/插入(I)/移动(M)/重生成(R)/拉直(S)/切向(T)/宽度(W)/退出(X)]<N>：M
指定新顶点的位置：(确定新的顶点)

此时多段线的当前顶点将移到新位置，系统自动退出该选项。

6）重生成：此选项用于重新生成被编辑的多段线。

7）拉直：此选项用于在两个顶点间插入一条直线段，并删除原有的若干线段。执行该选项的步骤如下：

[下一个(N)/上一个(P)/打断(B)/插入(I)/移动(M)/重生成(R)/拉直(S)/切向(T)/宽度(W)/退出(X)]<N>：S
输入选项[下一个(N)/上一个(P)/转至(G)/退出(X)]<N>:

其各项含义请参见“打断”选项。

8）切向：此选项用于在当前点添加一个切线方向。执行该选项的步骤如下：

[下一个(N)/上一个(P)/打断(B)/插入(I)/移动(M)/重生成(R)/拉直(S)/切向(T)/宽度(W)/退出(X)]<N>：T
指定顶点切向：(拾取一点或输入一个角度)

此时当前点上出现一表示切线方向的箭头。系统自动退出该选项。

9）宽度：此选项用于改变当前顶点后的多段线段的起点、终点宽度。执行该选项的步骤如下：

[下一个(N)/上一个(P)/打断(B)/插入(I)/移动(M)/重生成(R)/拉直(S)/切向(T)/宽度(W)/退出(X)]<N>：W
指定下一线段的起始宽度<0.0000>：(输入起始点宽度)
指定下一线段的端点宽度<0.0000>：(输入端点宽度)

以 X 标记为起点的多段线的宽度将改变。系统自动退出该选项。

10）退出：此选项用于退出“编辑顶点”模式。只要直接键入 X 就可以执行此命令。

（6）拟合：此选项用于把一条直线段转化为曲线段，弧线的端点穿过直线段的端点，每个弧线弯曲的方向依赖于相邻圆弧的方向，因此产生了平滑曲线的效果。

（7）样条曲线：此选项用于把一条直线段转化为一条样条曲线；样条曲线只通过起点和终点，中间点只是无限接近的曲线；样条曲线比用 FIT 项生成的曲线更平滑，也更容易控制。

（8）非曲线化：此选项用于删除“拟合”选项和“样条曲线”选项所产生的顶点，并使多段线恢复原有的直线段。

（9）线型生成：此选项用于调整线型式样的显示。当用户键入 L 时，系统将作如下提示：

输入多段线线型生成选项[开(ON)/关(OFF)]<OFF>:

其中 OFF 为此选项的默认值，表明每种线型图案都以每个定点为基点开始绘制，当选择 ON 时，绘制线型图案将不考虑顶点问题。

此选项对有锥度的多段线不产生影响。

（10）反转：此选项用于将选定多段线反转方向。

（11）放弃：此选项用于撤消 PEDIT 最近一个指令，并没有退出 PEDIT 命令，还可以继续执行 PEDIT 中其他的选项；而 EXIT 用于退出 PEDIT 命令，不会影响已执行 PEDIT 的任何一次操作。EXIT 是 PEDIT 命令的默认选项，只要直接按回车键，就可以回到命令提示状态下。

3.8 修订云线、区域覆盖与表格

在 AutoCAD 2012 中，用户可以随时对有问题的部分进行标记，或者干脆删除掉，以便绘图人员能够很快知道需要修改的地方。修订云线和区域覆盖功能就是这样的功能。它们也是 AutoCAD 2012 相对以前版本的新功能。

3.8.1 修订云线

在检查或用红线圈阅图形时，可以使用修订云线功能亮显标记以提高工作效率，如图 3-43 所示。

REVCLOUD 命令用于创建由连续圆弧组成的多段线以构成云线形对象。

用户可以从头开始创建修订云线，也可以将闭合对象（例如圆、椭圆、闭合多段线或闭合样条曲线）转换为修订云线。将闭合对象转换为修订云线时，如果 DELOBJ 设置为 1（默认值），原始对象将被删除。

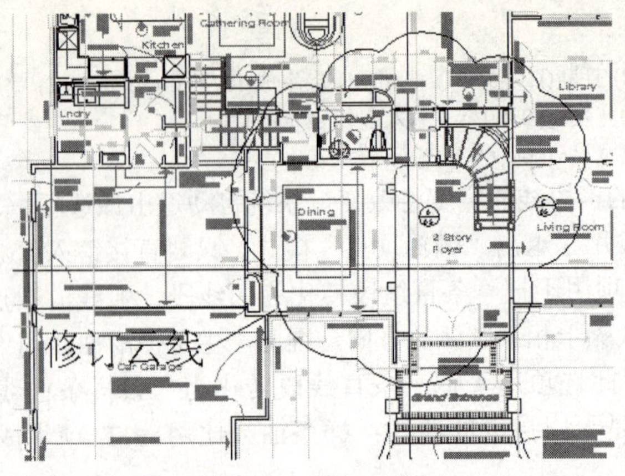

图 3-43 修订云线

用户可以为修订云线的弧长设置默认的最小值和最大值。绘制修订云线时，可以使用拾取点选择较短的弧线段来更改圆弧的大小。也可以通过调整拾取点来编辑修订云线的单个弧长和弦长。

REVCLOUD 用于存储上一次使用的圆弧长度作为多个 DIMSCALE 系统变量的值，这样就可以统一使用不同比例因子的图形。

在执行此命令之前，请确保能够看见要使用 REVCLOUD 添加轮廓的整个区域。REVCLOUD 不支持透明以及实时平移和缩放。

1．启动

进入修订云线的方式有以下三种。

- 功能面板：单击“常用”选项卡，“绘图”功能面板→“修订云线”按钮。
- 菜单：“绘图”菜单→“修订云线”命令。
- 命令行：REVCLOUD。

系统提示如下：

最小弧长：0.5000 最大弧长：0.5000
指定起点或[弧长(A)/对象(O)/样式(S)]：(拾取点或输入选项，拖动以绘制云线)
沿云线路径引导十字光标...

当开始直线和结束直线相接时，命令行上显示以下信息：

云线完成
生成的对象是多段线。

REVCLOUD 在系统注册表中存储上一次使用的圆弧长度。当程序和使用不同比例因子的图形一起使用时，用 DIMSCALE 乘以此值以保持统一。

2．选项

各选项含义如下。

（1）弧长：指定云线中弧线的长度。系统提示如下：

指定最小弧长 <0.5000>：(指定最小弧长的值)
指定最大弧长 <0.5000>：(指定最大弧长的值)
沿云线路径引导十字光标...
云线完成

注意

最大弧长不能大于最小弧长的 3 倍。

（2）对象：指定要转换为云线的闭合对象。系统提示如下：

选择对象：(选择要转换为云线的闭合对象)

反转方向[是(Y)/否(N)]：(输入 Y 以反转云线中的弧线方向，或按回车键保留弧线的原样)

云线完成

（3）样式：指定云线的样式。系统提示如下：

选择圆弧样式 [普通(N)/手绘(C)] <普通>:

在默认情况下是普通样式，如果选择手绘，则绘制更加像手工绘图一样。

3．操作方法

主要有以下几种方式。

（1）从头开始创建修订云线。

1）在“绘图”功能面板中单击“修订云线”按钮。

2）根据提示，指定新的最大和最小弧长，或者指定修订云线的起点。默认的弧长最小值和最大值设置为 0.5000 个单位。弧长最大值不能超过最小值的 3 倍。

3）沿着云线路径移动十字光标，要更改圆弧的大小，可以沿着路径单击拾取点。

4）可以随时按回车键停止绘制修订云线。

5）要闭合修订云线，请返回到它的起点。

（2）将闭合对象转换为修订云线。

1）在“绘图”功能面板中单击“修订云线”按钮。

2）根据提示，指定新的最大和最小弧长，或者指定修订云线的起点。

3）指定要转换为修订云线的圆、椭圆、闭合多段线或闭合样条曲线。

4）要反转圆弧的方向，在命令行上输入 yes 并按回车键。

5）按回车键将选定对象转换为修订云线。

（3）更改修订云线中弧长的默认值。

1）在“绘图”功能面板中单击“修订云线”按钮。

2）在命令提示下，指定新的弧长最小值并按回车键。

3）在命令提示下，指定新的弧长最大值并按回车键。弧长的最大值不能超过最小值的 3 倍。

4）按回车键继续该命令，或者按 Esc 键结束命令。

（4）编辑修订云线中单个弧长或弦长。

1）在图形中选择要编辑的修订云线。

2）沿着修订云线的路径移动拾取点，更改弧长和弦长。

说明

修订云线可以利用“特性”选项板进行常规的特性更改。

3.8.2 区域覆盖

区域覆盖可以在现有对象上生成一个空白区域，用于添加注释或详细的屏蔽信息。此区域由区域覆盖边框进行绑定，可以打开此区域进行编辑，也可以关闭此区域进行打印，如图 3-44 所示。

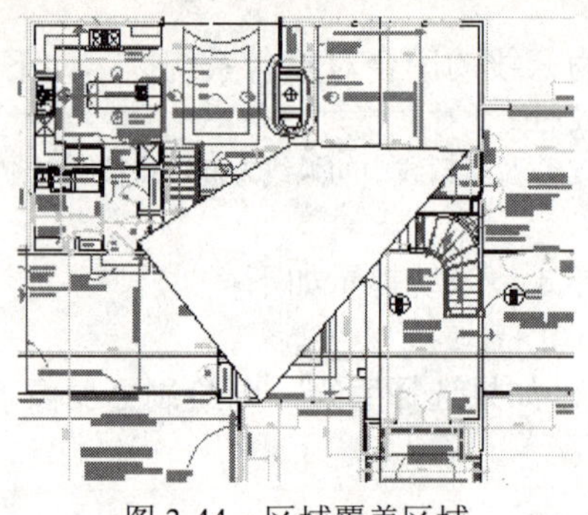

图 3-44　区域覆盖区域

1．启动

主要有两种方式可以启动。

- 功能面板：单击“常用”选项卡，“绘图”功能面板→“区域覆盖”按钮。
- 菜单：“绘图”菜单→“区域覆盖”命令。
- 命令行：WIPEOUT。

命令行提示如下：

指定第一点或 [边框(F)/多段线(P)] <多段线>：(指定点或输入选项)

2．选项

各选项含义如下：

（1）第一点：根据一系列点确定区域覆盖对象的封闭多边形边界。系统提示如下：

指定下一点：(指定下一点或按 Enter 键退出)

（2）边框：确定是否显示所有区域覆盖对象的边。系统提示如下：

输入模式 [开(ON)/关(OFF)] <ON>: (输入 on 或 off)

输入 on 将显示所有区域覆盖边框，输入 off 将禁止显示所有区域覆盖边框。

（3）多段线：根据选定的多段线确定区域覆盖对象的多边形边界。系统提示如下：

选择闭合多段线：(使用对象选择方式选择闭合的多段线)

是否要删除多段线？[是(Y)/否(N)] <否>：(输入 y 或 n)

输入 y 将删除用于创建区域覆盖对象的多段线，输入 n 将保留多段线。

3．说明

（1）如果使用多段线创建区域覆盖对象，则多段线必须闭合，只包括直线段且宽度为零。

（2）可以在图纸空间的布局上创建区域覆盖对象，以便在模型空间中屏蔽对象。但是，必须在打印之前清除“打印”对话框“打印选项”选项组的“最后打印图纸空间”选项，以确保区域覆盖对象可以正常打印，如图 3-45 所示。

（3）由于区域覆盖对象与光栅图像相似，因而它与光栅图像的打印要求相同，需要一台带有 ADI 4.3 光栅驱动程序或系统打印驱动程序的光栅打印机。

3.8.3　表格

表格是由单元构成的矩形矩阵，这些单元中包含注释（主要是文字，但也有块）。可以将表格作为技术要求或者明细表等直接插入到图形中。从操作习惯上说，这个表格功能同 Word 中的表格功能基本一样。

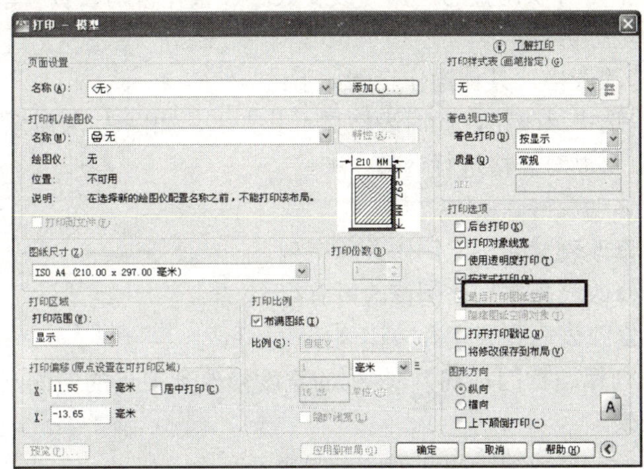

图 3-45　区域覆盖对象打印选项

1．创建表格

创建表格的具体操作过程如下：

（1）依次单击“常用”选项卡的“注释”功能面板的“表格”按钮，系统弹出如图 3-46 所示的对话框。

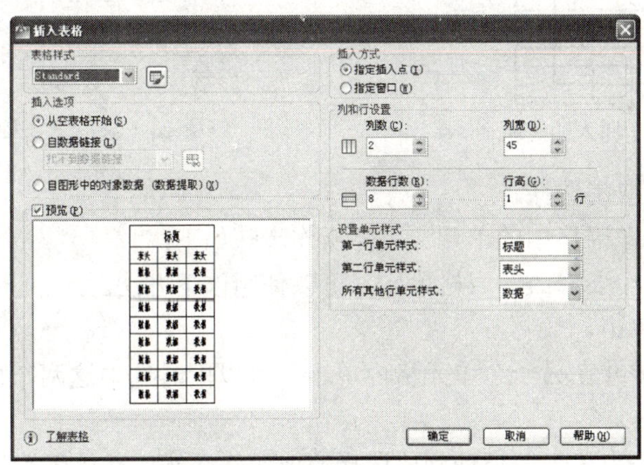

图 3-46　“插入表格”对话框

（2）在“插入表格”对话框中，从“表格样式”列表中选择一个表格样式，或单击按钮创建一个新的表格样式。有关表格格式的设置将稍后介绍。

（3）选择插入方式，主要有两种方式。

1）指定插入点：根据插入点来放置表格。

2）指定窗口：根据在绘图窗口中指定的窗口来放置表格。

（4）设置列数和列宽。如果使用窗口插入方法，用户可以选择列数或列宽，但是不能同时选择两者。

（5）设置行数和行高。如果使用窗口插入方法，行数由指定的窗口尺寸和行高决定。

（6）单击“确定”按钮，建立如图 3-47 所示的表格。

2．修改表格

表格及其单元格都是可以调整的，例如改变大小、整体移动、合并单元格等。具体的操作比较多，下面分别进行讲解。

（1）使用夹点修改表格。具体操作步骤如下：

1）单击网格线以选中该表格，此时表格显示其夹点，如图 3-48 所示。

2）使用这些夹点可以对表格进行调整。

- 左上夹点：移动表格。
- 右上夹点：修改表宽并按比例修改所有列。
- 左下夹点：修改表高并按比例修改所有行。
- 右下夹点：修改表高和表宽并按比例修改行和列。
- 列夹点（在列标题行的顶部）：将列的宽度修改到夹点的左侧，并加宽或缩小表格以适应此修改。
- Ctrl+列夹点：加宽或缩小相邻列而不改变表宽。

最小列宽是单个字符的宽度。空白表格的最小行高是文字的高度加上单元边距。

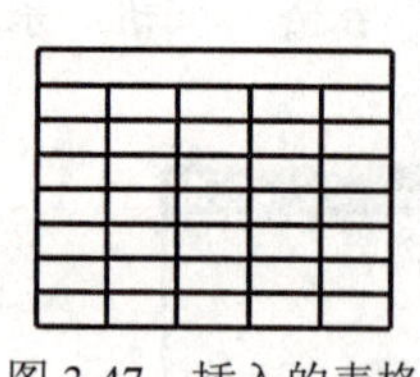

图 3-47 插入的表格

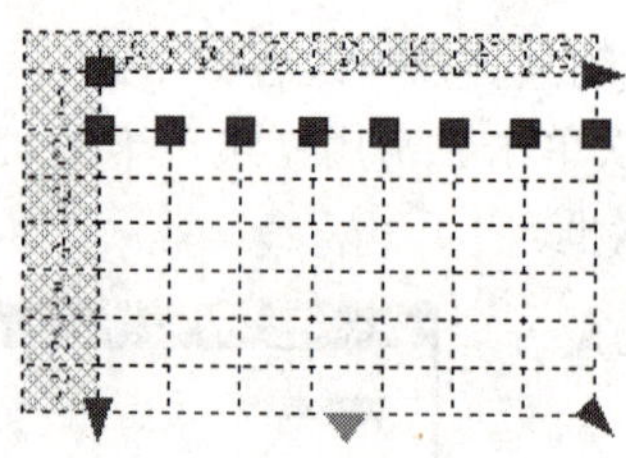

图 3-48 表格夹点

3）按 Esc 键可以取消选择。

（2）使用夹点修改表格中的单元。具体操作步骤如下：

1）选择一个或多个要修改的表格单元，可以使用以下方法。

- 在单元格内单击。
- 按住 Shift 键并在另一个单元格内单击，可以同时选中这两个单元格以及它们之间的所有单元格。
- 在选定单元格内单击，拖动到要选择的单元格，然后释放鼠标。

2）拖动顶部或底部的夹点，修改选定单元格的行高。如果选中多个单元格，每行的行高将做同样的修改。

3）拖动左侧或右侧的夹点，修改选定单元格的列宽。如果选中多个单元格，每列的列宽将做同样的修改。

4）要合并选定的单元格，可单击鼠标右键，然后选择“合并单元”选项。如果选择了多个行或列中的单元格，可以按行或按列合并。

5）按 Esc 键可以删除选择。

（3）使用“特性”选项板更改表格属性。具体操作步骤如下：

1）单击网格线以选中该表格，或者单击某个单元格选中该单元。

2）依次单击“工具”→“特性”菜单选项，弹出如图 3-49 所示的选项板。和表格的特性选项板不同，单元格特性选项板如图 3-50 所示。

3）单击要修改的值并输入或选择一个新值，选定表格中的该特性将被修改。

4）将光标移到“特性”选项板之外，并按 Esc 键取消选择。

可以修改的表格属性如下：

1）设置单元格高度和宽度。

2）选择表格样式。

3）输入单元格文字内容、颜色、旋转角度、高度等。

4）设置表格高度和宽度。

（4）在表格中添加列或行。具体的操作步骤如下：

1）在要添加列或行的表格单元内单击，可以选择在多个单元格内添加多个列或行。

2）单击鼠标右键，显示如图 3-51 所示的快捷菜单，使用以下选项之一插入行或列。

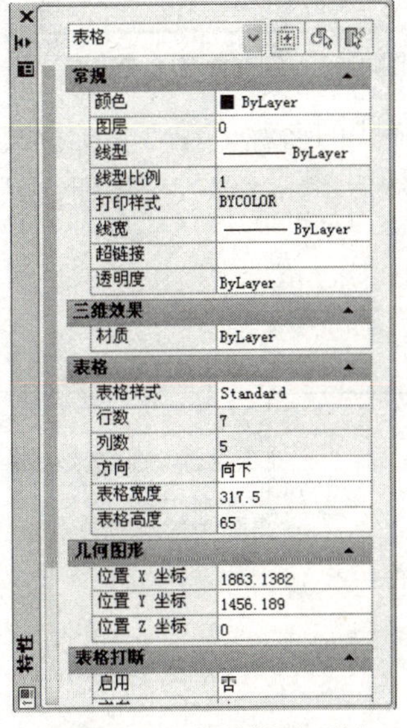

图 3-49　表格特性选项板

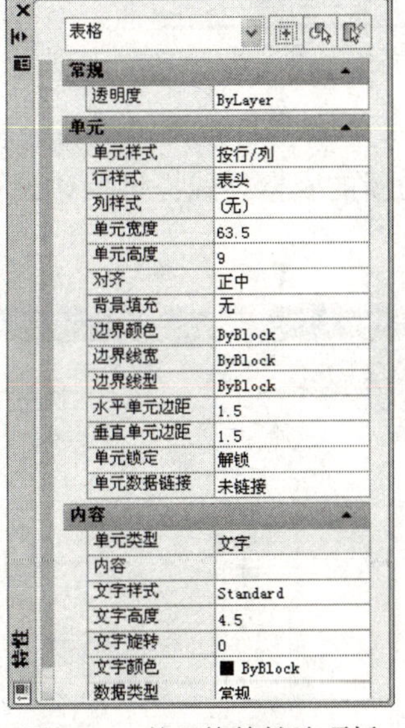

图 3-50　单元格特性选项板

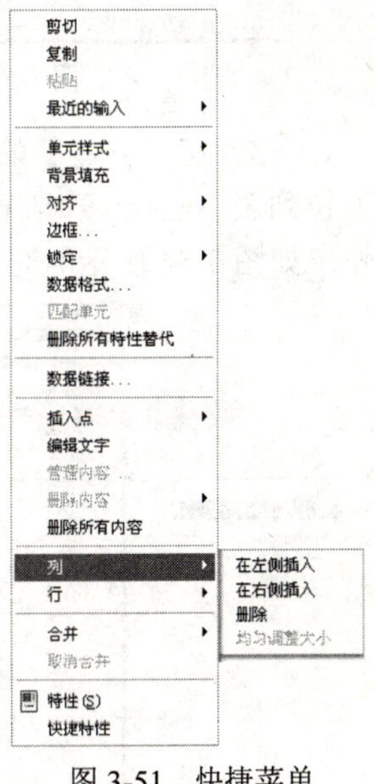

图 3-51　快捷菜单

- “列”→“在右侧插入”：在选定单元格的右侧插入列。
- “列”→“在左侧插入”：在选定单元格的左侧插入列。
- “行”→“在上方插入”：在选定单元格的上方插入行。
- “行”→“在下方插入”：在选定单元格的下方插入行。

3）按 Esc 键可以取消选择。

（5）在表格中删除列或行。具体操作步骤如下：

1）在要删除的列或行中的表格单元格内单击。

2）单击鼠标右键，使用以下选项之一删除内容。

- “列”→“删除”：删除指定的列。
- “行”→“删除”：删除指定的行。

3）按 Esc 键可以取消选择。

3．新建和更改表格样式

新建和更改表格样式的过程基本上是一样的，所以放在一起讲解。具体操作步骤如下：

（1）依次单击“注释”选项卡中“表格”选项组的 按钮，系统弹出如图 3-52 所示的对话框。

（2）在“表格样式”对话框中单击“新建”按钮，系统弹出如图 3-53 所示的对话框。

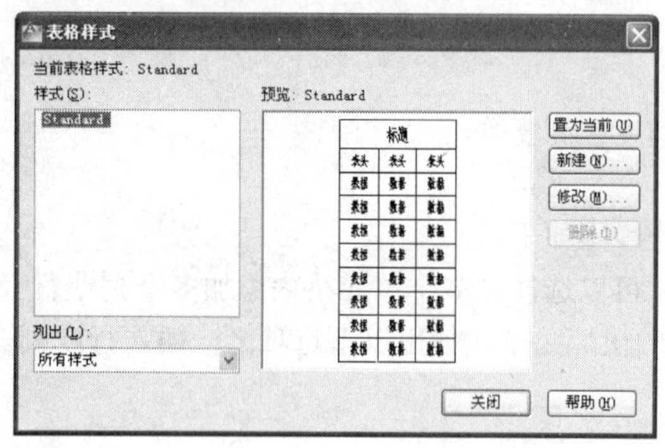

图 3-52　表格样式

图 3-53　创建新的表格样式

（3）在“创建新的表格样式”对话框中，输入新的表格样式的名称，在“基础样式”下拉列表中选择一个表格样式为新的表格样式提供默认设置，然后单击“继续”按钮，系统弹出如图 3-54 所示的对话框。

图 3-54　新建表格样式

（4）在“新建表格样式”对话框中，可以为表格设置以下选项。

1）选择已有表格。单击 按钮，可以在图形窗口中选择已有表格。

2）选择表格单元样式。在“单元样式”列表中选择单元格样式，从而可以决定表格输入内容，如图 3-54 所示。

3）确定表格方向。在“表格方向”列表中选择“向上”或“向下”。其中“向上”创建由下而上读取的表格，标题行和列标题表头都将位于表格底部。“向下”则相反。

4）表格基本设置。控制单元格内容的外观，如图 3-54 所示。具体包括以下几项特性。

- 填充颜色：选择“无”或直接选择一种背景颜色，或者选择“选择颜色”选项以通过“选择颜色”对话框选择。

- 对齐：为单元文字内容指定一种对齐方式。
- 格式：通过单击该按钮，可以为单元格内容设置输入格式，将打开如图 3-55 所示的对话框，进行相应选择即可。选择的数据类型不同，显示内容也将不同。
- 类型：可以决定单元格内容为数据或者标签。
- 页边距：输入单元边框和单元内容之间的水平和垂直间距的值。默认设置是数据行中文字高度的三分之一，最大高度是数据行中文字的高度。
- 创建行/列时合并单元：将使用当前单元样式创建的所有新行或新列合并为一个单元。可以使用此选项在表格的顶部创建标题行。

5）文字设置。该选项控制表格中的文字样式。

- 文字样式：选择文字样式，或单击“...”按钮，打开“文字样式”对话框，创建新的文字样式，如图 3-56 所示。

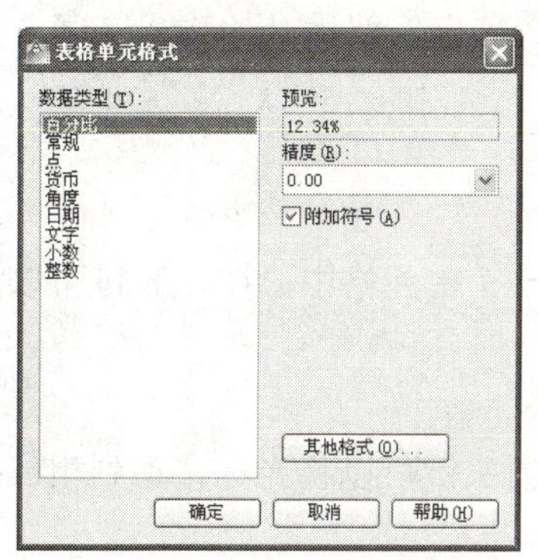

图 3-55　设置表格单元格式

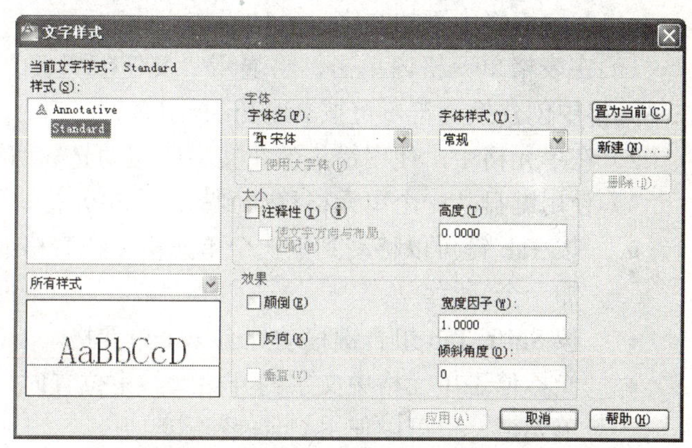

图 3-56　设置单元格文字样式

- 文字高度：输入文字的高度。此选项仅在选定文字样式的文字高度为 0 时适用。如果选定的文字样式指定了固定的文字高度，则此选项不可用。
- 文字颜色：选择一种颜色，或者单击“选择颜色”选项，显示“选择颜色”对话框。
- 文字角度：设置文字的倾斜角度。

6）边框特性设置，如图 3-57 所示。

- 线宽：选择用于边框显示的线宽。如果使用加粗的线宽，可能必须修改单元边距才能看到文字。
- 线型：选择用于边框显示的线型。
- 颜色：为显示的边框选择一种颜色。
- 双线：该复选框决定是否将边框设置为双线。
- 设置边框显示：单击各按钮，将线宽和颜色特性应用到所有的单元边框、外部边框、内部边框、无边框或底部边框。对话框中的预览将更新，以显示设置后的效果。

4．向表格中添加文字和块

表格中的单元格可以添加文字，也可以添加块。另外，可以将单元格中的内容复制到其他单元格中。下面分别介绍。

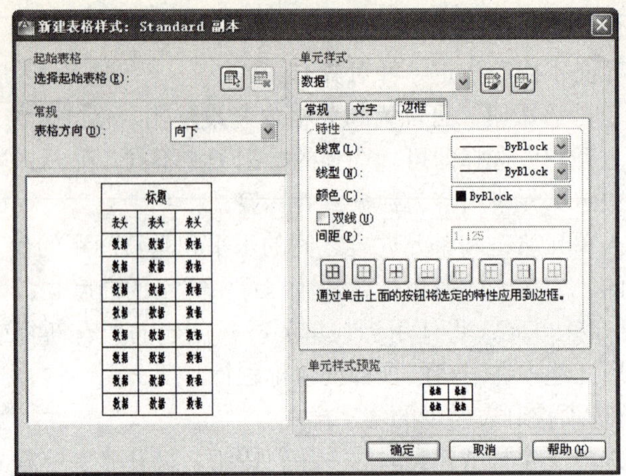

图 3-57 设置边框

（1）向表格中添加文字。具体操作步骤如下：

1）在表格单元格内单击，将显示“文字编辑器”功能选项卡，然后开始输入文字。要在单元格中创建换行符，可按 Alt+Enter 组合键。

2）在单元格中，使用箭头键在文字中移动光标切换位置。

3）使用键盘从一个单元格移动到另一个单元格。

- 按 Tab 键可以移动到下一个单元格。在表格的最后一个单元格中，按 Tab 键可以添加一个新行。
- 按 Shift+Tab 组合键移动到上一个单元格。
- 光标位于单元格中文字的开始或结束位置时，使用箭头键可以将光标移动到相邻的单元格。也可以使用 Ctrl+箭头键。
- 单元格中的文字处于亮显状态时，按箭头键将取消选择，并将光标移动到单元格中文字的开始或结束位置。
- 按 Enter 键可以向下移动一个单元格。

4）单击功能面板中的“关闭文字编辑器”按钮，结束输入。

（2）在表格单元中插入块。具体操作步骤如下：

1）在表格单元格内单击将其选中，然后单击鼠标右键，选择“插入点”→“块”选项，系统弹出如图 3-58 所示的对话框。

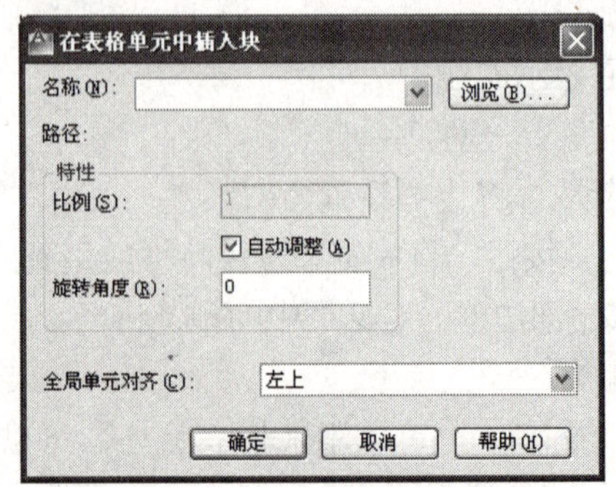

图 3-58 在表格单元中插入块

2）单击“浏览”按钮，查找其他图形中的块。

3）指定块的以下特性。

- 全局单元对齐：指定块在表格单元中的对齐方式。块相对于上、下单元边框居中对齐、上对齐或下对齐；相对于左、右单元边框居中对齐、左对齐或右对齐。
- 比例：指定块参照的比例。输入值或选择“自动调整”来缩放块以适应选定的单元。
- 旋转角度：指定块的旋转角度。

4）单击“确定”按钮，如果块具有附着属性，则显示“编辑属性”对话框。

（3）在表格单元中插入字段。具体操作步骤如下.

1）在表格单元内双击。

2）单击鼠标右键，选择“插入点”→“字段”或按 Ctrl+F 组合键，系统弹出如图 3-59 所示的对话框。

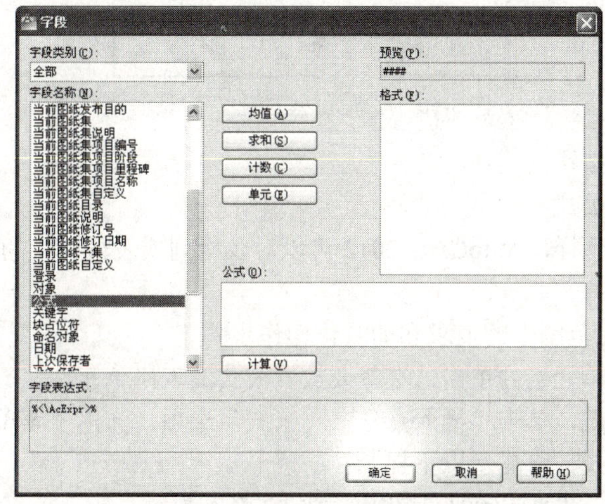

图 3-59　在表格单元中插入字段

3）选择“字段类别”列表中的类别以显示该类别中的字段名，然后选择一个字段。

4）单击“确定”按钮。

（4）将某个单元的特性复制到其他单元格。具体操作步骤如下：

1）在要复制其特性的表格单元格内单击。

2）按 Ctrl+1 组合键打开“特性”选项板。此时除了单元类型（文字或块）之外，将复制单元的所有特性。

3）单击鼠标右键，选择“匹配单元”选项，光标形状变为画笔。

4）要将特性复制到图形中的其他表格的单元格中，直接单击即可。

5）单击鼠标右键或按 Esc 键可以停止复制特性。

（5）修改表格单元边框的线宽或颜色。具体操作步骤如下：

1）在要修改的表格单元格内单击。

2）单击鼠标右键，选择“边框”选项，系统弹出如图 3-60 所示的对话框。

3）在“单元边框特性”对话框中，选择线宽、线型和颜色。

4）单击某个边框类型按钮，指定要修改单元格的哪些边框，或在预览图像中选择边框。

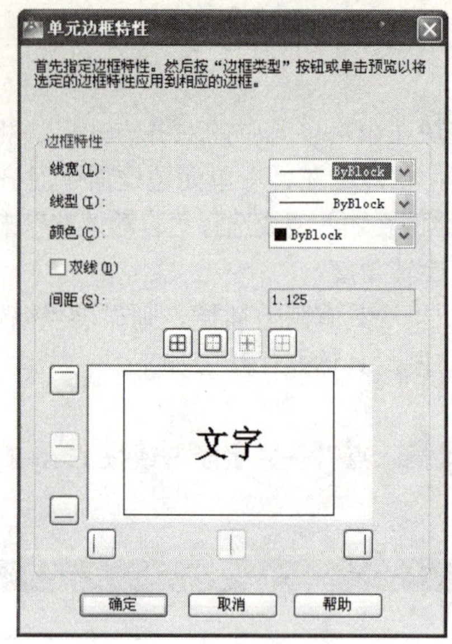

图 3-60 “单元边框特性”对话框

5）单击“确定”按钮。

5．在表格中使用公式

同 Word 和 Excel 一样，AutoCAD 2012 可以对表格列或表格行中的单元格使用公式进行计算。

下面是对表格单元范围中的值求和的具体操作步骤。

（1）通过在表格单元格内单击，选择要放置公式的表格单元格。

（2）单击鼠标右键，单击“插入点”→“公式”选项，弹出子菜单，如图 3-61 所示。

（3）选择一种公式，将显示以下提示：

选择表单元范围的第一个角点:(在此范围的第一个单元格内单击)

选择表单元范围的第二个角点:(在此范围的最后一个单元格内单击)

（4）此时将打开“文字编辑器”功能选项卡并在单元格中显示公式。

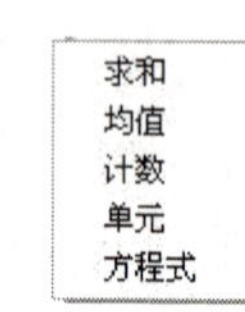

图 3-61 公式子菜单

（5）如果需要，编辑此公式。

（6）保存修改并退出编辑器。此单元格将显示单元范围中公式计算结果，并忽略空单元以及未解析为数值的单元。

同以前版本相比，AutoCAD 2012 中文版的“表格单元”功能面板使用户而可以更加轻松地完成表格属性设置，如图 3-62 所示。

图 3-62 “表格单元”功能面板

当选中表格单元后，该功能面板自动显示，用户可以按照所需要的内容直接在面板中选择，具体名称与功能同上面讲述的对话框和快捷菜单操作是一样的，在此不再赘述。

一、选择题

1．如果要通过依次指定与圆相切的 3 个对象来绘制圆形，应选择“绘制”功能区“圆”选项中的（　　）子命令。

A．圆心、半径　　B．相切、相切、相切

C．三点　　D．相切、相切、半径

2．在 AutoCAD 中画出图形“.”的命令是（　　）。

A．point　　B．donut　　C．hatch　　D．solid

3．既可以绘直线，又可以绘曲线的命令是（　　）。

A．样条曲线　　B．多线　　C．多段线　　D．构造线

4．在下列线型中，常用于作辅助线的线型是（　　）。

A．多段线　　B．样条曲线

C．构造线　　D．多线

5．在绘制圆环时，当环管的半径大于圆环的半径时，会生成（　　）。

A．圆环　　B．球体

C．纺垂体　　D．不能生成

6．在下列绘图工具中，（　　）工具可以用来绘制变宽度的线。

A．Line　　B．Pline

C．Xline　　D．Ray

7．以坐标原点为起点，在 X 轴的负方向绘制一条长为 200 的直线，终点坐标定位错误的是（　　）。

A．-200,0

B．@200,0

C．200<180

D．打开正交，光标移动到 X 负半轴，输入 200

8．使用命令“绘图”→“点”→“定数等分”时，命令行上要求输入的数值是（　　）。

A．点到点之间的距离　　B．点的数目

C．线段数目　　D．点的数目减 1

9．执行 LINE 命令时，放弃下一点坐标的定位不结束该命令的操作是（　　）。

A．命令行中输入 C　　B．绘图区域中右击选择“放弃”

C．绘图区域中右击选择“确认”　　D．按 Esc 键

10．用构造线（XLINE）绘制等边三角形的角平分线时，可使用命令项（　　）快速生成。

A．角度　　B．二等分

C．偏移　　D．参照

11．按（　　）键可以快速打开正交方式。

A．^D　　B．F8　　C．F6　　D．F2

12．圆（CIRCLE）和圆弧（ARC）共有的命令项是（　　）。

A．两点　　B．相切、相切、相切

C．起点、端点、圆心　　D．三点

13．使用圆环（DONUT）绘制填充的实心圆，除内径设置为 0 外，还需设置参数（　　）。

A．FILL=on　　B．FILL=off

C．FILLERAD=0　　D．FILLERAD=1

14．徒手画线（SKETCH）绘制行政地形图时，落笔后不记录草图，并结束命令的选项是（　　）。

A．按 Enter 键　　B．退出　　C．结束　　D．删除

15．多段线是由多个直线段和圆弧相连而成的单一对象，为方便快捷地激活此命令，在命令行中应输入（　　）。

A．MLINE　　B．PLINE　　C．XLINE　　D．SPLINE

16．画多段线时，输入 C 意味着（　　）。

A．绘制直线段切换到绘制弧线段并提示选项

B．用直线段或圆弧封闭多段线

C．删除刚绘制的一段多段线

D．指定多段线宽度

17．在 AutoCAD 中，在执行某个命令期间插入执行另一命令，则后一命令称为透明命令，以下可作为透明命令的是（　　）。

A．POLYLINE　　B．PAN　　C．REDRAW　　D．ZOOM

E．HELP

18．用 RECTANGLE 命令画成一个矩形，它包含（　　）图元。

A．一个　　B．两个

C．不确定　　D．四个

19．使用多段线命令能创建的对象有（　　）。

A．直线　　B．曲线

C．有宽度的直线和曲线　　D．以上皆是

二、填空题

1．矩形阵列的基本图形及起始对象放在左下角，以向________、向________为正方向。

2．画正多边形的命令是________；延伸命令是________。

3．正多边形命令可以用来绘制边数在________到________之间的正多边形。

4．圆用点的等分操作时，输入 6，会出现________个点；直线用点的等分操作时，输入 7，会出现________个点。

三、判断题

1．构造线在绘图中既可以用作辅助线，又可以用作绘图线。（　　）

2．在当前图形文件中，修改点的样式后，已有的点不会发生变化。（　　）

3．在 LINE 命令“指定第一点：”提示后输入空格或者按 Enter 键，AutoCAD 会自动将最后一次所画的直线或圆弧的端点作为新直线的起点，其中圆弧和直线是相切的。（　　）

4．多线可以直接倒角或圆角。（　　）

四、操作题

1．绘制如图 3-63 所示的轴承端盖平面图，设置两个图层：图层 1 的颜色为红色，线型为 CENTER，线宽为 0.2mm；图层 2 的颜色为蓝色，线型为 CONTINUOUS，线宽为 0.5mm。

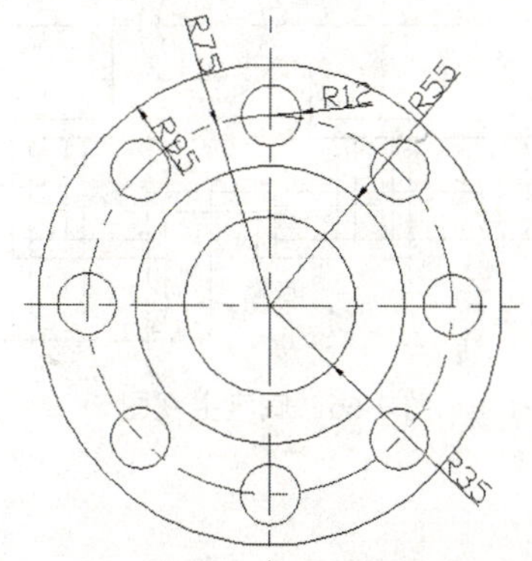

图 3-63　轴承端盖图

2．绘制如图 3-64 所示的底板平面图，设置两个图层，图层 1 的颜色为红色，线型为 CENTER，线宽为 0.2mm；图层 2 的颜色为蓝色，线型为 CONTINUOUS，线宽为 0.5mm。

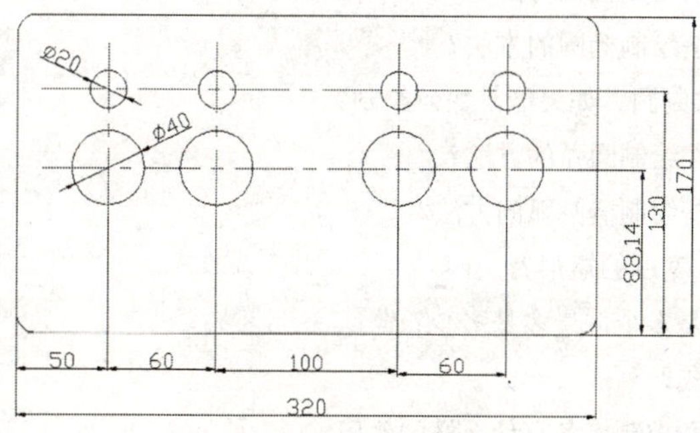

图 3-64　底板平面图

3．设置端点、中点、圆点、切点、节点、垂直点、交点捕捉模式，绘制如图 3-65 所示的轴承端盖平面图。

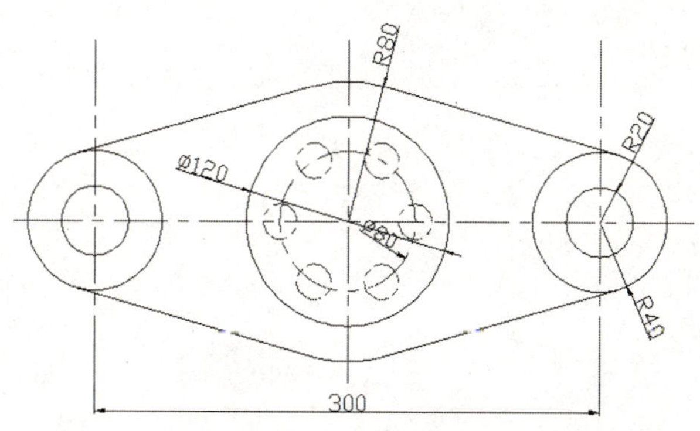

图 3-65　轴承端盖平面图

4．绘制如图 3-66 所示的底座主视图。

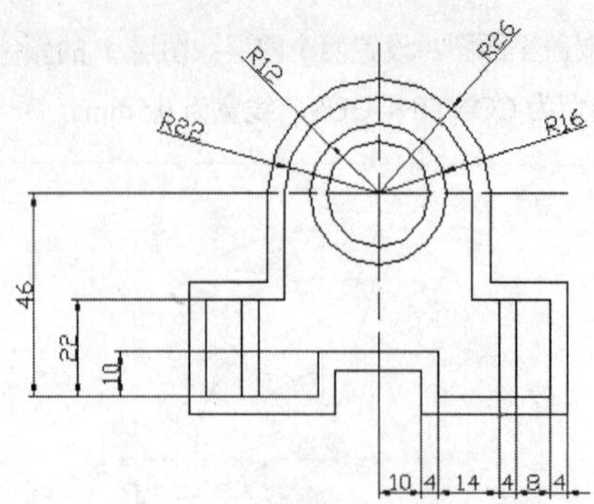

图 3-66　底座主视图

五、思考题

1．绘制点有何作用？AutoCAD 提供了哪些点样式？

2．如何设置点样式？如何设置点的大小？

3．直线、构造线和射线的区别在哪里？各有什么作用？

4．AutoCAD 提供了哪些绘制圆的方法？

5．AutoCAD 提供了哪些绘制椭圆的方法？

6．使用椭圆命令能否绘制圆？如果能，如何绘制？

7．AutoCAD 提供了哪些绘制圆弧的方法？

8．AutoCAD 提供了哪些绘制椭圆弧的方法？

9．如何绘制具有厚度、宽度的矩形？

10．多边形的边数最少是多少，最多是多少？

11．多线有哪些对齐方式？

12．样条曲线的拟合点和控制点各有什么样的作用？

13．与直线相比，多段线有何特性？如何控制多段线的线宽？

第 4 章　编辑与查看图形对象

- 掌握常用的选择对象的方法。
- 掌握快速选择对象的方法。
- 掌握选择密集对象的方法。
- 正确理解选择集的概念，了解夹点编辑的概念。
- 学会复制和删除对象的方法。
- 掌握查看和编辑对象特性的方法。
- 学会信息查询的基本方法。
- 掌握常用的视图操作方法。

常规编辑是指对象选择、删除、复制等符合 Windows 惯例的操作。这也是绘图中经常使用的操作。在进行编辑前，首先要选择被编辑的对象。

选择对象后还可以查看对象的特性和相关信息，以对对象进行详细了解。

AutoCAD 2012 可以从不同的位置，以不同的比例形式观察一个平面图形。在平面绘图操作前必须熟练掌握视图转换，以便快速查找到需要的部分进行绘制。

4.1　选择对象

在编辑一个或一组对象前，首先了解怎样选择这个或这组对象。所有的编辑命令都要求选择目标，选择目标时可以先激活命令再选择目标，即动宾式选择；也可以在激活命令前选择目标，即主谓式选择。这些可以通过设置来实现。在选择对象的过程中，如对象过于密集，可利用 ZOOM 命令放大视图以便于选择。

4.1.1　选择对象

1. 常用选择方式

AutoCAD 2012 提供了多种选择对象的方式。被选中的对象显示带有句柄方式的夹点，并高亮显示。

现将最常用的几种选择方式分别介绍如下。

（1）直接选取。直接选取是默认的选择对象的方式，一个一个地选择目标。选择方式是通过鼠标选择：移动鼠标到图形对象的边界，使拾取框压住要选择的对象的边后单击，对象即被选中，拾取框的大小可通过“选项”对话框来设置。

对象被选中后，变为虚线高亮显示。用这种方式可以选择一个或多个对象。

（2）窗口方式。使用该方式可以选择一个矩形区域内的对象。在选择对象时输入 W，进入窗口选择方式，AutoCAD 2012 提示指定两点，它将用这两点作为对角点定义选择对象的窗口。AutoCAD 2012 用实线矩形显示窗口方式的对象选择窗口，如图 4-1（a）所示。

（3）窗交方式。窗交选择方式不仅选取包含在矩形区域内的对象，而且也选取与矩形边界相交的对象。在选择对象时输入 C，进入窗交选择方式。提示操作同窗口方式基本一致，但窗交选择方式的窗口为虚线窗口，如图 4-1（b）所示。

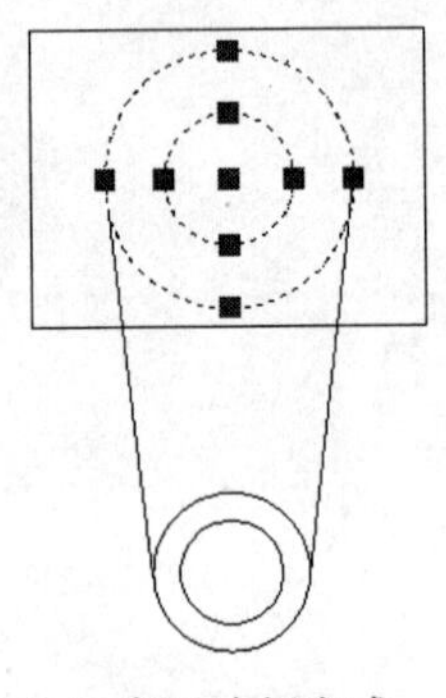
（a）窗口选择方式

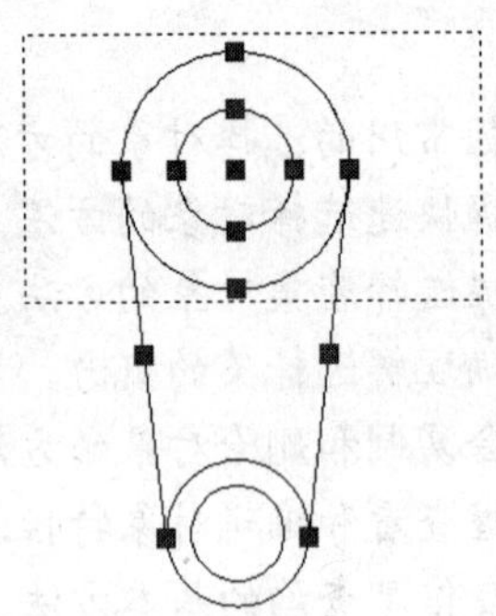
（b）窗交选择方式

图 4-1　窗口选择与窗交选择方式

（4）多边形窗口方式。多边形窗口选择方式可以选择完全位于多边形区域内的图形对象。在选择对象时输入 WP，进入多边形窗口方式，AutoCAD 2012 提示指定一系列的顶点，它用这些点定义选择对象的多边形。AutoCAD 2012 用实线显示选择对象的多边形窗口。

用户可以指定任意形状的多边形窗口，AutoCAD 2012 会自动绘制多边形的最后一条边，但多边形的各边不能相交或重合，如图 4-2（a）所示。

（5）多边形窗交方式。多边形窗交选择方式不仅选取包含在多边形区域内的对象，而且选取与多边形边界相交的对象。在选择对象时输入 CP，进入多边形窗交方式。多边形窗交选择方式与多边形窗口选择方式操作类似，但多边形窗交选择方式的窗口为虚线窗口。同样，多边形的各边不能相交或重合，如图 4-2（b）所示。

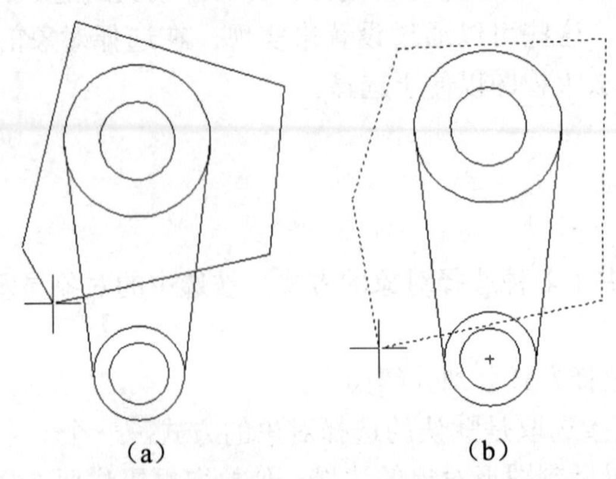
（a）　　（b）

图 4-2　多边形窗口选择方式与多边形窗交选择方式

（6）撤销选择。在选择对象时输入 U，AutoCAD 将取消上一个选择操作。

2．选择相邻对象

对于图形中的一些距离比较近的、相交或重叠的对象，直接选择某一个对象是很困难的。为此，可以采取如下方法在这些对象间循环切换，直至切换到要选择的对象。

（1）在“选择对象”的提示下按住 Shift 键，在尽可能接近要选择对象处选择一点。

（2）按住 Shift 键不放，重复单击鼠标，直到要选择的对象高亮度显示为止。

（3）按 Enter 键选定该对象。

4.1.2 构造对象选择集

在 AutoCAD 中编辑对象之前，需要创建对象的选择集。AutoCAD 2012 的选择集可以由单个对象组成，也可以是复杂的对象编组，如同一图形中某一图层上的同一种线型的对象集合。

用户既可以在选择编辑命令之前创建选择集，也可以在选择编辑命令之后创建选择集。

1．建立对象编组

对象编组就是由已命名的对象组成的选择集。与未命名的对象选择集不同，编组是随图形保存的。当用图形作为外部参照或将它插入到另一图形中时，编组的定义仍然有效。

对象编组的启动方法很简单，直接在命令行输入 GROUP 命令即可。

命令: GROUP
选择对象或 [名称(N)/说明(D)]:（选择对象并确定）
选择对象或 [名称(N)/说明(D)]:

（1）创建组。如果输入 N 并确定，则系统提示：

输入编组名或 [?]:（输入组名称即可）

（2）输入组说明。如果输入 D 并确定，则系统提示：

输入组说明:（输入新建对象编组的有关文字说明，不能超过 64 个字符）

2．对象编组的编辑

AutoCAD 2012 提供了 Groupedit 命令对组进行编辑。具体执行过程如下：

命令: GROUPEDIT
选择组或 [名称(N)]:N（选择输入组名方式选择组，也可以在图形窗口中直接选择组）
输入编组名或 [?]:（输入组名，或者输入?，将列出所有可供选择的组）
输入选项 [添加对象(A)/删除对象(R)/重命名(REN)]:

（1）添加对象。输入 A，系统提示：

选择要添加到编组的对象...
选择对象:

选择后，AutoCAD 2012 将所选择的对象直接添加到编组中。完成后按 Enter 键确认。

（2）删除对象。输入 R，系统提示：

选择要从编组中删除的对象...
删除对象:

选择后，AutoCAD 2012 将直接删除所选对象。完成后按 Enter 键确认。

注意　即使用户删除了编组中的所有对象，编组依然存在。

（3）重命名。输入 Ren，系统提示：

输入组的新名称或 [?] <1>:

输入新名称后，将原来的组改名为新名称。

4.1.3 选择集模式和夹点编辑

“选项”对话框中的“选择集”选项卡可以设置选择模式、拾取框尺寸和对象排序方法，从而控制选择对象的方式。如果熟悉该对话框的各种选项并可以进行设置，则能非常大地提高绘图效率。“选择集”选项卡如图 4-3 所示。

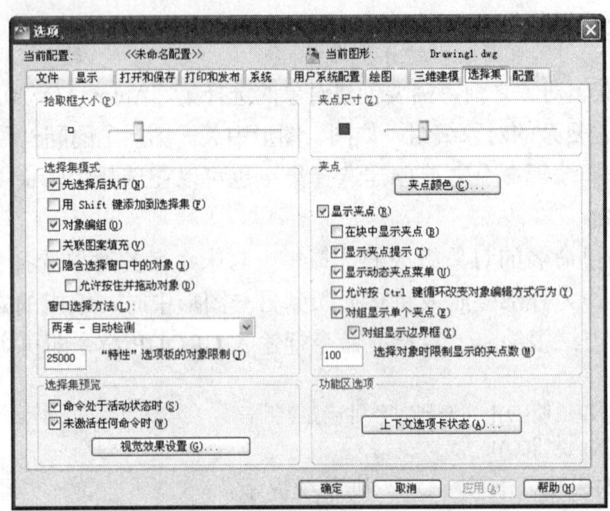

图 4-3 “选项”对话框中的“选择集”选项卡

1. 选择集模式

（1）启动。

启动“选项”对话框的方法有以下几种。

- 单击“菜单浏览器”按钮，在列表中单击“选项”按钮。
- 菜单：“工具”菜单→“选项”命令。
- 命令行：OPTIONS。
- 在命令行窗口右击，选择“选项”命令。

在对话框中选择“选择集”选项卡即可。

（2）模式设置。

1）“选择集模式”选项组。在“选择集模式”选项组中有 7 个复选框，各项意义分别如下。

- 先选择后执行：在调用命令前先选择对象，被调用的命令对先前选定的对象产生影响。
- 用 Shift 键添加到选择集：选中该项后，按 Shift 键选择对象时，AutoCAD 2012 将所选对象加入选择集，或从选择集中删除；未被选中时，选中的对象自动添加到选择集中。
- 对象编组：打开或关闭自动组选择，打开时选中组中一个对象即可选中整个组。
- 关联图案填充：选中该选项时，选择阴影线的同时选择其边界。
- 按住并拖动：选择该选项，则可以通过选择一点然后将定点设备拖动至第二点来绘制选择窗口；如果未选择此选项，则可以用定点设备分别选择两个点来绘制选择窗口。

- 隐含选择窗口中的对象：选中该项时，从左至右定义窗口，则选择窗口内的对象；从右向左定义窗口，则选择窗口内及与窗口边界相交的对象。
- 允许按住并拖动对象：控制对象窗口的自动选择方式。如果未选择此选项，则可以用定点设备单击两个单独的点来绘制选择窗口。

另外，还有两个对选择窗口的控制设置。

- 窗口选择方法：如图 4-4 所示，可以通过下拉列表选项来确定窗口的选择方式，包括两次单击选中、按住并拖动选中以及自动检测选中 3 种方式。

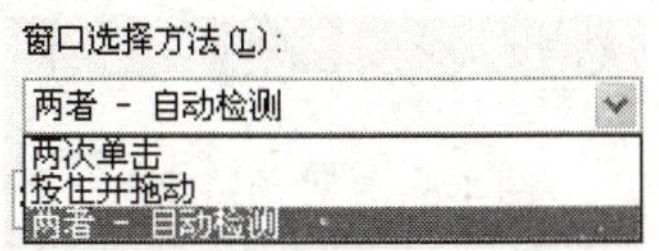

图 4-4　“窗口选择方法”下拉列表

- 特性选项板的对象限制：确定在使用“特性”选项板和“快捷特性”选项板时一次可更改的对象数目。

2）“拾取框大小”选项组。直接拖动其中的滑块，则拾取框大小随之改变。

3）“选择集预览”选项组。具体可以完成两项工作。

- 确定预览的显示状态。包括两种状态，分别是“命令处于活动状态时”显示预览和“未激活任何命令时”显示预览。
- 设置预览视觉效果。单击“视觉效果设置”按钮，系统弹出如图 4-5 所示的对话框，选择预览过程中对象的外观。

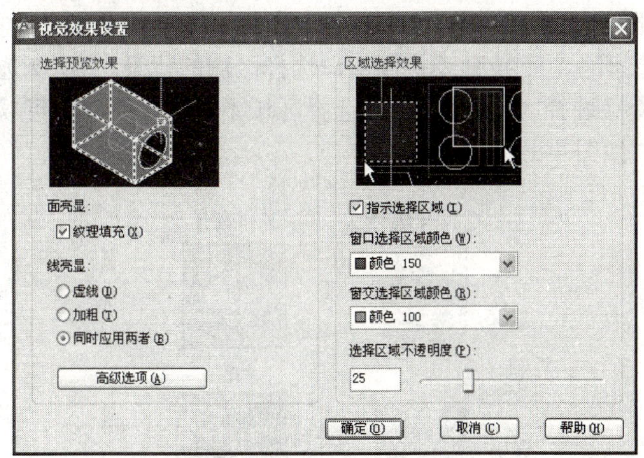

图 4-5　“视觉效果设置”对话框

具体可以执行以下设置：

- 选择预览效果。包括对面和线的亮显设置。当选中“纹理填充”复选框后，选中的三维实体面将以纹理方式显示该面。线的亮显包括 3 种方式。如果选择“虚线”方式，则当拾取框光标滚动过对象时，显示虚线。虚线是选定对象的默认显示形式。如果选择“加粗”方式，则显示加粗的线。如果选择“同时应用两者”方式，则显示加粗的虚线，其效果分别如图 4-6 所示。如果对这些效果还不满意，可以单击

“高级选项”按钮，系统弹出如图 4-7 所示对话框，在其中可以设置哪些对象被排除在预览选择之外，这些对象包括锁定图层上的对象、外部参照、多行文字、表格、图案填充和编组等。

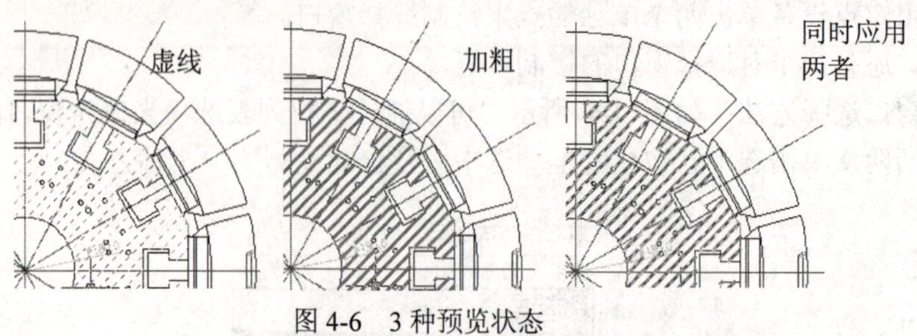

图 4-6　3 种预览状态

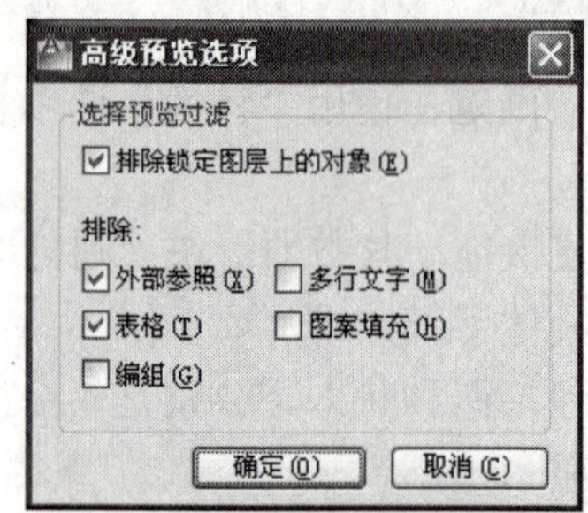

图 4-7　“高级预览选项”对话框

- 区域选择效果。在该选项组中，可以设置选择区域的预览效果。选中“指示选择区域”复选框，当进行窗口或交叉选择时，使用不同的背景颜色指示选择区域。“窗口选择区域颜色”下拉列表控制窗口选择区域的背景。“窗交选择区域颜色”下拉列表控制交叉选择区域的背景。“选择区域不透明度”滑块可以控制选择区域背景的透明度，如图 4-8 所示。

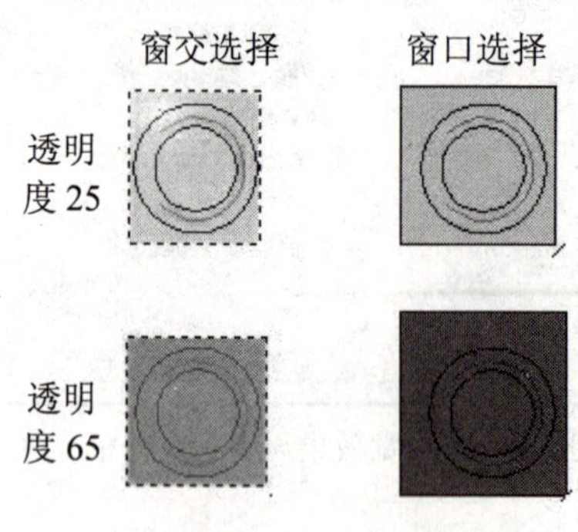

图 4-8　区域选择预览

2．夹点编辑

夹点就是一些特征控制点，是 AutoCAD 为每个对象预先定义的。对象夹点为用户提供了一种灵活方便的图形编辑方法。用户只需用光标拾取对象，即可将其加入选择集。此时，对象以高亮显示，并标示出相应夹点。

（1）基本操作。

1）单个夹点操作。用户在使用夹点编辑对象时，首先要用光标拾取待编辑的对象。对象被拾取后，AutoCAD 将该对象加入选择集并用蓝色方框标出相应的夹点。用户可以使用光标在所有夹点中选择一个夹点作为基点进入夹点编辑模式，这个基点称为基准夹点，AutoCAD 用红色实心方框标示出基准夹点。直接拖动该夹点，可以改变选中对象的长度、半径等特性。

2）多功能夹点操作。对于有些对象，也可以将光标悬停在夹点上以访问具有特定于对象编辑选项的菜单。然后从中选择需要的选项即可操作。

在任意时刻，用户可直接按 Esc 键退出夹点编辑操作，返回到命令行状态。

（2）夹点编辑模式的设置。AutoCAD 允许用户控制是否使用夹点编辑功能并设置夹点标记的大小与颜色。

“选择集”选项卡中有关夹点的各选项意义如下：

- “显示夹点”复选框——打开/禁止夹点功能。勾选该复选框，打开夹点功能。夹点功能打开时，如果在没有任何命令处于活动状态下选择了对象，AutoCAD 2012 将在选择的对象上显示夹点，用户可以通过夹点来编辑对象。
- “在块中显示夹点”复选框——使用块中夹点。勾选该复选框，打开块中的夹点。这时，如果选择了一个块，AutoCAD 2012 将显示块中每一个对象上的所有夹点；否则，AutoCAD 将只在块的插入点处显示夹点。
- “显示夹点提示”复选框——勾选该复选框，当光标悬浮在自定义对象上的夹点上时，显示夹点特定的提示。此选项不会影响 AutoCAD 对象。
- “显示动态夹点菜单”复选框——勾选该复选框，当光标悬浮在多功能夹点上时动态显示夹点菜单。
- “允许按 Ctrl 键循环改变对象编辑方式行为”复选框——勾选该复选框，允许按 Ctrl 键循环改变多功能夹点对象的编辑方式。
- “对组显示单个夹点”复选框——勾选该复选框，选择对象组的单个夹点。
- “对组显示边界框”复选框——勾选该复选框，围绕编组范围选择对象组的编辑框。
- “选择对象时限制显示的夹点数”文本框——确定显示夹点的最多对象数目。在该文本框中输入数目，当选择了多于该数目的对象时，禁止显示夹点。默认设置为 100。
- “夹点颜色”按钮——单击该按钮，系统将显示如图 4-9 所示对话框，可以设置夹点的不同状态颜色特性。
  - “未选中夹点颜色”列表框——AutoCAD 用一个小方框来表示没有选中作为基点的夹点。在“未选中夹点颜色”下拉列表框中选择一种颜色，AutoCAD 将使用该颜色来显示那些没有选中作为基点的夹点。如果选择了“选择颜色”选项，AutoCAD 将弹出“选择颜色”对话框来选取。AutoCAD 默认设置为蓝色。
  - “选中夹点颜色”列表框——AutoCAD 用一个填充颜色的小方块来表示基夹点。参照上面的操作，在“选中夹点颜色”下拉列表框中选择一种颜色，AutoCAD 将使用该颜色来显示那些作为基点的夹点。AutoCAD 默认设置为红色。
  - “悬停夹点颜色”列表框——在“悬停夹点颜色”下拉列表框中选择一种颜色，确定当光标悬浮在夹点上时，夹点显示的颜色。默认设置为绿色。

➢ “夹点轮廓颜色”列表框——设置夹点轮廓的颜色。默认设置为黑色。

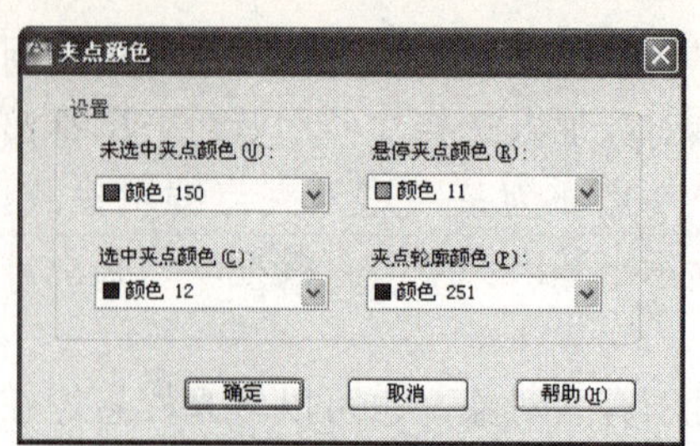

图 4-9 “夹点大小”对话框

- “夹点尺寸”选项组——设置夹点大小。在“夹点尺寸”组框中，左、右移动滑块可以改变 AutoCAD 显示夹点的大小，左侧动态显示夹点大小的变化。夹点的默认大小为 3 个像素，在“选项”对话框中可设置夹点的大小范围为 1～20 个像素。而在命令行中可设置的夹点大小的范围为 1 到 255 个像素。

4.2 编辑对象

4.2.1 对象的删除和恢复

1. 删除对象

使用 ERASE 命令，用户可以删除那些不需要的对象。

（1）启动。

- 功能面板：单击“常用”选项卡，“修改”功能面板→“删除”按钮。
- 菜单：“修改”菜单→“删除”命令。
- 命令行：ERASE。

（2）操作方法。

在启动 ERASE 命令后，AutoCAD 提示如下。

选择对象：(在选择实体时，用户既可用拾取框选取实体，也可用界选和窗交方式选择)

选择完对象后按 Enter 键，AutoCAD 将选择的对象从当前图形中删除。

提示 删除对象最直接的方法是选择对象后按 Delete 键。

2. 恢复删除的对象

使用 OOPS 命令，用户可以恢复最近一次被打断、定义成块和删除的对象。OOPS 命令启动后，自动将最近一次使用过的 ERASE、BLOCK、WBLOCK 等命令删除的对象恢复到图形中。但是，对于以前删除的对象则无法恢复。用户想要恢复前几次删除的实体，只能使用放弃命令。

注意 OOPS 不能恢复图层上已被 PURGE 命令删除的对象。

在 AutoCAD 2004 及其以后版本中，添加了“放弃”功能，它可以去掉前面的多重操作或者某个操作。

4.2.2 复制对象

在绘制图形过程中，有时需要绘制若干完全相同的图形。如果重复绘制同样的一个图形，会浪费许多时间，因效率不高，也就体会不到 AutoCAD 2012 的优越之处。这时就可以使用复制功能，以提高工作效率。

在 AutoCAD 2012 中，不但可以在当前工作的图形中复制对象，而且允许在打开的不同图形文件之间进行复制。

1．使用 COPY 命令复制对象

要在当前图形内复制对象，首先要创建一个选择集，然后为复制对象指定一个起点和终点。这些点分别称为基点和第二个位移点，它们可位于图形内的任何位置。

（1）启动。

- 功能面板：单击“常用”选项卡，“修改”功能面板→“复制”按钮。
- 菜单：“修改”菜单→“复制”命令。
- 命令行：COPY。

（2）操作方法。

1）相对基点复制。

- 从“修改”功能面板中选择“复制”按钮。
- 在“选择对象”的提示下用鼠标选择要复制的对象，然后按 Enter 键结束选择。
- 选择完要复制的对象后，AutoCAD 提示如下：

  当前设置：复制模式 = 多个

  指定基点或 [位移(D)/模式(O)] <位移>:
- 在该提示下指定一点作为对象复制的基点。
- 指定复制的基点后，AutoCAD 提示如下：

  指定第二个点或 [阵列(A)] <使用第一个点作为位移>:

此时，用户可以指定一点作为第二个位移点。AutoCAD 将用这两点间的距离和方向来确定要复制的对象的位置。如果用 Enter 键响应上面的提示，AutoCAD 将以基点的坐标值作为所选复制对象沿 X 轴和 Y 轴方向上的位移。指定后，系统继续作如下提示：

指定第二个点或 [阵列(A)/退出(E)/放弃(U)] <退出>:

从而实现多次复制。

2）按照给定位移复制。仍然遵循上面的步骤，在提示下输入“D”或者直接回车，选择“位移”方式，AutoCAD 提示用户：

指定位移 <0.0000, 0.0000, 0.0000>:

在该提示下输入相对 3 个坐标轴的位移值，实现复制。

2．在图形窗口之间复制、移动对象

在 AutoCAD 2012 中可以同时打开多个文档，用户可以快速在图形之间复制和粘贴，或从一个图形往另一个图形拖动对象。还可以使用“特性刷”将一个图形中某些对象的特性复制到另一个图形的对象上。

（1）将对象复制、移动到剪贴板。

1）CUTCLIP 命令。启动 CUTCLIP 命令的方法如下。

- 功能面板：单击“常用”选项卡，“剪贴板”功能面板→“剪切”按钮✂。
- 菜单：“编辑”菜单→“剪切”命令。
- 命令行：CUTCLIP。

执行 CUTCLIP 命令后，AutoCAD 提示用户选择要剪切的对象，AutoCAD 2012 将所选择的对象复制到剪贴板中，同时从图形中删除此对象。剪贴板中的内容可作为嵌入式 OLE 对象粘贴到文档或图形中。

2）COPYCLIP 命令。启动 COPYCLIP 命令的方法如下。

- 功能面板：单击“常用”选项卡，“剪贴板”功能面板→“复制剪裁”按钮。
- 菜单：“编辑”菜单→“复制”命令。
- 命令行：COPYCLIP。

执行 COPYCLIP 后，AutoCAD 提示用户选择要进行复制的对象。AutoCAD 将选定对象复制到剪贴板中，但原来的对象仍然保留在当前图形中。

用户可以使用快捷键 Ctrl+C 启动 COPYCLIP。如果光标处在绘图区域，AutoCAD 2012 会将选定的对象复制到剪贴板；如果光标处在命令行或文本窗口，则将选定的文本复制到剪贴板中。

3）COPYBASE 命令。启动 COPYBASE 命令的方法如下。

- 菜单：“编辑”菜单→“带基点复制”命令。
- 命令行：COPYBASE。

执行 COPYBASE 命令后，AutoCAD 首先提示用户指定复制的基点，然后选择要复制到剪贴板中的对象。这样，用户从剪贴板中将对象粘贴到同一图形或其他图形时能够精确定位。

（2）将剪贴板中的对象粘贴到当前图形中。

1）PASTECLIP 命令。启动 PASTECLIP 命令的方法如下。

- 功能面板：单击“常用”选项卡，“剪贴板”功能面板→“粘贴”按钮。
- 菜单：“编辑”菜单→“粘贴”命令。
- 命令行：PASTECLIP。

执行 PASTECLIP 命令后，AutoCAD 可以粘贴剪贴板中的对象、文字以及各类文件，包括图元文件、位图文件和多媒体文件。

可以使用 Ctrl+V 快捷键启动 PASTECLIP 命令。如果光标位于绘图区域，运行方式如前所述。如果光标在命令行，剪贴板上的文字将被粘贴到当前提示中。

2）PASTEBLOCK 命令。启动 PASTEBLOCK 命令的方法如下。

- 功能面板：单击“常用”选项卡，“剪贴板”功能面板→“粘贴为块”按钮。
- 菜单：“编辑”→“粘贴为块”命令。
- 命令行：PASTEBLOCK。

执行 PASTEBLOCK 命令后，AutoCAD 提示用户指定块的插入点，然后将剪贴板中的对象以块的形式插入到当前的图形中。

3）PASTEORIG 命令。启动 PASTEORIG 命令的方法如下。

- 功能面板：单击“常用”选项卡，“剪贴板”功能面板→“粘贴到原坐标”按钮。
- 菜单：“编辑”菜单→“粘贴到原坐标”命令。
- 命令行：PASTEORIG。

执行 PASTEORIG 命令后，AutoCAD 复制剪贴板中的对象将其粘贴到新图形。对象在新图形中的坐标值与原图形相同。

注意　只有剪贴板中包含其他图形（当前图形除外）中的 AutoCAD 数据时，用户才能使用 PASTEORIG 命令。

4）PASTESPEC 命令。启动 PASTESPEC 命令的方法如下：

- 功能面板：单击“常用”选项卡，“剪贴板”功能面板→“选择性粘贴”按钮。
- 菜单：“编辑”菜单→“选择性粘贴”命令。
- 命令行：PASTESPEC。

执行 PASTESPEC 命令后，AutoCAD 显示“选择性粘贴”对话框，如图 4-10 所示。

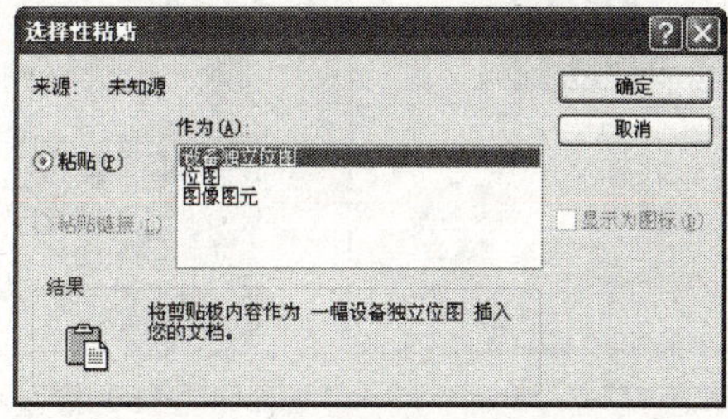

图 4-10　“选择性粘贴”对话框

在“作为”列表框中选择剪贴板中的对象粘贴到图形中的有效格式。如果选择“图像图元”选项，AutoCAD 2012 将把剪贴板中图元文件格式的图形转换为 AutoCAD 对象。如果没有转换图元文件格式的图形，图元文件将显示为 OLE 对象。

4.3　查看对象特性和信息

在 AutoCAD 2012 中，最重要的一个功能就是“特性”选项板，它提供了关于所选对象的各种特性。

例如，对于一个直线来说，它的特性为线型、颜色、图层、粗细等。通过特性，用户完全免去了只能利用命令行修改属性的麻烦。另外，当选择很多个对象时，也可以一次修改它们的共有特性。这些无疑大大增加了 AutoCAD 2012 的处理效率。

4.3.1　编辑对象特性

根据所选对象，AutoCAD 在“特性”选项板中列出该对象的全部特性，用户可以直接修改这些特性。但是，有些特性是无法编辑的。

1. 启动

“特性”选项板的启动有以下几种方式。

- 工具栏：快速访问工具栏→“特性”按钮。
- 功能面板：单击“视图”选项卡，“选项板”功能面板→“特性”按钮。
- 菜单：“修改”菜单→“特性”命令。
- 命令行：PROPERTIES。

在 AutoCAD 2012 中，“特性”选项板有三种显示状态：固定状态、浮动状态和隐藏状态，如图 4-11 所示。

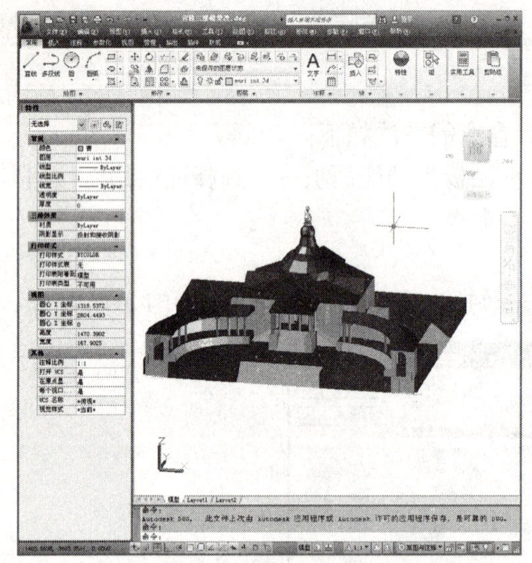

（a）固定状态

（b）浮动状态

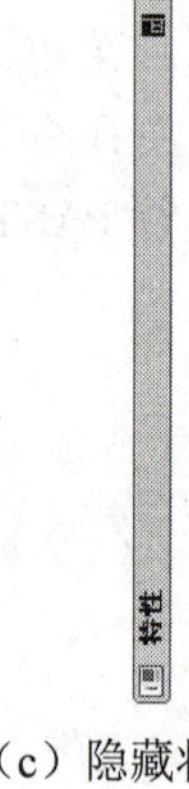

（c）隐藏状态

图 4-11　不同状态的“特性”选项板

“特性”选项板只能停靠在 AutoCAD 2012 绘图窗口的两侧。当用鼠标拖动窗口的标题栏到不同位置时，将可以非常自由地切换“特性”选项板的固定和浮动两种状态。

在“特性”选项板中右击将显示快捷菜单，使用该快捷菜单能够进行改变窗口的固定/浮动状态、关闭窗口和打开/关闭说明等操作。单击窗口右上角的关闭按钮，可关闭该窗口。此外在命令行输入 PROPERTIESCLOSE 命令也可以将窗口关闭。用户在工作时可以将“特性”选项板一直保持打开。

由于考虑到打开状态下选项板占用空间比较大，AutoCAD 2012 提供了隐藏这一新功能。

在标题栏上单击“自动隐藏”按钮，整个“特性”选项板将收缩为一个标题栏。此时该按钮变为，单击它将重新展开选项板。该按钮是 AutoCAD 提供的多个新工具的共有按钮。

每一类特性在显示时也有两种状态：打开状态和折叠状态。在打开状态下，用户可以查看和修改该类中的某一特性，单击该类左侧减号可将特性折叠起来；在折叠状态下，不能看到该分类特性，单击其右侧加号可将其打开。折叠和打开状态是互逆的。

另外，AutoCAD 2012 提供了快捷特性选项板，可以控制在该选项板上哪些对象类型显示特性以及显示哪些特性。用户可以使用“对象”窗格添加和删除被设定为在“快捷特性”选项板上显示特性的对象类型。将对象类型添加到“对象”窗格后，便可决定在绘图区域中选定或双击该类型的某个对象时要显示哪些特性。如图 4-12 所示，为显示的快捷特性选项板。在状态栏中单击“快捷特性”按钮▣，可以决定该选项板是否显示。

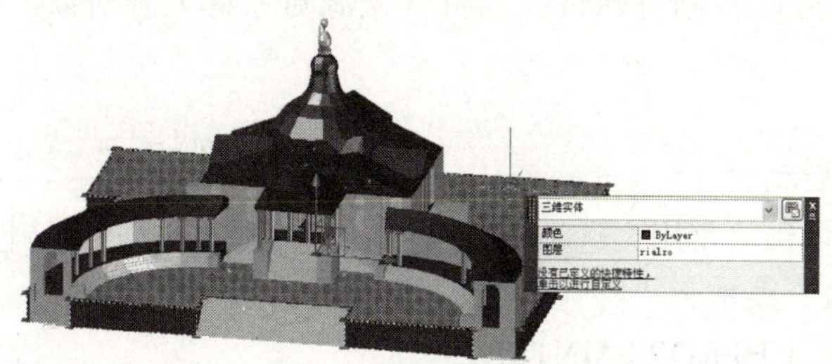

图 4-12　快捷特性选项板

2. 查看和编辑对象特性

选择了某一图形对象后，AutoCAD 会自动将该对象的特性显示在“特性”选项板中。如果选择多个对象，将在“特性”选项板中显示所选择对象的通用特性，包括颜色、图层、线型、线型比例、打印样式、线宽、超级链接和厚度等。选择某一特性后，在“特性”选项板的底部将给出相应的文字说明。

（1）查看对象特性。

1）在绘图区域中选择一个或多个要观察的对象。

2）在“特性”选项板的下拉列表框中选择“全部”或某一对象，即可查看相应特性。

3）AutoCAD 2012 将选择的对象按照类型归类。如果选择“全部”选项，AutoCAD 将在“特性”选项板中列出所选对象的通用特性，如图 4-13 所示。如果选择某一类对象，AutoCAD 2012 将在“特性”选项板中显示所选择对象中的全部通用特性，如图 4-14 所示。

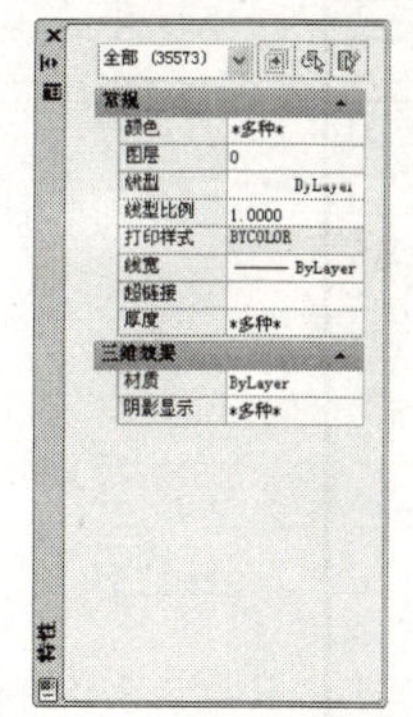

图 4-13　对象的通用特性

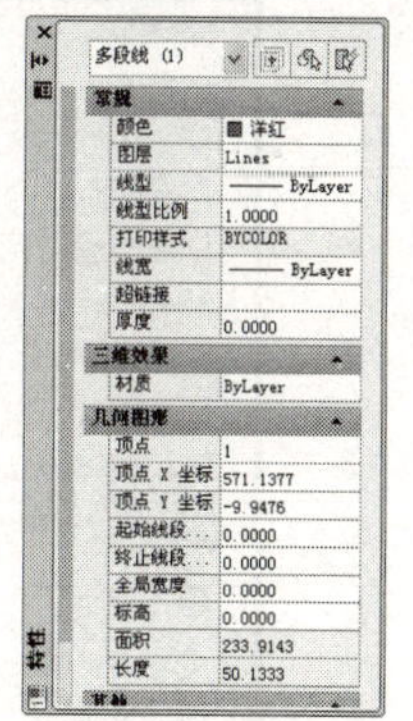

图 4-14　同类对象的通用特性与公用特性

在显示特性时，如果所有被选择对象的某一特性的特性值均相同，AutoCAD 2012 将显示该特性的值；否则将不显示该特性的值。

（2）编辑对象特性。在“特性”选项板中选择要编辑的特性，在相应特性框中输入一个新值，也可以在下拉列表中选择需要的项。

另外，可以使用 CHANGE 命令和 CHPROP 命令修改通用对象属性，其中 CHPROP 命令相当于 CHANGE 的“特性”子命令。建议用户使用“特性”选项板，放弃这两个命令操作。

4.3.2 对象特性匹配

AutoCAD 2012 提供了对象特性匹配功能，它可以将一个对象的全部或部分对象特性复制给其他对象，也可以复制特殊特性。特性来源对象称为源对象，要赋予特性的对象称为目标对象。

1．启动

可通过如下方法启动。

- 功能面板：单击“常用”选项卡，“剪贴板”功能面板→“特性匹配”按钮。
- 菜单：“修改”菜单→“特性匹配”命令。
- 命令行：MATCHPROP/PAINTER。
- 工具栏：快速访问工具栏→“特性匹配”按钮。

2．命令操作

对象特性匹配的操作过程如下：

命令: MATCHPROP/PAINTER

选择源对象:

当前活动设置: 颜色 图层 线型 线型比例 线宽 厚度 打印样式 标注 文字 填充图案 多段线 视口 表格材质 阴影显示 多重引线

选择目标对象或 [设置(S)]:

（1）目标对象：选择好目标对象后，将把源对象的特性复制给目标对象。目标对象可以是一个，也可以是多个，此时光标变为。

（2）设置：在提示中输入 S，或在快捷菜单中选择“设置”选项，AutoCAD 将显示如图 4-15 所示的“特性设置”对话框。在该对话框中，可以设置需要复制的对象特性。

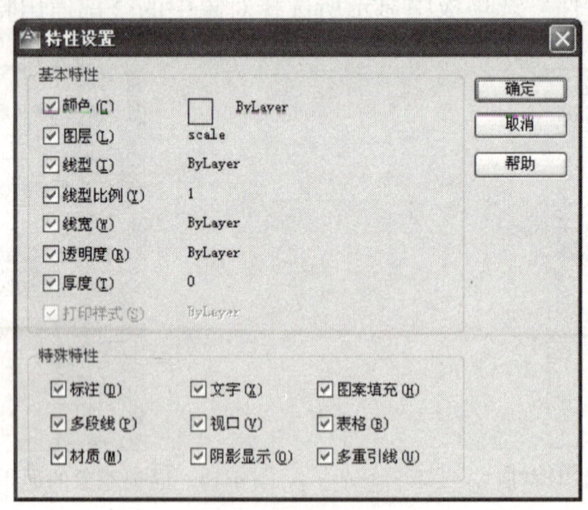

图 4-15 “特性设置”对话框

一些“特殊特性”的操作和意义是不同的，常用于平面视图的主要有标注、文字、填充图案、多段线、视口和表格。使用方法和意义如下。

1）标注：仅对与标注有关的对象有效，该选项将源对象的尺寸标注样式复制给目标对象。

2）文字：仅对单行文字和多行文字对象有效，该选项将源对象的文字样式复制给目标对象。

3）图案填充：仅对图案填充对象有效，该选项将源对象的填充图案的设置复制给目标对象。

4）多段线：将目标多段线的宽度和线型生成特性更改成源多段线的特性，但拟合/平滑特性、标高以及源多段线的不同宽度特性不会传递到目标多段线。

5）视口：将目标图纸空间视口的以下特性更改以匹配源图纸空间视口特性，包括开/关、显示/锁定、标准或自定义比例、着色打印、捕捉、栅格以及 UCS 图标的可见性和位置。用于剪裁和每个视口的 UCS 的设置以及图层的冻结/解冻状态不会传递。

6）表格：除基本的对象特性之外，将目标对象的表格样式更改为源对象的表格样式。此选项仅适用于表格对象。

4.3.3 信息查询

“查询”命令可以方便地了解系统的运行状态、图形对象的数据信息及一些几何信息。例如，计算两点间的距离、图形的面积、点的坐标等。图 4-16 为“查询”子菜单和功能面板。

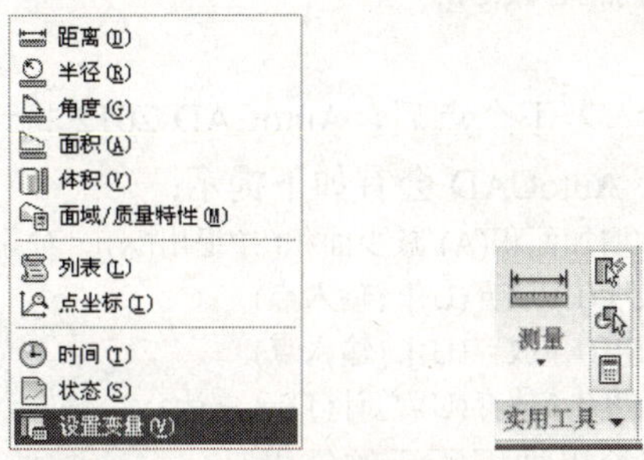

图 4-16 “查询”子菜单和功能面板

1．查询两点间的距离

AutoCAD 2012 提供了查询两点之间的距离的命令，可以非常直观和方便地获得有关点与点之间的距离以及线与 X 轴的夹角。

（1）启动。

用户可以通过如下方法启动查询两点之间的距离的 DIST 命令。

- 功能面板：单击“工具”选项卡，“实用工具”功能面板→“距离”按钮。
- 菜单：“工具”菜单→“查询”→“距离”命令。
- 命令行：DIST。

（2）操作方法。

用上述方法之一输入命令后，AutoCAD 2012 会有如下提示：

指定第一点: (选择第一点)

指定第二个点或 [多个点(M)]: (选择第二点)

AutoCAD 会给出如下的该直线属性：

距离 = 146.354 4，XY 平面中的倾角 = 32，与 XY 平面的夹角 = 0

X 增量 = 124.842 0，Y 增量 = 77.992 0，Z 增量 = 0.0000

以上各选项的含义如下：

1）距离：两点之间的距离。

2）XY 平面中的倾角：两点之间连线与 X 轴的正方向的夹角。

3）与 XY 平面的夹角：该直线与 XY 平面的夹角。

4）X/Y/Z 增量：两点在 X/Y/Z 轴方向的坐标增加值。

2．查询面积

利用 AutoCAD 2012 提供的查询面积命令，可以方便地查询指定的区域面积，同时还可以对其进行加、减运算。

（1）启动。

用户可以通过如下方法启动查询面积的 AREA 命令.

- 功能面板：单击“工具”选项卡，“实用工具”功能面板→“面积”按钮。
- 菜单：“工具”菜单→“查询”→“面积”命令。
- 命令行：AREA。

（2）操作方法。

用上述方法之一输入命令后，AutoCAD 2012 会有如下提示：

指定第一个角点或 [对象(O)/加(A)/减(S)]:

提示中各项含义如下。

1）指定第一个角点：输入若干个点后，AutoCAD 2012 将计算出由这些点组成的封闭多边形的面积。执行该选项后，AutoCAD 会有如下提示：

指定第一个角点或 [对象(O)/增加面积(A)/减少面积(S)/退出(X)] <对象(O)>: (输入点)
指定下一个点或 [圆弧(A)/长度(L)/放弃(U)]: (输入点)
指定下一个点或 [圆弧(A)/长度(L)/放弃(U)]: (输入点)
指定下一个点或 [圆弧(A)/长度(L)/放弃(U)/总计(T)] <总计>:

此时，AutoCAD 2012 会给出如下所示的结果：

区域 = 6 127.797 3，周长 = 380.502 9

其中：区域=计算出的面积；周长=计算出的周长。

注意

- 可以计算面积的对象包括圆、椭圆、样条曲线、多段线、多边形和面域等。
- 对于线宽大于 0 的多段线来说，AutoCAD 2012 按其中心线计算面积和周长。

2）对象：计算由指定对象所围成区域的面积。在此提示下输入 O，AutoCAD 2012 会有如下提示：

选择对象:(选取对象)

AutoCAD 会给出所选对象的如下信息。

区域 = 9 761.225 2，周长 = 444.152 4

本选项只能对由圆、椭圆、二维多段线、矩形、多边形、样条曲线和面域等命令所围成的封闭区域计算面积和周长。

3）增加面积：对面积加法运算，即把新图形面积加入到总面积中去。在此提示下输入 A，AutoCAD 2012 给出如下提示：

进入累加模式。

在进入累加模式后，AutoCAD 会对用户作如下提示：

指定第一个角点或 [对象(O)/减少面积(S)]:

在此提示下，用户可以计算指定多边形区域的面积或封闭对象的面积。AutoCAD 2012 返回面积和周长，而且是返回自从“添加”模式打开以来由选择点定义的区域或对象的总面积。

用户可继续进行面积加法运算，也可在该提示下直接回车，则 AutoCAD 计算出所求区域的总面积。

4）减少面积：对面积进行减法运算，即把所选实体的面积从总面积中减去。在此提示下输入 S，AutoCAD 会有如下提示：

指定第一个角点或 [对象(O)/增加面积(A)]:

在此提示下，用户可以指定第一个角点或对象项，选择某个区域，求出其面积、周长，并进行减法运算。

系统将计算的面积和周长分别保存于 AREA 和 PERIMETER 系统变量中。

3．查询系统状态

使用 STATUS 命令可以查询系统当前运行状态的信息。

（1）启动。

启动 STATUS 命令的方式如下：

- 菜单：“工具”菜单→“查询”→“状态”命令。
- 命令行：STATUS。

（2）操作方法。

STATUS 命令执行后，AutoCAD 自动切换到文本窗口，并显示当前图形文件的状态信息，如图 4-17 所示。

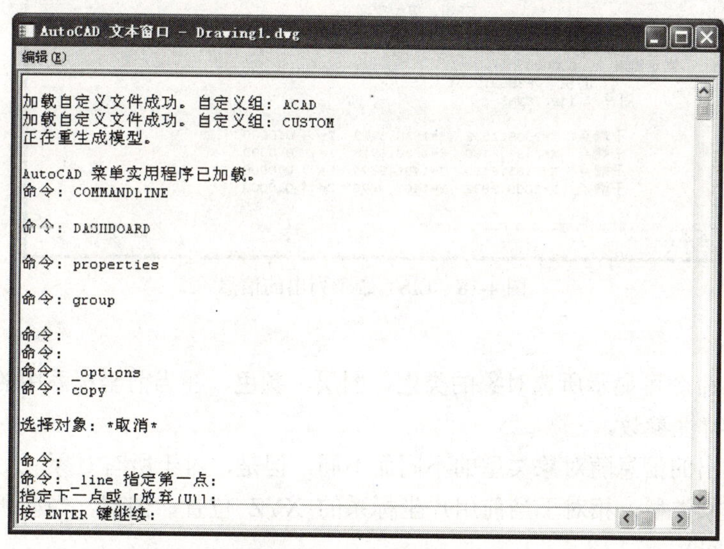

图 4-17　查询系统状态

STATUS 命令显示图形文件以下信息：当前图形文件中实体对象的数目；由 LIMITS 命令所设置的图形界限的左下角和右上角的坐标值，当前图形文件的插入基点坐标，捕捉分辨率，栅格间距，当前空间是图纸空间还是模型空间，当前图层名称、当前颜色、当前线型、当前线宽、当前高度、当前厚度，用填充、栅格、正交、快速文字、捕捉、数字化仪等开关设置的当前状态，当前目标捕捉的状态，当前剩余的磁盘空间，当前视图的显示范围，当前剩余的物理内存，当前剩余的文件交换空间。

4．查询图形对象信息

使用 LIST 命令用户可以查询数据库中图形对象的信息。

（1）启动。

启动 LIST 命令的方式有如下几种：

- 菜单："工具"菜单→"查询"→"列表"命令。
- 命令行：LIST。

（2）操作方法。

用上述方法之一输入命令后，AutoCAD 2012 会有如下提示：

选择对象: (选取对象)

选择对象:

此时，AutoCAD 2012 会自动切换到文本窗口，显示所选对象的有关特性信息，如图 4-18 所示。

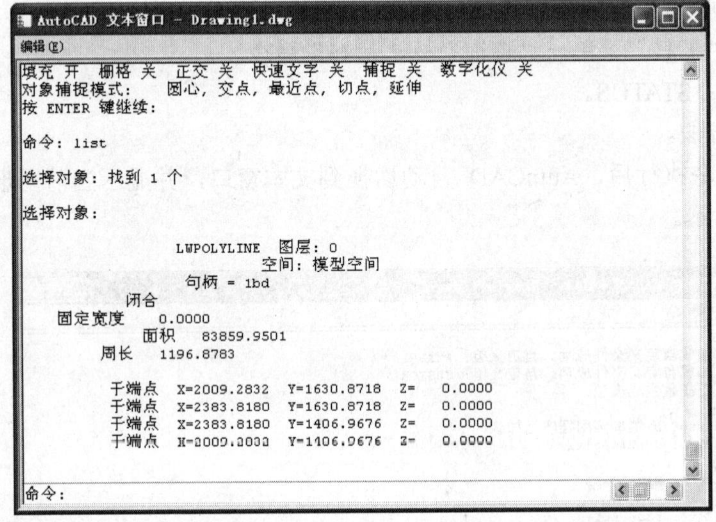

图 4-18 LIST 命令列出的信息

（3）说明。

1）用 LIST 命令可显示所选对象的类别、图层、颜色，在当前坐标系中的位置以及对象的面积、周长等特性参数。

2）LIST 列出的信息随对象类型的不同而不同，但是，对于所有对象 LIST 命令均会列出如下信息：对象类型，相对于当前用户坐标系的 XYZ 位置、图层，当前所处的空间（模型空间或布局空间）。

5．查询绘图时间

使用 TIME 命令，用户可以查询与当前图形有关的日期和时间。

（1）启动。

启动 LIST 命令的方式有如下几种：

- 菜单："工具"菜单→"查询"→"时间"命令。

- 命令行：TIME。

（2）操作方法。

执行 TIME 命令后，会自动打开 AutoCAD 2012 的文本窗口，并列出有关图形的时间信息及相应的提示，如图 4-19 所示。

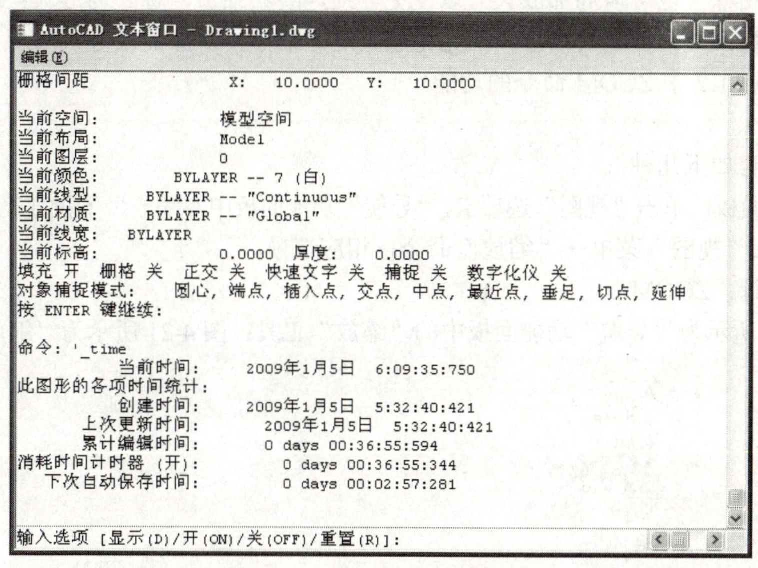

图 4-19　TIME 命令列出的信息

6．查询点的信息

使用 ID 命令，用户可以查询指定点位置的坐标值。

（1）启动。

启动 ID 命令的方式如下：

- 功能面板：单击“常用”选项卡，“实用工具”功能面板→“点坐标”按钮。
- 菜单：“工具”菜单→“查询”→“点坐标”命令。
- 命令行：ID。

（2）操作方法。

执行 ID 命令后，系统提示如下：

指定点: (选取一点)

在指定一个点后，AutoCAD 2012 在命令行中列出指定点在当前坐标系下的坐标值，类似如下信息：

X = 14.149 1　　Y = 4.480 6　　Z = 0.0000

X = 点的 X 轴坐标值 ；Y=点的 Y 轴坐标值 ；Z =点的 Z 轴坐标值

（3）说明：如果使用 ID 命令获取点的信息，则系统将把该点作为最后生成的点。

4.4　视图操作

在绘制图形的过程中，图形位于视图中。用户可以对图形进行缩放、移动和刷新，还可以同时打开多个窗口，通过各个窗口观察图形的不同部分。下面主要介绍视图缩放、平移、使用鸟瞰视图、重画、图形的重新生成、图形填充等。

4.4.1 图形的缩放

在绘图过程中，为了方便地进行对象捕捉，准确地绘制实体，常常需要将当前视图放大或缩小。增大图像（也可以局部放大）以便更详细地观察细节，称之为放大；收缩图像以便更大面积地观察图形，称之为缩小。但无论放大还是缩小，对象的实际尺寸保持不变。这些就是 AutoCAD 2012 中 ZOOM 命令的功能。

1．启动

启动方式有如下几种：

- 功能面板：单击“视图”选项卡，“导航”功能面板中“缩放”下拉列表的相应按钮。
- 菜单：“视图”菜单→“缩放”命令→相应选项。
- 命令行：ZOOM。

如图 4-20 所示为“导航”功能面板中的“缩放”工具；图 4-21 所示为“缩放”子菜单。

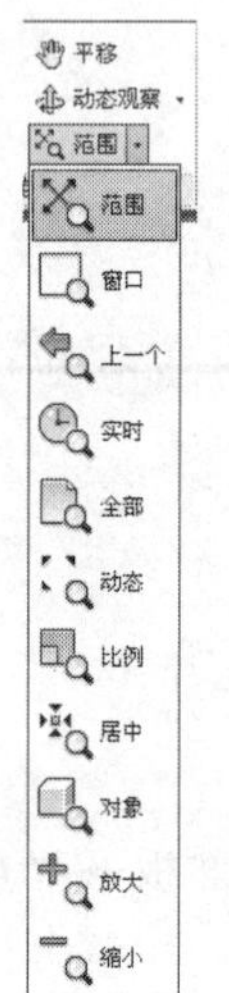

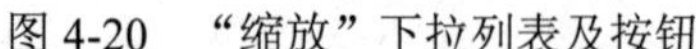

图 4-20 “缩放”下拉列表及按钮

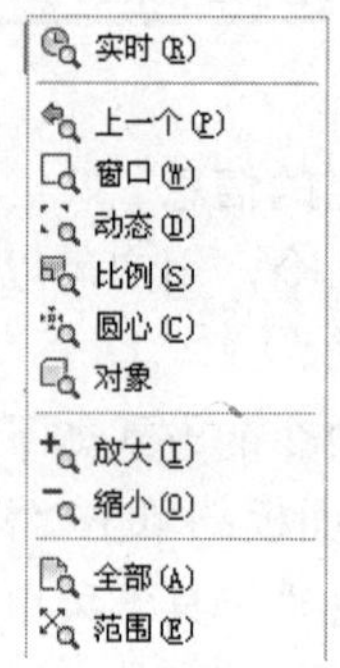

图 4-21 “缩放”子菜单

“缩放”下拉列表中的各个图标的含义如表 4-1 所示。

表 4-1 缩放功能面板中各项含义

按钮	名称	含义
	范围	显示图纸的范围
	窗口	缩放用矩形框选取的指定区域
	上一个	显示本次操作中的上一次视图
	实时	放大或者缩小当前视口中的对象外观尺寸
	全部	在当前视窗中显示整张图形
	动态	动态缩放图形的生成部分

续表

按钮	名称	含义
	缩放	按所指定的比例缩放图形
	中心	以新建立的中心点和高度缩放图形
	对象	缩放以便尽可能大地显示一个或多个选定的对象并使其位于绘图区域中心
	放大	以一定倍数放大图形
	缩小	以一定倍数缩小图形

2．操作方法

ZOOM 命令执行后，AutoCAD 提示用户：

指定窗口的角点，输入比例因子 (nX 或 nXP)，或者

[全部(A)/中心(C)/动态(D)/范围(E)/上一个(P)/比例(S)/窗口(W)/对象(O)] <实时>:

提示中各项含义如下。

（1）全部：在绘图区域内显示全部图形，所显示的图形边界取图形界限与图形范围两者中尺寸大者。如果图形范围超出图形界限，AutoCAD 2012 将显示对象的范围；如果所绘制的对象在图形界限内，AutoCAD 2012 将显示图形界限。在命令行中输入 A，执行该选项时，AutoCAD 2012 会对全部图形重新生成。若图形文件很大时，会花费很长时间，并在提示区中有如下提示：

正在重生成模型。

（2）中心：用户可通过该选项重新设置图形的显示中心和放大倍数。在提示中输入 C，或在快捷菜单中选择“中心点”选项，观察整个图形的范围。

执行该选项时，AutoCAD 会有如下提示：

指定中心点: (输入新的显示点)

输入比例或高度 <301.7268>:(输入新视图的高度或放大倍数，后跟字母 X)

系统将缩放显示中心点区域的图形。如果指定的高度小于当前图形的高度，图形将被放大；反之，图形将被缩小。

执行该选项的结果如图 4-22 所示。

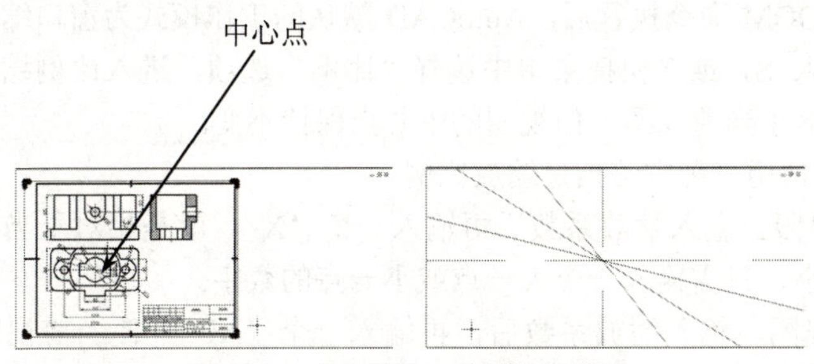

图 4-22　中心缩放 5 倍前后的图形

（3）动态：在提示中输入 D，或在快捷菜单中选择“动态”选项，观察整个图形的范围。执行该选项时，屏幕切换到如图 4-23 所示的动态缩放时虚拟显示屏幕状态。

在此屏幕界面上显示出图形范围、当前显示位置、下一显示位置等。移动和改变视图框

的大小即可实现移动或缩放图形。根据显示设置，当前视图所占区域用绿色虚线标明，图形范围用蓝色虚线框标明。视图框有两种选择状态。

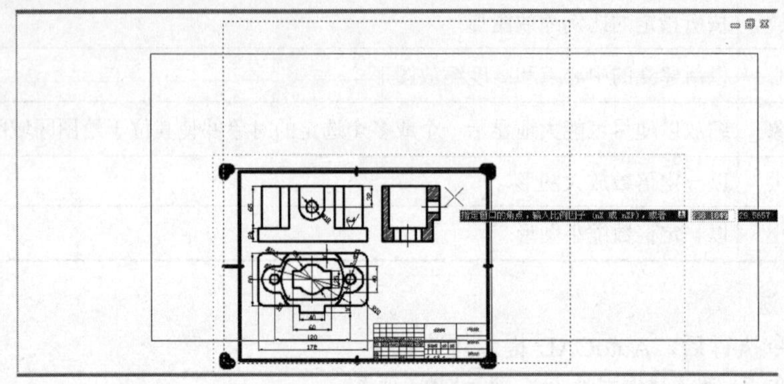

图 4-23 动态缩放窗口

1）平移视图框。它的大小不能改变，只可任意移动。平移视图框的中心处显示一个 X 标记，用户可以使用鼠标将其移到需要的位置。

2）缩放视图框。它不能平移，但大小可以调节。如果要移动视图框，单击鼠标左键显示平移视图框。

执行动态缩放命令的具体操作过程如下：用鼠标移动显示框，使框的左边线与欲显示区域的左边线重合，然后按拾取键，则框内“X”消失，同时出现指向框右边的箭头。用户可通过拖动鼠标的方式选取新的显示区域，在此过程中，视图框宽高比与绘图区宽高比相同。当选好视图框后按下回车键，屏幕上显示视图框内的图形。

（4）范围：在提示中输入 E，或在快捷菜单中选择“范围”选项，观察整个图形的范围。执行该选项时，AutoCAD 2012 将所有的图形全部显示在屏幕上，并最大限度地充满整个屏幕。此时，既可以观察整图，又可以得到尽可能大的显示图像。该操作总是将整个图形进行刷新。

（5）上一个：执行该选项时，将返回上一个视窗。在提示中输入 P，或在快捷菜单中选择“上一个”选项，观察整个图形的范围。用户可以连续使用该命令，逐步返回前一级视窗，最多可以返回前 10 个视图。如果在视窗中已删除某一实体，在返回的视窗中则不显示它。

（6）比例：ZOOM 命令执行后，AutoCAD 默认的工作模式为窗口缩放模式和比例缩放模式。在提示中输入 S，或在快捷菜单中选择“比例”选项，进入比例缩放模式。执行该选项时，可以放大或缩小当前视图，但视图的中心点保持不变。

AutoCAD 允许使用三种方法指定缩放比例。

1）相对图形界限。输入缩放系数后再输入一个“X”，就是相对于当前可见视图的缩放系数。要放大或缩小，只需输入一个大一点或小一点的数字。

2）相对当前视图。输入缩放系数后，再输入一个“XP”，使当前视图中的图形相对于当前的图纸空间缩放。

3）相对图纸空间单位。直接输入数值，则 AutoCAD 以该数值作为缩放系数，并相对于图形的实际尺寸进行缩放。它指定了相对当前图纸空间按比例缩放视图，并且它还可以用来在打印前缩放视口。

（7）窗口：用户可以通过指定一个矩形区域的对角点来快速放大该区域。在提示中输入 W，或在快捷菜单中选择“窗口”选项，进入窗口缩放模式。系统提示如下：

指定第一个角点: (输入窗口的顶点)

指定对角点: (输入窗口的另一个顶点)

AutoCAD 2012 在绘图窗口内全屏显示该窗口内的图形，此时，窗口中心变成新的显示中心。如果通过对角点选择的区域与缩放视口的宽高比不匹配，那么该区域会居中显示。缩放窗口的形状不必与适合图形区形状的新视图一致。

（8）对象：在提示中输入 O，系统提示如下：

选择对象: (选择一个对象)

选择对象: (回车)

系统将所选中的对象最大化显示在整个图形窗口中。

（9）实时：在提示中直接回车，观察整个图形的范围。它是系统默认选项。执行该选项时，在屏幕上出现类似于放大镜形状的光标，同时系统提示：

按 Esc 或 Enter 键退出，或单击右键显示快捷菜单。

1）按住鼠标中键，视图框的中心处显示一个手形标记，用户可以使用鼠标将其移到需要的位置。此时不能改变平移视图框的大小，只能移动平移视图框。将其拖动到所需位置后松开鼠标即可。

2）直接推动鼠标滚轮，可以改变视图框大小以符合要求。此时不能移动视图框，只能改变大小。

若按 Esc 或回车键，则结束 ZOOM 命令，若单击鼠标右键，则会弹出如图 4-24 所示的右键菜单。

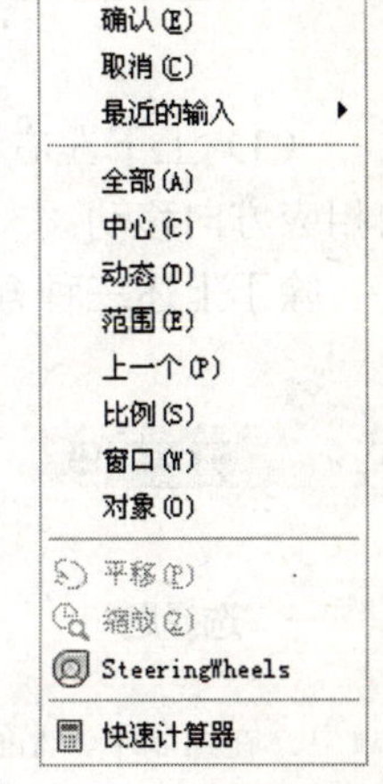

图 4-24　实时缩放工具

4.4.2　图形的平移

在绘图过程中，由于屏幕大小有限，当前文件中的图形不一定全部显示在屏幕内。AutoCAD 提供了 PAN 命令，用于平移当前显示区域中的图形。它比 ZOOM 快，操作直观、简便，因此在绘图中常使用该命令。

1．启动

PAN 命令的启动有以下几种方式：

- 功能面板：单击“视图”选项卡，“导航”功能面板→“平移”按钮。
- 菜单：“视图”菜单→“平移”命令→相应选项，如图 4-25 所示。
- 命令行：PAN。

实时
点(P)
左(L)
右(R)
上(U)
下(D)

图 4-25　实时平移工具

2．操作方法

（1）实时。PAN 命令执行后，光标变为手形光标。可用手形光标任意拖动视图，直到满足需要为止。如果光标移到逻辑边界处，则在手形光标的相应边出现一条线段，表明到达了相应边界。释放鼠标左键，则平移停止。用户可根据需要调整鼠标位置继续平移图形。任何时刻按 Esc 键或 Enter 键，都可以结束平移操作。

（2）定点。用户可以通过输入两点来平移图形。这两点之间的方向和距离便是视图平移的方向和距离。AutoCAD 2012 将会对用户作如下提示：

指定基点或位移:

指定第二点:

如果仅指定了一个点，即在系统提示输入第二点时按 Enter 键，AutoCAD 2012 将使用第一点的坐标值作为图形沿 X 轴和 Y 轴移动的距离来移动图形。

移动的过程和结果如图 4-26 所示。

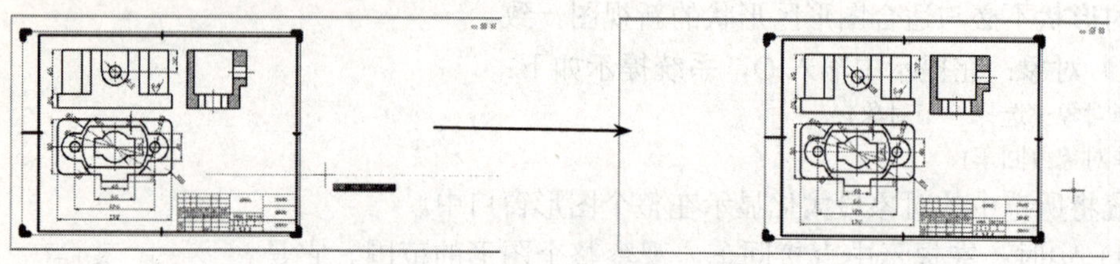

图 4-26　使用鼠标定点移动图形

（3）上下左右移动。在“平移”子菜单中选择上、下、左、右选项，可以将当前视图向相应方向移动。

除了上述三种方法外，AutoCAD 还允许使用滚动条移动图形。

习题四

一、选择题

1．在绘制中，AutoCAD 中的选择方法有（　　）。

A．Window 选择　　B．Crossing 选择

C．All 选择　　D．点选

2．要快速显示整个图像范围内的所有图形，可使用（　　）命令。

A．“视图”→“缩放”→“窗口”

B．“视图”→“缩放”→“动态”

C．“视图”→“缩放”→“全部”

D．“视图”→“缩放”→“范围”

3．用复制命令 Copy 复制对象时，可以（　　）。

A．原地复制对象　　B．同时复制多个对象

C．一次把对象复制到多个位置　　D．复制对象到其他图层

4．多次复制 Copy 对象的选项为（　　）。

A．m　　B．d

C．p　　D．c

5．在下列命令中，不具有删除功能的是（　　）命令。

A．撤消　　B．删除

C．修剪　　D．镜像

6．下列有关放弃、重做说法正确的一项是（　　）。

A．Ctrl+Z 可放弃最近命令的执行，但对部分命令无效。如 SAVE、SAVEAS 等

B．命令 U 或 UNDO 一次都可放弃多步操作，U 是命令 UNDO 的简写，实际上是一条命令

C．REDO 或 Ctrl+Y 在任何时刻，都能恢复最近一次删除的对象，而且仅限于最近一次

D．恢复操作除可使用放弃命令 U 或 Ctrl+Z 外，也可使用 OOPS 命令，一次也可放弃多步操作

7．若想同时查询显示绘图区中一圆的周长、面积和圆心点坐标，可通过"工具"→"查询"下的（　　）命令。

A．距离　　B．面积

C．列表显示　　D．面域|质量特性

二、填空题

1．DIST 命令用绘图单位显示指定两点之间的________和________。

2．实现复制对象的命令是________；在复制命令中默认的方式是进行________次复制。

3．________显示与所选对象有关的所有信息。

4．面积查询时，A 为________，S 为________。

5．希望将一个物体的特性应用到其他的对象上去，可用________。

三、判断题

1．图像的剪裁边框只能越变越小，且剪下去的部分再也不能恢复。（　　）

2．PAN 和 MOVE 命令实质是一样的，都是移动图形。（　　）

3．COPY 命令产生对象的副本，而保持原对象不变。（　　）

4．GEDIST 是计算两点距离的函数。（　　）

5．AREA 命令可以用来求以指定点为顶点的多边形区域或由指定对象所围成区域的面积和周长，但不能进行面积的加、减运算。（　　）

6．范围缩放可以显示图形范围并使所有对象最大显示。（　　）

7．缩放命令 ZOOM 和缩放命令 SCALE 都可以调整对象的大小，可以互换使用。（　　）

8．可以通过输入一个点的坐标值或测量两个旋转角度定义观察方向。（　　）

四、操作题

打开 AutoCAD 自带的示例文件 Welding Fixture Model.dwg，使用缩放工具、平移工具、鸟瞰视图，详细查看焊接夹具的不同部分。

五、思考题

1．AutoCAD 共有哪些选择方式？

2．如何快速选择对象？

3．对象过滤器有何作用？

4．什么是选择集，如何构造选择集？

5．当对象比较密集时，如何进行选择？

6．什么是夹点编辑？

7. 如果进行了错误的删除，如何恢复？

8. 使用剪贴板进行复制与使用 Copy 命令进行复制有什么异同？

9. 如何查看对象特性？不同对象能够编辑的特性一样吗？

10. 如何进行信息查询？可以查询哪些方面的信息？

11. 缩放视图的方式有哪几种？

12. 平移视图的方式有哪几种？

第 5 章　对象修改

- 掌握镜像、偏移和阵列的操作方法
- 掌握移动、旋转和对齐的基本方法
- 掌握缩放、拉伸、拉长、延伸、修剪、打断、合并的操作方法
- 掌握倒直角和倒圆角的方法
- 掌握对象的前后层次关系

AutoCAD 2012 平面图形对象的修改包括复制、移动、旋转、修剪、延伸、缩放、拉伸、偏移、镜像、打断、阵列、对齐以及倒角、编辑多段线、编辑样条曲线、编辑多线、分解等。

为了方便操作，AutoCAD 2012 将大部分编辑命令集中放置在“修改”下拉菜单中，并提供了“修改”功能面板，分别如图 5-1 和图 5-2 所示。

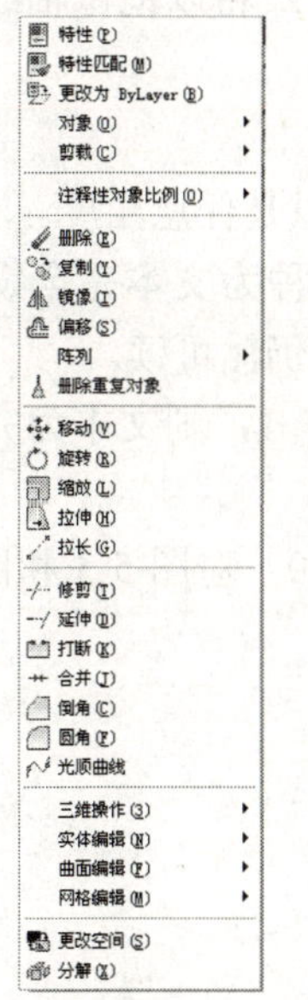

图 5-1　“修改”下拉菜单

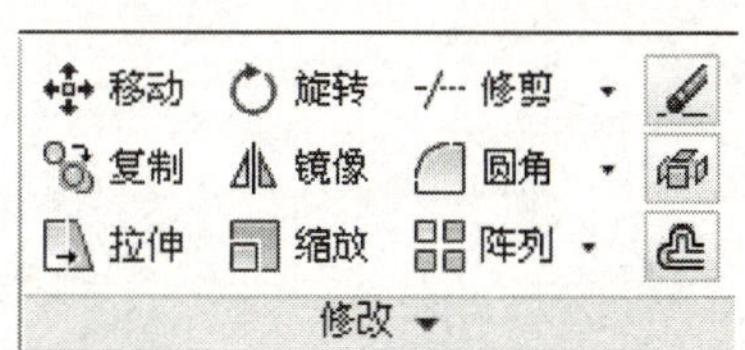

图 5-2　“修改”功能面板

5.1　对象复制相关操作

直接进行复制的操作在前面的章节中已经介绍过，下面着重介绍通过镜像、偏移等命令进行的复制。

5.1.1 镜像复制

在绘图过程中常需绘制对称图形，调用镜像命令可以帮助完成该操作。使用 MIRROR 命令，可以围绕用两点定义的轴线镜像对象。在进行操作时，用户可以选择删除或保留原对象。镜像作用于与当前 UCS 的 XY 平面平行的任何平面。

1．启动

可用下列方式启动。

- 功能面板：单击“常用”选项卡，“修改”功能面板→“镜像”按钮。
- 菜单：“修改”菜单→“镜像”命令。
- 命令行：MIRROR。

2．操作方法

命令：MIRROR
选择对象: (选取欲镜像的对象)
选择对象: (也可继续选取)
指定镜像线的第一点: (输入镜像线上的一点)
指定镜像线的第二点: (输入镜像线上的另外一点)
要删除源对象吗？[是(Y)/否(N)] <N>:

若直接回车，则表示在绘出所选对象的镜像图形的同时保留原来的对象；若输入 Y 后再回车，则在绘出所选对象镜像的同时要把原对象删除掉。

在提示下指定镜像轴线的第二个端点后，AutoCAD 2012 将以镜像轴线来对用户选择的对象进行对称操作。

3．说明

（1）所指定的镜面线是图形对象被镜像的轴线，它可以是任意角度。

（2）当文本属于镜像的范围时，可以有两种结果：一种为文本完全镜像；另一种是文本可读镜像，即文本的外框作镜像。文本在框中的书写格式仍然可读。

这两种状态由系统变量 MIRRTEXT 控制。如果该值为 1，则文本为完全镜像；其值为 0，文本为可读镜像。

例如，分别设置系统变量 MIRRTEXT=1、MIRRTEXT=0，对图 5-3 和图 5-4 所示的竖线左边的图形和文字进行镜像操作。

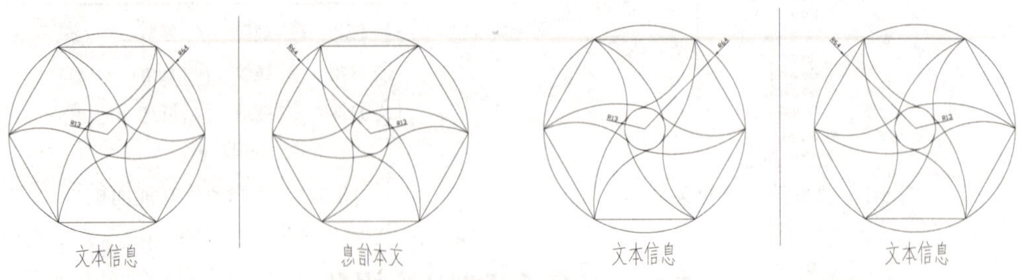

图 5-3 文本完全镜像结果　　　　图 5-4 文本可读镜像结果

5.1.2 偏移复制

用 OFFSET 命令可以建立一个与原实体相似的另一个实体，同时偏移指定的距离。在

AutoCAD 2012 中，可以偏移的对象包括直线、圆弧、圆、二维多段线、椭圆、椭圆弧、参照线、射线和平面样条曲线。

1．启动

可用下列方式启动。

- 功能面板：单击“常用”选项卡，“修改”功能面板→“偏移”按钮。
- 菜单：“修改”菜单→“偏移”命令。
- 命令行：OFFSET。

2．操作方法

命令行：OFFSET

当前设置: 删除源=否　图层=源　OFFSETGAPTYPE=0

指定偏移距离或 [通过(T)/删除(E)/图层(L)] <通过>:

（1）若直接输入数值，则表示以该数值为偏移距离进行偏移。此时，AutoCAD 会有如下提示：

选择要偏移的对象，或 [退出(E)/放弃(U)] <退出>:(选取要偏移的物体)

指定通过点或或 [退出(E)/多个(M)/放弃(U)] <退出>:(相对于源对象，指定要偏移的方向)

选择要偏移的对象或 <退出>:(也可继续选取)

如果输入 E，则退出偏移命令的执行；如果输入 M，则可以重复执行本命令；如果输入 U，则放弃本次选择。

（2）若输入 T，则表示物体要通过一个定点进行偏移，此时 AutoCAD 2012 会有如下提示：

选择要偏移的对象，或 [退出(E)/放弃(U)] <退出>:(选取对象)

指定通过点或 [退出(E)/多个(M)/放弃(U)] <退出>: (选取要通过的点)

指定通过点或 [退出(E)/多个(M)/放弃(U)] <退出>:(也可继续选取)

AutoCAD 2012 重复上面两个提示，让用户可以连续创建多个偏移对象。如果要结束命令，可以在“选择要偏移的对象”提示下按 Enter 键退出。

（3）若输入 E，则偏移源对象后将其删除，此时 AutoCAD 2012 会有如下提示：

要在偏移后删除源对象吗？[是(Y)/否(N)] <否>:（决定是否删除源对象）

指定偏移距离或 [通过(T)/删除(E)/图层(L)] <通过>:（继续执行命令）

（4）若输入 L，则确定是将偏移对象创建在当前图层上，还是建在源对象所在的图层上。此时 AutoCAD 2012 会有如下提示：

输入偏移对象的图层选项 [当前(C)/源(S)] <源>:（指定图层）

指定偏移距离或 [通过(T)/删除(E)/图层(L)] <通过>:（继续操作）

3．说明

（1）执行偏移命令，只能用拾取框选取实体。

（2）如果用给定距离的方式作偏移，距离必须大于 0。对于多段线，其距离按中心线计算。

（3）对不同图形执行偏移命令，会有不同结果。

1）对圆弧执行偏移命令时，新圆弧的长度要发生变化，但新旧圆弧的中心角相同。

2）对直线、构造线、射线执行偏移命令时，实际上是将它们进行平行复制。

3）对圆或椭圆执行偏移命令时，圆心不变，但圆半径或椭圆的长轴、短轴会发生变化。

4）对样条曲线执行偏移命令时，其长度和起始点要调整，使新样条曲线的各个端点均位于旧样条曲线相应端点处的法线方向上。

绘制如图 5-5 所示的图形，将原图对象 1、2 进行指定偏移距离和通过偏移。命令如下：

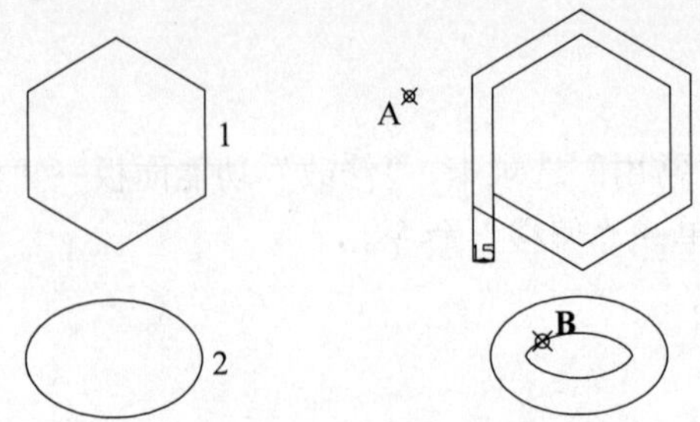

图 5-5　OFFSET 命令的应用

命令: OFFSET
当前设置: 删除源=否　图层=源　OFFSETGAPTYPE=0
指定偏移距离或 [通过(T)/删除(E)/图层(L)] <通过>:　15
选择要偏移的对象，或 [退出(E)/放弃(U)] <退出>:(选取对象 1)
指定通过点或或 [退出(E)/多个(M)/放弃(U)] <退出>:(在对象 1 外侧选取一点 A)
选择要偏移的对象，或 [退出(E)/放弃(U)] <退出>:(回车结束命令)

提示　如果在前面选择 M，则可以不断选择要偏移的一侧点，从而产生多个偏移结果。本例中只进行了一次偏移。

命令：(回车，重复命令)
指定偏移距离或 [通过(T)/删除(E)/图层(L)] <15.0000>:　T
选择要偏移的对象，或 [退出(E)/放弃(U)] <退出>:(选取对象 2)
指定通过点或 [退出(E)/多个(M)/放弃(U)] <退出>:(确定通过点 B)
选择要偏移的对象，或 [退出(E)/放弃(U)] <退出>:(回车结束命令)

5.1.3　阵列复制

在一张图形中，当需要利用一个实体组成含有多个相同实体的矩形方阵、环形方阵或沿着某个路线进行的路径阵列时，ARRAY 命令是非常有效的。对于环形阵列，用户可以控制复制对象的数目；对于矩形阵列，用户可以控制行和列的数目、它们之间的距离以及是否旋转对象；对于路径阵列，可以控制路径方位来改变阵列结果。

1．启动

- 功能面板：单击“常用”选项卡，“修改”功能面板→“阵列”按钮。
- 菜单：“修改”菜单→“阵列”命令。
- 命令行：ARRAY。

2．操作方法

阵列复制的具体操作过程如下：

（1）矩形阵列。

命令: ARRAY
选择对象:（选择要复制的对象）
选择对象:（回车，确认）
输入阵列类型 [矩形(R)/路径(PA)/极轴(PO)] <矩形>:R（选择矩形阵列方式）

类型 = 矩形　关联 = 是

为项目数指定对角点或 [基点(B)/角度(A)/计数(C)] <计数>: B

指定基点或 [关键点(K)] <质心>:（选择图形参照的基点）

为项目数指定对角点或 [基点(B)/角度(A)/计数(C)] <计数>: C（选择输入具体行列数方式）

输入行数或 [表达式(E)] <4>:（回车，确定为 4 行）

输入列数或 [表达式(E)] <4>:（回车，确定为 4 列）

指定对角点以间隔项目或 [间距(S)] <间距>:（输入对角点）

指定行之间的距离或 [表达式(E)] <207.7992>:（回车或输入新行距值）

指定列之间的距离或 [表达式(E)] <1184.2615>:（回车或输入新列距值）

按 Enter 键接受或 [关联(AS)/基点(B)/行(R)/列(C)/层(L)/退出(X)] <退出>:（回车结束）

效果如图 5-6 所示。

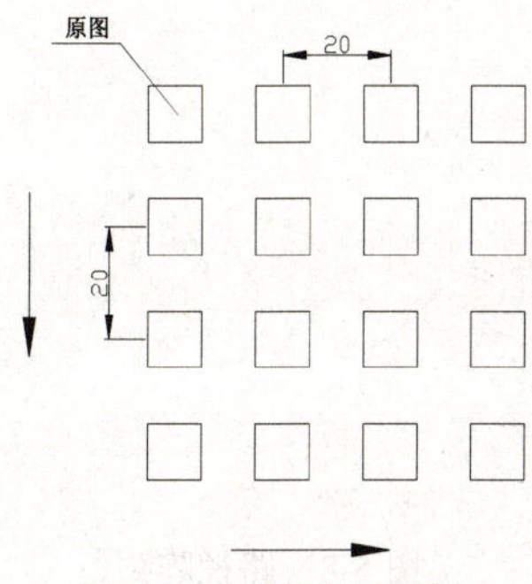

图 5-6　矩形阵列效果

（2）环形阵列。具体操作如下：

选中“常用”选项卡的“修改”功能面板的环形阵列按钮，命令提示如下：

命令: _arraypolar

选择对象:（选择阵列对象）

选择对象:（回车确认）

类型 = 极轴　关联 = 是

指定阵列的中心点或 [基点(B)/旋转轴(A)]:（选择阵列中心点）

输入项目数或 [项目间角度(A)/表达式(E)] <4>: 6（输入给定范围内均分的阵列对象个数）

指定填充角度(+=逆时针、-=顺时针)或 [表达式(EX)] <360>:（输入具体需要均分的角度，即给定范围）

按 Enter 键接受或 [关联(AS)/基点(B)/项目(I)/项目间角度(A)/填充角度(F)/行(ROW)/层(L)/旋转项目(ROT)/退出(X)]<退出>:ROT（旋转对象）

是否旋转阵列项目？[是(Y)/否(N)] <是>:

旋转和不旋转的阵列效果如图 5-7 所示。

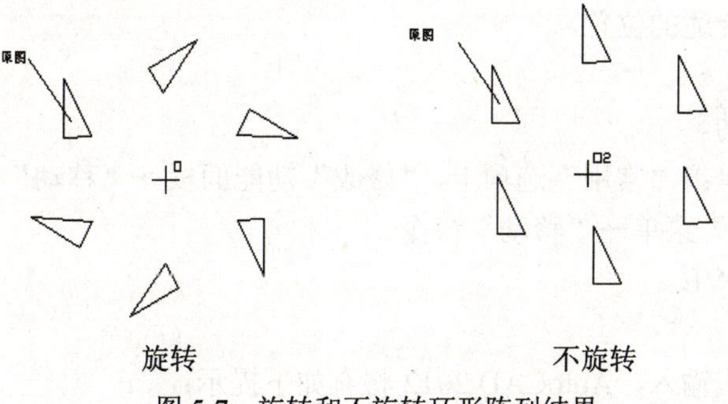

图 5-7　旋转和不旋转环形阵列结果

（3）路径阵列。操作步骤如下：

命令: ARRAY

选择对象:（选择矩形）

选择对象:（回车，选择对象完毕）

输入阵列类型 [矩形(R)/路径(PA)/极轴(PO)] <路径>: pa（选择路径阵列方式）

类型 = 路径　关联 = 是

选择路径曲线:（选择样条曲线）

输入沿路径的项数或 [方向(O)/表达式(E)] <方向>: 30（确定阵列个数）

指定沿路径的项目之间的距离或 [定数等分(D)/总距离(T)/表达式(E)] <沿路径平均定数等分(D)>:（回车，采用路径均分方式）

按 Enter 键接受或 [关联(AS)/基点(B)/项目(I)/行(R)/层(L)/对齐项目(A)/Z 方向(Z)/退出(X)] <退出>:（回车接受，结果如图 5-8 所示）

图 5-8　路径阵列

也可以按照输入起点和端点之间的总距离方式来确定阵列长度。另外，可以通过表达式方式来决定阵列对象的排列规律。

3．说明

（1）在矩形阵列中，若行距为正则由原图向上复制生成阵列，反之向下复制生成阵列；若列间距为正则由原图向右复制生成阵列，反之向左复制生成阵列。

（2）如果按单位网格阵列，则按单位网格上两点的位置及点取的先后顺序确定阵列方式。

5.2　对象方位相关操作

5.2.1　移动对象

如果绘制的图形的位置不符合要求，或者由于种种原因需要改变其位置，可以使用移动命令，将对象移动到合适的位置。

1．启动

可按下列方式启动。

- 功能面板：单击“常用”选项卡，“修改”功能面板→“移动”按钮。
- 菜单：“修改”菜单→“移动”命令。
- 命令行：MOVE。

2．操作方法

用上述任一种方式输入，AutoCAD 2012 将有如下提示：

选择对象:(选取要移动的实体)

选择对象:(可以继续选取要移动的实体)

指定基点或 [位移(D)/多个(M)] <位移>:

在此提示下，用户可有两种选择。

（1）基点：选取一点为基点，即位移的基点。此时 AutoCAD 将继续作如下提示：

指定第二个点或 <使用第一个点作为位移>:(选取另外一点)

则 AutoCAD 将所选对象沿当前位置按照给定两点确定的位移矢量移动。

（2）位移：直接键入目标参照点相对于当前参照点的位移，此时 AutoCAD 将继续作如下提示：

指定位移 <236.0249, 138.9285, 0.0000>:(输入或另外选取一点)

指定第二个点或 [退出(E)/放弃(U)] <退出>:

则 AutoCAD 2012 将所选对象从当前位置按所输入位移矢量移动。图 5-9 为将圆和五边形水平移动的前后效果比较。

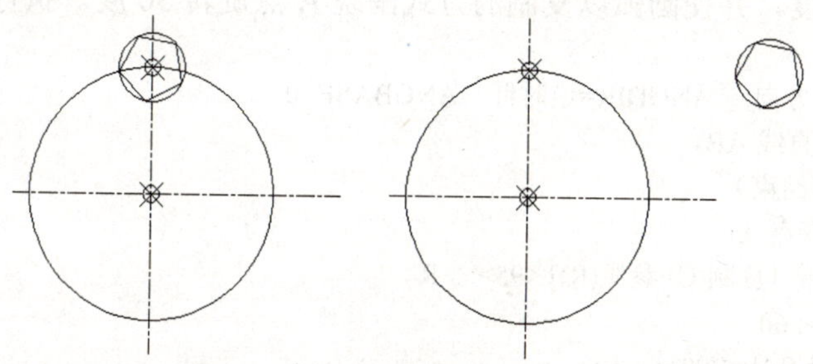

图 5-9 所选对象移到新点

（3）多个：可以连续进行多个相对目标参照点的移动，此时 AutoCAD 将提示如下：

指定第二个点或 <使用第一个点作为位移>:(选取另外一点)

指定第二个点或 [退出(E)/放弃(U)] <退出>:

5.2.2 旋转对象

使用 ROTATE 命令，用户可以将图形对象绕某一基准点旋转，改变图形对象的方向。

1. 启动

可按下列方式启动。

- 功能面板：单击“常用”选项卡，“修改”功能面板→“旋转”按钮。
- 菜单：“修改”菜单→“旋转”命令。
- 命令行：ROTATE。

2. 操作方法

用上述几种方式中任一种方式输入后，AutoCAD 2012 将有如下提示：

UCS 当前的正角方向: ANGDIR=逆时针 ANGBASE=0

选择对象: (选取要旋转的实体)

选择对象: (也可继续选取)

指定基点: (确定旋转基点)

指定旋转角度，或 [复制(C)/参照(R)] <0>:

（1）旋转角度：旋转角度是默认项。用户若直接输入角度值，则 AutoCAD 2012 将所选实体绕旋转基点，按指定的角度值进行旋转。该角度值决定了 AutoCAD 2012 将所选择的对象绕基点所作的相对于原位置旋转的角度。

如果角度值为正，则实体按逆时针方向旋转；如果角度值为负，则实体按顺时针方向旋转。

（2）复制：如果输入 C，则可以按照指定的角度复制源对象，一般按照夹点方式编辑。此时 AutoCAD 2012 将有如下提示：

旋转一组选定对象。
指定旋转角度，或 [复制(C)/参照(R)] <0>:（可以继续操作）

（3）参照：执行该选项，表示将所选对象以参照方式进行旋转。同时 AutoCAD 2012 将有如下提示：

指定参照角 <0>: (输入参考方向的角度值)
指定新角度或 [点(P)] <0>:(输入相对于参考方向的角度值或选择新点)

执行该选项可避免用户进行较为烦琐的计算。实际旋转角度＝新角度－参照角。

在图 5-10（a）中，已知直线 AB 与直线 AC 的夹角为 60 度，绕 A 点旋转 AB 线使其与 AC 线的夹角为 30 度，并使圆弧以复制的方式围绕 A 点旋转 30 度。执行步骤如下：

命令：ROTATE
UCS 当前的正角方向： ANGDIR=逆时针 ANGBASE=0
选择对象：(选取直线 AB)
选择对象：（回车结束）
指定基点: (选取端点 A)
指定旋转角度，或 [复制(C)/参照(R)] <95>: R
指定参照角 <30>: 60
指定新角度或 [点(P)] <200>: 30

执行结果如图 5-10（b）所示。

命令: ROTATE
UCS 当前的正角方向： ANGDIR=逆时针 ANGBASE=0
选择对象: (选取圆弧)
选择对象：（回车结束）
指定基点: (选取端点 A)
指定旋转角度，或 [复制(C)/参照(R)] <95>: C
旋转一组选定对象。
指定旋转角度，或 [复制(C)/参照(R)] <95>: 30

执行结果如图 5-10（c）所示。

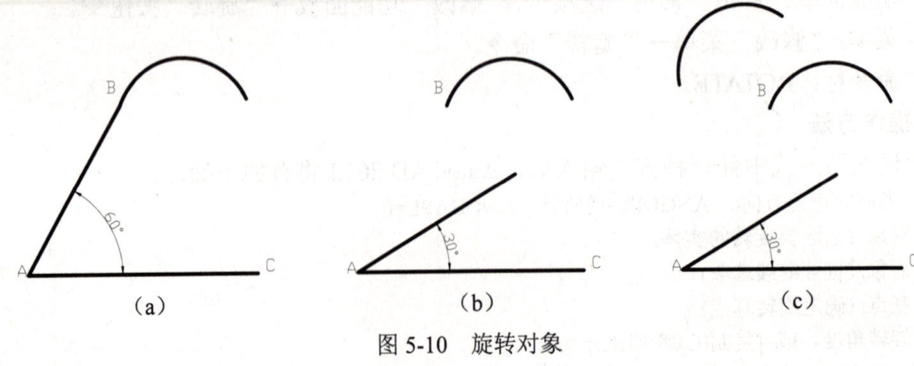

图 5-10 旋转对象

5.2.3 对齐对象

ALIGN 命令是 MOVE 命令与 ROTATE 命令的组合。使用该命令，用户可以将对象移动、旋转和按比例缩放，使其与其他对象对齐。

1. 启动

可用下列方式启动。

- 功能面板：单击“常用”选项卡，“修改”功能面板→“对齐”按钮。
- 菜单：“修改”菜单→“三维操作”→“对齐”命令。
- 命令行：ALIGN。

2. 操作方法

用上述几种方式中任一种输入命令后，AutoCAD 2012 将有如下提示：

选择对象: (选取对象)

选择对象: (也可继续选取)

指定第一个源点: (选择要改变位置的对象上的一点)

指定第一个目标点: (选择第一个目标点)

在提示中指定要进行对齐操作的第一对源点和目标点。如果按 Enter 键，则对象从源点移到目标点。

指定第二个源点:

若直接回车，所选对象的位置发生平移，已选择的第一点与第一目标点在平移后重合；若选择移动对象上的一点，则 AutoCAD 2012 将有如下提示：

指定第二个目标点: (确定第二个目标点)

指定第三个源点或 <继续>:

所选对象位置改变，且对象上的第一点与第一目标点重合，对象上的第二点位于第一目标点与第二目标点的连线上。

在上面的提示中，用户可以继续指定第三对对齐点，也可以按 Enter 键使用两对对齐点。如果指定了第三对对齐点的源点，则 AutoCAD 提示用户指定第三对对齐点的目标点。

指定第三个目标点:

如果没有指定第三对对齐点的源点，AutoCAD 提示如下：

是否基于对齐点缩放对象？[是(Y)/否(N)] <否>:

在提示中，用户应指定是否进行缩放操作。

注意 只有三维图形才能有第三源点和第三目标点的操作。

如图 5-11（a）所示，将左上圆移动与右下圆对齐。

命令：ALIGN

选择对象：(选择左上方整个图形)

选择对象：(回车)

指定第一个源点: (拾取源点 1)

指定第一个目标点: (拾取目标点 1)

指定第二个源点: (拾取源点 2)

指定第二个目标点: (拾取目标点 2)
指定第三个源点或 <继续>:(回车)
是否基于对齐点缩放对象？[是(Y)/否(N)] <否>:(回车)

绘制结果如图 5-11（b）所示。若在最后一步键入 Y 回车，则出现图 5-11（c）的结果。

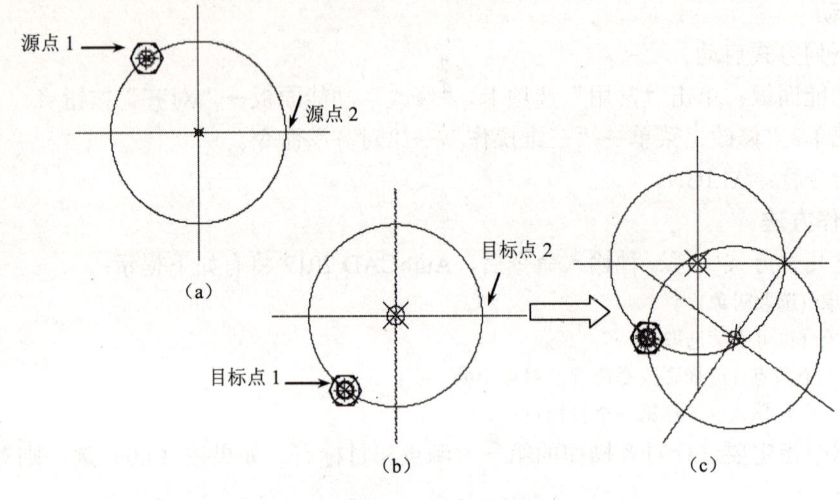

图 5-11 对齐对象

5.3 对象缩放和变形

5.3.1 缩放

SCALE 命令是一个非常有用、能节省时间的命令，它可按照用户需要将图形任意放大或缩小，而不需重画，但不能改变它的宽高比。这个命令在 AutoCAD 2012 中可以对原有对象进行复制。

1．启动

可用下列方式启动。

- 功能面板：单击“常用”选项卡，“修改”功能面板→“缩放”按钮。
- 菜单：“修改”菜单→“缩放”命令。
- 命令行：SCALE。

2．操作方法

用上述三种方式之一输入，则 AutoCAD 2012 会有如下提示：

选择对象: (选取要缩放的对象)
选择对象: (也可继续选取)
指定基点: (选取基点)

在提示中指定缩放基点。这个基点是指在比例缩放中的基准点。一旦选定基点，拖动光标时图像将按移动光标的幅度放大或缩小。

指定比例因子或 [复制(C)/参照(R)] <1.0000>:

下面介绍该提示行中各选项的含义。

（1）比例因子：该选项为默认选项，若直接输入比例因子，AutoCAD 2012 将把所选实体按该比例系数相对于基点进行缩放。

比例因子在 0 与 1 之间，则物体缩小；比例因子大于 1，则物体放大。

（2）复制：该选项可以对原有对象进行复制操作。输入 C，则可以保留源对象，并继续提示如下：

指定比例因子或 [复制(C)/参照(R)] <1.0000>:

（3）参照：将所选实体按参照方式缩放。执行该选项时，AutoCAD 2012 将有如下提示：

指定参照长度 <1.0000>: (输入参考长度的值)

指定新的长度或 [点(P)] <1.0000>:(输入新的长度值)

如果输入 P，则使用两点来定义长度值。

执行以上操作后，AutoCAD 会根据参照长度的值自动计算缩放系数，然后进行相应的缩放。

当利用参照缩放时，AutoCAD 使用现有对象的尺寸作为新尺寸的参照。

在参照模式下进行缩放操作时，将首先根据指定的参照长度和新长度计算出缩放比例因子，然后再对图形进行缩放。如果新长度大于参考长度，则图形放大，否则图形缩小。

举例如下。

（1）将图形对象放大两倍，结果如图 5-12（a）所示。步骤如下：

命令：SCALE

选择对象：(选取圆 O)

指定基点：(捕捉圆心 O)

指定比例因子或 [复制(C)/参照(R)] <1.0000>: 2

（2）将长度为 98.24 的直线相对左端点放大为 120，结果如图 5-12（b）所示。其具体步骤如下：

命令：SCALE

选择对象：(选取直线)

指定基点：(捕捉不动的基准点 A)

指定比例因子或 [复制(C)/参照(R)] <1.0000>: R

指定参照长度 <1.0000>: 98.24

指定新的长度或 [点(P)] <1.0000>:120

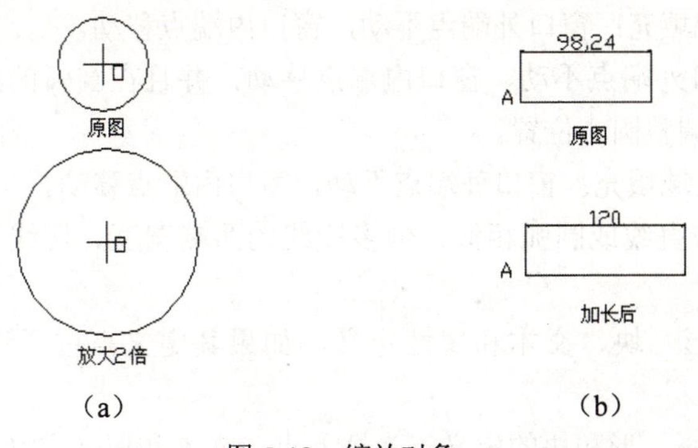

图 5-12　缩放对象

5.3.2 拉伸对象

使用 STRETCH 命令可以在一个方向上按用户指定的尺寸拉伸图形。但是，首先要为拉伸操作指定一个基点，然后指定两个位移点。

1．启动

可用下列方式启动。

- 功能面板：单击“常用”选项卡，“修改”功能面板→“拉伸”按钮。
- 菜单：“修改”菜单→“拉伸”命令。
- 命令行：STRETCH。

2．操作方法

用上述方式之一输入命令，则 AutoCAD 2012 将有如下提示：

以交叉窗口或交叉多边形选择要拉伸的对象...
选择对象:
指定第一个角点:
指定对角点:
选择对象:
指定基点或 [位移(D)] <位移>:(选基点)
指定第二个点或 <使用第一个点作为位移>:

注意　一定要使用交叉窗口或交叉多边形选择要拉伸的对象，AutoCAD 移动完全在窗口或多边形内的所有对象。

AutoCAD 2012 使用基点到第二点拉伸矢量距离移动所选择的对象，如果在此提示下按 Enter 键，则系统将把第一点当作 X、Y 位移值。

如果输入 D，即指定位移方式，则系统提示如下：

指定位移 <0.0000, 0.0000, 0.0000>:　（输入在 X、Y、Z 轴方向的位移值）

所选对象将按照指定位移移动。

3．说明

在选取对象时，对于由 LINE、ARC、TRACE、SOLID、PLINE 等命令绘制的直线段或圆弧段，若其整个对象均在窗口内，则执行结果是对其移动；若一端在选取窗口内，另一端在外，则有以下拉伸规则。

（1）直线、区域填充：窗口外端点不动，窗口内端点移动。

（2）圆弧：窗口外端点不动，窗口内端点移动，并且在圆弧的改变过程中，圆弧的弦高保持不变，由此来调整圆心位置。

（3）轨迹线、区域填充：窗口外端点不动，窗口内端点移动。

（4）多段线：与直线或圆弧相似，但多段线的两端宽度、切线方向以及曲线拟合信息都不变。

（5）对于圆、形、块、文本和属性定义，如果其定义点位于选取窗口内，则对象移动，否则不动。

圆的定义点为圆心，形和块的定义点为插入点，文本和属性定义的定义点为字符串的基线左端点。

如图 5-13（a）所示，将用虚线围起来的对象从 A1 点拉伸到 A2 点。步骤如下：

命令：STRETCH

以交叉窗口或交叉多边形选择要拉伸的对象..
选择对象：C
指定第一个角点：(点取虚线所示矩形的左上角 A1)
指定对角点：(点取虚线所示矩形的右下角 A2)
选择对象：(回车)
指定基点或 [位移(D)] <位移>: (选取一点)
指定第二个点或 <使用第一个点作为位移>: (选取另一点)

执行结果如图 5-13（b）所示。

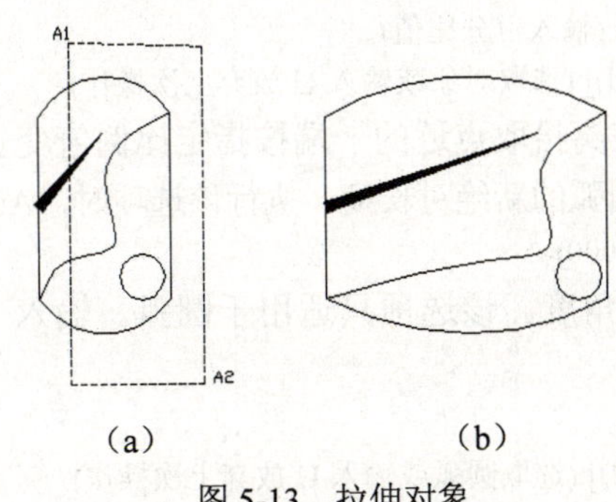

（a）　　　　（b）

图 5-13　拉伸对象

5.3.3　拉长对象

使用拉长命令 LENGTHEN 可延伸或缩短非闭合的直线、圆弧、非闭合多段线、椭圆弧和非闭合样条曲线的长度，也可以改变圆弧的角度。

1．启动

可用下列方式启动。

- 功能面板：单击“常用”选项卡，“修改”功能面板→“拉长”按钮。
- 菜单：“修改”菜单→“拉长”命令。
- 命令行：LENGTHEN。

2．操作方法

用上述几种方式之一输入命令，AutoCAD 2012 将有如下提示：

选择对象或 [增量(DE)/百分数(P)/全部(T)/动态(DY)]:

提示行中的各项含义如下。

（1）对象：默认项，在此提示下选择要查看的对象。每选择一个对象，AutoCAD 2012 便会提示所选择对象的长度，若是圆弧还会显示中心角。观察完后按 Enter 键结束操作。

（2）增量：在提示下输入 DE，或在快捷菜单中选择“增量”选项，进入增量操作模式。AutoCAD 提示如下：

输入长度增量或 [角度(A)] <当前值>:

在此提示下，用户可以输入长度增量或角度增量。

1）角度：以角度方式改变弧长。在提示中输入 A，AutoCAD 将有如下提示：

输入角度增量 <0>: (输入圆弧的角度增量)
选择要修改的对象或 [放弃(U)]: (选取圆弧或输入 U 放弃上次操作)

此时，圆弧按指定的角度增量在离拾取点近的一端变长或变短。若角度增量为正，则圆弧变长；若角度增量为负，则圆弧变短。

2）输入长度增量：默认项，若直接输入数值，则该数值为弧长的增量。同时，AutoCAD 2012 会有如下提示：

选择要修改的对象或 [放弃(U)]: (选取圆弧或输入 U 放弃上次操作)

此时，所选圆弧按指定弧长增量在离拾取点近的一端变长或变短。如果长度增量为正，则圆弧变长；如果长度增量为负，则圆弧变短。该选项只对圆弧适用。

（3）百分数：以总长百分比的形式改变圆弧角度或直线长度。在提示中输入 P，AutoCAD 将会有如下提示：

输入长度百分数 <100.0000>: (输入百分比值)

选择要修改的对象或 [放弃(U)]:(选取对象或输入 U 放弃上次操作)

此时，所选圆弧或直线在离拾取点近的一端按指定比例值变长或变短。

（4）全部：输入直线或圆弧的新绝对长度。执行该选项时，AutoCAD 将会有如下提示：

指定总长度或 [角度(A)] <1.0000)>:

1）角度：确定圆弧的新角度。该选项只适用于圆弧。输入 A，AutoCAD 将会有如下提示：

指定总角度 <57>:(输入角度)

选择要修改的对象或 [放弃(U)]:(选取圆弧或输入 U 放弃上次操作)

此时，所选圆弧在离拾取点近的一端按指定角度变长或变短。

2）指定总长度：默认项，若直接输入数值，则该值为直线或圆弧的新长度。同时 AutoCAD 将有如下提示：

选择要修改的对象或 [放弃(U)]:(选取对象或输入 U 放弃上一次的操作)

此时，所选圆弧或直线在离拾取点近的一端按指定的长度变长或变短。

（5）动态：通过动态拖动模式改变对象的长度。在提示下输入 DY，或在快捷菜单中选择“动态”选项，进入动态拖动操作模式。AutoCAD 2012 提示如下：

选择要修改的对象或 [放弃(U)]:

选定要修改的对象后，AutoCAD 提示用户：

指定新端点:

在此提示下，AutoCAD 根据被拖动的端点的位置改变选定对象的长度。AutoCAD 2012 将端点移动到所需要的长度或角度，而另一端保持固定。

3．说明

（1）多段线只能被缩短，不能被加长。

（2）直线由长度控制加长或缩短，圆弧由圆心角控制。

5.3.4 延伸对象

使用 EXTEND 命令可以拉长或延伸直线或弧，使它与其他对象相接，也可以使它们精确地延伸至由其他对象定义的边界。该命令在 AutoCAD 2012 中进行了修改，增加了选择方式。

1．启动

- 功能面板：单击“常用”选项卡，“修改”功能面板→“延伸”按钮。
- 菜单：“修改”菜单→“延伸”命令。

- 命令行：EXTEND。

2．操作方法

用上述三种方式之一输入命令，AutoCAD 2012 有如下提示：

当前设置: 投影=无 边=无
选择边界的边 ...
选择对象或<全部选择>: (选取边界边，如果直接回车，则选择全部对象)
选择对象: (也可继续选取)
选择要延伸的对象，或按住 Shift 键选择要修剪的对象，或[栏选(F)/窗交(C)/投影(P)/边(E)/放弃(U)]:

此提示行中各项含义如下。

（1）选择要延伸的对象：此为默认项。若直接选取实体，AutoCAD 会把该对象延长到指定的边界边上。

（2）栏选：选择与选择栏相交的所有对象。选择栏是以两个或多个栏选点指定的一系列临时直线段，但不能构成闭合的环。输入 F，执行该选项，AutoCAD 将有如下提示：

指定第一个栏选点:（指定选择栏的开始点）
指定下一个栏选点或 [放弃(U)]: （指定选择栏的下一点或输入 U）
指定下一个栏选点或 [放弃(U)]: （指定选择栏的下一点、输入 U 或按 Enter 键）

（3）窗交：选择由两点定义的矩形区域内部或与之相交的对象。输入 C，执行该选项，AutoCAD 将有如下提示：

指定第一个角点: （指定点）
指定对角点: （指定源自第一点的对角上的点 ）

注意 某些要延伸的对象的相交区域不明确。通过沿矩形窗交窗口以顺时针方向从第一点到遇到的第一个对象，EXTEND 将延伸到该对象。

（4）投影：确定延伸的空间。输入 P，执行该选项，AutoCAD 将有如下提示：

输入投影选项 [无(N)/UCS(U)/视图(V)] <UCS>:

该提示行各项含义如下。

1）无：按三维方式延伸，必须有能够相交的对象。

2）UCS：默认项，在当前 UCS 的 XY 面上延伸，此时可在 XY 平面上按投影关系延伸在三维空间中不能相交的对象。

3）视图：在当前视图上延伸。

（5）边：确定延伸的方式。执行该选项时，AutoCAD 将有如下提示：

输入隐含边延伸模式 [延伸(E)/不延伸(N)] <不延伸>:

提示行中各项含义如下。

1）延伸：如果延伸边延伸后不能与边相交，AutoCAD 2012 会假想将延伸边界延长，使延伸边伸长到与其相交的位置。

2）不延伸：默认项，按延伸边界与延伸边的实际位置进行延伸。

（6）放弃：放弃上一次操作。

3．说明

（1）在延伸命令的使用中，可以被延伸的对象包括圆弧、椭圆圆弧、直线、开放的二维多段线和三维多段线以及射线，有效的边界对象包括二维多段线、三维多段线、圆弧、圆、椭圆、浮动视口、直线、射线、面域、样条曲线、文字和构造线。如果选择二维多段线作为边界对象，AutoCAD 将忽略其宽度并将对象延伸到多段线的中心线处。

（2）选取延伸目标时，只能用点选方式，离最近拾取点的一端被延伸，如图 5-14 所示。

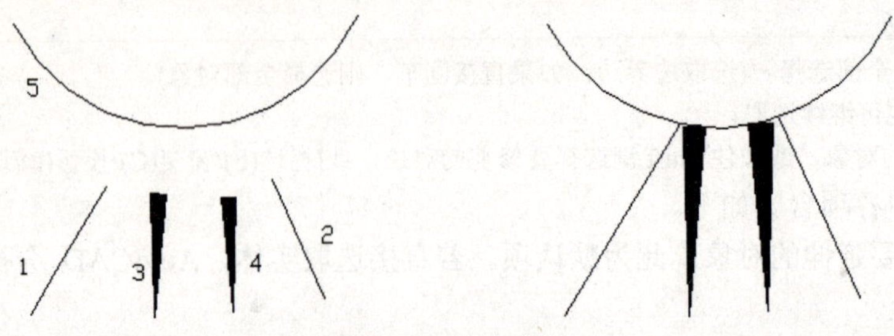

图 5-14 延伸对象

（3）在多段线中有宽度的直线段与圆弧，会按原倾斜度延伸，如延伸后其末端出现负值，该端宽度为零。不封闭的多段线才能延长，封闭的多段线则不能延长。宽多段线作边界时，其中心线为实际的边界线。

（4）所选对象既可以作为边界边，又可以作为待延伸的对象。

5.3.5 修剪对象

用户在操作图形对象时，若要在由一个或多个对象定义的边上精确地剪切对象，逐个剪切很显然是需要很多时间的。修剪命令 TRIM 可以剪去对象上超过交点的部分。建筑师使用此命令可以删除墙的相交部分，设计师使用此命令可以从简单图形绘制出复杂的曲线。

1．启动

可用下列方式启动。

- 功能面板：单击“常用”选项卡，“修改”功能面板→“修剪”按钮。
- 菜单：“修改”菜单→“修剪”命令。
- 命令行：TRIM。

2．操作方法

用上述三种方式之一输入命令，则 AutoCAD 2012 将有如下提示：

当前设置:投影=UCS，边=无

选择剪切边...

选择对象或 <全部选择>:(选取实体作为剪切边界，直接回车则选择全部对象)

选择要修剪的对象，或按住 Shift 键选择要延伸的对象，或[栏选(F)/窗交(C)/投影(P)/边(E)/删除(R)/放弃(U)]:

提示行中各项含义如下。

（1）选择要修剪的对象：默认项，选取被剪切对象的被剪切部分。若直接选取所选对象上的某部分，则 AutoCAD 2012 将剪去相应部分。

（2）栏选：选择与选择栏相交的所有对象。选择栏是以两个或多个栏选点指定的一系列临时直线段，但不能构成闭合的环。输入 F，执行该选项，AutoCAD 将有如下提示：

指定第一个栏选点:（指定选择栏的开始点）

指定下一个栏选点或 [放弃(U)]: （指定选择栏的下一点或输入 U）

指定下一个栏选点或 [放弃(U)]: （指定选择栏的下一点、输入 U 或按 Enter 键）

（3）窗交：选择由两点定义的矩形区域内部或与之相交的对象。输入 C，执行该选项，AutoCAD 将有如下提示：

指定第一个角点：（指定点）

指定对角点：（指定源自第一点的对角上的点）

注意 某些要修剪的对象的交叉选择不确定。TRIM 将沿着矩形交叉窗口从第一个点以顺时针方向选择遇到的第一个对象。

（4）投影：确定执行修剪空间。输入 P，执行该选项，AutoCAD 2012 有如下提示：

输入投影选项 [无(N)/UCS(U)/视图(V)] <UCS>:

其中各项含义如下。

1）无：输入 N，表示按三维方式修剪，该选项对只在空间相交的对象有效。

2）UCS：输入 U，在当前用户坐标系的 XY 平面上修剪，此时也可在 XY 平面上按投影关系修剪在三维空间中没有相交的对象。

3）视图：输入 V，在当前视图平面上修剪。

（5）边：用来确定修剪方式。输入 E，执行该选项时，AutoCAD 将有如下提示：

输入隐含边延伸模式 [延伸(E)/不延伸(N)] <不延伸>:

1）延伸：选择 E，按延伸方式剪切，如果剪切边界没有与被剪切边相交，则不能按正常方式进行剪切，此时，AutoCAD 会假想将剪切边界延长，然后再进行修剪。

2）不延伸：默认项，选择 N，按剪切边界与剪切边的实际相交情况修剪，如果被剪边与剪切边没有相交，则不进行剪切。

（6）删除：删除选定的对象。 可以非常方便地删除不需要的对象，而无须退出 TRIM 命令。输入 R，执行该选项，AutoCAD 2012 有如下提示：

选择要删除的对象或 <退出>:（使用对象选择方法并按 Enter 键返回上一个提示）

（7）放弃：输入 U，放弃上一次的操作。

3．说明

（1）在修剪命令中，可以修剪的对象包括圆弧、圆、椭圆弧、直线、打开的二维和三维多段线、射线、构造线和样条曲线；可以作为剪切边的对象包括直线、圆弧、圆、椭圆、多段线、射线、构造线、区域填充、样条曲线。

（2）指定被剪切对象的拾取点，决定对象的被剪切的部分。

（3）使用修剪命令修剪实体，第一次选取的实体是剪切边界而非被剪实体。

（4）剪切边自身也可以同时作为被剪切边。

（5）使用修剪命令可以剪切尺寸标注线。

（6）带有宽度的多段线作被剪切边时，剪切交点按中心线计算，并保留宽度信息，剪切边界与多段线的中心线垂直。

如图 5-15（a）所示，修剪掉直线 3 在直线 1 左侧线段与直线 4 在直线 1 与直线 2 中间所夹的部分。命令如下：

命令：TRIM

当前设置:投影=UCS，边=无

选择剪切边...
选择对象或 <全部选择>: （选取直线 1）
选择对象: （选取直线 2）
选择对象: (回车)
选择要修剪的对象，或按住 Shift 键选择要延伸的对象，或[栏选(F)/窗交(C)/投影(P)/边(E)/删除(R)/放弃(U)]: (在直线 1 左侧的直线 3 上任选一点)
选择要修剪的对象，或按住 Shift 键选择要延伸的对象，或[栏选(F)/窗交(C)/投影(P)/边(E)/删除(R)/放弃(U)]: (选取直线 4 夹在直线 1、2 之间上的任意一点)

修剪结果如图 5-15（b）所示。

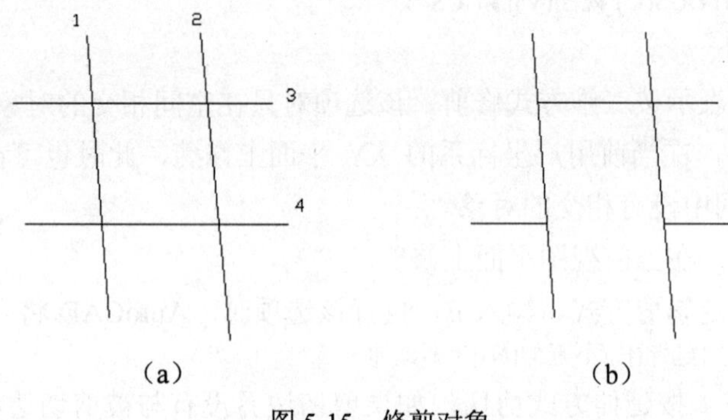

图 5-15 修剪对象

5.3.6 打断

使用 BREAK 命令可以把实体中某一部分在拾取点处打断，进而删除。可以打断的对象包括直线、圆、圆弧、多段线、椭圆、样条曲线、参照线和射线。

1. 启动

可采用下列方法启动。

- 功能面板：单击“常用”选项卡，“修改”功能面板→“打断”按钮。
- 菜单：“修改”菜单→“打断”命令。
- 命令行：BREAK。

2. 操作方法

用上述三种方式之一输入打断命令，则 AutoCAD 2012 会有如下提示：

选择对象: (选取对象)
指定第二个打断点 或 [第一点(F)]:

此时，可有几种方式输入：

（1）若直接点取对象上的一点，则将对象上拾取的两点之间的部分删除，如图 5-16（a）所示。

（2）若键入@，则将对象在选取点一分为二，如图 5-16（b）所示。

（3）若在对象外面的一端方向处拾取一点，则把两个拾取点之间的部分删除，如图 5-16（c）所示。

（4）若键入 F，AutoCAD 将有如下提示：

指定第一个打断点: (选取一点)
指定第二个打断点: (选取第二个点)

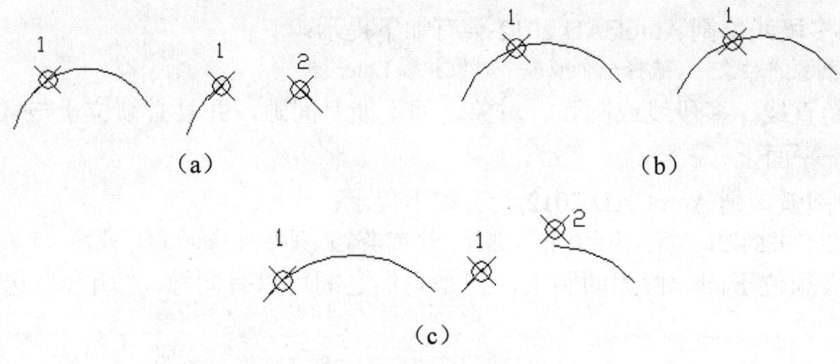

图 5-16　打断对象

3. 说明

（1）对于圆或椭圆来说，将从第一点开始沿逆时针打断对象。

（2）如第二点在对象外部，系统自动在对象上选择与第二点最近的点作为第二断开点，对象被切除一部分后，不产生新对象。

（3）可以被拆分为两个对象或删除一部分的对象包括直线、圆弧、圆、多段线、椭圆、样条曲线、圆环等。

5.3.7　打断于点

“打断于点”功能是“打断”功能的特殊情况，它将对象在选择点处直接打断，只需要选择一点即可。在“修改”功能面板中选择按钮即可。

5.3.8　对象合并

在 AutoCAD 2012 中，不但可以将对象打断，而且可以将多个分开的相似对象合并起来。可以合并的对象包括圆弧、椭圆弧、直线、多段线和样条曲线。

将与某对象合并的相似对象称为源对象，要合并的对象必须位于相同的平面上。

注意　合并两条或多条圆弧（或椭圆弧）时，将从源对象开始沿逆时针方向合并圆弧（或椭圆弧）。

1. 启动

可采用下列方式启动。

- 功能面板：单击“常用”选项卡，“修改”功能面板→“合并”按钮。
- 菜单：“修改”菜单→“合并”命令。
- 命令行：JOIN。

2. 操作方法

用上述三种方式之一输入打断命令，则 AutoCAD 2012 会有如下提示：

选择源对象或要一次合并的多个对象:（选择一条直线、多段线、圆弧、椭圆弧或样条曲线）

根据选定的源对象，显示将会有所不同。

（1）选中直线，则 AutoCAD 2012 会有如下提示：

选择要合并到源的直线:（选择一条或多条直线并按 Enter 键）

直线对象必须共线（位于同一无限长的直线上），但是它们之间可以有间隙。

（2）选中多段线，则 AutoCAD 2012 会有如下提示：

选择要合并到源的对象：（选择一个或多个对象并按 Enter 键）

对象可以是直线、多段线或圆弧。对象之间不能有间隙，并且必须位于与 UCS 的 XY 平面平行的同一平面上。

（3）选中圆弧，则 AutoCAD 2012 会有如下提示：

选择圆弧，以合并到源或进行[闭合(L)]:（选择一个或多个圆弧并按 Enter 键，或输入 L）

圆弧对象必须位于同一假想的圆上，但是它们之间可以有间隙。“闭合”选项可将圆弧转换成圆。

注意　合并两条或多条圆弧时，将从源对象开始按逆时针方向合并圆弧。

（4）选中椭圆弧，则 AutoCAD 2012 会有如下提示：

选择椭圆弧，以合并到源或进行 [闭合(L)]:（选择一个或多个椭圆弧并按 Enter 键，或输入 L）

椭圆弧必须位于同一椭圆上，但是它们之间可以有间隙。“闭合”选项可将椭圆弧闭合成完整的椭圆。

注意　合并两条或多条椭圆弧时，将从源对象开始按逆时针方向合并椭圆弧。

（5）选中样条曲线，则 AutoCAD 2012 会有如下提示：

选择要合并到源的样条曲线：（选择一条或多条样条曲线并按 Enter 键）

样条曲线对象必须位于同一平面内，并且必须首尾相邻（端点到端点放置）。该命令可以将一条多段线与一条或多条直线、多段线、圆弧或样条曲线合并在一起。

5.4 对象倒角

对象倒角操作包括倒圆角和倒棱角（倒角）。该功能使成一定角度连接的线在拐角处平滑过渡，只是倒圆角是以圆弧连接两条线，倒直角是以短直线连接两条线。

5.4.1 倒直角

在绘制工程图纸时，使用 CHAMFER 定义一个倾斜面，可以避免出现尖锐的角。在 AutoCAD 2012 中，可以进行倒角操作的对象包括直线、多段线、参照线和射线。

1．启动

可采用下列方式启动。

- 功能面板：单击“常用”选项卡，“修改”功能面板→“倒角”按钮。
- 菜单：“修改”菜单→“倒角”命令。
- 命令行：CHAMFER。

2．操作方法

用上述几种方式中任一种输入命令，AutoCAD 将有如下提示：

(“修剪”模式) 当前倒角距离 1 = 0.0000，距离 2 = 0.0000

选择第一条直线或 [放弃(U)/多段线(P)/距离(D)/角度(A)/修剪(T)/方式(E)/多个(M)]:

提示中各项含义如下。

（1）选择第一条直线：默认项。若拾取一条直线，则直接执行该选项，同时 AutoCAD 2012 会有如下提示：

选择第二条直线，或按住<Shift>键选择要应用角点的直线:

在此提示下，选取相邻的另一条线，AutoCAD 就会对这两条线进行倒角。倒角时以第一条线的距离为第一个倒角距离，以第二条线的距离为第二个倒角距离。所谓倒角距离是指每个对象与倒角线相接或与其他对象相交而进行修剪或延伸的长度。

（2）多段线：表示对整条多段线倒角。输入 P，执行该选项，AutoCAD 2012 会有如下提示：

选择二维多段线:(选取多段线)

（3）距离：确定倒角时的倒角距离。输入 D，执行该选项，AutoCAD 2012 将有如下提示：

指定第一个倒角距离 <10.0000>: (输入第一条边的倒角距离值)

指定第二个倒角距离 <3.0000>: (输入第二条边的倒角距离值)

此时退出该命令的执行。若要继续进行倒角操作，需再次执行倒角命令。

（4）角度：根据一个倒角距离和一个角度进行倒角。输入 A，执行该选项，AutoCAD 2012 会有如下提示：

指定第一条直线的倒角长度 <20.0000>:(确定第一条边的倒角距离)

指定第一条直线的倒角角度 <0>:(输入一个角度)

此时结束该命令的执行，需要倒角时再次执行“倒角”命令。

（5）修剪：确定倒角时是否对相应的倒角进行修剪。输入 T，执行该选项，AutoCAD 2012 会有如下提示：

输入修剪模式选项 [修剪(T)/不修剪(N)] <修剪>:

提示中各项含义如下。

1）修剪：倒角后对倒角边进行修剪。

2）不修剪：倒角后对倒角边不进行修剪。

（6）方式：确定倒角方式。输入 E，执行该选项，AutoCAD 2012 会有如下提示：

输入修剪方法 [距离(D)/角度(A)] <角度>:

提示中各种含义如下。

1）距离：按已确定的两条边的倒角距离进行倒角。

2）角度：按已确定的一条边的距离以及相应角度的方式进行倒角。

注意 如果将倒棱角的距离设置成零，则所选两直线段相交。

（7）多个：“多个”选项给多个对象集加倒角。AutoCAD 将重复显示主提示和“选择第二个对象”提示，直到按 Enter 键结束命令为止。

如果在主提示下输入除“第一个对象”之外的其他选项，则显示该选项的提示，然后再次显示主提示。当放弃该操作时，所有用“多个”选项创建的倒角将被删除。

CHAMFER 命令的应用情况如图 5-17 所示。

3．说明

如果倒直角的两个对象具有相同的图层、线型和颜色，则棱角对象也与其相同，否则倒角对象将采用当前图层、线型和颜色。

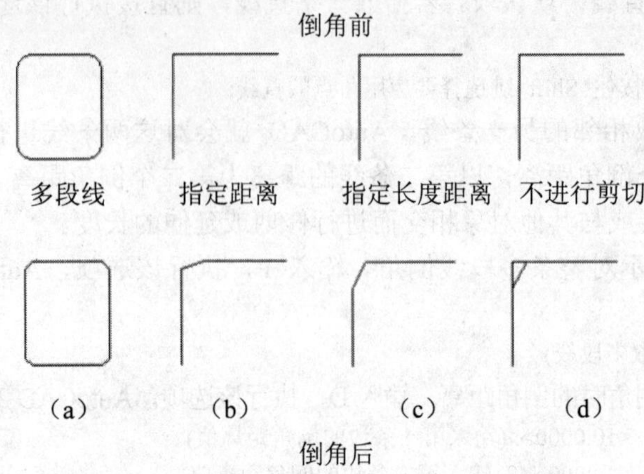

图 5-17 用 CHAMFER 命令倒直角的效果

5.4.2 倒圆角

使用 AutoCAD 提供的 FILLET 命令，可用光滑的弧把两个实体连接起来。该功能的对象主要包括直线、圆弧、椭圆弧、多段线、射线、构造线或样条曲线。

1. 启动

可用下列方式启动。

- 功能面板：单击“常用”选项卡，“修改”功能面板→“圆角”按钮。
- 菜单：“修改”菜单→“圆角”命令。
- 命令行：FILLET。

2. 操作方法

用上述几种方式中任一种输入命令，则 AutoCAD 将有如下提示：

当前设置: 模式 = 修剪，半径 = 0.0000

选择第一个对象或 [放弃(U)/多段线(P)/半径(R)/修剪(T)/多个(M)]:

下面介绍提示行中各选项的含义。

（1）多段线：对二维多段线倒圆角。如果输入 P，AutoCAD 2012 会有如下提示：

选择二维多段线:(选取多段线)

则按指定的圆角半径在该多段线各个顶点处倒圆角。对于封闭多段线，若是用 Close 命令封闭的，则各个转折处均倒圆角；若是用目标捕捉封闭的，则最后一个转折处将不倒圆角。

（2）半径：确定要倒圆角的圆角半径。如果输入 R，执行该选项时，AutoCAD 2012 将有如下提示：

指定圆角半径 <10.0000>: (输入倒圆角的圆角半径值)

此时，结束该命令的执行。若要进行倒圆角的操作，则需再次执行 FILLET 命令。

（3）修剪：确定倒圆角的方法。若输入 T，执行该选项，则 AutoCAD 2012 会有如下提示：

输入修剪模式选项 [修剪(T)/不修剪(N)] <修剪>:

提示行中各项含义如下。

1）修剪：表示在倒圆角的同时对相应的两条边进行修剪。

2）不修剪：表示在倒圆角的同时对相应的两条边不进行修剪。

（4）选择第一个对象：为默认项。若直接拾取线，则 AutoCAD 2012 会有如下提示：

选择第二个对象，或按住 Shift 键选择要应用角点的对象:

在此提示下选取相邻的另外一条线，就会按指定的圆角半径对其倒圆角。

（5）多个："多个"选项给多个对象集加圆角。AutoCAD 将重复显示主提示和"选择第二个对象"提示，直到按 Enter 键结束命令为止。

如果在主提示下输入除"第一个对象"之外的其他选项，则显示该选项的提示，然后再次显示主提示。

当放弃时，所有用"多个"选项创建的圆角都将被删除。

3. 说明

（1）如果倒圆角的半径太大，则不能进行倒圆角。

（2）对两条平行线倒圆角时，AutoCAD 自动将倒圆角的半径定为两条平行线间距的一半。

（3）如果指定半径为零，则不产生圆角，只是将两个对象延长相交。

（4）如果倒圆角的两个对象具有相同的图层、线型和颜色，则圆角对象也与其相同，否则圆角对象采用当前图层、线型和颜色。

（5）图形界限检查打开时，不能给在图形界限之外相交的线段加圆角，只能给多段线的直线段加圆角。

（6）在"修剪"模式下，AutoCAD 在倒圆角时会将多余的线段修剪掉，并且两个对象不相交时将其延伸以便使其相交；而在"不修剪"模式下，AutoCAD 在倒圆角时保留原线段，既不修剪也不延伸。

图 5-18 所示是倒圆角情况，图 5-18（a）是修剪的结果，图 5-18（b）是不修剪的结果。

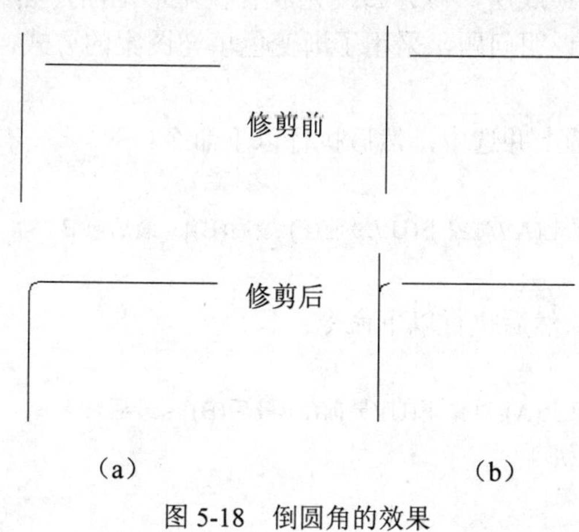

图 5-18　倒圆角的效果

5.5　绘图次序更改

在 AutoCAD 中绘图时，重叠对象（例如文字、宽多线段和实体填充图案）都以它们的创建顺序显示，即新创建的对象始终在已有对象之前（上）。在 AutoCAD 2012 中增加了对绘图次序的修改功能 DRAWORDER，它可以更改任意对象的显示和打印顺序。对象的绘图顺序可以在所有对象或选定的对象之前或之后。

TEXTTOFRONT 命令可以将所有文字和标注置于图形中所有其他对象之前。另外，也可以在创建图案填充之前给它指定绘图顺序，这样，在将图案填充置于其边界之后，可以更容易地选择图案填充边界。有关这二者的内容，将在后面的相关章节中讲解。

本节主要讲解绘图对象的次序调整。

可采用下列方式启动。

- 功能面板：单击“常用”选项卡，“修改”功能面板→相应按钮。
- 菜单：“修改”菜单→“绘图次序”命令→相应选项。
- 命令行：DRAWORDER。

在命令行中输入 DRAWORDER，AutoCAD 2012 的提示如下：

选择对象：（选择要调整顺序的对象）

选择对象:（回车或者继续选择对象）

输入对象排序选项 [对象上(A)/对象下(U)/最前(F)/最后(B)] <最后>:

这几个选项与功能面板中的命令是对应的。

（1）对象上：将选定对象移动到指定参照对象的上面。AutoCAD 2012 的提示如下：

选择参照对象:（选择对象，结束命令）

（2）对象下：将选定对象移动到指定参照对象的下面。AutoCAD 2012 的提示如下：

选择参照对象:（选择对象，结束命令）

（3）最前：将选定对象移动到图形中对象顺序的顶部。

（4）最后：将选定对象移动到图形中对象顺序的底部。

在图 5-19 中，修订云线图案位于最底层，圆形位于中间，矩形位于最上面。下面通过调整绘图次序，使圆位于最底层，修订云线先放置在矩形上面，然后再放置在矩形下面，最后使圆位于最顶层。为了说明问题，采用了渐变色填充图案的方式。

具体执行命令如下：

（1）将光标移动到圆上并选中，然后执行以下命令：

命令：DRAWORDER

输入对象排序选项 [对象上(A)/对象下(U)/最前(F)/最后(B)] <最后>: B

结果如图 5-20 所示。

（2）选中修订云线，然后执行以下命令：

命令：DRAWORDER

输入对象排序选项 [对象上(A)/对象下(U)/最前(F)/最后(B)] <最后>: A

选择参照对象:（选择矩形）

选择参照对象:（回车结束）

结果如图 5-21 所示。

（3）选中修订云线，然后执行以下命令：

命令：DRAWORDER

输入对象排序选项 [对象上(A)/对象下(U)/最前(F)/最后(B)] <最后>: U

选择参照对象:（选择矩形）

选择参照对象:（回车结束）

结果如图 5-20 所示。

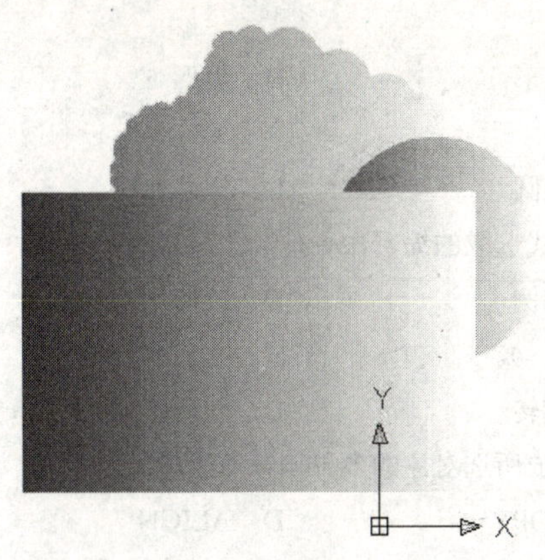

图 5-19　原图

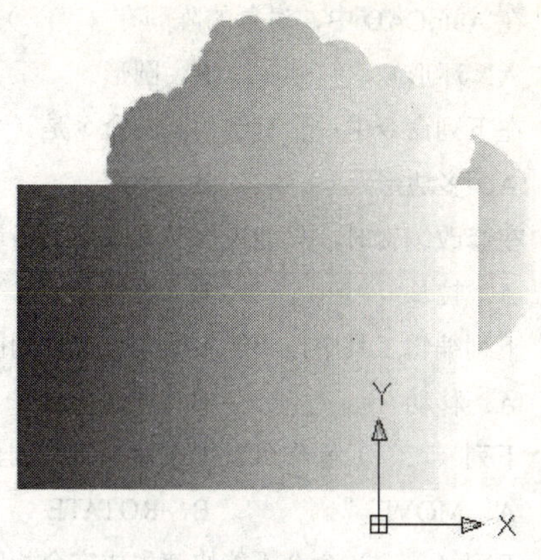

图 5-20　圆放于最后

（4）在图 5-21 中将光标移动到圆上并选中，然后执行以下命令：

命令：DRAWORDER

输入对象排序选项 [对象上(A)/对象下(U)/最前(F)/最后(B)] <最后>: F

结果如图 5-22 所示。

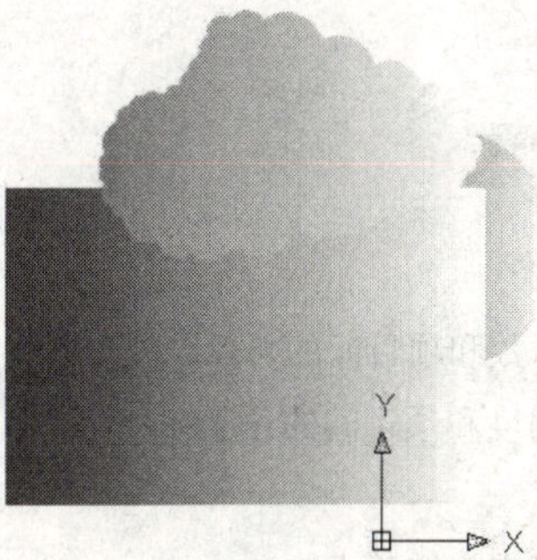

图 5-21　矩形放于修订云线下

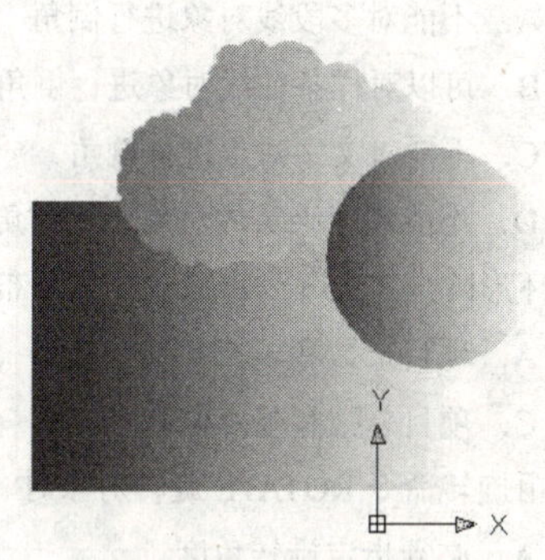

图 5-22　圆放于最前

习题五

一、选择题

1．对于同一个平面上的两条不平行且无交点的线段，可以仅通过一个（　　）命令来延长原线段使两条线段相交于一点。

A．EXTEND　　B．FILLET

C．STRETCH　　D．LENGTHEN

2．一组同心圆可由一个画好的圆用（　　）命令来实现。

A．STRETCH　　B．MOVE

C．EXTEND　　D．OFFSET

3．（ ）命令可绘制出圆角矩形。

A．倒角 B．宽度 C．标高 D．圆角

4．在 AutoCAD 中，对象的阵列有（ ）。

A．环形 B．圆形 C．线形 D．矩形

5．在下列命令中，含有倒角项的命令是（ ）。

A．多边形 B．矩形 C．椭圆 D．样条曲线

6．在修改编辑时，只能采用交叉或交叉多边形窗口方式选取的编辑命令是（ ）。

A．拉长 B．延伸 C．比例 D．拉伸

7．下列编辑工具中，不能实现改变位置功能的是（ ）。

A．移动 B．比例 C．旋转 D．阵列

8．下列（ ）操作可以完成移动、复制、旋转和缩放所选对象的多种编辑功能。

A．MOVE B．ROTATE C．COPY D．ALIGN

9．下列（ ）命令不能快速生成完全相同的对象。

A．偏移 B．阵列 C．复制 D．镜像

10．下列（ ）对象不能利用偏移 OFFSET 命令偏移。

A．多段线 B．圆弧 C．文本 D．样条曲线

11．应用倒角命令 CHAMFER 进行倒角操作时（ ）。

A．不能对多段线对象进行倒角

B．可以对样条曲线对象进行倒角

C．不能对文字对象进行倒角

D．不能对三维实体对象进行倒角

12．环形阵列定义阵列对象数目和分布方法的选项不包括（ ）。

A．项目总数和填充角度 B．项目总数和项目间的角度

C．项目总数和基点位置 D．填充角度和项目间的角度

13．用旋转命令 ROTATE 旋转对象时（ ）。

A．必须指定旋转角度 B．必须指定旋转基点

C．必须使用参考方式 D．可以在三维空间缩放对象

14．用拉伸命令 STRETCH 拉伸对象时，不能（ ）。

A．把圆拉伸为椭圆 B．把正方形拉伸成长方形

C．移动对象特殊点 D．整体移动对象

15．用拉长命令 LENGTHEN 修改开放曲线的长度时有很多选项，但其中不含（ ）。

A．增量 B．封闭 C．百分数 D．动态

16．不能应用修剪命令 TRIM 进行修剪的对象是（ ）。

A．圆弧 B．圆 C．直线 D．文字

17．应用圆角命令对一条多段线进行圆角操作时（ ）。

A．可以一次指定不同圆角半径

B．如果一条弧线段隔开两条相交的直线段，将删除该段而替代指定半径的圆角

C．必须分别指定每个相交处

D．圆角半径可以任意指定

18．用偏移命令 OFFSET 偏移对象时，（　　）。

A．必须指定偏移距离　　B．可以指定偏移通过特殊点

C．可以偏移开口曲线和封闭线框　　D．原对象的某些特征可能在偏移后消失

19．用镜像命令 MIRROR 镜像对象时，（　　）。

A．必须创建镜像线

B．可以镜像文字，但镜像后文字不可读

C．镜像后可选择是否删除源对象

D．用系统变量 MIRRTEXT 控制文字是否可读

20．应用倒角命令 CHAMFER 进行倒角操作时，（　　）。

A．不能对多段线对象进行倒角　　B．可以对样条曲线对象进行倒角

C．不能对文字对象进行倒角　　D．不能对三维实体对象进行倒角

21．下列命令中没有复制功能的是（　　）。

A．移动命令　　B．矩阵命令　　C．偏移命令　　D．镜像命令

22．用于修改非连续线形的外观的命令是（　　）。

A．SCALE　　B．LTSCALE　　C．PEDIT　　D．ERASE

23．在下列命令中具有修剪功能的是（　　）。

A．修剪命令　　B．倒角命令　　C．圆角命令　　D．三个答案全对

24．在下列命令中，可以改变对象大小或长度的命令是（　　）。

A．比例缩放命令　　B．拉伸命令　　C．拉长命令　　D．三个答案全对

二、填空题

1．在对编辑对象进行修剪时，应首先选择________，以回车结束此项选择后，再选择________。

2．矩形阵列的基本图形及起始对象放在左下角，以向_______、向_______为正方向。

3．在编辑工具中，阵列工具分为________和________。

4．镜像命令的功能是________。

5．在使用 STRETCH 拉伸命令时，与选取窗口相交的对象会________，完全在选取窗口外的对象会________，而完全在选取窗口内的对象会________。

三、判断题

1．PEDIT 编辑的对象只能是多段线。（　　）

2．倒角命令只对直线、多段线和多边形进行倒角，不能对弧、椭圆弧倒角。（　　）

3．在矩形阵列过程中，行间距为正值时，所选对象向下阵列。（　　）

4．当对文本进行镜像时，当 MIRRTEXT=0 时文本做完全镜像。（　　）

5．PEDIT 的编辑对象只能是多段线。（　　）

6．单独的一条线也可以通过修剪来删除。（　　）

7．多线可以直接倒角或圆角。（　　）

四、操作题

1．绘制如图 5-23 所示的链轮平面图。

2．绘制如图 5-24 所示的轴承视图。

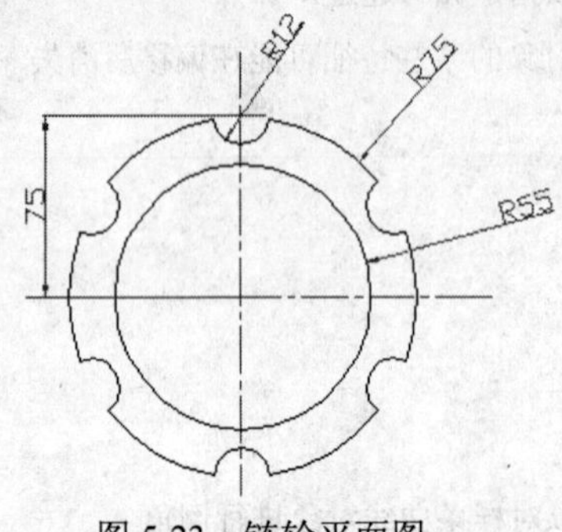

图 5-23　链轮平面图

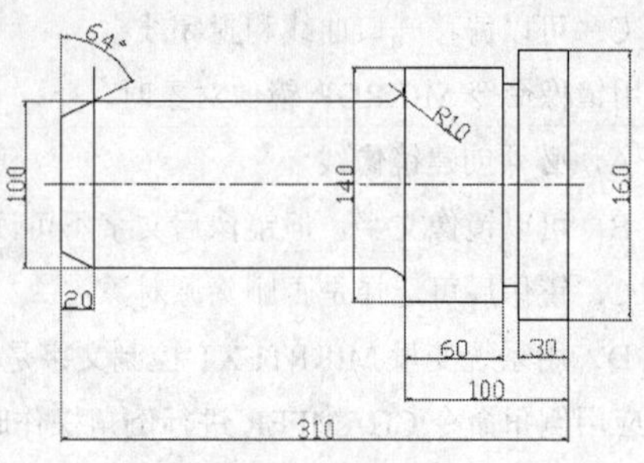

图 5-24　轴承图

3．绘制如图 5-25 所示的模板平面图。

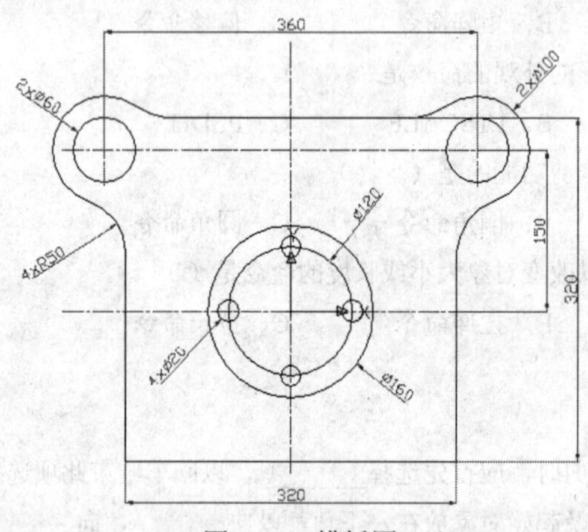

图 5-25　模板图

4．绘制如图 5-26 所示的密封圈图。

5．绘制如图 5-27 所示的弹簧视图（剖面部分可不进行填充）。

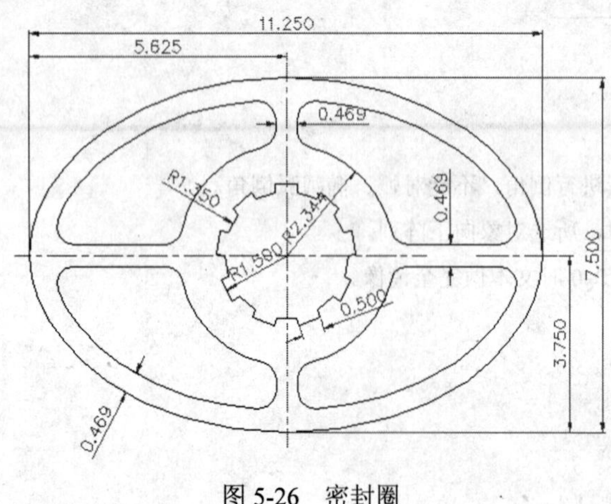

图 5-26　密封圈

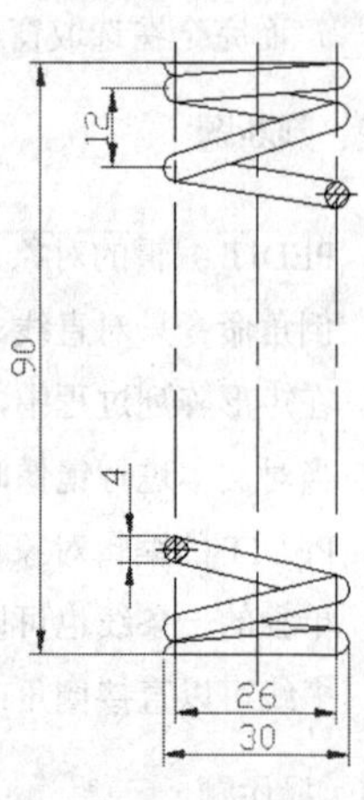

图 5-27　弹簧图

五、思考题

1．对象的偏移和镜像操作有什么区别和联系？

2．圆角、倒角和多段线的区别是什么？

3．为什么修剪命令无法修剪对齐线段？

4．环形阵列与矩形阵列的基本设置包括哪些？

第 6 章　图案填充

- 掌握利用对话框进行图案填充的方法。
- 了解利用命令进行图案填充的方法。
- 掌握图案填充的编辑方法。
- 掌握工具选项板的使用方法。

图案填充是指把选定的某种图案填充在指定的范围内。在手工绘图中，填充图案是一项繁重而单调的工作，同一个图案往往要不断重复操作，占用许多时间。AutoCAD 2012 为设计者提供了极大的方便，不但拥有多种填充图案供选择，而且允许用户根据自己的需要定义填充图案，满足各种要求。相对以前版本而言，AutoCAD 2012 在该方面增加了很多新功能。

6.1　图案填充

在工程制图中，为了区分不同的部分，常需采用不同的图案加以区别。AutoCAD 2012 提供的区域填充命令就可以完成这个任务。

1．启动

启动方法有如下几种。

- 命令行：BHATCH。
- 菜单："绘图"菜单→"图案填充"命令。
- 功能面板：单击"常用"选项卡，"绘图"功能面板→"图案填充"按钮。

系统显示如图 6-1 所示功能面板，用户可以在其中直接进行需要的对象属性设置，这样可以大大提高用户的绘图效率。只是对于初学的读者而言，可能这样顺序会比较乱。所以，我们还是主要以对话框操作方式进行讲解，读者熟悉了各选项含义后可以采用功能面板方式进行修改。

图 6-1　"图案填充创建"功能面板

系统提示如下：

拾取内部点或 [选择对象(S)/设置(T)]:（在要填充的对象内部单击）

拾取内部点或 [选择对象(S)/设置(T)]:

输入T，AutoCAD 2012弹出“图案填充和渐变色”对话框。如图6-2所示是该对话框中“图案填充”选项卡。在功能面板中单击“选项”功能面板的右下箭头，也可以打开该对话框。

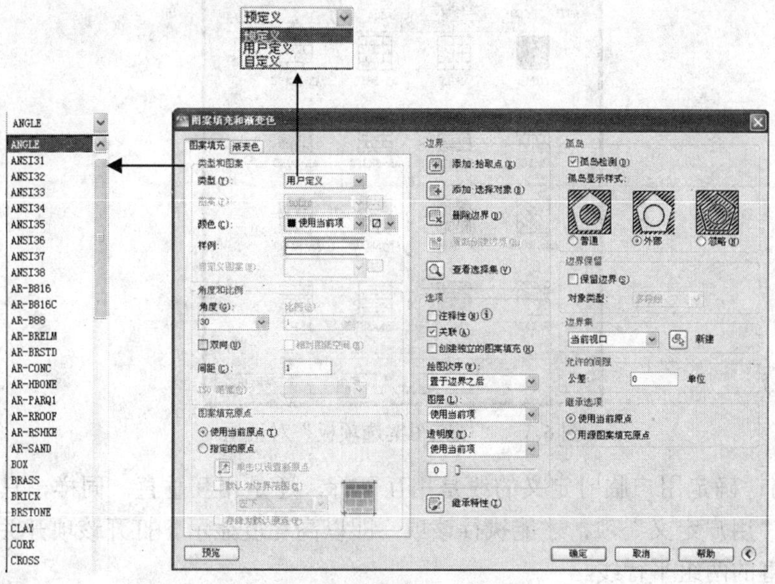

图6-2 “图案填充”选项卡

2．各选项含义

对话框中的各项内容如下：

（1）类型：设置图案类型。单击输入框右边的下拉箭头，在弹出的下拉列表中包含三种方式。

1）预定义：用AutoCAD的标准填充图案文件（ACAD.PAT）中的图案进行填充。

2）用户定义：使用自定义图案进行填充。

3）自定义：选用ACAD.PAT图案文件或其他图案文件中的图案进行填充。

（2）图案：填充图案的样式。单击下拉箭头，出现“样式名”下拉列表，其中列出可选的图案。如果对这些标准不清楚，可以单击“图案”右边的按钮，出现如图6-3所示的“填充图案选项板”对话框，显示AutoCAD 2012中已有的填充样式。

对话框顶部的四个选项卡含义分别如下。

1）ANSI：AutoCAD带的全部ANSI填充图案。

2）ISO：AutoCAD带的全部ISO填充图案。

3）其他预定义：除了ANSI和ISO外，AutoCAD带的所有填充图案。

4）自定义：在已经添加到AutoCAD搜索路径中的自定义文件.pat中定义的所有填充图案。

（3）样例：显示所选填充对象的图形。

（4）自定义图案：从自定义的填充图案中选取图案。若在类型项中没选取“自定义”选项，则此选项无效。

（5）角度：确定图案填充时的旋转角度。每种图案的旋转角度都从0开始，用户可以根据需要在输入框中输入任意值。

（6）比例：确定填充图案的比例值。每种图案的比例值都从1开始，用户可以根据需要放大或缩小。可以在比例输入框中直接输入所确定的比例值。

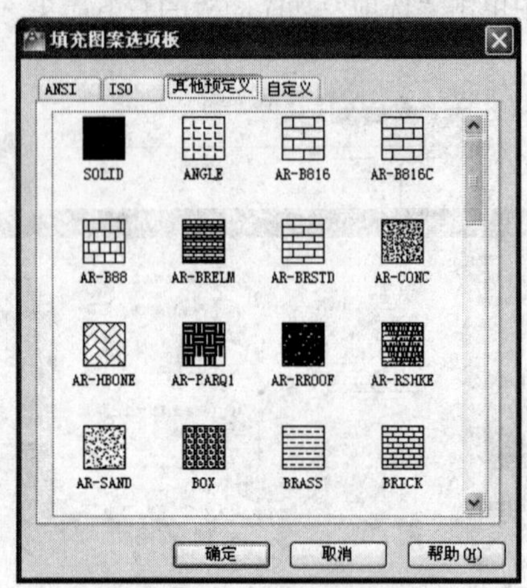

图 6-3 “填充图案选项板”对话框

（7）双向：确定用户临时定义的线是相互平行，还是相互垂直。同样，只有在用户选择类型中选用“用户定义”项，才能执行该项，即以高亮度显示。打开该项开关为平行线，否则为相互垂直的两组平行线。

（8）相对图纸空间：如果单击该选项，则所确定的图形比例是相对于图纸空间而言的。

（9）间距：确定指定线之间的距离。当在类型中选用“自定义”时，该选项才以高亮度显示，即可以在“间距”框中输入相应的值。

（10）ISO 笔宽：根据所选笔宽确定有关的图案比例。用户只有在选取了已定义的 ISO 填充图案后才能确定它的内容。否则，该选项以灰色显示。

（11）添加:拾取点：以拾取点的形式自动确定填充区域的边界。单击该按钮时，AutoCAD 2012 自动切换到绘图窗口，同时提示“选择内部点：”。在希望填充的区域内任意拾取一点，如图 6-4（a）所示；AutoCAD 2012 自动确定包围该点的填充边界，且以高亮度显示，如图 6-4（b）所示。最终结果如图 6-4（c）所示。

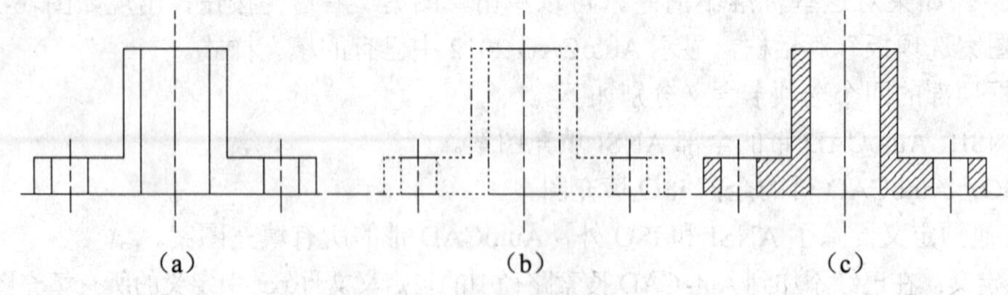

图 6-4 利用拾取点选项进行填充

若所选择的不是封闭区域，则 AutoCAD 2012 会弹出“边界无效”提示框，否则会继续进行填充。

（12）添加:选择对象：以选取对象的方式确定填充区域的边界。单击该按钮时，AutoCAD 会自动切换到绘图屏幕，并有如下提示：

选择对象：

用户可根据需要选取构成区域边界的对象。如图 6-5 所示，其中的（b）图是在选择后高亮显示的图案填充边界，（c）图是执行图案填充的结果。

可以选取文本作为图案填充的边界。如图 6-6 所示，其中（b）图是在未选择文字的情况下的图案填充结果，（c）图是选取文本作为填充边界填充后的结果。很显然，选择文本后的填充图案在文字下面。

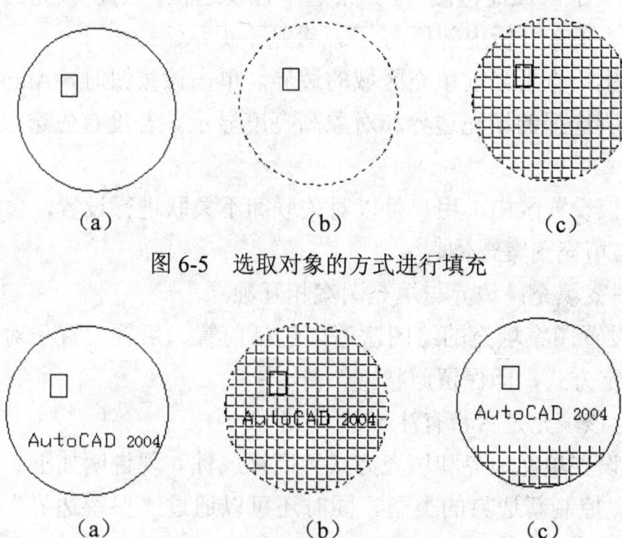

图 6-5　选取对象的方式进行填充

图 6-6　选取文本作为填充边界

（13）删除边界：假如在一个边界包围的区域内又定义了另一个边界，若不选取该项，则可以实现对两个边界之间的填充，即形成所谓非填充“孤岛”。若单击该按钮，AutoCAD 2012 会自动切换到绘图屏幕，同时给出如下提示：

选择对象或 [添加边界(A)]: (拾取“孤岛”对象边界，则该边界恢复为正常显示形式)

选择对象或 [添加边界(A)/放弃(U)]:

执行完以上操作后，AutoCAD 2012 会根据用户的设置绘制图形。

如图 6-7 所示为孤岛填充的三种方式：图 6-7（a）为普通孤岛填充，图 6-7（b）为外部孤岛填充，图 6-7（c）为忽略孤岛填充。

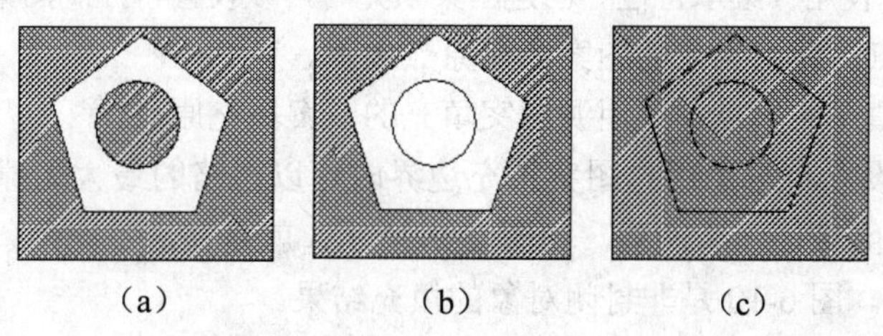

（a）　　（b）　　（c）

图 6-7　孤岛填充的三种方式

如图 6-8 所示，在（a）图中选取填充边界，在（b）图中选取删除的“孤岛”，（c）图是删除孤岛后的图案填充结果。

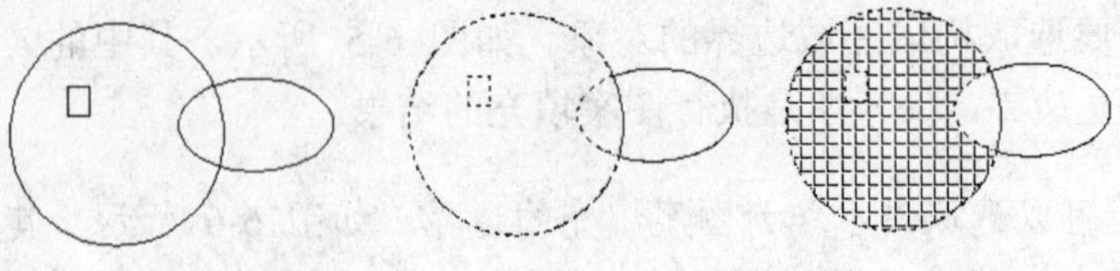

(a) (b) (c)

图 6-8 删除“孤岛”的图案填充

在对话框右侧提供了“孤岛检测”，如果选中该复选框，则在填充的时候会自动进行孤岛检测，系统将提示“正在分析内部孤岛...”，否则不提示。

（14）查看选择集：查看当前填充区域的边界。单击该按钮时，AutoCAD 2012 会自动切换到绘图窗口，将所选择的填充边界和对象高亮度显示。若没有先选取填充边界，则该选项以灰色显示。

（15）选项：在该设置区中，用户可以对关联和不关联进行设置，含义分别如下：

1）关联：边界与填充图案一体。

2）创建独立的图案填充：边界与填充图案相互独立。

3）绘图次序：设置图案填充的绘图次序。包括前置、后置、置于对象之前、置于对象之后，另外还有不指定方式，即保留原状。

4）注释性：决定该填充是否带有注释。

用户可以进一步设置填充边界和填充方式等高级属性。现说明如下。

（1）对象类型：控制新边界的类型。同时还可以通过“保留边界”复选框确定是否对填充边界进行计算。选中该复选框，AutoCAD 2012 会对填充区域内的边界进行计算，并将其保存到图形数据库中。选中该复选框后，还可通过“对象类型”项来确定边界数据以何种类型保存。单击其右边下拉箭头，弹出包含“多段线”和“面域”两个选项的下拉列表，在这两项中选取边界数据保存类型。

（2）边界集：在该设置区中，可以通过下拉箭头来确定边界设置，也可以通过单击“新建”图标，选取新的边界。单击该图标时，AutoCAD 2012 将返回到绘图区域。

（3）继承特性：选用图中已有的图案作为当前的填充图案。单击该按钮时，AutoCAD 返回绘图区域，同时提示选取一个已有的填充图案。选取后，AutoCAD 2012 返回图 6-1 所示的对话框，同时该对话框内会显示出刚选取的填充图案的名称和特性参数。

（4）继承选项：使用“继承特性”创建图案填充时，该设置将控制图案填充原点的位置。

1）使用当前原点：使用当前的图案填充原点设置。

2）使用源图案填充的原点：使用源图案填充的图案填充原点。

（5）公差：即设置将对象用作图案填充边界时可以忽略的最大间隙。默认值为 0，此值指定对象必须封闭区域而没有间隙。如图 6-9 所示，就是在满足间隙条件的情况下，系统对非封闭对象的提示。图 6-10 是非封闭对象的填充结果。

（6）预览：预览图案填充。单击该按钮时，AutoCAD 2012 会自动切换到绘图区域，显示图案填充情况，但并没有真的把该图案填充到图形中。如果想返回到图 6-1 中，按回车键即可。

另外，AutoCAD 2012 有关图案填充原点的处理可以控制填充图案生成的起始位置。某些图案填充（例如砖块图案）需要与图案填充边界上的一点对齐。在默认情况下，所有图案填充原点都对应于当前的 UCS 原点。

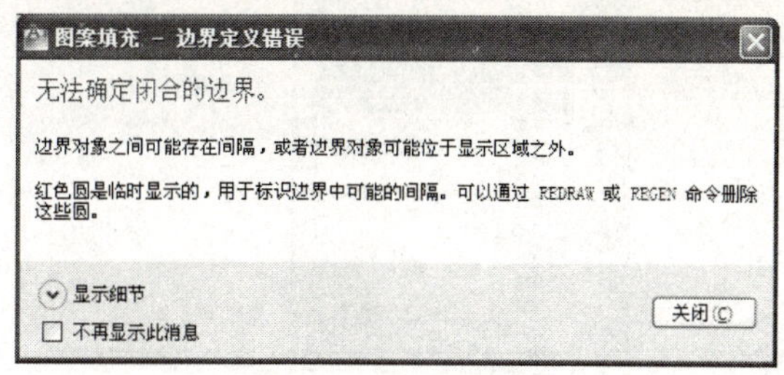

图 6-9　开放边界警告

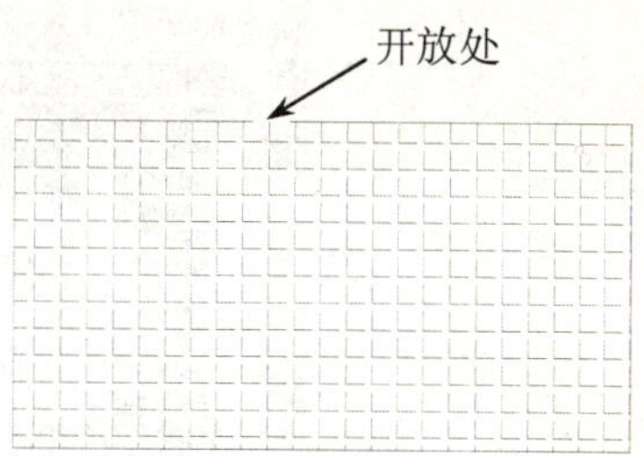

图 6-10　非封闭区域填充

（1）使用当前原点：在默认情况下，原点设置为(0,0)。

（2）指定的原点：指定新的图案填充原点。单击此选项可使以下选项可用。

1）单击以设置新原点：直接指定新的图案填充原点。

2）默认为边界范围：基于图案填充的矩形范围计算出新原点，可以选择该范围的四个角点及其中心，即左上、左下、右上、右下和正中。

3）存储为默认原点：将新图案填充原点的值存储在 HPORIGIN 系统变量中。

4）原点预览：显示原点的当前位置。

如图 6-11 所示，左图为使用当前原点的结果，右图为使用左下原点的结果。

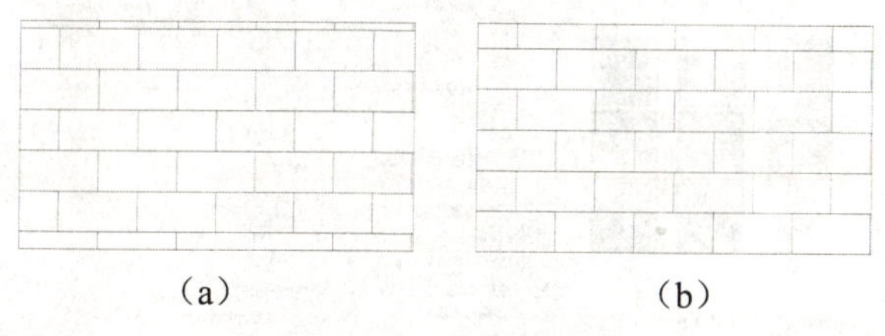

（a）　　（b）

图 6-11　原点填充

AutoCAD 2012 的图案填充可以计算图案填充的面积。在图案填充上右击，然后单击“特性”选项即可查看其面积。如果选择多个图案填充，可以查看它们的总面积。这两种查询分别如图 6-12 所示。

另外，在 AutoCAD 2012 中，对图案填充方面的内容增加了一个“渐变色”选项卡，可以对封闭区域进行适当的渐变填充，形成比较好的修饰效果，如图 6-13 所示。

对话框中各选项的含义如下：

（1）单色：指定使用从较深着色到较浅色调平滑过渡的单色填充。选择“单色”时，AutoCAD 显示“浏览”按钮和“色调”滑块。其中主要功能说明如下。

1）单击“浏览”按钮“...”将显示“选择颜色”对话框，如图 6-14 所示。从此对话框中可以选择 AutoCAD 索引颜色、真彩色或配色系统颜色。显示的默认颜色为图形的当前颜色。

“配色系统”是 AutoCAD 2004 开始新增的内容，如图 6-15 所示，使用第三方配色系统（例如 Pantone）或用户定义的配色系统指定颜色。选定配色系统后，“配色系统”选项卡将显示选定的配色系统名称。

用户可以从下拉列表中选择配色系统。选择配色系统时，将显示颜色和指定的颜色名。AutoCAD 支持每页最多包含 10 种颜色的配色系统。如果配色系统没有编页，AutoCAD 会将颜色编页，每页包含 7 种颜色。

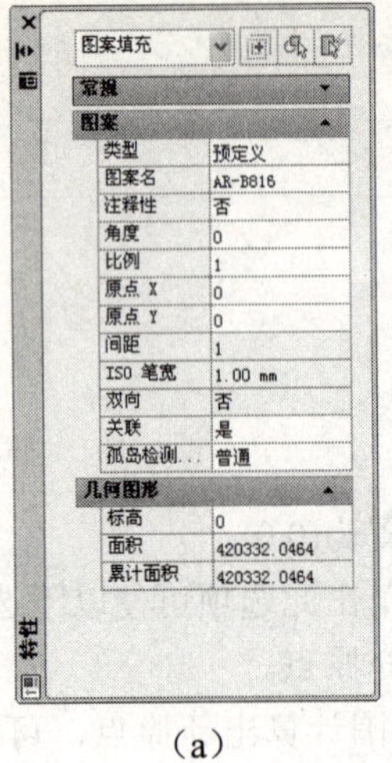

（a）　　　　　　　　（b）

图 6-12　查询面积

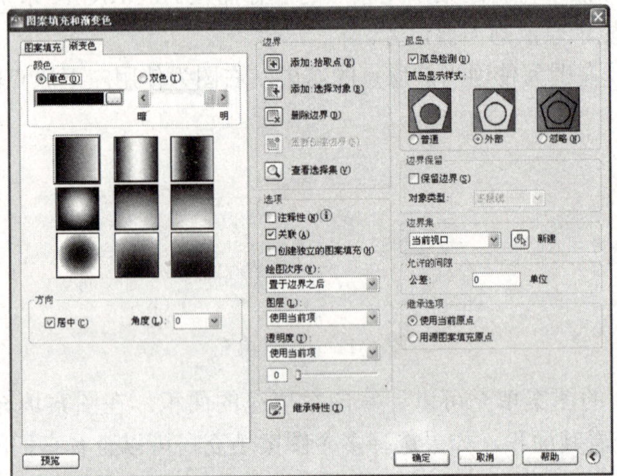

图 6-13　“图案填充和渐变色”对话框

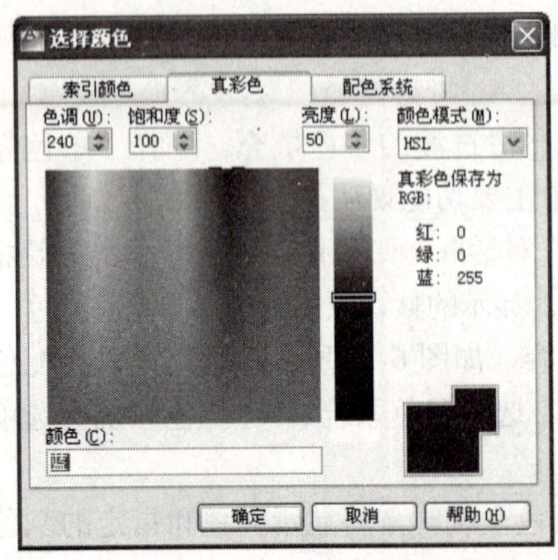

图 6-14　“选择颜色”对话框

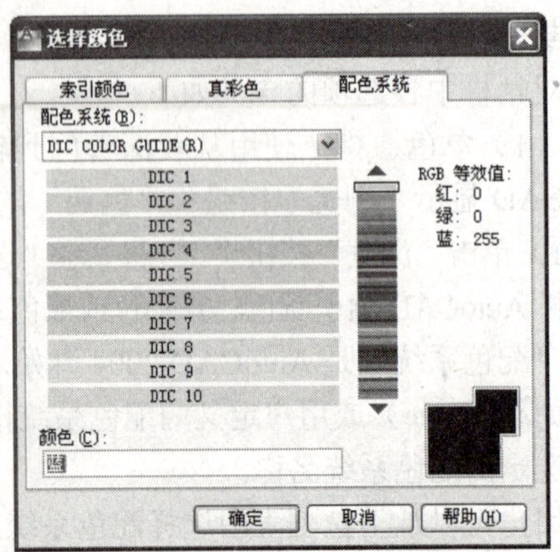

图 6-15　“配色系统”选项卡

要浏览配色系统页，请在颜色滑动条上选择区域或用上下箭头浏览配色系统。浏览配色系统时，相应的颜色和颜色名将按页显示。

“RGB 等效值”将指示当前配色系统中每个 RGB 颜色分量的值。“颜色”指示当前选定的配色系统颜色。右下角的颜色对比则显示对象以前选定的颜色和当前选定的颜色。

2）“色调”滑块指定一种颜色的色调（选定颜色与白色的混合）或着色（选定颜色与黑色的混合）。

要加载配色系统，请使用“选项”对话框“文件”选项卡上的“配色系统位置”选项。配色系统的默认位置是\support\color。如果没有安装配色系统，则“配色系统”下拉列表不可用。

（2）双色：指定在两种颜色之间平滑过渡的双色渐变填充。选择“双色”时，AutoCAD 分别为颜色 1 和颜色 2 显示带“浏览”按钮的颜色样本，如图 6-16 所示。

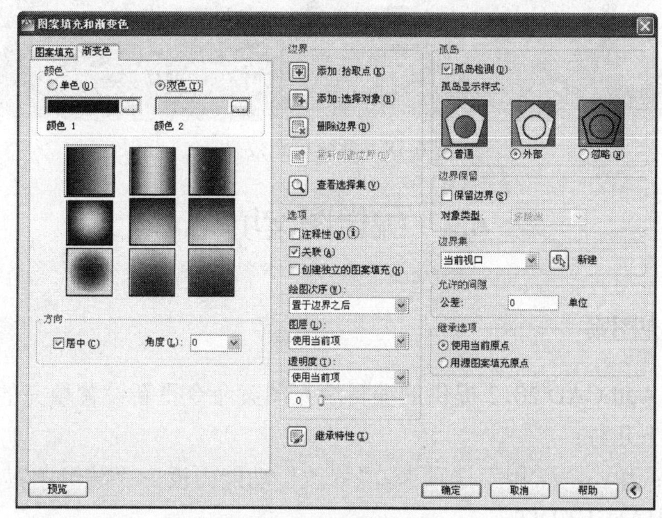

图 6-16 双色状态

（3）居中：指定对称的渐变配置。如果没有选定此选项，渐变填充将朝左上方变化，创建光源在对象左边的图案。

（4）角度：相对当前 UCS 指定渐变填充的角度。此选项与指定给图案填充的角度互不影响。

（5）渐变图案：显示用于渐变填充的 9 种固定图案，包括线性扫掠状、球状和抛物面状图案。渐变填充的操作过程和以前版本的图案填充一样，其最终的效果如图 6-17 所示。

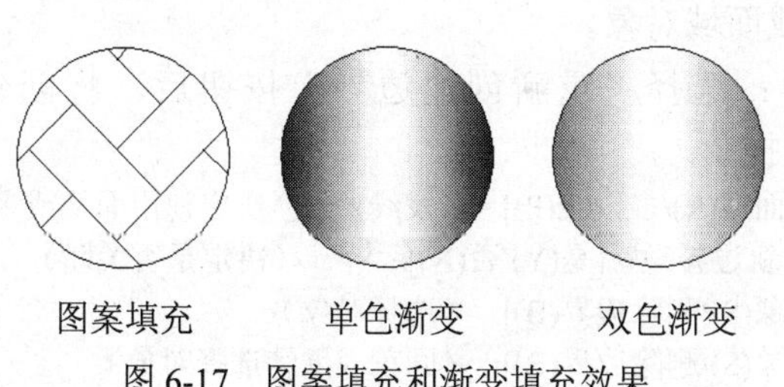

图 6-17 图案填充和渐变填充效果

在预览图案填充或渐变填充期间，可以右击或按 Enter 键接受预览，不必再返回“图案填充和渐变色”对话框并单击“确定”按钮。如果不想接受预览，可以单击或按 Esc 键返回“图案填充和渐变色”对话框并修改设置。

“渐变色”方式对 AutoCAD 的帮助非常大。以前用户需要将 AutoCAD 文件导入到 Photoshop 等专业软件中进行渲染，以演示给客户，但是，当源文件发生变化的时候，就需要完全重复这个过程，所以效率非常低。现在通过“渐变色”方式进行一些渲染处理，其效果相当不错，如图 6-18 所示就是 AutoCAD 提供的一个例子。

图 6-18　渐变填充效果

6.2　编辑图案填充

6.2.1　编辑填充图案

用户可以通过 AutoCAD 2012 提供的编辑填充图案命令重新设置填充的图案。

启动方法有如下几种：

- 功能面板：单击“常用”选项卡，“修改”功能面板→“编辑图案填充”按钮。
- 命令行：HATCHEDIT。
- 菜单：“修改”菜单→“对象”→“图案填充”命令。

用上述两种方法之一输入命令后，AutoCAD 2012 会有如下提示：

选择图案填充对象：(拾取要修改的图案)

选取要修改的填充图案后，AutoCAD 2012 弹出“图案填充编辑”对话框，如图 6-19 所示。该对话框中各选项含义与图 6-1 中同名选项的含义相同，用户可以利用该对话框对已有图案进行修改，此时对话框中相对于原来属性不同的选项均亮显，从而可以快速进行修改。同创建边界图案填充唯一不同的是，此时“重新创建边界”按钮可用。重新创建的图案填充边界可以是多段线或面域对象。

具体的修改过程为：选择“重新创建边界”按钮后，将创建新的图案填充边界。AutoCAD 2012 会有如下提示：

输入边界对象的类型 [面域(R)/多段线(P)] <多段线>:　（决定使用面域或多段线）
要重新关联图案填充与新边界吗？[是(Y)/否(N)] <Y>:　（决定是否关联）
拾取内部点或 [选择对象(S)/删除边界(B)]:　（选择对象）
拾取内部点或 [选择对象(S)/删除边界(B)]:　（回车或继续选择对象）
拾取或按 Esc 键返回到对话框或 <单击右键接受图案填充>:

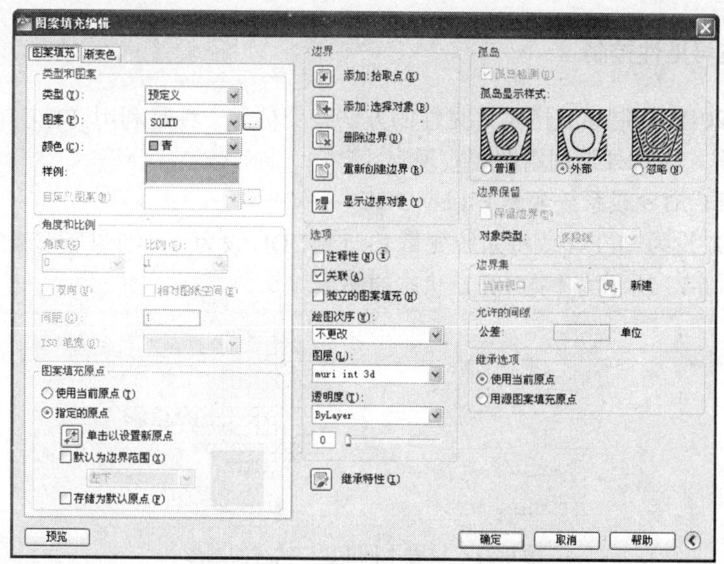

图 6-19　“图案填充编辑”对话框

6.2.2　修剪边界

对于建立的图案填充，可以对其形状进行随时调整，此时可以利用修剪图案的方式进行。具体的操作过程为：首先进行图案填充，然后绘制需要的几何图形，随后采用“修改”功能面板中的“修剪”选项进行修剪即可。

图 6-20（a）所示是圆的填充效果，随后绘制一个矩形，如图 6-20（b）所示。采用该矩形对图案填充进行修剪，结果如图 6-20（c）所示。

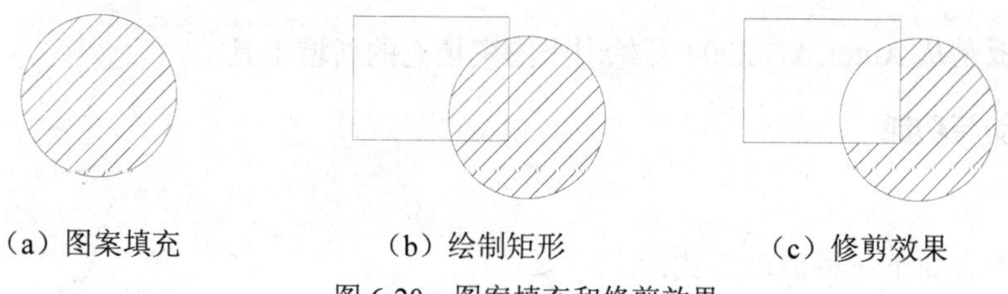

（a）图案填充　　（b）绘制矩形　　（c）修剪效果

图 6-20　图案填充和修剪效果

具体操作过程如下：

命令：_TRIM

当前设置:投影=UCS，边=无

选择剪切边...

选择对象或 <全部选择>: （选择矩形）

选择对象:（回车）

选择要修剪的对象，或按住 Shift 键选择要延伸的对象，或[栏选(F)/窗交(C)/投影(P)/边(E)/删除(R)/放弃(U)]:（选择要去掉的图案填充部分）

选择要修剪的对象，或按住 Shift 键选择要延伸的对象，或[栏选(F)/窗交(C)/投影(P)/边(E)/删除(R)/放弃(U)]: （回车）

6.2.3 图案可见性控制

AutoCAD 2012 控制填充图案可见性的方法有两种：一种是利用 FILL 命令或系统变量 FILLMODE 实现，另一种是利用图层实现。

1．利用 FILL 命令或系统变量 FILLMODE

将命令 FILL 设为 OFF，或将系统变量 FILLMODE 设为 1，则图形重新生成时填充的图案将会消失，图 6-21 所示为不同 FILL 状态的图形。

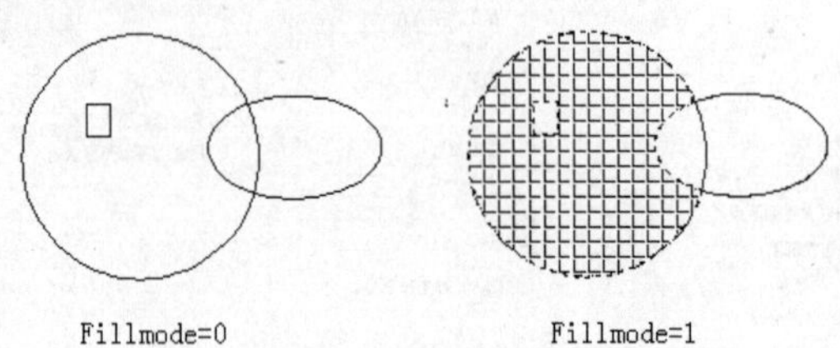

图 6-21 设置不同 FILL 状态的图形

2．利用图层

若填充图案放在单独一层，在不需要显示该图案时，则将图案所在层关闭或冻结即可。利用图层控制填充图案的可见性时，不同的控制方法使得填充图案与其边界的关联关系发生变化，当填充图案所在的层关闭后，图案与其边界仍保持着关联关系。边界修改后，填充图案会自动根据新边界进行调整。但若填充图案所在层被冻结，图案与其边界脱离关联关系，则当边界修改后，填充图案不会根据新的边界自动调整。

6.3 工具选项板

工具选项板是从 AutoCAD 2004 开始用于图案填充的新增工具。

6.3.1 启动与功能

1．启动

工具选项板有如下三种启动方式：

- 功能面板：单击“视图”选项卡，“选项板”功能面板→“工具选项板”按钮。
- 菜单栏：“工具”→“选项板”→“工具选项板”命令。
- 命令行：ToolPalettes。

“工具选项板”窗口如图 6-22 所示。

2．功能

其主要的功能如下。

（1）插入块和图案填充。从工具选项板中拖动块和图案填充可以将这些对象快速放置到图形中。

（2）更改设置。从“工具选项板”窗口上各区域的快捷菜单中获得。

（3）控制工具特性。可以更改工具选项板上任何工具的插入特性或图案特性。

（4）自定义。可以通过多种方法在工具选项板中添加工具。

（5）保存和共享。通过将工具选项板输出或输入为工具选项板文件来保存和共享工具选项板。

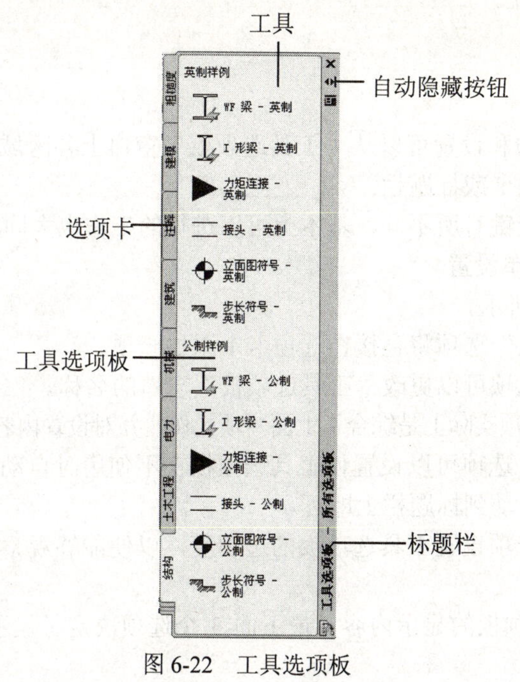

图 6-22　工具选项板

6.3.2　“工具选项板”窗口的基本组成

“工具选项板”窗口由如图 6-22 所示的几个部分组成。

（1）工具选项板：它是“工具选项板”窗口中选项卡形式的区域，提供组织、共享和放置块以及填充图案的有效方法，还可以包含由第三方开发人员提供的自定义工具。

（2）工具：位于工具选项板上的块和图案填充称为工具。用户可以为每个工具单独设置若干个工具特性，其中包括比例、旋转和图层。

这些工具都是以图标的形式显示的。当鼠标指向它们以后，将成为带有阴影立体效果的图标。

（3）自动隐藏按钮：如果将鼠标指向该按钮，则窗口隐藏为标题栏。当再次指向该按钮后，窗口扩展为原状。

（4）标准选项：包括标题栏、选项卡等。

6.3.3　插入块和图案填充

在向图形中添加块或图案填充时，只需将其从工具选项板拖动至图形中即可。但是使用此方法放置块后，需要对块进行旋转。在拖动块时可以使用对象捕捉，但不能使用栅格捕捉。

当将块从工具选项板拖动到图形中时，可以根据块中定义的单位比率和当前图形中定义的单位比率自动对块进行缩放。例如，当前图形的单位为米，而所定义的块的单位为厘米，单位比率即为 1m/100cm。将块拖动到图形中时，则会以 1/100 的比例插入。

注意 如果源块或目标图形中的“拖放比例”设置为“无单位”，则使用“选项”对话框的“用户系统配置”选项卡中的“源内容单位”和“目标图形单位”设置。

6.3.4 更改设置

工具选项板的选项和设置可以从“工具选项板”窗口上各区域的快捷菜单中获得，包括图标、空白区域、选项卡或标题栏。

在不同位置的快捷键有所不同，基本上可以进行的工作也大同小异，具体功能如下：

1．标题栏快捷菜单设置

各选项如图 6-23 所示。

（1）“新建选项板”选项将直接在选项卡中添加一项。

（2）“重命名”选项可以更改“工具选项板”窗口的名称。

（3）“自定义”选项实际上是综合了上面两项操作，并对设置内容进行了更加细致的安排。

（4）“自动隐藏”选项可以设置使工具选项板在不使用时自动隐藏，只显示其标题栏，当需要显示时将鼠标移动到标题栏上即可。

（5）“透明度”选项设置工具选项板的透明度，以便能够观察到被工具选项板覆盖的图形对象。

（6）决定工具选项板的显示内容。最下面 3 个选项决定了显示内容，图 6-23 显示了所有选项板。

（7）决定工具选项板是否浮动。默认状态下它是浮动的，也可以将其设置为固定模式。在菜单中选择“允许固定”并拖动到绘图区域边界即可。

2．非当前选项卡快捷菜单设置

如图 6-24 所示，“上移”和“下移”选项可以将当前选项卡位置向上移动或向下移动。可以建立新的选项卡和重命名选项卡。

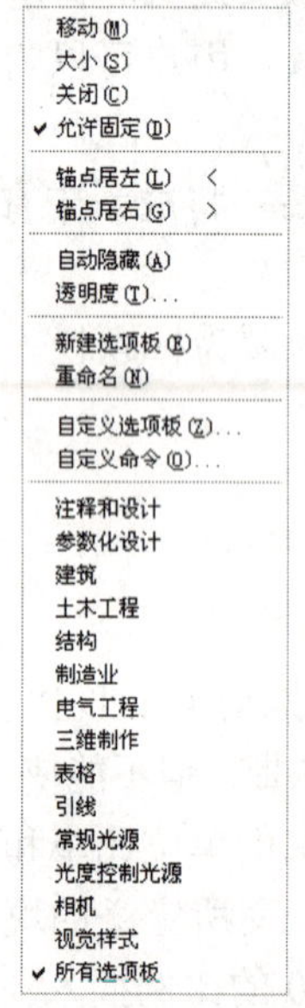

图 6-23 标题栏快捷菜单

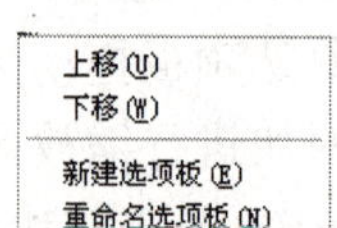

图 6-24 非当前选项卡快捷菜单

例如，要将“图案填充”选项板的名称改为“国际标准图案填充”，在“图案填充”选项卡处右击，在弹出的快捷菜单中选择“重命名选项板”，即可更改其名称。

3．当前选项卡快捷菜单设置

当前选项卡快捷菜单如图 6-25 所示。其中，特殊的选项为“视图选项”，它更改工具选项板上图标的显示样式和大小。选中该选项后，系统弹出如图 6-26 所示的对话框。在该对话框中包含如下内容。

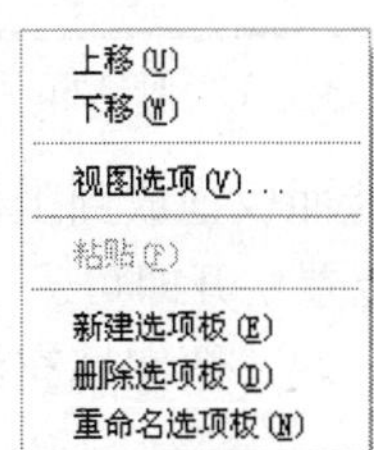

图 6-25　当前选项卡快捷菜单

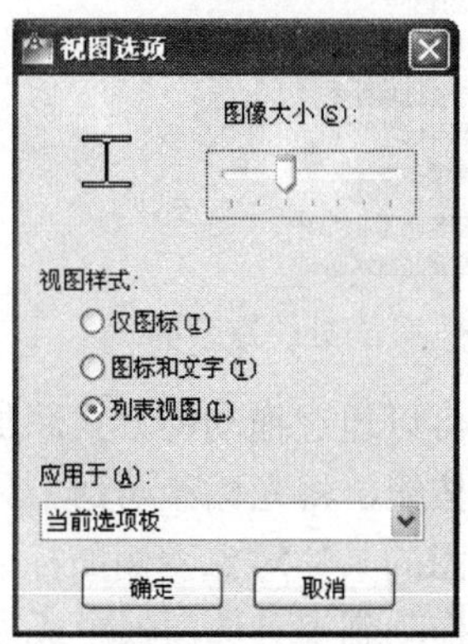

图 6-26　视图选项

（1）“图像大小”更改选定工具选项板图标的显示尺寸。

（2）“视图样式”控制工具选项板图标的文字显示。其中“仅图标”仅显示工具图标；“图标和文字”显示工具图标并在其下注明工具名称；“列表视图”显示工具图标并在其右侧注明工具名称。显示状态分别如图 6-27 所示。

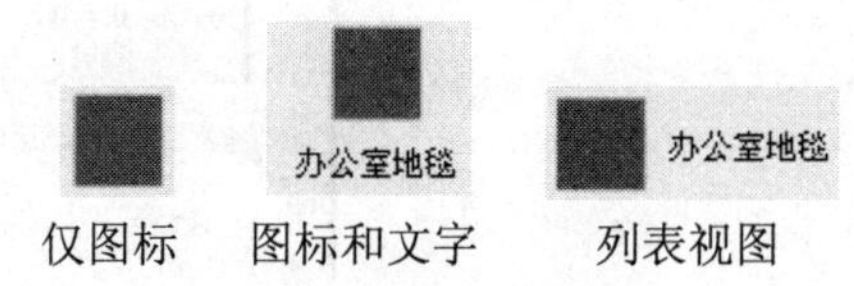

图 6-27　三种图标显示状态

（3）“应用于”控制是否将查看选项应用于“工具选项板”窗口中的当前或所有工具选项板。

4．工具选项板空白处快捷菜单设置

如图 6-28 所示，其同名选项均对应上面的同名操作。只是重命名操作只能更改当前工具选项卡名称。另外增添了如下选项：

（1）排序依据：可以按照“名称”和“类型”排列工具按钮。

（2）添加文字：将在当前工具中添加一个新的工具名称。

（3）添加分隔符：将在当前工具中添加一个分隔符。

（4）自定义选项板：它可以组织选项板的具体内容。选择该选项，系统将弹出如图 6-29 所示的对话框。用户可以将左侧的选项板拖动到右侧的选项板组中。另外，用户可以创建新的组。在右侧选项板组中右击并选择“新建组”选项，即可在其树状结构中添加一个组，从而定义具体内容。这是 AutoCAD 2012 添加的新内容。

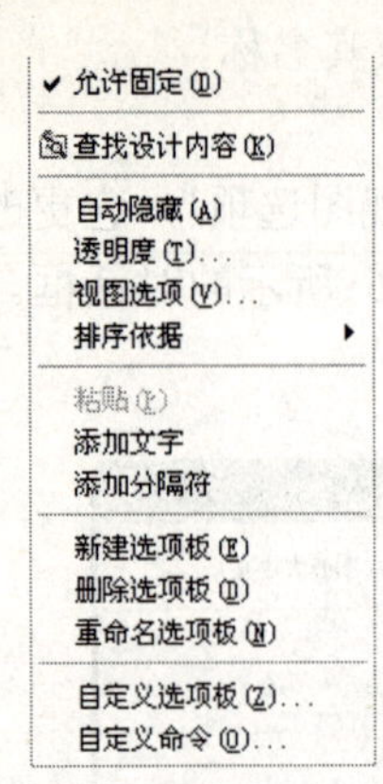

图 6-28 空白处快捷菜单

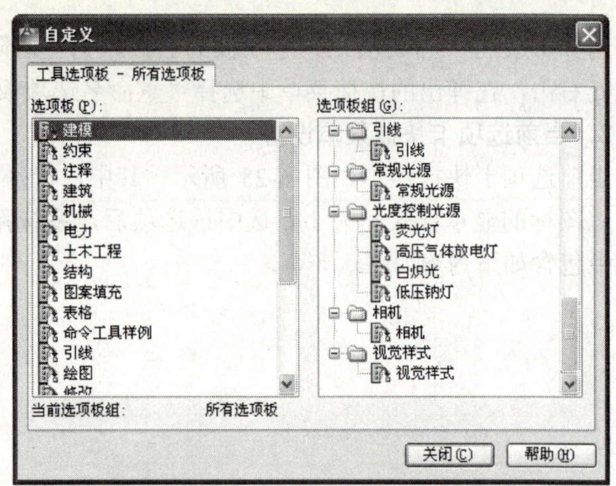

图 6-29 “自定义”对话框

用户还可以通过拖动的方式添加工具：将命令按钮从功能面板拖放到工具选项板上，不要松开鼠标按钮，将光标移动到工具选项板上要放置工具的位置松开即可。

对于绘图的具体对象，例如标注、多行文字、渐变填充、块、图案填充和外部参照等，都可以直接拖动到工具选项板中成为一个工具。

5. 工具图标快捷菜单设置

如图 6-30 所示，其各同名选项均对应上面的同名操作，只是操作对象为工具。其中，选择“特性”选项，将打开如图 6-31 所示的对话框。

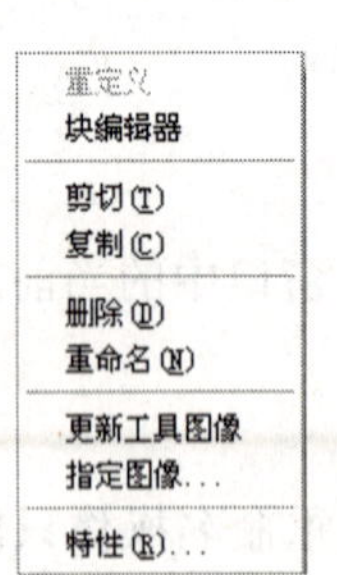

图 6-30 工具快捷菜单

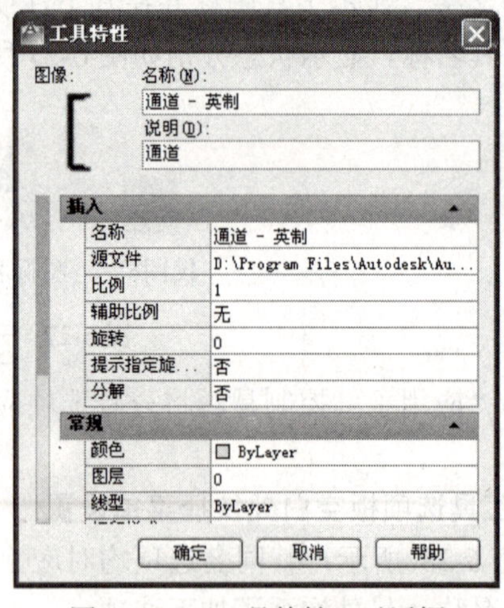

图 6-31 “工具特性”对话框

“工具特性”对话框包含两类特性：插入特性或图案特性类别以及基本特性类别。插入特性或图案特性控制指定对象的特性，例如比例、旋转和分解；基本特性替代当前图形特性设置，例如图层、颜色和线型。

（1）更新工具图标。对于已经插入的块或填充好的图案，当更改块或图案填充时，工具选项板中的图标不会随着更新。如果想重新定义块或图案填充，则可以在工具选项板中更新其图标。在“工具特性”对话框中更改“图案名”字段（对于图案填充）中的条目，这样将强制更新该工具的图标。

（2）指定工具特性的替代。在某些情况下，可能需要为工具指定特定的特性替代。例如，可能需要将图案填充自动放置在预先指定的图层中，而不考虑当前图层的设置。此功能可以在创建某些对象时自动设置其特性，从而节省时间并减少错误。

“工具特性”对话框中包含用于每个潜在特性替代的字段。

图层特性替代会影响颜色、线型、线宽、打印样式和打印。图层特性替代可以作为以下内容融入：

- 如果某个图层从图形中消失，则会自动创建该图层。
- 如果正在向其上拖放块或填充的图层当前被关闭或冻结，则该图层将会临时打开或解冻。

注意 工具选项板设置与 AutoCAD 配置一起保存。

习题六

一、选择题

1．以下有关 BHATCH 命令的叙述，哪项不正确？（　　）

　A．要进行图案填充的区域必须是封闭区域

　B．其设置窗口内的“拾取点”按钮，就是用来自动查找封闭区域的

　C．若要执行其设置窗口内的“选择对象”按钮，则表示已经有一条封闭区域的线，单击该线条即可

　D．将填充图案设置为“非关联”，可以节省图形文件空间

2．要将不规则的封闭区域一次填充全色的实体填充，可以（　　）。

　A．使用 LWEIGHT 命令填充

　B．使用 SOLID 命令填充

　C．使用 BHATCH 命令中的 SOLID 图案填充

　D．以上皆可

二、判断题

1．填充区域内的封闭区域被称作孤岛。（　　）

2．没有封闭的图形也可以直接填充。（　　）

3．图样填充的命令为 BHATCH。（　　）

三、操作题

1．绘制圆、矩形、多边形等多种常规图形，然后通过图案填充命令进行多种图案的填充，再进行渐变色等方案的练习，掌握工具选项板的应用。

2．绘制 3 种以上图形，然后练习绘图次序的更改。

四、思考题

1．AutoCAD 提供了哪几类预定义图案？

2．预定义图案可以修改吗？

3．选择填充区域的方式有哪几种，各有什么特点？

4．图案填充的关联有什么作用？

5．图案填充有哪几种孤岛检测样式？

6．工具选项板的主要功能是什么？

7．如何改变工具选项板的外观？

第 7 章　面域造型

- 理解面域的概念。
- 掌握面域的建立方法。
- 掌握面域间的并、差、交计算方法。

面域是封闭区所形成的 2D 实体对象，可将它看成一个平面实心区域。AutoCAD 2012 可将由一些对象围成的封闭区域建立成面域，这些围成封闭区域的对象称为封闭界线。封闭界线可以是圆线、弧线、椭圆线、椭圆弧线、二维多段线、样条曲线等。在此提醒读者注意一点，尽管 AutoCAD 2012 中有许多命令可生成封闭形状（如圆、多边形等），但面域和它们有着本质的不同。

7.1　创建面域

7.1.1　利用命令建立面域

启动面域命令有下列方式。

- 功能面板：单击“常用”选项卡，“绘图”功能面板→“面域”按钮。
- 菜单：“绘图”菜单→“面域”命令。
- 命令：REGION。

执行命令后，系统提示如下：

选择对象：(选择欲建立面域的边界)
选择对象：(可继续选择对象)
选择对象：(回车)
已提取 X 个环。(其中 X 是回路的个数)
已创建 X 个面域。(其中 X 是面域的个数)

例如把如图 7-1 所示的各图形建立成面域，其操作步骤如下：

命令：REGION
选择对象：(选取直线 1)
选择对象：(选取直线 2)
选择对象：(选取直线 3)
选择对象：(选取多边形 4)
选择对象：(选取多边形 5)
选择对象：(回车)
已提取 3 个环.
已创建 3 个面域.

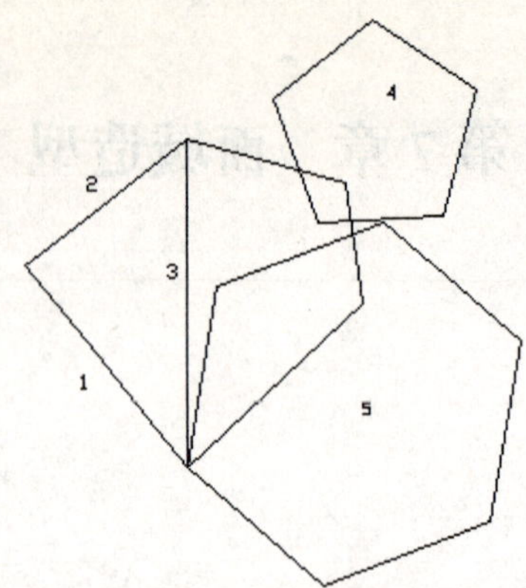

图 7-1　建立面域

结果可以从最后提示的信息看出。

7.1.2　使用边界命令建立面域

启动边界命令有下列方式：

- 功能面板：单击“常用”选项卡，“绘图”功能面板→“边界”按钮。
- 菜单：“绘图”菜单→“边界”命令。
- 命令：BOUNDARY。

执行上述操作后，弹出“边界创建”对话框，如图 7-2 所示。

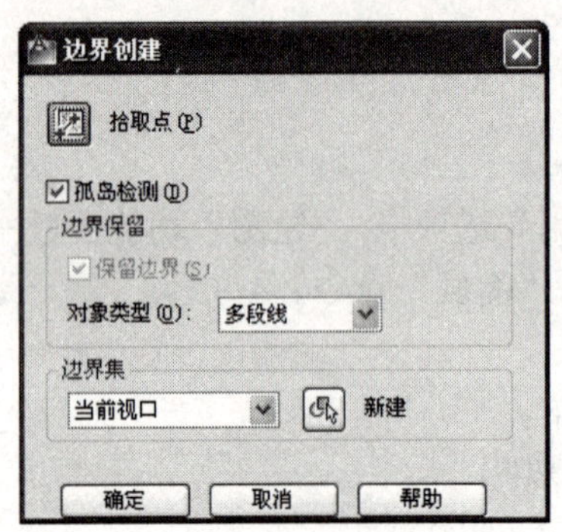

图 7-2　“边界创建”对话框

从“对象类型”下拉列表中选取“面域”选项。单击“拾取点”按钮，转换到绘图区域，按照命令提示进行如下操作：

拾取内部点：(点取封闭区域中任意一点)
正在选择所有可见对象...
正在分析所选数据...
正在分析内部孤岛...
拾取内部点：(回车)
BOUNDARY 已创建 X 个面域。

例如利用对话框方式把图 7-1 所示的各图形建立成面域的步骤如下：

（1）在“对象类型”下拉列表中选取“面域”选项。

（2）单击“拾取点”按钮，转换到绘图区域，命令行提示如下：

拾取内部点：(点取三角形中任意一点)
正在分析所选数据...
正在分析内部孤岛...
拾取内部点：(点取四边形中任意一点)
拾取内部点：(点取正多边形 4 中任意一点)
拾取内部点：(点取正多边形 5 中任意一点)
拾取内部点：(回车)
已创建 4 个面域。
BOUNDARY 已创建 4 个面域

说明

（1）建立面域后，整个图形已整体化。

（2）对面域可以进行复制、移动等操作。

（3）系统变量 DELOBJ 控制边界是否删除。当 DELOBJ 设为 1 时，建立面域后，原围成面域边界的对象均被删除。

7.2　面域间的布尔运算

通过命令建立的面域，可以参加布尔运算，而通过对话框建立的面域是不可以的，但其建立的面域可以作为填充边界。

布尔运算就是在各面域间进行并、差、交运算，从而构造出一定的图形。

下面详细介绍面域的并、差、交运算及运算结果。

7.2.1　并集运算

并集运算就是将两个或多个面域合并成为一个面域。可以通过下列命令执行并运算命令。

- 功能面板："常用"→"实体编辑"→"并集"按钮。
- 菜单："修改"菜单→"实体编辑"→"并集"命令。
- 命令：UNION。

执行该命令后，系统提示如下：

选择对象：(选取求并的面域对象)
选择对象：(继续选取欲求并的面域对象)
……
选取对象：(回车)

计算的结果是得到一个新的面域，该面域由各参加并集运算的面域组成。

例如，将图 7-3（a）所示的矩形 1 和圆 2 两个对象建立成面域，并进行"并集"运算。步骤如下：

命令：REGION
选择对象：(选取对象 1)
选择对象：(选取对象 2)
选择对象：(回车)
已提取 2 个环。
已创建 2 个面域。

命令：UNION
选择对象：(选取对象 1)
选择对象：(选取对象 2)
选择对象：(回车)

执行结果如图 7-3（b）所示。

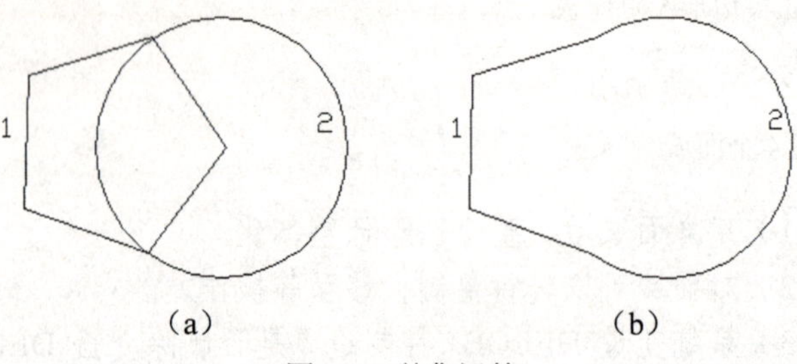

图 7-3　并集运算

7.2.2　差运算

所谓差运算就是从一些面域中去掉一些面域而得到一个新面域，通过下列操作可以执行差运算命令。

- 功能面板：“常用”→“实体编辑”→“差集”按钮。
- 菜单：“修改”菜单→“实体编辑”→“差集”命令。
- 命令：SUBTRACT。

执行该命令后，系统提示如下：

命令：_SUBTRACT
选择要从中减去的实体或面域 ..
选择对象：(选取减法运算中被减数位置上的面域)
选择对象：(回车)
选择要减去的实体或面域 ..
选择对象：(选取减法运算中减数位置上的面域)
选择对象：(回车)

计算结果是得到一个新面域，该面域由要减去的实体或面域减去被减去的实体或面域组成。

例如将图 7-4 中的六边形与椭圆建立成面域并求减。具体步骤如下：

命令：REGION
选择对象：(选取对象 1)
选择对象：(选取对象 2)
选择对象：(回车)
已提取 2 个环。
已创建 2 个面域。
命令：SUBTRACT
选择要从中删除的实体或面域 ..
选择对象：(选取对象 1)
选择对象：(回车)
选择要删除的实体或面域 ..
选择对象：(选取对象 2)
选择对象：(回车)

得到的结果如图 7-5 所示。

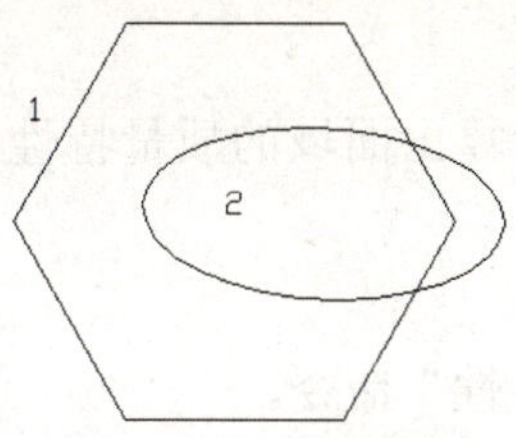

图 7-4　创建面域

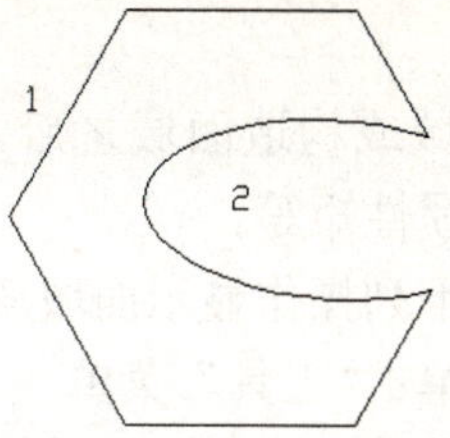

图 7-5　进行差运算

7.2.3　相交运算

相交运算，用数学上的话说，就是求两个或多个面域的交集，即它们的公共部分。通过下列命令可以执行“交集”命令。

- 功能面板：“常用”→“实体编辑”→“交集”按钮。
- 菜单：“修改”菜单→“实体编辑”→“交集”命令。
- 命令：INTERSECT。

执行该命令后，系统提示如下：

选择对象：(选取欲求交的面域对象)
选择对象：(继续选取欲求交的面域对象)
选择对象：(回车)

结果得到一个新面域，该面域由参与运算的所有面域的公共部分组成。

例如，将图 7-6 中的六边形 1 和椭圆 2 建立成面域并进行相交运算。步骤如下：

命令：REGION
选择对象：(选取对象 1)
选择对象：(选取对象 2)
选择对象：(回车)
已提取 2 个环。
已创建 2 个面域。
命令：INTERSECT
选择对象：(选取对象 1)
选择对象：(选取对象 2)
选择对象：(回车)

所得结果如图 7-7 所示。

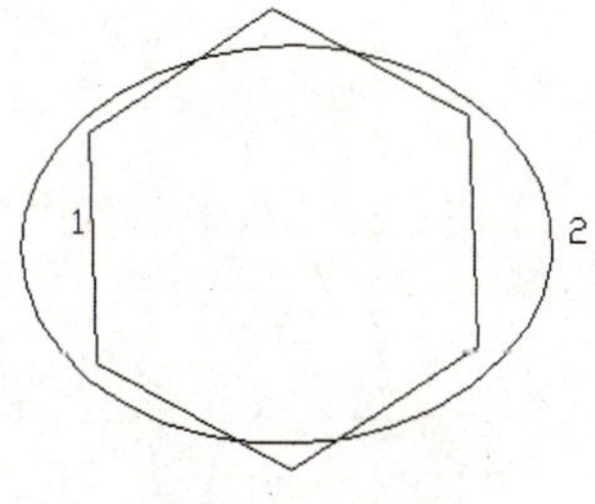

图 7-6　创建面域

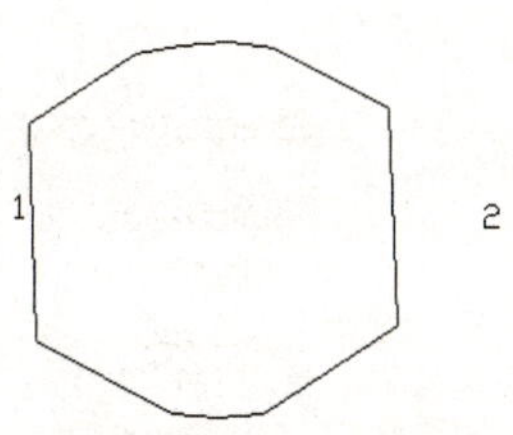

图 7-7　进行相交运算

7.3　获取面域质量特性

建立面域或构造面域之后，AutoCAD 2012 自动计算出面域的质量特性，如面积、周长、质心、惯性矩等。

可通过下列操作显示面域质量特性。

- 菜单："工具"菜单→"查询"→"面域/质量特性"命令。
- 命令：MASSPROP。

执行该命令后，系统提示如下：

选择对象：(选取欲显示其质量特性的面域)
选择对象：(可以继续选取)
选择对象：(回车)

AutoCAD 2012 自动切换到文本窗口，显示所选面域的质量特性信息，如图 7-8 所示。

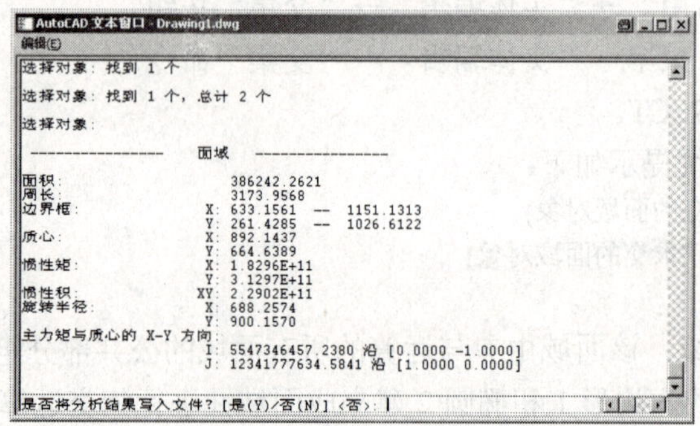

图 7-8　显示面域的质量特性信息

思考题

1. 使用命令与使用对话框建立面域有什么不同？
2. 面域间可以进行哪几种布尔运算？
3. 如何获取面域的质量特性？
4. 关于布尔运算有哪几种编辑方式？

第8章　标注尺寸

- 理解尺寸标注的组成。
- 了解尺寸标注的类型。
- 掌握标注样式的设置方法。
- 学会常用尺寸的标注。
- 掌握公差标注的方法。

尺寸标注是工程图的重要组成部分，它描述了图纸上的一些重要几何信息，是工程制造和施工中的重要依据。对于已经设计好的图纸，无论是建筑图还是机械图，对图形的尺寸进行标注都是不可少的一个环节。

在手工绘图环境中标注尺寸是绘图中非常困难的事情，尺寸标注的合理与美观，附上配合公差和测量单位，需要很多规范。在绘制完图形后，手工改变尺寸的位置，也是一件比较麻烦的事情。AutoCAD 提供了功能强大的半自动尺寸标注。

8.1　尺寸标注组成

一个典型的 AutoCAD 尺寸标注通常由标注线、尺寸界线、箭头、尺寸文字等要素组成。有些尺寸标注还有引线、圆心标记和公差等要素。

为了更好地使用 AutoCAD 2012 的尺寸标注功能，在介绍尺寸标注命令之前，先介绍以下这些关键术语。

（1）尺寸：表明被绘制目标的距离、角度、半径或其他信息。

（2）标注尺寸：通过测量被绘制的目标，对被测量图形标注距离、角度、半径以及其他信息等。

（3）尺寸线：表明被描述对象的长度，通常用细实线表示。因为尺寸线的作用不同，精确的位置也有所不同，但是在每一种标注方法中，尺寸线都应留有进行注释的地方，并且足够靠近被描述的特征，不能影响这些特征的清晰度。

（4）尺寸界线：也称为尺寸延伸线，是从选择标注尺寸的点到尺寸线的延长线，通常尺寸界线离开实体一小段距离，并且超过最后尺寸线一小段距离，这些小的距离可以根据需要设置。

（5）尺寸文本：用来指明被标注对象的距离、角度、半径等，它可以放在尺寸线的上方、下方或中间。在小区域进行尺寸标注时，常常遇到没有足够空间放置文本的情况，这时可以把尺寸文本放置在尺寸界线的外面。

（6）尺寸命令提示：指 AutoCAD 2012 的尺寸标注提示符，可以在此提示符下键入 vertical、horizontal、radius 等命令进行相应的尺寸标注。如果在命令提示符下直接键入这些命令，AutoCAD 2012 将显示错误信息。如果要在命令提示符下执行尺寸标注命令，应先键入 DIM，DIM 提示符出现后，再键入尺寸标注命令。

（7）尺寸变量：控制 AutoCAD 2012 尺寸的大部分特性的集合，包括尺寸文本高度、尺寸文本位置、点标记和箭头大小等。这些通过设置对话框和 DIM 命令来控制。

（8）箭头：添加于尺寸线的两端，用于指明尺寸线的起点和终点。用户可以选择箭头或斜线等多种形式，也可以使用自定义的形式。对于我国用户，绘制机械图纸多使用箭头形式，绘制建筑图纸多使用斜线形式。

为了满足不同国家和地区的需要，AutoCAD 2012 提供了一套尺寸标注系统变量，使用户可以按照自己的制图习惯和标准进行绘图。我国用户可以按照国标进行设置。

8.2 尺寸标注类型

AutoCAD 2012 为用户提供了四种基本类型的尺寸标注，即线性尺寸标注、径向尺寸标注、角度尺寸标注和其他尺寸标注。

8.2.1 线性标注

用来标注线性尺寸，如对象的长、宽、高等，可分为如下几种形式。

（1）水平标注：标注水平方向的线性尺寸。

（2）垂直标注：标注垂直方向的线性尺寸。

（3）对齐标注：标注与指定两点连线或所选直线平行的线性尺寸。

（4）旋转标注：标注指定方向的线性尺寸。

（5）坐标标注：标注某一点相对于用户定义的基准点（原点）的坐标值。

（6）基线标注：标注从某一点开始多个平行的线性尺寸。

（7）连续标注：标注多个首尾相连的线性尺寸。

8.2.2 径向尺寸标注

用来标注圆或弧的直径、半径尺寸。可分为以下几种方式。

（1）直径标注：标注圆或弧的直径尺寸。

（2）半径标注：标注圆或弧的半径尺寸。

（3）弧长标注：测量和显示圆弧的长度。

（4）折弯标注：如果圆弧或圆的圆心位于图形边界之外，可以使用折弯标注测量并显示其半径。

8.2.3 角度标注

角度标注用来标注角度尺寸。

上述各种不同的尺寸标注类型如图 8-1 所示。

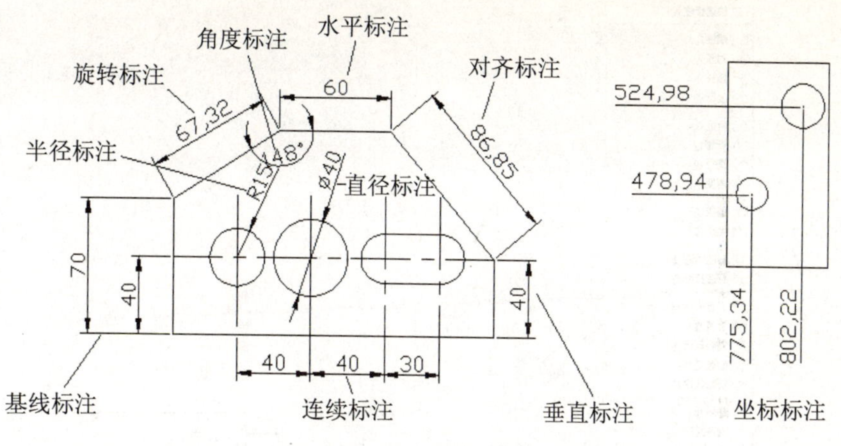

图 8-1　不同的标注类型

8.2.4　其他标注

此外还有引线标注和圆心标记两种。

8.3　标注尺寸步骤

8.3.1　基本步骤

一般来说，图形标注应遵循下面的步骤。

（1）为尺寸标注创建一个独立的图层，使之与图形的其他信息分隔开。对于简单图形，这体现不出独立设置标注层的必要性，但对于复杂图形，就非常重要。由于种种原因，往往要对已标注好的图形进行修改。如果标注的尺寸和图形在一个图层中，修改起来就比较困难，如果把图形与其标注尺寸放在不同的图层，可以先冻结尺寸标注层，只显示图形对象，这样就比较容易修改，修改完毕后打开尺寸标汴层即可。

（2）为尺寸标注文本建立专门的文本类型。按照我国对机械制图中尺寸标注数字的要求，应将字体设置为斜体。如果在整个图形对象的标注中不改变尺寸文本的高度，就将高度设置为定值，如果在图形对象的标注中需要修改尺寸文本的高度，就需要将 Height 设置为 0。因为我国规定字体的宽度与高度比为 2/3，所以将“宽度比例”设置为 0.67。

（3）打开“标注样式”对话框，然后设置尺寸线、尺寸界线、比例因子、尺寸格式、尺寸文本、尺寸单位、尺寸精度以及公差等，并保持所作的设置使其生效。

（4）利用目标捕捉方式快速拾取定义点。

8.3.2　标注工具

AutoCAD 2012 提供了一套完整的尺寸标汴命令，可以很方便地放置、改变或调整尺寸，方便地标注画面上的各种尺寸和公差，可以把绘制尺寸的界线放置为各种样式。尺寸标注命令全部放在“标注”下拉菜单和“标注”功能面板中，分别如图 8-2 和图 8-3 所示。

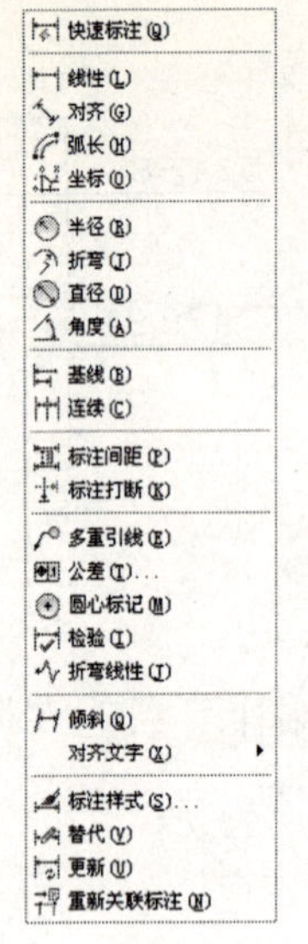

图 8-2 “标注”菜单

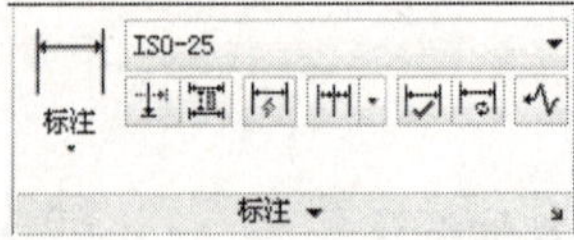

图 8-3 “标注”功能面板

8.4 设置标注样式

8.4.1 设置文字样式

输入 Style 命令，或者选择“格式”菜单中的“文字样式”项，或单击“注释”选项卡的“文字”功能面板的 按钮，打开“文字样式”对话框，如图 8-4 所示。

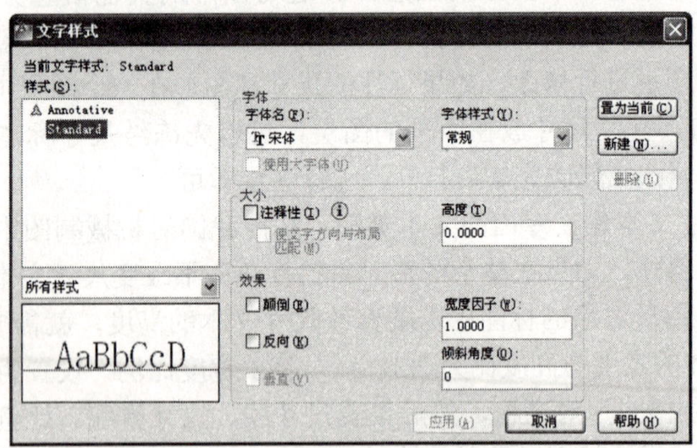

图 8-4 “文字样式”对话框

在“文字样式”对话框中设置字体字形。一般把用于尺寸标注的文本“高度”设为 0，以便用“文字样式”对话框中的文本高度来设置尺寸标注的文本的高度。如果不将该值设置为 0，它将取代“文字样式”对话框里的设置，使 DDIMTEXT 变量无法控制文本的高度。

在“文字样式”对话框中，还可以根据需要新建文本样式，或更改样式的名称。设置好之后，单击“应用”按钮和“关闭”按钮，使全部设置生效。

8.4.2 设置标注样式

1．启动

可以通过以下方式打开“标注样式”对话框。

- 功能面板：单击“注释”选项卡，“标注”功能面板→ ↘ 按钮。
- 命令行：DDIM。
- 菜单：“标注”菜单→“标注样式”命令。

2．操作方法

执行上述命令后，弹出如图 8-5 所示的“标注样式管理器”对话框。

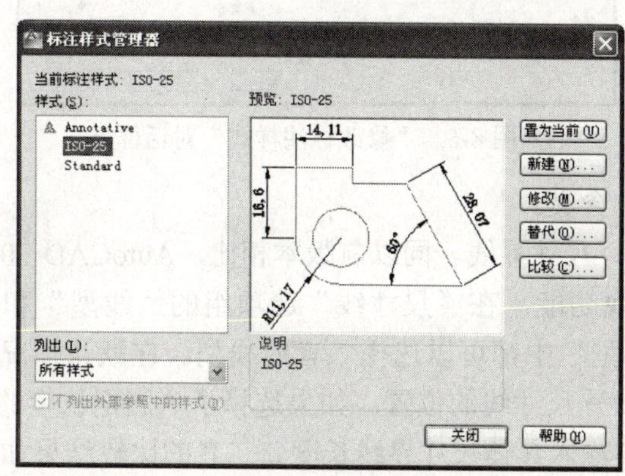

图 8-5 “标注样式管理器”对话框

下面介绍该对话框中各选项的含义。

（1）当前标注样式：显示目前选定的标注样式。

（2）样式：显示目前的图形中所包含的样式，根据“列出”项设置来确定。

（3）列出：用来确定在“样式”列表框中的显示情况。“列出”下拉列表中有“所有样式”和“正在使用的样式”两个选项。当在下拉列表中选取“所有样式”选项时，将在“样式”列表框中列出所有的尺寸样式；当选取“正在使用的样式”选项时，在“样式”列表框中将列出当前的尺寸样式。

（4）预览：用来对选中的标注样式（并非当前尺寸样式）标注的尺寸进行预览。如果当前的尺寸样式是 ISO-25，则在“预览”列表框中显示 ISO-25 尺寸样式。通过此预览窗口，可以很快选出合适的尺寸样式。

（5）说明：用来说明当前尺寸样式。

（6）置为当前：用来设置当前尺寸样式。在“样式”列表框中选取预作为当前的尺寸样式，然后单击“置为当前”按钮，这样就把所选设置作为当前的尺寸样式。

（7）新建：用来创建新的尺寸样式。

（8）修改：单击此按钮，打开“修改标注样式”对话框，如图 8-6 所示。

此对话框中有 6 个用来设置标注样式的标签：线、符号和箭头、文字、调整、主单位、换算单位、公差。实际上，常规用户在进行标注的时候很少对标注样式进行更改，所以不作详细说明，只是介绍一下基本功能。

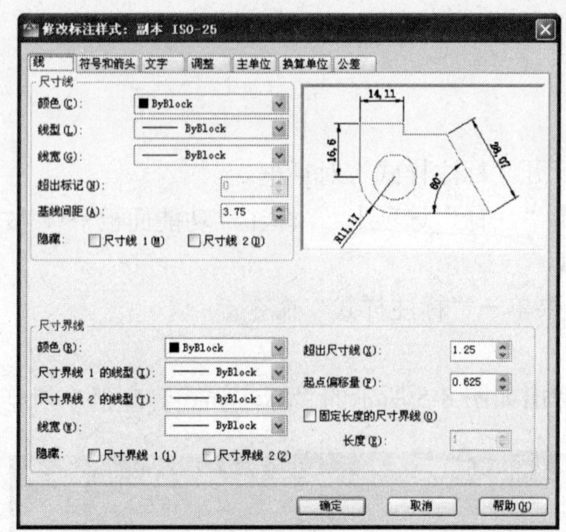

图 8-6 “修改标注样式”对话框

下面简单介绍它们的含义。

1）线：设定尺寸线、尺寸界线。同以前版本相比，AutoCAD 2012 添加了尺寸线线型和设置固定长度的尺寸界线功能。在“尺寸线”选项组的“线型”和“尺寸界线”选项组的“尺寸界线 1（2）的线型”中都可以选择二者的线型。在默认情况下，尺寸界线从标注的对象开始绘制，一直到放置尺寸线的位置。如果选择了“固定长度的尺寸界线”复选框，就可以在“长度”文本框中输入具体尺寸界线长度。二者的比较结果如图 8-7 所示。

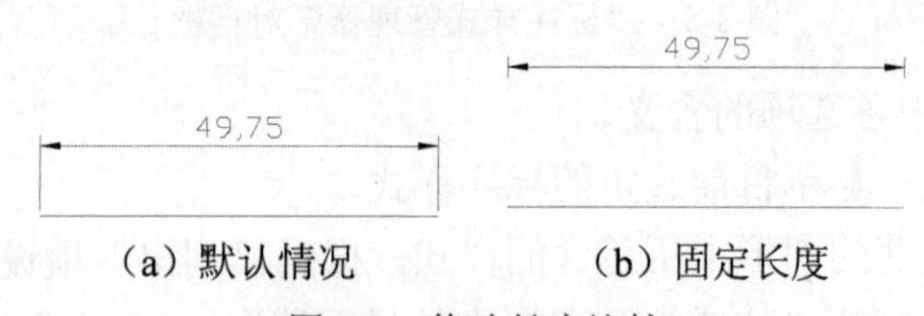

（a）默认情况　　（b）固定长度

图 8-7 修改长度比较

2）符号和箭头：箭头、圆心标记、弧长符号和半径折弯符号等，将在后面的具体章节中讲解。

3）文字：设定文字外观、文字类型和文字对齐。

4）调整：包括调整选项、文字位置、标注特征比例、调整等，其中各项含义如下：

- 调整选项：根据尺寸界线之间的空间大小来调整放置尺寸文本的位置。
- 文字位置：当文本进行设置处于非默认状态时，可用来调整放置尺寸文本的位置。
- 标注特征比例：“使用全局比例”选项用于设置尺寸元素的比例因子，使之与当前图形的比例因子相一致；“将标注缩放到布局”选项表明若选取该项，系统自动根据当前模型空间视区和图纸空间之间的比例设置比例因子；当用户工作在图纸空间时，该比例因子为 1。
- 调整：系统自动选择尺寸文本放置位置，以最佳效果显示。

5）主单位：包括测量单位比例、消零、角度标注等。

6）换算单位：可以对其中的换算单位、消零、位置窗口选项进行设置。

7）公差：用来确定公差标注的方式。单击此标签，可打开如图 8-8 所示的选项卡。

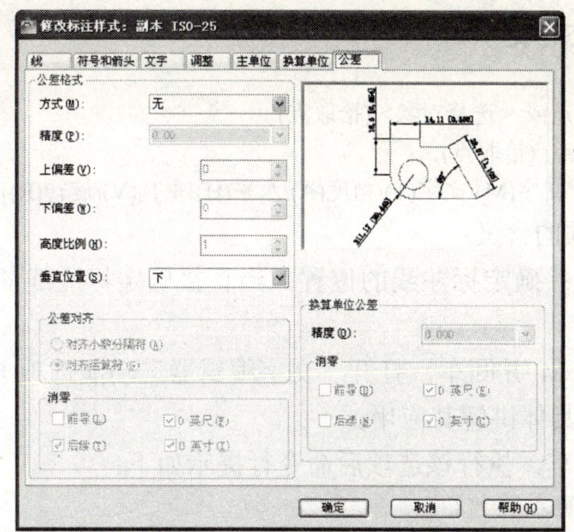

图 8-8　“公差”选项卡

“公差”选项卡中包括“公差格式”、“换算单位公差”、“公差对齐”三个选项组，并且均有一个“消零”子窗口选项。它们的含义分别如下：

- “公差格式”选项组：“方式”选项用来确定以何种形式标注公差，其对应的下拉列表中有 5 个选项；“精度”选项用来确定标注公差的精确度；“上偏差”文本框用来设置尺寸的上偏差；“下偏差”文本框用来设置尺寸的下偏差；“高度比例”下拉列表用来设置公差文字的高度；“垂直位置”下拉列表用来设置公差的对齐方式，其下拉列表中有“上”、“中”、“下”三种对齐方式。
- “消零”（左下角）选项组：通过开关的设置控制是否省略公差标注时的零。
- “换算单位公差”选项组中的选项与上面两个选项组中的对应选项的含义基本相同，此窗口仅是对辅助单位公差而言。
- “公差对齐”选项组：决定是按照小数分隔符还是运算符对齐公差。

8.5　尺寸标注方法

AutoCAD 2012 提供了多种尺寸标注命令，包括直线型尺寸标注、角度型尺寸标注、径向尺寸标注、引线型尺寸标注等，分别对应不同的对象。

8.5.1　线性尺寸标注

1．标注水平、垂直、指定角度的尺寸

线性尺寸标注用来标注直线和两点间的距离。

（1）启动。

可以通过下面方式执行该命令：

- 功能面板：单击“注释”选项卡，“标注”功能面板→“线性”按钮。
- 菜单：“标注”菜单→“线性”命令。
- 命令行：DIMLINEAR。

（2）操作。

执行该命令后，状态行提示如下：

命令: _dimlinear

指定第一个尺寸界线原点或 <选择对象>:(拾取点)

指定第二条尺寸界线原点: (拾取点)

指定尺寸线位置或[多行文字(M)/文字(T)/角度(A)/水平(H)/垂直(V)/旋转(R)]:

下面分别介绍各选项的含义：

1）指定尺寸线位置：确定标注线的位置，当直接确定标注线的位置时，系统将自动测量长度值并将其标出。

2）多行文字：键入 M 并回车，打开“文字编辑器”功能选项卡，可输入文字并设置文字格式。将在第 10 章中具体讲解其应用。

3）文字：键入 T 回车，执行该选项后命令行提示如下：

输入标注文字 <17>：(输入尺寸文字)

指定尺寸线位置或[多行文字(M)/文字(T)/角度(A)/水平(H)/垂直(V)/旋转(R)]：(输入 A)

指定标注文字的角度： (输入文字的旋转角度)

输入的文字按输入值旋转一定角度，若输入值为正，则输入的文字按逆时针方向旋转；若输入值为负，则输入的文字按顺时针方向旋转。

图 8-9（a）为输入角度值 30 度时的效果，图 8-9（b）为输入角度值-30 度时的效果。

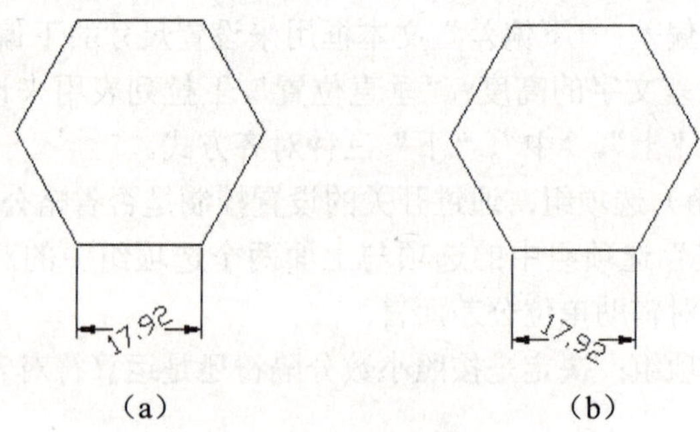

图 8-9 旋转标注

部分选项含义如下：

● 水平：输入该项后，命令行提示如下：

指定尺寸线位置或 [多行文字(M)/文字(T)/角度(A)]:

在此提示下若直接确定标注线的位置，系统自动测量并标注。其他选项含义和上面介绍的相同。

● 垂直：此选项的功能与“水平”选项的功能相似。

● 旋转：执行该选项，命令行提示如下：

指定尺寸线的角度 <0>：(在此提示下输入标注线的角度值，结果系统自动测量出两条标注线之间的距离进行标注。若输入角度值为正则标注线按逆时针方向旋转，反之则按顺时针方向旋转)

2．对齐标注

该命令可以标注一条与两个尺寸界线的起点对齐的尺寸线。

（1）启动。

此命令可通过下列方式执行：

- 菜单："标注"菜单→"对齐"命令。
- 功能面板：单击"注释"选项卡，"标注"功能面板→"标注"→"对齐"按钮 。

（2）操作方法。

执行此命令后，命令行提示如下：

命令行：Dimaligned
指定第一个尺寸界线原点或 <选择对象>:(拾取点)
指定第二条尺寸界线原点: (拾取点)
指定尺寸线位置或[多行文字(M)/文字(T)/角度(A)]:

各选项的含义与线性标注一致，在此不再赘述。

3．坐标标注

坐标点标注沿一条简单的引线显示指定点的 X 或 Y 坐标。这些标注也称为坐标标注。AutoCAD 2012 使用当前 UCS 决定测量的 X 或 Y 坐标，并且在与当前 UCS 轴正交的方向绘制引线。按照流行的坐标标注标准，采用绝对坐标值。

（1）启动。

可以通过下面方法执行该命令：

- 功能面板：单击"注释"选项卡，"标注"功能面板→"标注"→"坐标"按钮 。
- 菜单："标注"菜单→"坐标"命令。
- 命令：DIMORD。

（2）操作方法。

执行该命令后，命令行提示如下：

命令：_DIMORDINATE
指定点坐标：
指定引线端点或 [X 基准(X)/Y 基准(Y)/多行文字(M)/文字(T)/角度(A)]:

各选项含义如下：

1）引线端点：确定另外一点，根据已知两点的坐标差生成坐标尺寸。如果给出两点的 X 坐标之差大于两点的 Y 坐标之差，则生成 X 坐标，否则生成 Y 坐标。

2）X 基准：生成 X 坐标，执行该选项，命令行提示如下：

指定引线端点或 [X 基准(X)/Y 基准(Y)/多行文字(M)/文字(T)/角度(A)]:

确定另一点，此时无论两点的 X 坐标之差大于还是小于两点的 Y 坐标之差，都生成 X 坐标。

3）Y 基准：生成 Y 坐标，执行该选项，命令行提示如下：

指定引线端点或 [X 基准(X)/Y 基准(Y)/多行文字(M)/文字(T)/角度(A)]:

确定另一点，此时无论两点的 X 坐标之差大于还是小于两点的 Y 坐标之差，都生成 Y 坐标。

8.5.2 连续尺寸标注与基线尺寸标注

1．连续尺寸标注

该尺寸标注可以方便、迅速地标注同一列或行上的尺寸，生成连续的尺寸线。在生成连续尺寸线前，首先应对第一条线段建立尺寸标注。

（1）启动。

可通过以下方式执行该命令；

- 功能面板：单击“注释”选项卡，“标注”功能面板→“连续”按钮⊢⊢⊢。
- 菜单：“标注”菜单→“连续”命令。
- 命令行：DIMCONTINUE。

（2）操作方法。

执行此命令后，命令行提示如下：

指定第二条尺寸界线原点或 [放弃(U)/选择(S)] <选择>:

在此提示下可以直接选取第二条尺寸界线起点，标注出尺寸。若执行放弃选项，则取消前面标注的尺寸。

例如对图 8-10（a）进行连续尺寸标注。首先建立基本尺寸，如图 8-10（b）所示，然后选择连续标注并选择具体的点即可。其效果如图 8-10（c）所示。

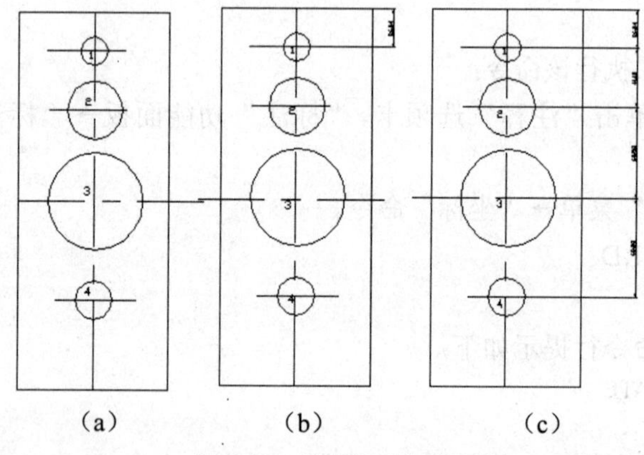

图 8-10　连续尺寸标注

注意　连续标注必须首先有一个基本尺寸。

2．基线尺寸标注

所谓基线是指任何尺寸标注的尺寸界线。在基线尺寸标注之前，应先标注出一个相应尺寸，这一点类似于“连续标注”。

（1）启动。

可以通过以下方式启动。

- 功能面板：单击“注释”选项卡，“标注”功能面板→“基线”按钮⊏。
- 菜单：“标注”菜单→“基线”命令。
- 命令行：DIMBASELINE。

（2）操作方法。

执行此命令后，命令行提示如下：

指定第二条尺寸界线原点或 [放弃(U)/选择(S)] <选择>:

在此提示下可以直接选取第二条尺寸界线起点，标注出尺寸。若执行“放弃”选项，则取消前面标注的尺寸。

同连续标注一样，基线标注也必须有一个基本尺寸。

例如将图 8-11（a）进行基线尺寸标注。首先建立基本尺寸，如图 8-11（b）所示，然后选择基线标注并选择具体的点即可。最后效果如图 8-11（c）所示。

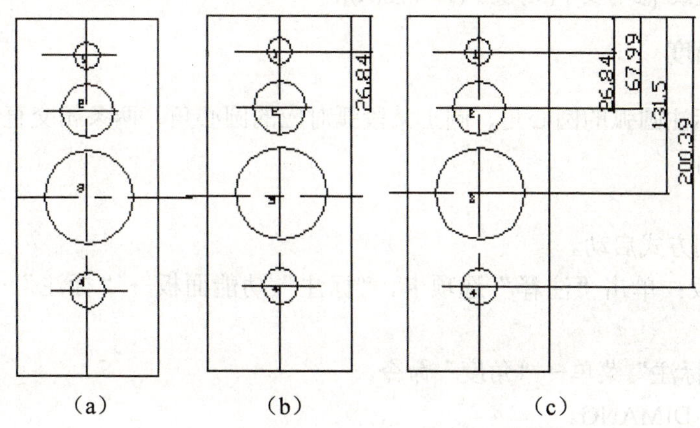

图 8-11　基线尺寸标注

8.5.3　径向尺寸标注

1．标注半径

用来标注圆弧和圆的半径。

（1）启动。

可以通过以下方式启动。

- 功能面板：单击“注释”选项卡，“标注”功能面板→“标注”→“半径”按钮。
- 菜单：“标注”菜单→“半径”命令。
- 命令行：DIMRAD。

（2）操作方法。

执行此命令后，命令行提示如下：

选择圆弧或圆：

标注文字 =25.6

在此提示下确定欲标注半径的圆或圆弧，命令行再次提示：

指定尺寸线位置或 [多行文字(M)/文字(T)/角度(A)]:

在此提示的括号中有三种选项，分别用来控制标注的尺寸值和尺寸值的倾斜角度。其含义前面已经介绍过，这里不再叙述。

2．标注直径

用来标注圆或圆弧的直径。

（1）启动。

可以通过下列方式执行该命令：

- 功能面板：单击“注释”选项卡，“标注”功能面板→“标注”→“直径”按钮。

- 菜单：“标注”菜单→“直径”命令。
- 命令行：DIMDIA。

（2）操作方法。

执行该命令后，命令行提示如下：

选择圆弧或圆：(选取欲标注的圆或圆弧)

指定尺寸线位置或 [多行文字(M)/文字(T)/角度(A)]:

8.5.4 标注角度

该命令用来标注圆弧的圆心角、圆上某段弧对应的圆心角、两条相交直线的夹角，或者根据三点标注夹角。

1. 启动

可以通过下列方式启动。

- 功能面板：单击“注释”选项卡，“标注”功能面板→“标注”→“角度”按钮。
- 菜单：“标注”菜单→“角度”命令。
- 命令行：DIMANG。

2. 操作方法

执行该命令后，命令行提示如下：

选择圆弧、圆、直线或 <指定顶点>:

（1）圆弧：当选择“圆弧”选项后，命令行提示如下：

指定标注弧线位置或 [多行文字(M)/文字(T)/角度(A)/象限点(Q)]:

此提示有多个选项，其含义分别如下：

1）标注弧线位置：确定标注线的位置，当直接确定标注线的位置时，系统将自动测量出其角度值并将其标注出来。

2）多行文字：键入 M 并回车，打开“文字编辑器”功能选项卡，输入文字并设置文字格式。

3）文字：键入 T 并回车，执行该选项，命令行提示如下：

输入标注文字 <353>:(输入尺寸文字)

4）角度：执行该选项，命令行提示如下：

指定标注文字的角度： (输入文字的旋转角度)

输入的文字按输入值旋转一定角度，若输入值为正，则输入的文字按逆时针方向旋转；若输入值为负，则输入的文字按顺时针方向旋转。

（2）圆：当选取圆上一点后，将标注圆上某段弧的圆心角，命令行提示如下：

指定角的第二个端点： (选取同一圆上另外一点)

指定标注弧线位置或 [多行文字(M)/文字(T)/角度(A)/象限点(Q)]:

标出角度值，它的尺寸界线通过所选的两点延长线交于圆心。若要修改角度值或角度值的倾斜角度，可通过括号内的选项来完成。

（3）直线：当选取一直线时，命令行提示如下：

选择第二条直线： (选取与第一条直线相交的直线)

指定标注弧线位置或 [多行文字(M)/文字(T)/角度(A)/象限点(Q)]:

标出两条相交直线的夹角，至于标注锐角还是钝角，通过鼠标拖动来调整。若要修改角度值或角度值的倾斜角度，可通过括号内的选项来完成。

8.5.5 标注弧长

该命令用来标注圆弧的弧长。

1．启动

可以通过下列方式启动。

- 功能面板：单击“注释”选项卡，“标注”功能面板→“标注”→“弧长”按钮 。
- 菜单：“标注”菜单→“弧长”命令。
- 命令行：DIMARC。

2．操作方法

执行该命令后，命令行提示如下：

选择弧线段或多段线弧线段:(选择具体对象)
指定弧长标注位置或 [多行文字(M)/文字(T)/角度(A)/部分(P)/引线(L)]:
标注文字 = 66.12

此提示有多个选项，其含义分别如下：

（1）指定弧长标注位置：确定标注线的位置。当直接确定标注线的位置时，系统将自动测量出其弧长值并将其标注出来。

（2）多行文字：键入 M 并回车，打开“文字编辑器”功能选项卡，输入文字并设置文字格式。

（3）文字：键入 T 并回车，执行该选项，命令行提示如下：

输入标注文字 <353>：(输入尺寸文字)

（4）角度：键入 A 并回车，执行该选项，命令行提示如下：

指定标注文字的角度： (输入文字的旋转角度)

（5）部分：键入 P 并回车，执行该选项，命令行提示如下：

指定圆弧长度标注的第一个点:(指定圆弧上弧长标注的起点)
指定圆弧长度标注的第二个点:(指定圆弧上弧长标注的终点)

该命令只是标注部分圆弧。

（6）引线：添加引线对象。仅当圆弧（或弧线段）大于 90 度时才会显示此选项。引线是按径向绘制的，指向所标注圆弧的圆心。键入 L 并回车，执行该选项，命令行提示如下：

指定弧长标注位置或 [多行文字(M)/文字(T)/角度(A)/部分(P)/无引线(N)]:（指定点或输入选项）

“无引线”选项可在创建引线之前取消“引线”选项。要删除引线，必须删除弧长标注，然后重新创建不带引线选项的弧长标注。

具体的弧长标注方式如图 8-12 所示。对于弧长符号来说，可以设置其具体的放置位置。在“修改标注样式”对话框的“符号和箭头”选项卡中进行设置，结果如图 8-13 所示。

用户可以决定是否带有弧长符号、放置在文字前面还是上面等。

8.5.6 三种引线标注

1．引线标注

引线标注利用引线指示一个特征，然后给出它的信息。与尺寸标注命令不同，引线标注不测量距离，引线由一个箭头（在起始位置）、一条直线段或一条样条曲线及一条水平线组成。

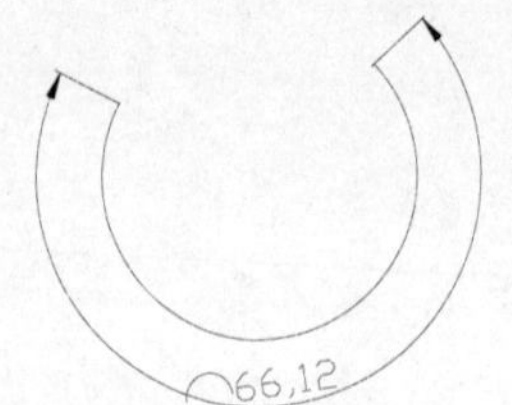

图 8-12 弧长标注

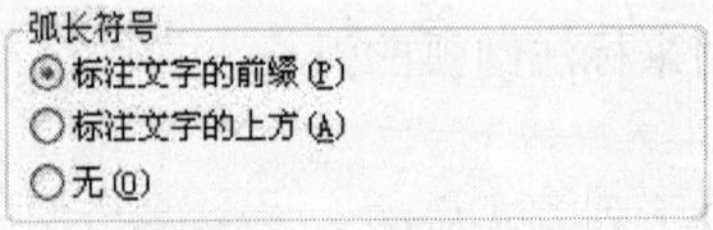

弧长符号
◉标注文字的前缀(P)
○标注文字的上方(A)
○无(O)

图 8-13 设置弧长符号

通过下列方式可以激活该命令。

- 命令：LEADER。

激活该命令后，命令行提示如下：

指定引线起点:(指定引线起点)
指定下一点:(拾取一个点)
指定下一点或 [注释(A)/格式(F)/放弃(U)] <注释>:

提示中各项含义如下。

（1）注释。在此提示下直接回车，执行“注释”选项，系统提示如下：

输入注释文字的第一行或 <选项>:(输入第一行注释文字)
输入注释文字的下一行:(可继续输入，也可直接回车)

注释可以是单行或多行文字、包含形位公差的特征控制框或块等，它将插入到引线的末端。如果在“注释”提示下没有首先输入文字而直接按 Enter 键，将显示以下提示：

输入注释选项 [公差(T)/副本(C)/块(B)/无(N)/多行文字(M)] <多行文字>:

其中各项含义如下。

1）公差：用“形位公差”对话框创建包含形位公差的特征控制框，如图 8-14 所示。可以在这些对话框中创建基准标识符和基准标注注释。指定公差后，LEADER 命令将终止。

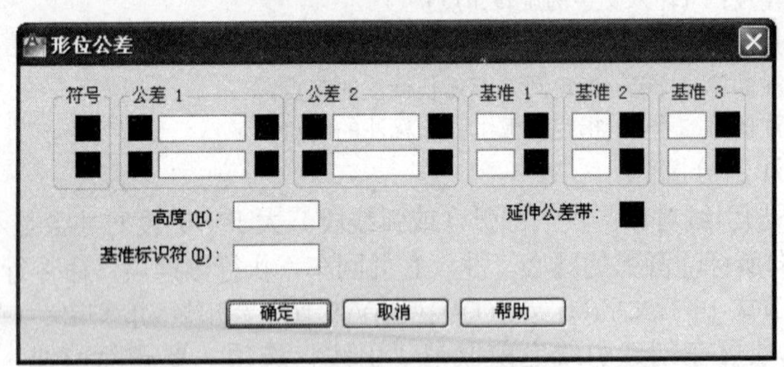

图 8-14 “形位公差”对话框

2）副本：复制文字、多行文字对象、带形位公差的特征控制框或块，并且将副本连接到引线的末端。副本与引线是相关联的，这就意味着如果复制的对象移动，引线末端也将随之移动。基线的显示取决于被复制的对象。系统提示如下：

选择要复制的对象:

该对象将直接插入到引线末端。图 8-15 所示是复制了上面的文字的结果。

插入对象后，LEADER 命令将终止。当前字线间距的值决定插入文字和多行文字对象的位置。任何带有形位公差的块或特征控制框都将被附着到引线末端。

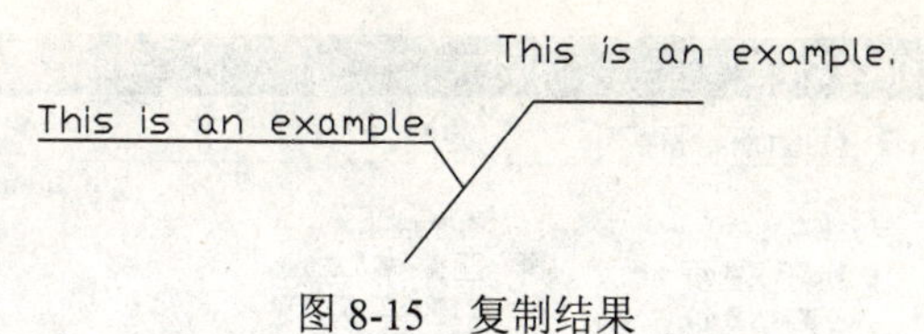

图 8-15 复制结果

3）块：将块插入到引线末端。块参照将插入到自引线末端的某一偏移位置处，并与该引线相关联，这就意味着如果块移动，引线末端也将随之移动，没有显示基线。有关插入块操作见后面相关章节。该选项的提示如下：

输入块名或 [?]: (输入块名或输入 ？列出图形中的所有块)

4）无：不给引线添加任何注释而结束命令。

5）多行文字：指定文字边界的插入点和第二点后，使用在位文字编辑器创建文字。

输入文字字符，将前缀和后缀的格式字符串放进尖括号（< >）中，将换算单位的格式字符串放进方括号（[ ]）中。

单位设置和当前的文字样式决定了显示文字的方式。按引线最后两个顶点的 X 轴方向将多行文字垂直居中和水平对齐。如果指定的偏移量是负值，多行文字将被作为一种基本标注置于方框中。

（2）格式：控制绘制引线的方式以及引线是否带有箭头。输入 F 选项后，系统提示如下：

输入引线格式选项 [样条曲线(S)/直线(ST)/箭头(A)/无(N)] <退出>:

每输入一个选项都将显示“指定下一点或 [注释(A)/格式(F)/放弃(U)] <注释>:”提示。

1）样条曲线：将引线绘制为样条曲线的样式。引线的顶点就是控制点，每个控制点的权值都为 1。

2）直线：将引线绘制为一组直线段。

3）箭头：在引线的起点绘制箭头。

4）无：在引线的起点不绘制箭头。

5）退出：退出“格式”选项。

（3）放弃：放弃引线上的最后一个顶点，将显示前一个提示。

2．快速引线标注

使用 QLEADER 命令可以快速创建引线和引线注释。它使用“引线设置”对话框进行自定义，以便提示用户选择适合绘图需要的引线点数和注释类型。它可以完成以下任务：

（1）指定引线注释和注释格式。

（2）设置引线添加到多行文字注释的位置。

（3）限制引线点的数目。

（4）限定第一段和第二段引线的角度

通过下列方式可以激活该命令：

- 命令：QLEADER

激活该命令后，命令行提示如下：

指定第一个引线点或 [设置(S)]<设置>:

在此提示下直接回车，执行“设置”选项，打开“引线设置”对话框，如图 8-16 所示。

在此对话框中可以设置“注释”、“引线和箭头”、“附着”等选项，从而确定引线的注释类型、多行文字选项、引线端点形状及引线的其他设置。

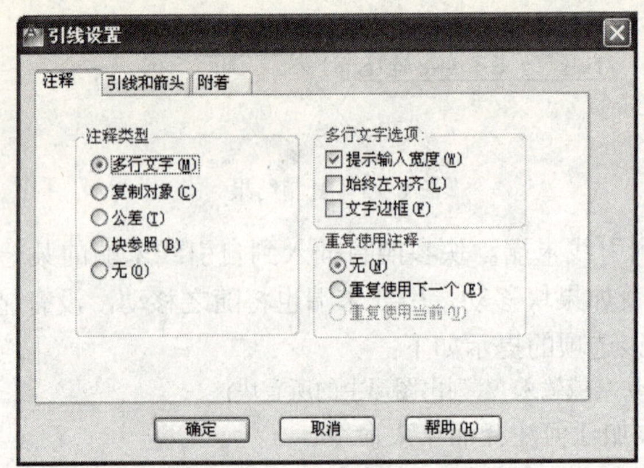

图 8-16 “引线设置”对话框

下面对各选项作简单介绍。

（1）“注释”选项卡：用来标注某特征的有关信息。

1）“多行文字选项”选项组。当选择“提示输入宽度”复选框后，可以标注多行或一行文字，并且在命令行中提示文本的宽度。当选择“始终左对齐”复选框后，也可以标注多行或一行文字，但在命令行不提示文本的宽度。“提示输入宽度”与“始终左对齐”选项不能同时选取，但“文字边框”选项可以与其中之一同时被选中。若选中“文字边框”选项，标注文本按给定的文本宽度显示框架。

2）“注释类型”选项组。其中“复制对象”选项用来把其他位置用引线标注命令注释的文本复制到当前位置。执行“引线标注”命令后，命令行提示如下：

指定第一个引线点或 [设置(S)]<设置>:
指定下一点: (输入旁注指引线的另一点)
指定下一点: (输入旁注指引线的另一点)
指定下一点: ↙
选择要复制的对象:

在此提示下选取要复制的对象，AutoCAD 2012 自动把选取的多行文字、文字、块参照或公差对象复制在当前位置。并退出引线标注命令。

“公差”选项用来标注形位公差。执行“引线标注”命令，命令行提示如下：

指定第一个引线点或 [设置(S)]<设置>:
指定下一点: (输入旁注指引线的另一点)
指定下一点: (输入旁注指引线的另一点)
指定下一点: ↙

弹出如图 8-14 所示的“形位公差”对话框，用户可以从中选取需要进行的标注。

“块参照”选项用来插入块。执行“引线标注”命令，命令行提示如下：

指定第一个引线点或 [设置(S)]<设置>:
指定下一点: (输入旁注指引线的另一点)
指定下一点: (输入旁注指引线的另一点)
输入块名或 [?] <1>:(输入要插入的块名) ↙
单位: 毫米　　转换:　　1.0000
指定插入点或 [基点(B)/比例(S)/X/Y/Z/旋转(R)]:

各选项的含义分别如下：

● “插入点”选项为默认选项，确定一点作为插入点，命令行提示如下：

输入 X 比例因子，指定对角点，或 [角点(C)/XYZ(XYZ)] <1>: :(输入 X 方向的比例因子)

输入 Y 比例因子或 <使用 X 比例因子>:(输入 Y 方向的比例因子，若直接回车执行默认值，即 Y 比例因子等于 X 比例因子)

指定旋转角度 <0>:(输入旋转角)

● 执行“基点”选项后，系统提示如下：

指定基点:（在块上选择一个参照基点）

指定插入点或 [基点(B)/比例(S)/X/Y/Z/旋转(R)]:（继续指定放置点）

● 执行“比例”选项后，命令行提示如下：

指定 XYZ 轴比例因子: (X，Y，Z 方向的比例因子均相等，输入它们的比例因子值)

指定插入点或 [基点(B)/比例(S)/X/Y/Z/旋转(R)]: (确定插入点)

指定旋转角度 <0>:(输入旋转角度值)

● 执行“X”选项后，命令行提示如下：

指定 X 比例因子: (确定 X 方向的比例因子)

指定插入点: (确定插入点)

指定旋转角度 <0>: (输入旋转角度值)

● 执行“Y”选项后，命令行提示如下：

指定 Y 比例因子: (确定 Y 方向的比例因子)

指定插入点: (确定插入点)

指定旋转角度 <0>: (输入旋转角度值)

● 执行“Z”选项后，命令行提示如下：

指定 Z 比例因子: (确定 Z 方向的比例因子)

指定插入点: (确定插入点)

指定旋转角度 <0>: (输入旋转角度值)

● 执行“旋转”选项后，命令行提示如下：

指定旋转角度: (确定旋转角度)

指定插入点:(确定插入点)

输入 X 比例因子，指定对角点，或者 [角点(C)/XYZ] <1>:

输入 Y 比例因子或 <使用 X 比例因子>:

（2）“引线和箭头”选项卡如图 8-17 所示。此选项卡用来设置引线及其箭头的有关信息，包括引线、箭头、点数、角度约束 4 个选项组，下面分别对其作简单介绍。

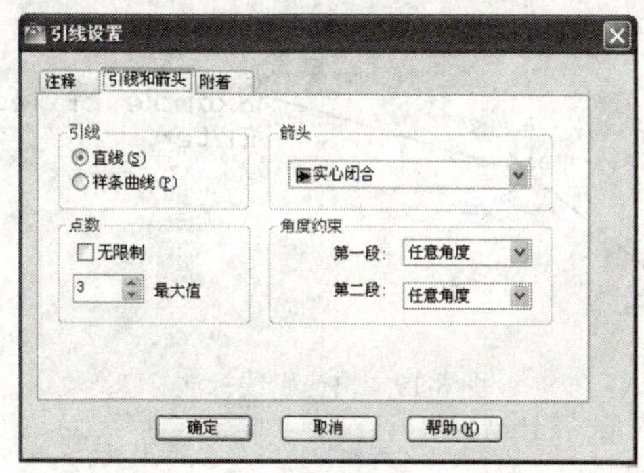

图 8-17 “引线和箭头”选项卡

1）“引线”选项组。其中有直线、样条曲线两个选项，“直线”表示将指引线变成直线的形式；“样条曲线”表示旁注指引线为样条曲线。

2）“箭头”选项组。系统设置了 19 种箭头，用户可以根据自己的需要从对应的下拉列表中进行选择。除此之外还有“无”、“用户箭头”两个选项。“无”选项表示在旁注指引线的起始位置没有箭头；“用户箭头”选项可以建立自己的箭头，执行该选项，打开如图 8-18 的“选择自定义箭头块”对话框，通过此对话框建立箭头。

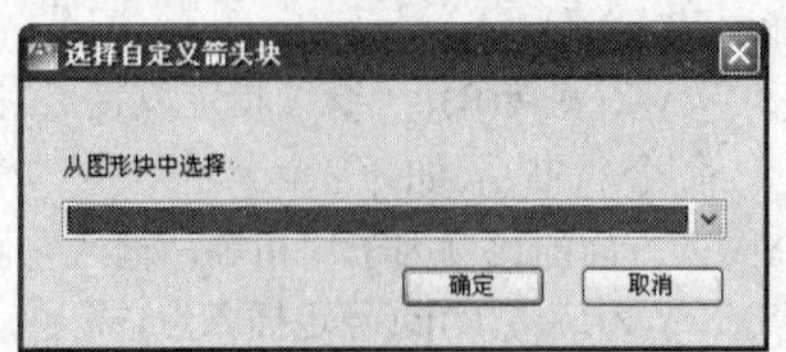

图 8-18 “选择自定义箭头块”对话框

3）“点数”选项组。其中有“无限制”、“最大值”两个选项。如果选取“无限制”选项，在执行“引线标注”命令时，命令行可以无休止地提示“指定下一点”，直到回车为止。“最大值”选项可以设置最多提示“指定下一点：”的次数，既可以通过下拉箭头选取，也可以输入一定的值，此值范围为 2～999。

4）“角度约束”选项组。其中有“第一段”、“第二段”两个下拉列表，在每个下拉列表中均有任意角度、水平、90、45、30、15 六个选项，分别用来确定第一段引线与第二段引线的角度值。执行“引线标注”命令，命令行提示如下：

指定第一个引线点或 [设置(S)]<设置>:(确定引线起始点位置)

指定下一点: (在此提示下输入第一段旁注指引线的另一点，确定第一段指引线的位置，此指引线倾斜角度值是 45 度的倍数，即可以是 45 度、90 度、135 度等)

指定下一点: (在此提示下输入第二段旁注指引线的另一点，确定第二段指引线的位置，此指引线倾斜角度值是 15 度的倍数，也就是可以是 30 度、45 度、60 度等)

指定文字宽度 <0>: 20

输入注释文字的第一行 <多行文字(M)>: 0.04

输入注释文字的下一行:0.05

输入注释文字的下一行: ↙

举例如下。

按图 8-19 的图形和参数进行尺寸标注。

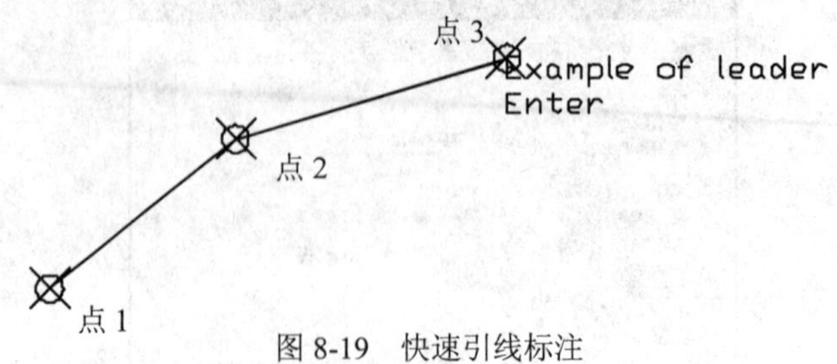

图 8-19 快速引线标注

命令: QLEADER

指定第一个引线点或 [设置(S)] <设置>:↙

系统弹出如图 8-16 所示的对话框。选择“多行文字”单选按钮，然后单击“附着”

选项卡，如图 8-20 所示，决定文字放置的相对位置。单击“确定”按钮，系统继续提示如下：

指定第一个引线点或 [设置(S)] <设置>:（拾取点 1）
指定下一点:（拾取点 2）
指定下一点:（拾取点 3）
指定文字宽度 <0>: 15
输入注释文字的第一行 <多行文字(M)>: Example of leader Enter
输入注释文字的下一行: ↙

3. 多重引线标注

多重引线对象或多重引线可以先创建箭头，也可以先创建尾部或内容。如果已使用多重引线样式，则可以从该样式创建多重引线，如图 8-21 所示。

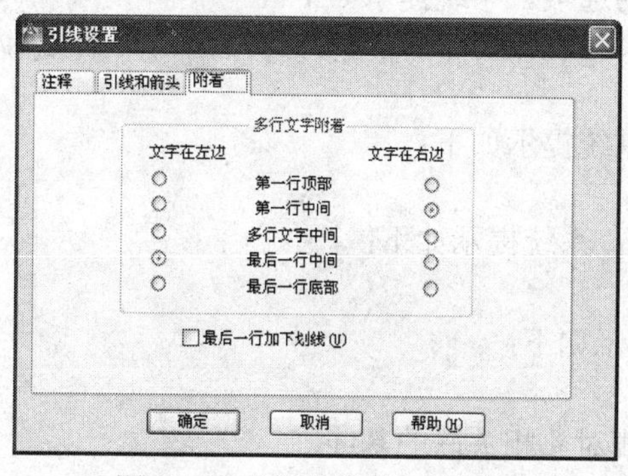

图 8-20 “引线设置”对话框

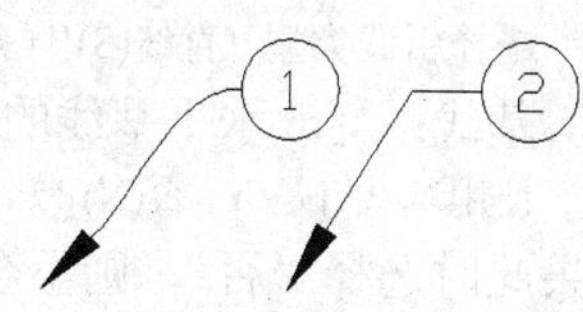

图 8-21 多重引线

多重引线对象可包含多条引线，因此一个注解可以指向图形中的多个对象。使用 MLEADEREDIT 命令，可以向已建立的多重引线对象添加引线，或从已建立的多重引线对象中删除引线。

包含多个引线线段的注释性多重引线在每个比例图示中可以有不同的引线头点。根据比例图示，水平基线和箭头可以有不同的尺寸，并且基线间隙可以有不同的距离。在所有比例图示中，多重引线内的水平基线外观、引线类型（直线或样条曲线）和引线线段数将保持一致。

可以使用夹点修改多重引线的外观。使用夹点，可以拉长或缩短基线、引线或移动整个引线对象。

通过下列方式可以激活该命令：

- 功能面板：单击“注释”选项卡，“引线”功能面板→“多重引线按钮”按钮。
- 菜单：“标注”菜单→“多重引线”命令。
- 命令：MLEADER。

激活该命令后，命令行提示如下：

指定引线箭头的位置或 [引线基线优先(L)/内容优先(C)/选项(O)] <选项>:

提示中各项含义如下。

（1）箭头优先：指定多重引线对象箭头的位置。直接选择点后，可以设置新的多重引线对象的引线基线位置，系统提示如下：

指定引线基线的位置:

如果此时退出命令，则不会有与多重引线相关联的文字。

（2）引线基线优先：指定多重引线对象的基线的位置。如果先前绘制的多重引线对象是基线优先，则后续的多重引线也将先创建基线（除非另外指定）。直接选择点后，系统提示如下：

指定引线箭头的位置:

如果此时退出命令，则不会有与多重引线相关联的文字。

（3）内容优先：指定与多重引线对象相关联的文字或块的位置。如果先前绘制的多重引线对象是内容优先，则后续的多重引线对象也将先创建内容（除非另外指定）。

直接选择点后，将与多重引线对象相关联的文字标签的位置设置为文本框。完成文字输入后，单击“确定”或在文本框外单击完成设置。也可以选择以引线优先的方式放置多重引线对象。如果此时选择“端点”，则不会有与多重引线对象相关联的基线。

（4）选项：指定用于放置多重引线对象的选项。系统提示如下：

输入选项 [引线类型(L)/引线基线(A)/内容类型(C)/最大节点数(M)/第一个角度(F)/第二个角度(S)/退出选项(X)] <退出选项>:

1）引线类型：指定要使用的引线类型。系统提示如下：

输入选项 [类型(T)/基线(L)]:

- 类型：指定直线、样条曲线或无引线。系统提示如下：
  选择引线类型 [直线(S)/样条曲线(P)/无(N)]:
- 基线：更改水平基线的距离。系统提示如下：
  使用基线 [是(Y)/否(N)]:

如果此时选择“否”，则不会有与多重引线对象相关联的基线。

2）引线基线：同上面的“基线”。

3）内容类型：指定要使用的内容类型。系统提示如下：

输入内容类型 [块(B)//无(N)]:

- 块：指定图形中的块，以与新的多重引线相关联。系统提示如下：
  输入块名称:
- 无：指定“无”内容类型。

4）最大节点数：指定新引线的最大点数。系统提示如下：

输入引线的最大点数或 <无>。:

5）第一个角度：约束新引线中的第一个点的角度。系统提示如下：

输入第一个角度约束或 <无>:

6）第二个角度：约束新引线中的第二个角度。系统提示如下：

输入第二个角度约束或 <无>:

7）退出选项：返回到第一个 MLEADER 命令提示。

8.5.7 其他标注

1. 折弯标注

折弯标注也称为折弯半径标注或缩放半径标注，用来测量选定对象的半径，并显示前面带有一个半径符号的标注文字。用户可以在任意合适的位置指定尺寸线的原点。。

（1）启动。

可通过以下方式执行该命令：

- 功能面板：单击“注释”选项卡，“标注”功能面板→“折弯”按钮。

- 菜单：“标注”菜单→“折弯”命令。
- 命令行：DIMJOGGED。

（2）操作方法。

执行此命令后，命令行提示如下：

命令: _Dimjogline

选择要添加折弯的标注或 [删除(R)]:(选择上面的标注)

指定折弯位置(或按<Enter>键)：(在线段上选择一点，指定该点作为折弯位置，或按 Enter 键以将折弯放在标注文字和第一条尺寸界线之间的中点处，或基于标注文字位置的尺寸线的中点处)

折弯的横向角度由“标注样式管理器”对话框中“符号和箭头”选项卡确定，如图 8-22 所示。标注的具体结果如图 8-23 所示。

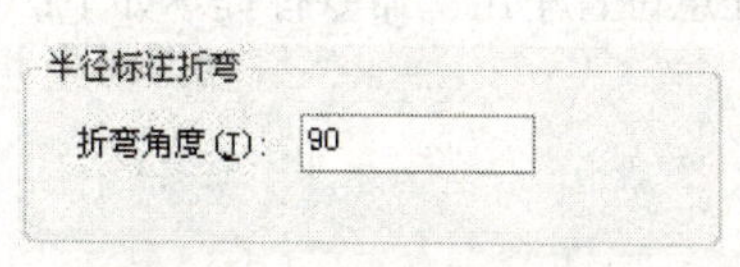

图 8-22　设置折弯角度

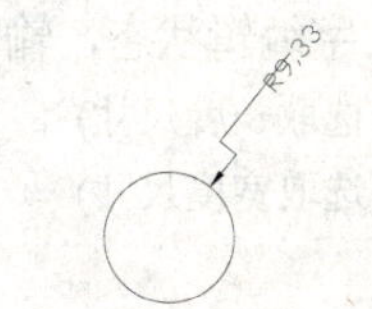

图 8-23　折弯标注结果

2．圆心标记

使圆或圆弧的中间对齐，并以一定的记号进行标记。

（1）启动。

可通过以下方式执行该命令：

- 功能面板：单击“注释”选项卡，“标注”功能面板→“圆心标记”按钮⊕。
- 菜单：“标注”菜单→“圆心标记”命令。
- 命令行：DIMCENTER。

（2）操作方法。

执行此命令后，命令行提示如下：

选择圆弧或圆：(选取欲标记圆心的圆或圆弧)

在执行“圆心标记”命令之前，可以设定合适的尺寸变量。设置方式如下：

命令：DIMCEN

输入 DIMCEN 的新值 <2.5000>：(输入合适的尺寸变量值并回车，退出此命令)

8.6　编辑尺寸标注和文本

8.6.1　尺寸标注编辑

1．启动

通过下列方法可以执行编辑命令：

- 命令行：DIMEDIT。

2．操作方法

执行该命令后，命令行提示如下：

输入标注编辑类型 [默认(H)/新建(N)/旋转(R)/倾斜(O)] <默认>:

各选项的含义分别如下：

（1）默认：按默认位置、方向放置尺寸文本。

（2）新建：执行该选项，弹出“文字格式”对话框，改变尺寸文本及其特性。设置并输入完毕后，单击“确定”按钮，关闭此对话框。

在图 8-24（a）中修改正方形的长度与宽度尺寸值。

命令：DIMEDIT

输入标注编辑类型 [默认(H)/新建(N)/旋转(R)/倾斜(O)] <默认>: N

直接进入文字编辑状态，输入新尺寸文本，在任意位置单击。命令行提示如下：

选择对象：(选取长度尺寸)

选择对象：(选取宽度尺寸)

选择对象：

结果如图 8-24（b）所示，尺寸发生变化。

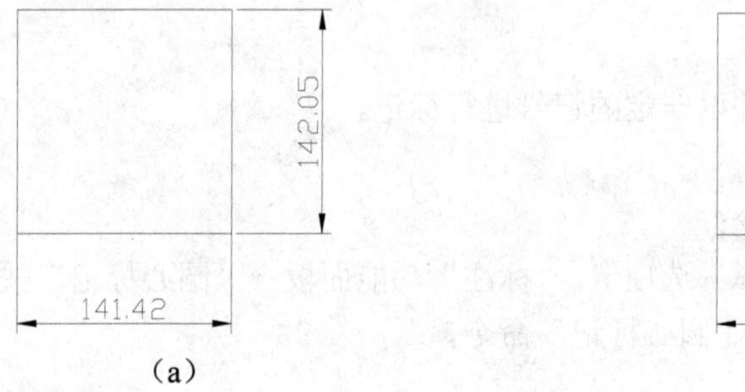

（a）　　　　（b）

图 8-24　改变文本尺寸

（3）旋转：此选项的功能是对尺寸文本按给定的角度进行旋转。

（4）倾斜：此项用来对长度型标注的尺寸进行编辑，使尺寸界线以一定的角度倾斜。

8.6.2　放置尺寸文本位置

下面主要讲述如何改变尺寸文本位置。可以把文本放置在尺寸线的中间、左对齐、右对齐，或把尺寸文本旋转一定的角度。

1．启动

通过下列方法启动。

- 菜单：“标注”菜单→“对齐文字”命令。
- 命令行：DIMTEDIT。

2．操作方法

执行该命令后，命令行提示如下：

选择标注：

为标注文字指定新位置或 [左对齐(L)/右对齐(R)/居中(C)/默认(H)/角度(A)]:

各选项的含义如下：

（1）为标注文字指定新位置：此项为默认选项，拖动十字光标可以把尺寸文本拖放到任意位置。

（2）角度：此选项用来使尺寸文本旋转一定的角度。

（3）默认：此选项的功能是把用角度选项修改的文本恢复到原来的状况。

（4）左对齐/右对齐/居中：此选项的功能是使尺寸文本靠近尺寸左边界/右边界/中心。执行该选项，尺寸文本被自动放置到左边界/右边界/中心。

8.6.3 尺寸关联

在 AutoCAD 2012 中，尺寸标注可以同标注对象相关联，这样当对象发生变化时尺寸也随之变化。具体操作过程如下。

（1）依次选择“工具”菜单中“选项”命令，打开“用户系统配置”选项卡，如图 8-25 所示。

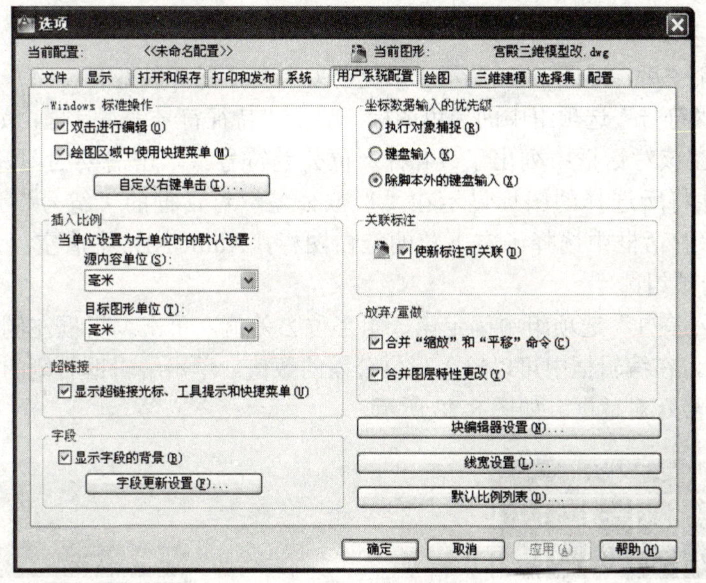

图 8-25 用户系统配置

（2）在“关联标注”选项组中选中“使新标注可关联”复选框，单击“确定”按钮。它将对以后的尺寸标注产生影响。

（3）选择“快速标注”方式，标注后通过拖动等方式更改被标注对象，观察其尺寸标注效果。可以看到尺寸将相应变化。

8.7 公差标注

在机械制图中，有些零件仅给出尺寸公差是不能满足要求的。如果零件在加工过程中产生过大的形状误差和位置误差的话，同样会影响设备的质量。因此需要对一些图纸进行形位公差的标注。AutoCAD 提供了形位公差标注功能，其组成要素如图 8-26 所示。

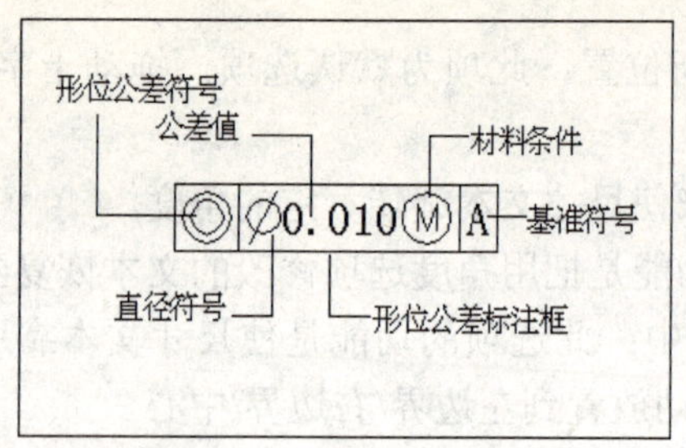

图 8-26 形位公差组成要素

1．启动方法

- 功能面板：单击“注释”选项卡，“标注”功能面板→“公差”按钮。
- 菜单：“标注”菜单→“公差”命令。
- 命令行：TOLERANCE。

2．操作方法

具体的操作步骤如下：

（1）执行命令后，AutoCAD 显示“形位公差”对话框（参见图 8-14）。

（2）单击“符号”选项组中的黑色图标，显示“特征符号”对话框，如图 8-27 所示。AutoCAD 在该对话框中列出了 14 种形位公差符号。单击需要的图标，“特征符号”对话框将关闭并将所选择的图标显示在“形位公差”对话框的“符号”选项组中。如果在“特征符号”对话框中选择了右下角的空白图标，AutoCAD 将清空“形位公差”对话框的“符号”选项组。

（3）在“公差 1”选项组中确定第一组形位公差值。单击编辑框左侧的图标可以添加或删除直径符号，在编辑框中可以输入形位公差的数值。单击编辑框右侧的图标，AutoCAD 将显示“附加符号”对话框，如图 8-28 所示。

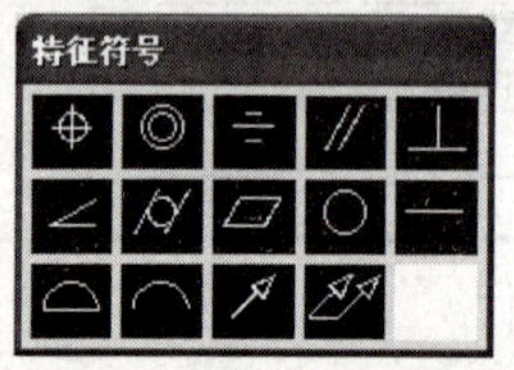

图 8-27 “符号”对话框

图 8-28 “附加符号”对话框

根据需要在该对话框中选择图标，AutoCAD 关闭该对话框并将所选的符号插入到相应位置。

（4）重复（2）、（3）步骤，生成第 2 公差、第 1 基准、第 2 基准和第 3 基准。

（5）在“高度”文本框中输入投影公差带的数值。

（6）如果要在投影公差带数值后插入投影公差带的符号，单击“延伸公差带”图标可显示或隐藏该符号。

（7）在“基准标识符”编辑框中输入基准标志符。

根据需要设置完该对话框后，单击“确定”按钮，AutoCAD 作出如下提示：

输入公差位置：

在指定了公差标注的位置后，AutoCAD 会将用户设置的公差放在指定位置。

AutoCAD 提供的“包容条件”选项、公差值的组成与形式与我国标注略有不符，使用时应注意。

一、选择题

1．在 AutoCAD 中，用于设置尺寸界线超出尺寸线的距离的变量是（　　）。

A．DIMCLRE　　B．DIMLWE　　C．DIMEXE　　D．DIMEXO

2．标注关联是由系统变量（　　）控制的。

A．ASSOCDIM　　B．ASSOCONOFF

C．DIMASO　　D．ASSOCUPDATE

3．能真实反映倾斜对象的实际尺寸的标注命令是（　　）。

A．对齐标注　　B．线性标注　　C．引线　　D．连续标注

4．在机械工程图中，标注圆弧的弧度为 45°时，特殊字符“°”的输入应使用（　　）。

A．%%O　　B．%%D　　C．%%P　　D．%%C

5．使用（　　）标注，必须先标注出一尺寸。

A．线性　　B．对齐　　C．基线　　D．引线

6．下列表示ϕ120 的字符代码是（　　）。

A．%%u20　　B．%%o120　　C．%%c120　　D．%%d120

二、填空题

1．一个完整的尺寸包括________、________、________、________4 部分。

2．在进行尺寸标注时，AutoCAD 提供的样式包括________、________、________、________、________、________等。

3．线性尺寸标注形式有________、________、对齐、旋转等。

4．尺寸变量 DIMTXT 的功能是________。

三、判断题

1．快速引线标注的最大端点数为 3。（　　）

2．所有尺寸标注都应该在视图中给出。（　　）

3．不能为尺寸文字添加后缀。（　　）

4．在没有任何标注的情况下，也可以用基线标注和连续标注。（　　）

四、操作题

1．对第 3 章绘制的底板图进行标注，如图 8-29 所示。

2．按照图 8-30 所示绘制高速轴图并进行标注。

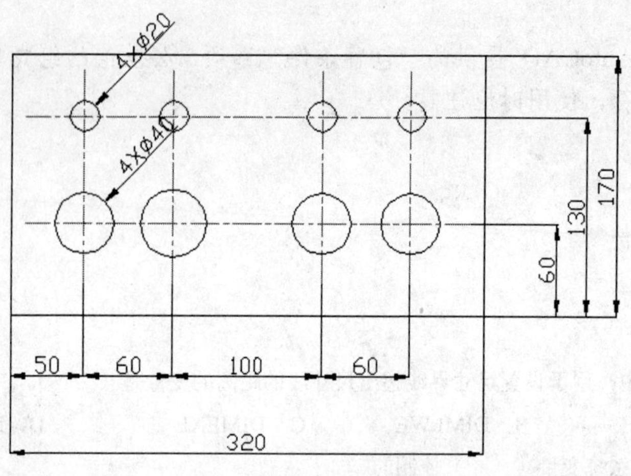

图 8-29 标注底板图

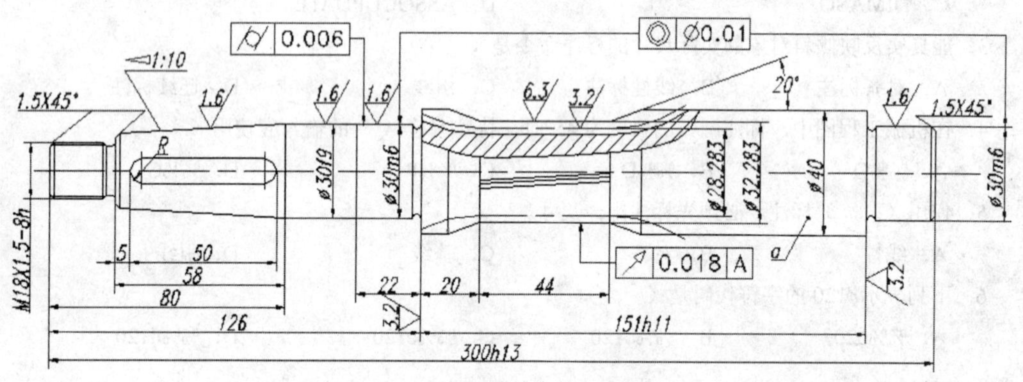

图 8-30 绘制高速轴图并进行标注

五、思考题

1．尺寸标注由哪些部分组成？

2．AutoCAD 提供了多少种尺寸标注类型？

3．自动标注和半自动标注有什么不同？

4．如何改变尺寸标注的样式？

5．什么是尺寸标注的关联性？

6．如何进行公差标注？

第 9 章　文字注释

- 掌握文字样式的设置方法。
- 掌握单行文字的输入和编辑方法。
- 掌握多行文字的输入和编辑方法。

在一张完整的工程机械图中，还要有必要的文字说明及注释。AutoCAD 2012 提供了更加完善的文字生成和文本编辑功能，不仅可以不用“画”文字而直接用键盘输入，而且可以使用不同的字形，定义不同的字高，使用不同的对齐方式，使不同行业的用户都能很好地利用它。

9.1　文本及字体

在文本放置中，最基本的单位就是文本和字体。文本就是图形设计中的技术说明和图形注释等文字。在手工绘图中，为了整个画面的美观，设计者要精心书写，甚至由于设计单位、设计项目的不同，要求的字体也不同，AutoCAD 2012 解决了这些问题，不但可以快速添加文字，而且提供了丰富的字库。

在图形上添加文字前，需要考虑的问题是文本所使用的字体，文本所确定的信息和文字的比例以及文本的类型和位置。所涉及的概念如下：

（1）字体：指文字的不同书写形式，包括所有的大、小写文本，数字以及宋体、仿宋体等文字。在 AutoCAD 2012 中，除了系统本身的字体外，还可以使用附加程序内的 TRUE TYPE 字体。常用的字体是 TIMES NEW ROMAN、TXT、宋体和仿宋体。由于某些项目的需要，有时也用艺术字体和黑体等。

（2）文本所确定的信息：即文本的内容，这是文本放置前的主要要求。确定了它，才能确定文本的具体位置和使用类型，甚至字体类型等各项。

（3）文本的位置：在一般的图形绘制中，文本应该和所描述的实体平行，放置在图形的外部，并尽量不与图形的其他部分重叠，可以用一条细线引出文本，把文本和图形联系起来，也可以放置在图纸的一角，为了清晰、美观，文本要尽量对齐。

最后的问题是把文本放置在哪个层中，一般应该放在主组代码为 ANNO 的层上。

（4）文本的类型：文本一般包括通用注释和局部注释两种。通用注释就是整个项目的一个特定说明。局部注释是项目中的某一部分的说明，或具体到哪一张图的文字说明。

（5）文本的比例：在一张图中，如果文字部分不协调，将影响到整个图的布局。在输入一段文字时，系统将提示用户键入文字高度。但为了方便并且能得到理想的文本高度，可以定义一个比例系数。文本的比例系数可以和图形比例系数互用，当图形比例系数变化时，文本比例系数也随着改变。至于它们之间的具体关系，则随用户的要求不同而有所改变。

9.2 设置文字样式

文本放置内容包括文本的字体、高度、宽度和角度等。当所做的图越来越大时，每次都设置这些特性就很麻烦，用户可以使用 STYLE 命令来组织文字。STYLE 存储了最常用的文字格式，如高度、字体信息等。用户可以自己创建文字样式，或调用图形模板中的文字样式，使用 STYLE 命令把文字添加到图形中。

9.2.1 设置样式

在创建新样式时，有三个因素很重要：指定样式名、选择字体以及定义样式属性。样式是利用如图 9-1 所示的“文字样式”对话框进行设置的。

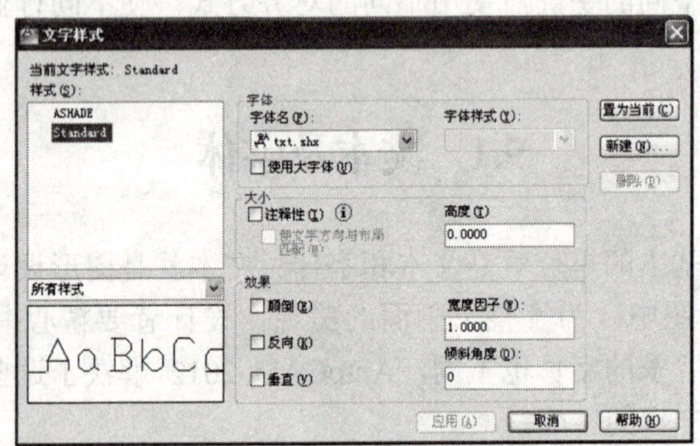

图 9-1 “文字样式”对话框

该对话框的启动方式如下：

- 功能面板：单击“注释”选项卡，“文字”功能面板→ 按钮。
- 菜单：“格式”菜单→“文字样式”命令。
- 命令行：键入 ST 或 STYLE。

“文字样式”对话框有四方面内容：样式名、字体、效果和预览，在创建新样式中指定样式名是最基本的。

有关样式基本处理的操作有以下几种：

（1）创建样式。打开“文字样式”对话框。单击“新建”按钮，将出现“新建文字样式”对话框，如图 9-2 所示。接受默认值“样式 1”，或直接键入自己喜欢的名字，单击“确定”按钮。

图 9-2 “新建文字样式”对话框

（2）删除样式。打开“文字样式”对话框。选取“样式”列表框中要删除的样式，单击“删除”按钮，删除所选样式。

（3）重命名样式。样式重命名可以直接利用“文字样式”对话框，也可以使用“重命名”对话框重命名。

1）使用“文字样式”对话框重新命名样式的步骤如下：打开“文字样式”对话框，选取“样式”列表框中要重命名的样式，然后输入新名称并确定即可。

2）使用“重命名”对话框重新命名样式的步骤如下：从“格式”下拉菜单中选取“重命名”选项，或在命令提示行中键入 REN 或 RENAME，屏幕将弹出如图 9-3 所示的“重命名”对话框；选取“文字样式”选项，“项目”列表中将列出已有的所有样式名；选取要重命名项，该项将出现在“旧名称”文本框中；在“重命名为”文本框中键入新名字，单击该按钮，再单击“确定”按钮，关闭此对话框。

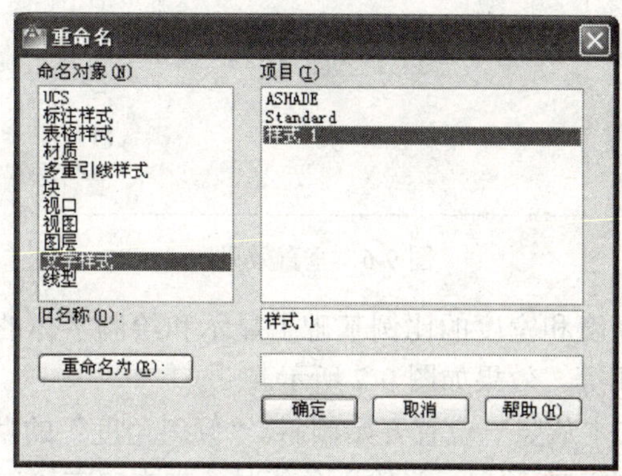

图 9-3 “重命名”对话框

9.2.2 选择字体

从图 9-1 中可以看到，“字体”选项组中有一个“使用大字体”复选框，“SHX 字体”中的选项将随这个复选框的开、闭而变化。用户需要在此选择正确的汉字字体方能输入汉字。

当“使用大字体”复选框处于激活状态时，系统将提供计算机内所有程序的字体。当“使用大字体”复选框未激活时，系统只提供 AutoCAD 2012 内的字体。选择字体只需要从“SHX 字体”下拉列表中选取即可，“预览”窗口中将显示所选字体。

“大小”选项组中的“高度”项定义字体的高度，直接输入一个高度值就可以了。要注意的是，一旦选定一个高度，则“文字样式”对话框创建的所有文本都将具有这个相同的高度值。

9.2.3 文字效果

“文字样式”对话框的“效果”选项组中有 5 个选项，包括颠倒、反向、垂直、宽度因子和倾斜角度。下面分别进行介绍。

（1）颠倒：使文本颠倒放置。系统设置的文本放置方式的默认值是正放文本，选取这一项文本将倒置。效果如图 9-4 所示。

（2）反向：使文本从右到左放置。该选项的默认值是从左到右放置文本，激活这一项，文本将从右到左放置文本，效果如图 9-5 所示。

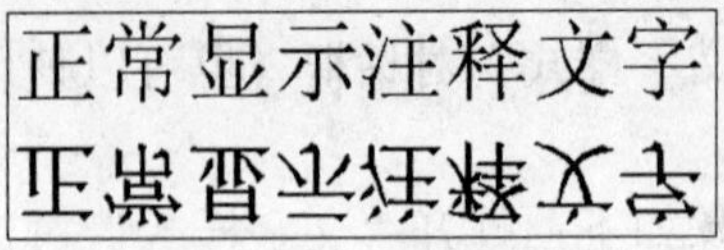

正常显示注释文字

图 9-4 颠倒效果

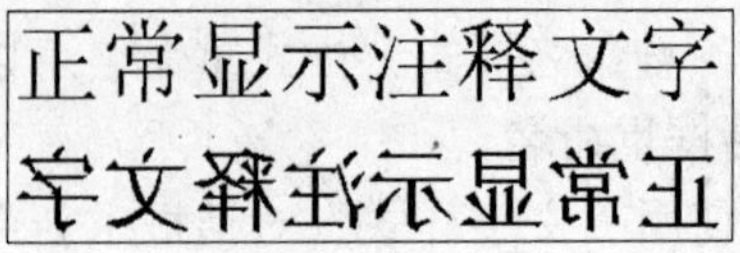

正常显示注释文字

图 9-5 反向效果

（3）垂直：使文本垂直放置。对于 TrueType 字体，该选项不可用。对于 SHX 字体，仅当所选字体支持垂直方向时可用。效果如图 9-6 所示。

正常显示注释文字
vertical

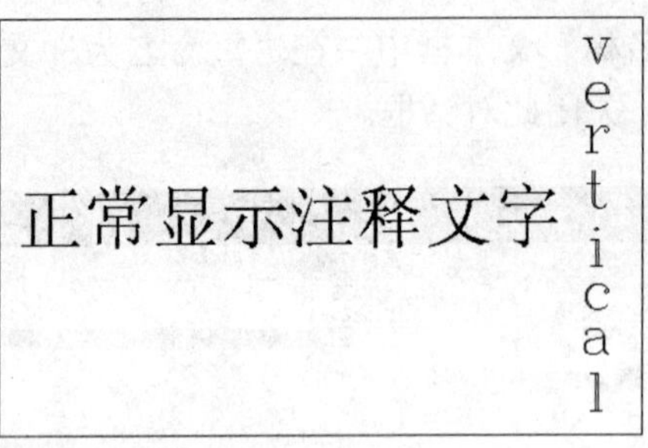

图 9-6 垂直效果

（4）宽度因子：在高度和宽度的比例基础上显示和绘制字体的字符。宽度系数的默认值为 1，它使宽度和高度相等。效果如图 9-7 所示。

（5）倾斜角度：使文本从竖直位置开始倾斜。“倾斜角度”的默认值为 0，显示正常的文本，当输入正值时，文本向右倾斜，当输入负值时，文本向左倾斜。效果如图 9-8 所示。

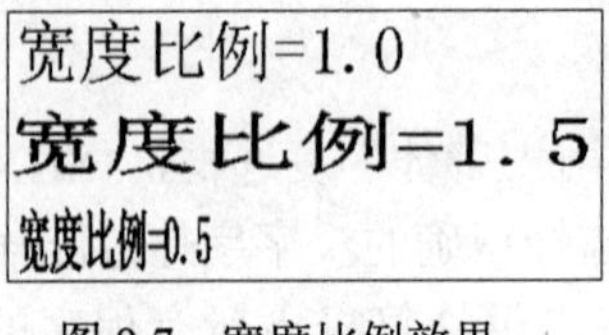

宽度比例=1.0
宽度比例=1.5
宽度比例=0.5

图 9-7 宽度比例效果

倾斜角=0度
倾斜角度=30度
倾斜角度=-30度

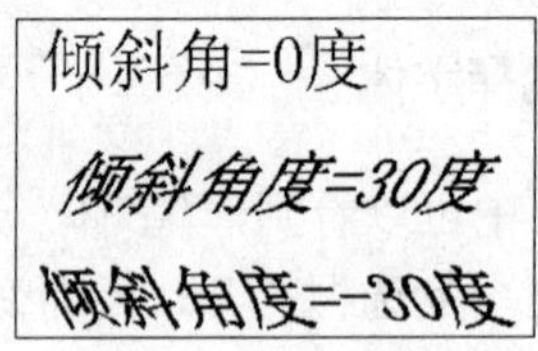

图 9-8 倾斜角度效果

如果用户改变已有字形的字体或者方向，则当前图形中所有使用该字形的文本对象在重生成时都使用新设置。如果改变文本高度、宽度比例和倾斜角度，将不影响已有文本对象，只影响后面的字体。

9.3 简单文字

在 AutoCAD 2012 中，可以用不同的方式放置文本。对于一些简单、不需要复杂字体的部分，可以用 TEXT 命令来放置文本。

1. 启动

可用以下方式启动：

- 功能面板：单击“注释”选项卡，“文字”功能面板→“单行文字”按钮A|。

- 菜单：“绘图”菜单→“文字”→“单行文字”命令。
- 命令行：TEXT。

2．操作方法

激活该命令后，命令行提示如下：

命令: _DTEXT 或 TEXT
当前文字样式: Standard　当前文字高度: 2.5000
指定文字的起点或 [对正(J)/样式(S)]:

其中各选项含义如下：

（1）文字的起点：系统的默认选项。执行该选项，命令行提示如下：

指定文字的起点或 [对正(J)/样式(S)]:（确定文字的起始位置）
指定高度 <2.5000>:（确定文字的高度）
指定文字的旋转角度 <0>:（确定文字行的旋转角度，确定文字的内容。若要结束，可以在其他任意位置单击）

（2）对正：AutoCAD 2012 提供了多样的文字定位方式，这些定位方式便于灵活组织图纸上的文本。执行该选项，命令行提示如下：

输入选项[对齐(A)/布满(F)/居中(C)/中间(M)/右对齐(R)/左上(TL)/中上(TC)/右上(TR)/左中(ML)/正中(MC)/右中(MR)/左下(BL)/中下(BC)/右下(BR)]:

AutoCAD 2012 为文字行定义了四条定位线：顶线、中线、基线、底线，文字的对正就是参照这些定位线进行的，如图 9-9 所示。

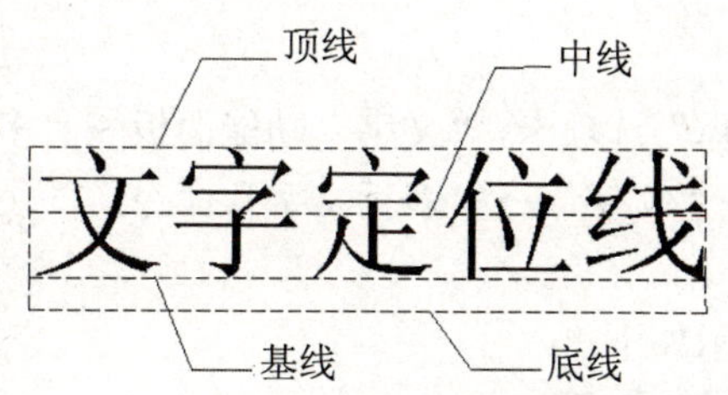

图 9-9　文字的四条定位线

1）对齐：通过指定文字基线的两个端点来指定文字宽度和文字方向。

用户依次确定文字基线的两个端点并输入文字后，系统自动将输入的文字写在两点之间。文字行的斜角由两点的连线确定，根据两点的距离、字符数自动调节文字的宽度。字符串越长，字符就越小。

2）布满：通过指定两点和文字高度来确定显示文字的区域和方向。

其中文字的高度是指以绘图单位表示的大写字母从基线垂直延伸的距离。在“布满”方式下，文字的高度是一定的，此时字符串越长，字符就越窄。

3）居中：通过指定文字基线的中点来定位文字。

文字的旋转角度指文字基线相对于 X 轴绕中点的旋转方向。用户可以通过指定一点来指定该角，系统将文字从起点延伸到指定点。如果指定点在中点的左边，系统将绘制倒置的文字。

4）中间：通过指定文字外框的中心来定位文字，文本行的高度和宽度都以此点为中心。

5）右对齐：通过指定文字基线的右侧端点来定位文字。

对于其余的九种定位方式，系统分别以文字的顶线、中线、底线的左、中、右三点定位文字。

（3）样式：执行该选项，命令行提示如下。

输入样式名或 [?] <Standard>:

可以按回车键接受当前样式，或者输入一个文字样式名将其设置为当前样式。当输入“？”后，AutoCAD 2012 将打开文本窗口，列出当前图形某个文字样式或全部文字样式，以及一些设置信息。

3．说明

（1）如果最后使用的是 TEXT 命令，当再次使用 TEXT 命令时，按回车响应提示，则系统不再要求输入高度和角度，而直接提示输入文字。该文字将放置在前一行文字的下方，且高度、角度和对齐方式均相同。

（2）当使用插入点捕捉方式时，系统将捕捉到生成文本时用户指定的点。

9.4 多行文字

TEXT 和 DTEXT 命令的文字功能比较弱，每行文字都是独立的对象，这就给编写明细表和技术要求等大段文字带来麻烦。因此，AutoCAD 提供了 MTEXT 命令来增强对文字的支持。该命令可处理成段文字，尤其在 AutoCAD 2012 中，很像 Word 处理程序，提供了更加强大的新增功能。

1．启动

多行文字启动方式如下：

- 功能面板：单击“注释”选项卡，“文字”功能面板→“多行文字”按钮A。
- 菜单：“绘图”菜单→“文字”→“多行文字”命令。
- 命令行：MTEXT。

激活该命令后，命令行提示如下：

当前文字样式: "Standard"。文字高度: 50

指定第一角点:（用鼠标选定一点作为确定书写文字矩形区域的第一角点）

指定对角点或 [高度(H)/对正(J)/行距(L)/旋转(R)/样式(S)/宽度(W)/栏(C)]:

同时，系统弹出如图 9-10 所示的功能面板。它由顶部带标尺的边框和“文字编辑器”功能面板组成。多行文字编辑器是透明的，因此用户在创建文字时可看到文字是否与其他对象重叠。输入的文字将限制在所确定的矩形内。

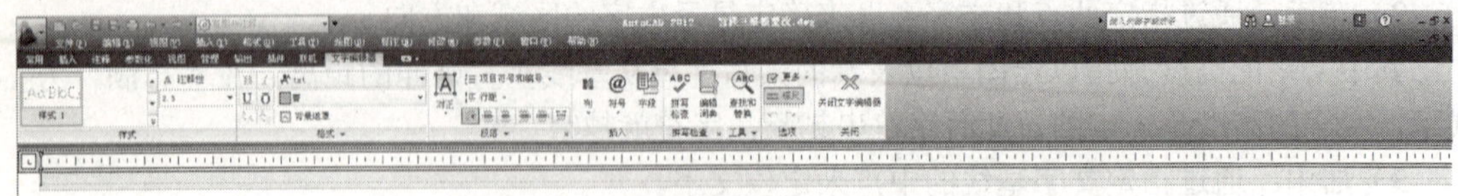

图 9-10　多行文字状态

2．文字编辑器

文字编辑器如图 9-11 所示，其各选项功能如下：

（1）文字样式：向多行文字对象应用文字样式。如果将新样式应用到现有多行文字对象中，用于字体、高度和粗体或斜体属性的字符格式将被替代。堆叠、下划线和颜色属性将保留在应用新样式的字符中，同时，反向或倒置效果样式无效。在 SHX 字体中定义为垂直效果的样式将在多行文字编辑器中水平显示。

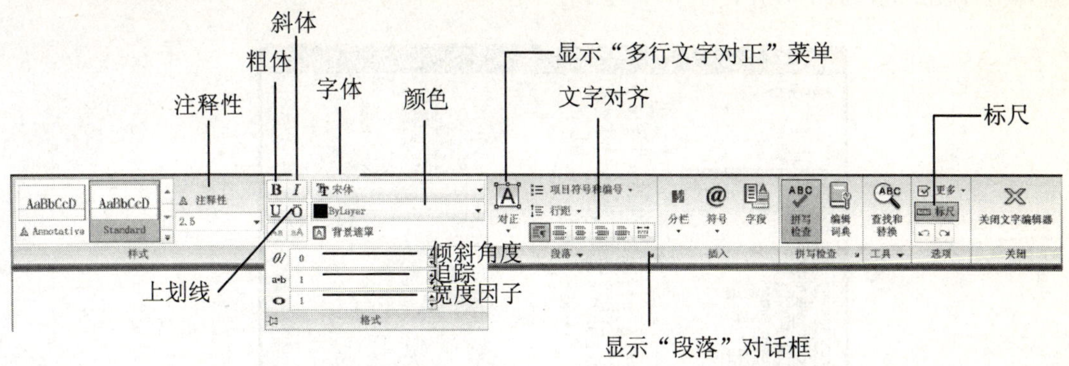

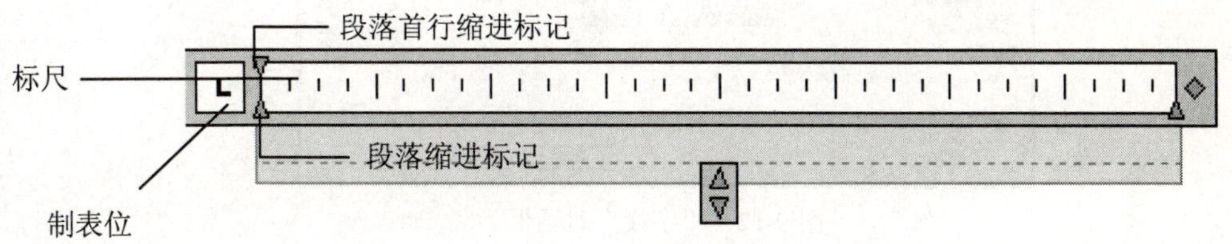

图 9-11　文字编辑器

（2）字体：为新输入的文字指定字体或改变选定文字的字体。

（3）文字高度：可键入或选择新文字的字符高度。在 AutoCAD 2012 中，多行文字对象可以包含不同高度的字符。

（4）粗体：打开或关闭粗体格式。此功能仅适用于 TrueType 字体。

（5）斜体：打开或关闭斜体格式。此功能仅适用于 TrueType 字体。

（6）下划线：打开或关闭下划线格式。

（7）文字颜色：修改或指定文字的颜色。

另外，多行文字编辑器还有几个比较特殊的选项如下：

（1）插入字段。在“插入”功能面板上单击“字段”按钮，系统将弹出如图 9-12 所示对话框，从“字段类别”下拉列表中选择类型，然后在“字段名称”列表中选择字段，可在右侧表达式中直接看到效果。确定后即可插入到文字边框内。

（2）符号。单击“插入”功能面板中的“符号”按钮，如图 9-13 所示，在光标位置插入列出的符号或不间断空格，也可以手动插入符号，同 Word 等字处理软件一样。如果选择“其他”选项，系统将弹出“字符映射表”对话框，如图 9-14 所示，从中可以选择特殊字符。

（3）输入文字。在“工具”功能面板上选择“输入文字”按钮，系统显示“选择文件”对话框。选择任意 ASCII 或 RTF 格式的文件，输入的文字保留原始字符格式和样式特性，但可以在多行文字编辑器中编辑和格式化输入的文字。输入文字的文件必须小于 32KB。

（4）插入项目符号和编号。单击“段落”功能面板中的“项目符号和编号”按钮，如图 9-15 所示，从中选择相应选项即可。

（5）背景遮罩。在“格式”功能面板中选择该选项后，将显示如图 9-16 所示的“背景遮罩”对话框。在其中可以决定文字遮挡的区域、遮挡背景等。

（6）段落对齐。在“段落”功能面板中单击相应按钮，可以设置多行文字对象的对正和对齐方式。在一行的末尾输入的空格也是文字的一部分，并会影响该行文字的对正。文字根据其左右边界进行居中对齐、左对齐或右对齐。

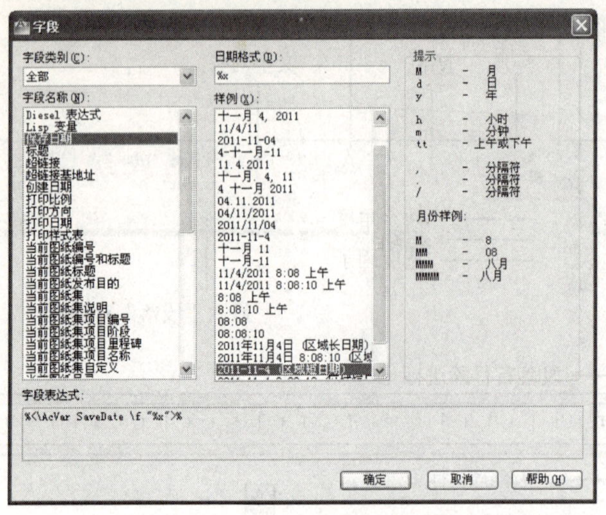

图 9-12 “字段”对话框

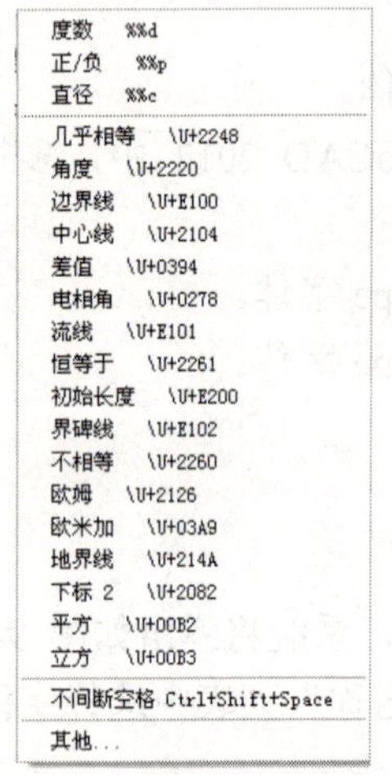

图 9-13 “字符”菜单

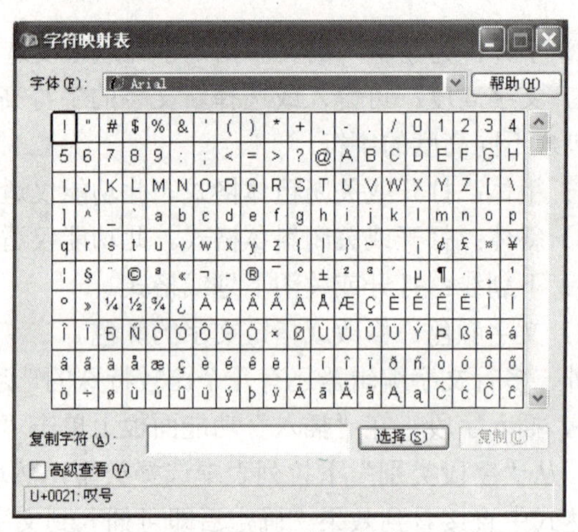

图 9-14 字符映射表

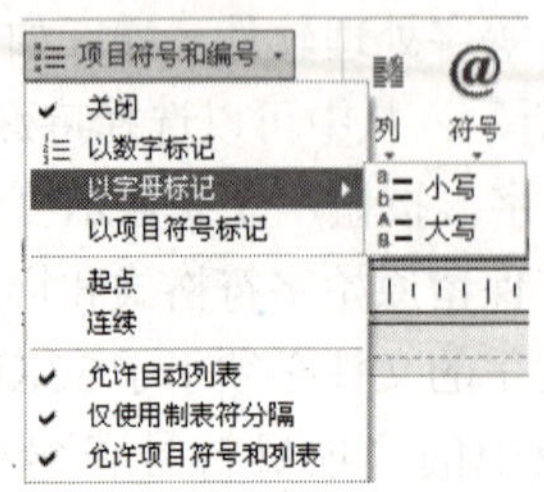

图 9-15 插入项目符号或编号

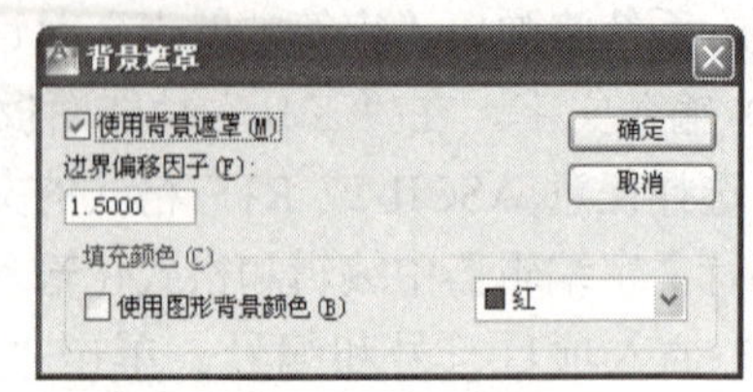

图 9-16 背景遮罩

（7）查找和替换。在“工具”功能面板中单击该按钮，显示“查找和替换”对话框，进行替换即可。

（8）合并段落。在“段落”功能面板中，将选定的段落合并为一段并用空格替换每段的回车。

当插入黑色字符且背景色是黑色时，多线文字编辑器自动将其改变为白色或当前颜色。

9.5 编辑文字

9.5.1 编辑文字

对输入的文字可以编辑属性或者文字内容，分为使用 DDEDIT 命令或 DDMODIFY 命令两种方式。

1．DDEDIT 方式

DDEDIT 命令的启动方式如下：

- 菜单：“修改”菜单→“对象”→“文字”命令。
- 命令行：DDEDIT。

激活该命令后，命令行提示如下：

选择注释对象或 [放弃(U)]:

如果选择单行文字，则文字处于可编辑状态，只要输入新文字即可。

如果选择多行文字，AutoCAD 2012 将显示“文字编辑器”功能面板，修改所选择的文字。修改完毕，单击“确定”按钮使之生效。

2．DDMODIFY 方式

直接在命令行中键入该命令，系统将弹出“特性”选项板。然后选择文字，便可以修改文字的基本特性，包括颜色、线型、图层、文字样式、对齐、宽度等。单行文字特性和多行文字特性分别如图 9-17 和图 9-18 所示。

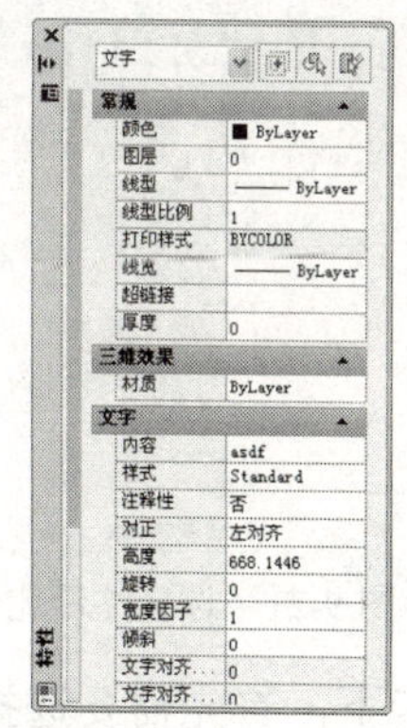

图 9-17　单行文字特性

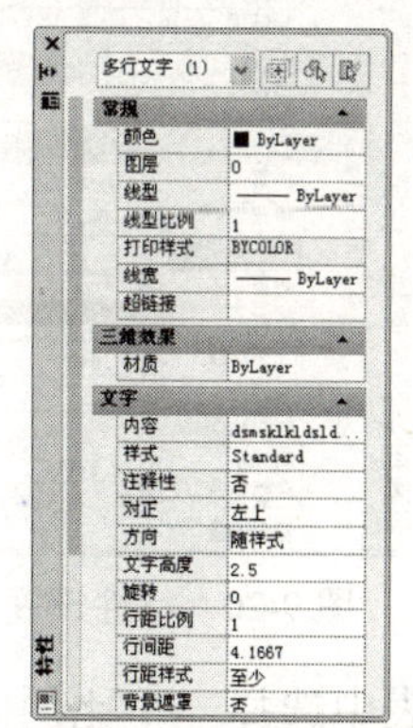

图 9-18　多行文字特性

9.5.2 注释与注释性

通常用于注释图形的对象有一个特性称为注释性。使用此特性，用户可以自动完成缩放注释的过程，从而使注释能够以正确的大小在图纸上打印或显示。用户可以在图形状态栏中进行简单设置，如图 9-19 所示。

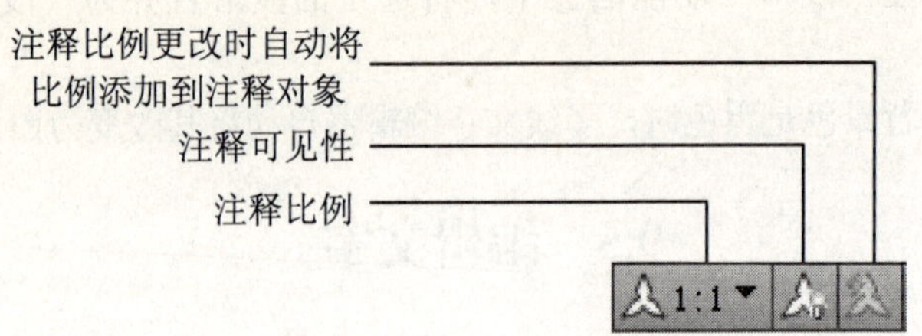

图 9-19　图形状态栏

在“特性”选项板中可更改“注释性”特性，用户还可以将现有对象更改为注释性对象，如图 9-20 所示。

将光标悬停在支持一个注释比例的注释性对象上时，光标将显示图标⚠。如果该对象支持多个注释比例，则将显示⚠图标。

可以为注释性对象定义在图纸中的大小，用户为布局视口和模型空间设置的注释比例确定在这些空间中注释性对象的大小。这就是所谓的缩放注释操作。

（1）在“模型”选项卡中设置注释比例的步骤如下：

1）在图形状态栏或应用程序状态栏的右侧，单击显示的注释比例旁边的下拉箭头，如图 9-21 所示。

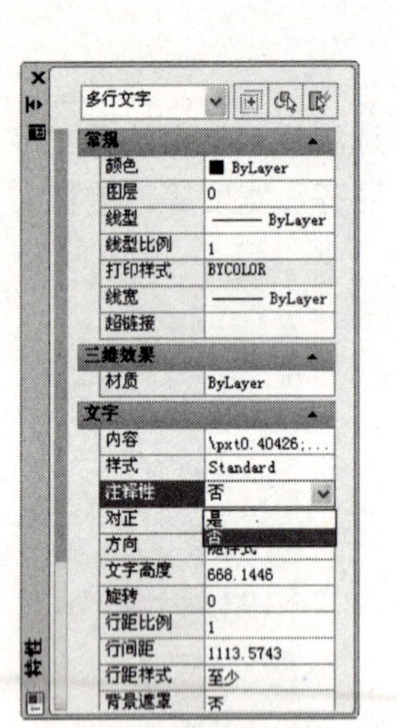

图 9-20　特性设置

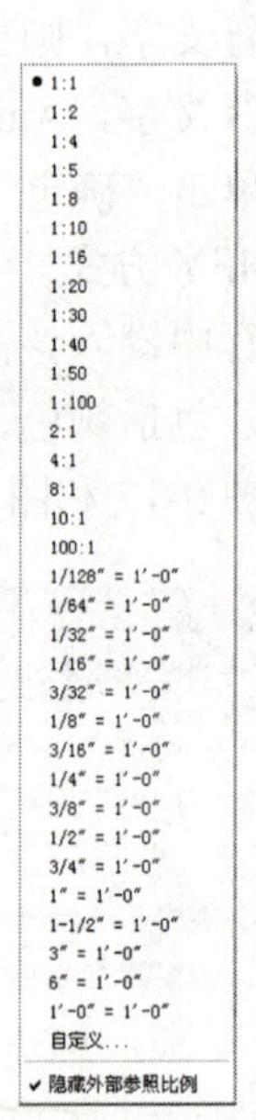

图 9-21　选择注释比例

2）从列表中选择一个比例。如果是在“布局”选项卡下，首先需要选择需要设置比例的视口，然后遵循上面的步骤操作。

（2）将注释比例添加到注释性对象中的步骤如下：

1）在菜单栏中选择“修改”→“注释性对象比例”→“添加/删除比例”命令，如图 9-22 所示。此前必须在“特性”选项板中设置“注释性”为“是”。

2）在绘图区中，选择一个或多个注释性对象，按 Enter 键结束，系统弹出如图 9-23 所示的对话框。

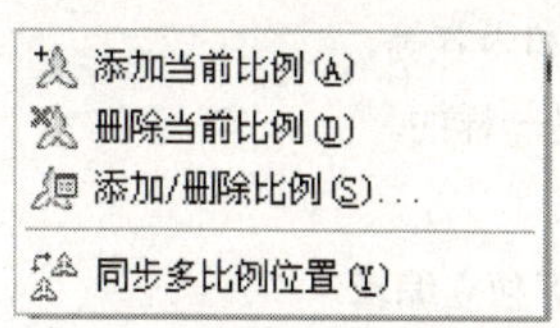

图 9-22 “注释性对象比例”子菜单

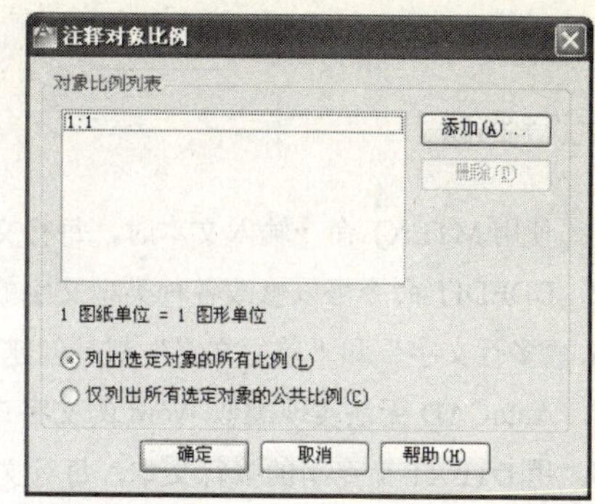

图 9-23 “注释对象比例”对话框

3）在“注释对象比例”对话框中，单击“添加”按钮，系统弹出如图 9-24 所示的对话框。

4）在“将比例添加到对象”对话框中，选择要添加到对象的一个或多个比例（按住 Shift 键可以选择多个比例）。

5）单击“确定”按钮。

6）在“注释对象比例”对话框中，单击“确定”按钮。

要删除的话，可以在图 9-22 中选择“删除当前比例”命令，然后选择对象即可。

在“布局”选项卡下，如果要将注释旋转某个角度，可以在“特性”选项板的“旋转”文本框中进行设置，如图 9-25 所示。

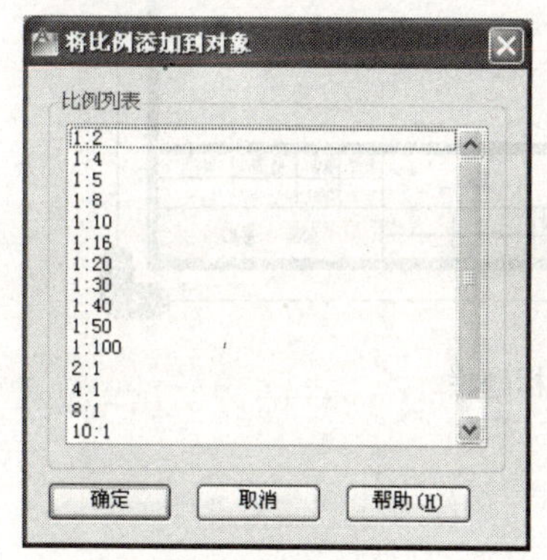

图 9-24 “将比例添加到对象”对话框

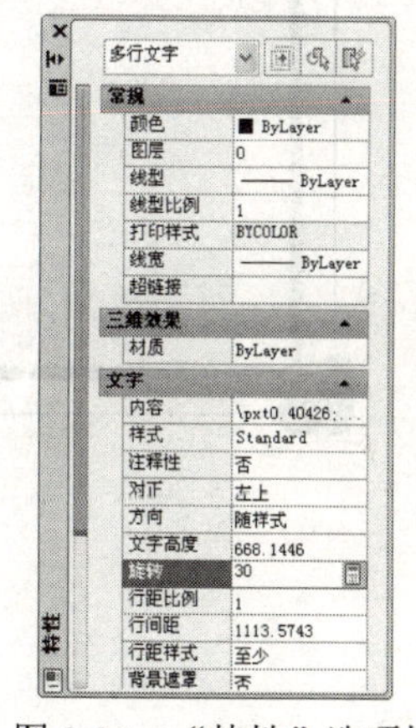

图 9-25 “特性”选项板

一、填空题

1．插入单行文字的命令是________，插入多行文字的命令是________。

2．在文字样式中，宽度比例因子是指________。

3．在文字输入中特殊符号中标注正负公差（±）符号应输入%%P；标注直径（ϕ）符号应输入

%%C；标注度（°）符号应输入________。

二、判断题

1．使用 MTEXT 命令输入文本时，每行文字是一个独立的对象。（ ）

2．DDEDIT 命令可以修改各种类型文字的文字样式、宽度和内容等。（ ）

3．“多行文字”和“单行文字”都是创建文字对象，本质是一样的。（ ）

4．AutoCAD 无法实现类似 Word 的文字查找或者替换功能。（ ）

5．用 DTEXT 命令写的多行文本，每行文本成为一图元，可独立编辑。（ ）

三、操作题

绘制 A4 图框和标题栏，如图 9-26 所示。

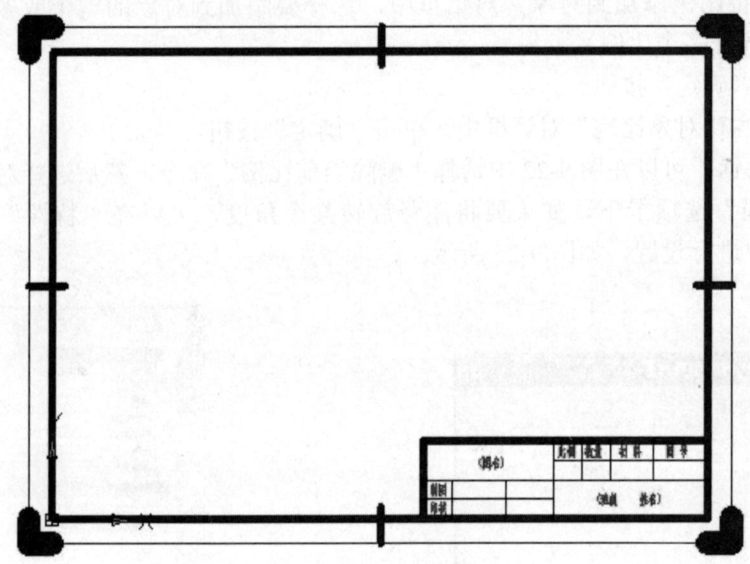

图 9-26　A4 图框和标题栏

第 10 章　块、参照和设计中心

- 理解在当前文件中定义块和定义块文件的区别。
- 掌握块的定义方法和属性设置。
- 掌握块的不同插入方法。
- 学会外部参照的使用。
- 熟悉设计中心的用法。
- 了解动态块的使用。

10.1　块

在实际绘图中，经常会遇到标准件等多次重复使用的图形。如果逐个绘制的话，很显然效率会很低。自从推出 AutoCAD 2006 版本以后，多窗口操作和复制操作功能得到增强，使得解决这一问题变得比以前版本更方便。但是，这样就必须准确记得哪些图形在什么图形文档中。如果单独将它们作为独立的整体定义好并在需要的时候插入，则可以省去很多麻烦。这就是块的作用。

10.1.1　定义块

所谓块，就是将一些对象组合起来，形成单个对象（或称为块定义），它们用一个名字进行标识。这一组对象能作为独立的绘图元素插入到一张图纸中，进行任意比例的转换、旋转并可放置在图形中的任意地方。用户还可以将块分解成为其组成对象，并对这些对象进行编辑操作，然后重新定义这个块。

1．在当前文件定义块

对当前文件中的块定义有两种方式，可以通过命令行和对话框进行定义。这二者之间的差别比较明显，所以分别介绍。

（1）命令行定义方式。

用户可以通过如下方法定义块：

命令行：-BLOCK 或-B

输入块名或 [?]:(输入要定义的图块名称)

指定插入基点或 [注释性(A)]: (在窗口中拾取所需要的点)

选取插入基点。它是一个参考点，当插入块时，AutoCAD 会根据图块的插入点位置来定位。

选择对象：(选取要定义块的实体)

这样，就将所选择的一个或多个对象定义成一个图块了。

如果在“输入块名或 [?]:”下输入“？”，则 AutoCAD 会有如下提示：

输入要列出的块 <*>:

用户既可以输入要查询的图块名，也可以输入通配符。此时，AutoCAD 将切换到如图 10-1 所示的文本窗口，显示与所选取图形相关的块信息。

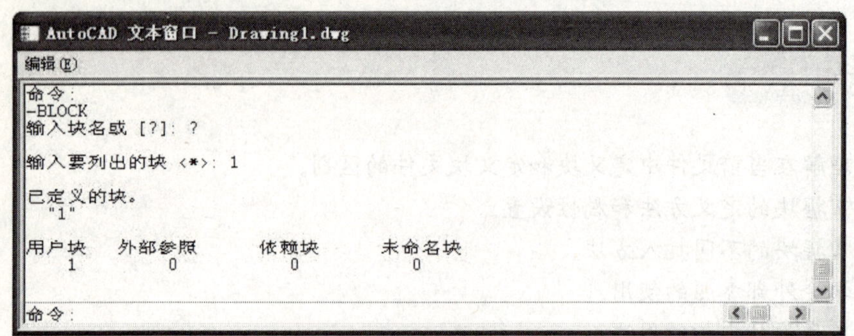

图 10-1 显示块的有关信息

（2）对话框定义方式。

用户可以通过如下方法定义块：

- 命令行：BLOCK、BMAKE。
- 菜单：“绘图”菜单→“块”命令→相关选项。
- 功能面板：单击“常用”选项卡，“块”功能面板→“创建”按钮。

用上述方法之一启动命令后，AutoCAD 会显示如图 10-2 所示的“块定义”对话框。

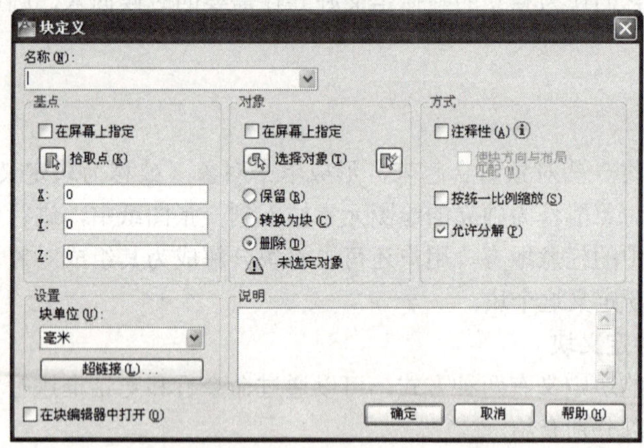

图 10-2 “块定义”对话框

在这个对话框中操作的具体步骤如下：

1）直接在“名称”文本框中输入块名称，也可以从下拉列表中选择。

2）确定块的参考点——基点。可以直接输入基点的 X、Y、Z 的坐标值，也可以单击“拾取点”按钮，用十字光标直接在绘图区上拾取。

3）选取要定义为块的对象。单击“选择对象”按钮，在图形窗口中选择对象。

4）确定定义为块的图形在原图形中的处理方式。在“对象”选项组中各选项的含义如下。

- 保留：保留显示所选取的要定义成块的对象。
- 转换为块：将选取的对象转化为块。
- 删除：删除所选取的对象图形。

5）决定块插入后的处理。“按统一比例缩放”复选框决定是否将块参照按照统一比例缩放，“允许分解”复选框决定是否可以分解块参照。

6）决定插入块的单位。单击“块单位”下拉箭头，用户可以从下拉列表中选取所插入块的单位，包括毫米、厘米、米、千米等。

7）在“说明”文本框中详细描述所定义图块的所有信息。

2．定义块文件

在 AutoCAD 中提供了 WBLOCK 命令，可以把定义的块作为一个独立的图形文件写入磁盘中。这个图形文件可以作为块定义在其他图形中使用。AutoCAD 把插入到其他图形中的任何图形均当作块定义，包括图片。

（1）命令行创建方式。

用户可以通过如下方法创建块文件：

命令：-WBLOCK

直接回车，出现“创建图形文件”对话框。在“文件名”框中输入新的文件名并单击“保存”按钮后，AutoCAD 会继续提示：

输入现有块名或[块=输出文件(=)/整个图形(*)] <定义新图形>:
指定插入基点： (输入插入的基点)
选择对象：(选取实体)
选择对象：

这样，用-WBLOCK 命令创建块文件的操作完成。如果在开始的提示中直接输入块名，则没有后面的提示，而直接将块定义成文件。

提示：使用命令行定义块和块文件后，AutoCAD 会将用于块定义的对象从图形中删除。用户可以使用 OOPS 命令将删除的对象恢复，该操作不会破坏刚生成的块定义。

（2）对话框定义方式。

在命令行中输入 WBLOCK 或 W 并回车，AutoCAD 会出现如图 10-3 所示的“写块”对话框。其具体的操作步骤如下：

1）确定块文件的对象来源。在“源”选项组中，用户可以设置如下块来源：

- 块：可从下拉列表中选择要保存到文件中的已经定义好的块。
- 整个图形：将整张图作为块。
- 对象：在图形窗口中进行选择，同前面的块定义操作一致。

2）确定块基点。用户可以直接输入块基点的 X/Y/Z 坐标，也可以单击“拾取点”按钮，在图形窗口中选择。

3）确定块中的图形对象（参见块定义）。

4）输入块文件的基本信息。如果单击□按钮，将出现“浏览文件夹”对话框，可以从中选取块文件的位置和名称，也可以直接输入块文件的位置。

5）在“插入单位”下拉列表中选取插入单位。

用户所设置的以上信息将作为下次调用该块时的描述信息。

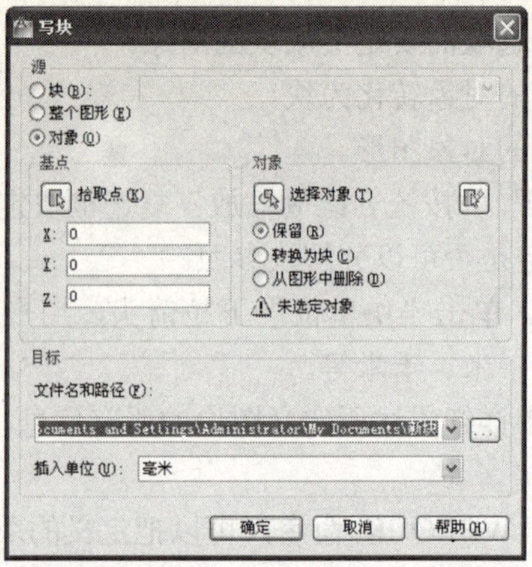

图 10-3 “写块”对话框

提示

（1）在多视窗窗口中，WBLOCK 命令只适用于当前窗口。

（2）块文件可以重复使用，而不需要从提供这个块的原始图形中选取。

（3）当所输入的块名不存在时，AutoCAD 会提示选择对象。

10.1.2 插入块

AutoCAD 允许将已定义的块插入到当前的图形文件中。在块插入时，需确定特征参数，包括要插入的块名、插入点的位置、插入的比例系数以及图块的旋转角度。

1．块的插入方式

插入块的方式有多种，用户可以按照自己的习惯输入。

（1）利用命令插入块。

具体的操作过程如下所示：

命令： -INSERT

输入块名 [?]：(输入块的名字)

指定插入点或 [基点(B)/比例(S)/X/Y/Z/旋转(R)]：(指定插入点)

下面介绍提示行中各项的含义。

1）基点：指定块的插入基点。

2）比例：对命名块提供全部（X、Y、Z 三个方向）比例因子。

3）X：设置块的 X 方向比例因子。

4）Y：设置块的 Y 方向比例因子。

5）Z：设置块的 Z 方向比例因子。

6）旋转：预先设定块的旋转角，当块放置到要插入的位置时，块以指定的旋转角显示。

执行完提示中的任一选项后，AutoCAD 会继续提示：

输入 X 比例因子，指定对角点，或 [角点(C)/XYZ] <1>：(X 方向的比例系数)

输入 Y 比例因子或 <使用 X 比例因子>： (Y 方向的比例系数)

指定旋转角度 <0>： (输入旋转角度)

这样，AutoCAD 会根据用户的设置完成块的插入。

（2）利用对话框插入。

用户可以通过如下方法来启动“插入”对话框：

- 功能面板：单击“常用”选项卡，“块”功能面板→“插入”按钮。
- 菜单：“插入”菜单→“块”命令。
- 命令行：INSERT。

用上述方法之一输入命令后，将打开如图 10-4 所示的“插入”对话框。

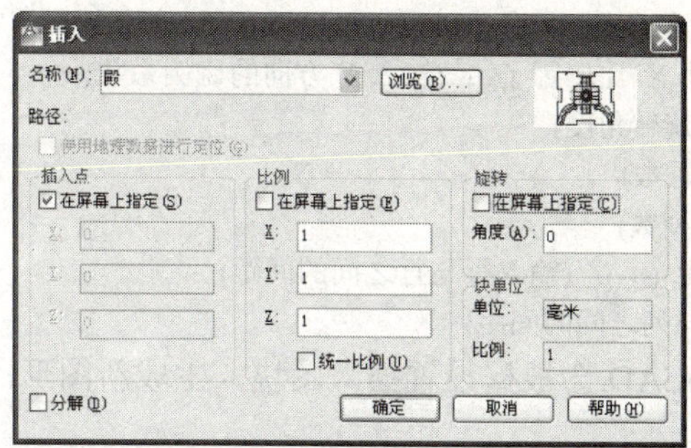

图 10-4 “插入”对话框

在该对话框中的操作步骤如下：

1）在“名称”下拉列表中输入或者选择要插入的块文件名。如果没有或不清楚该文件位置，可以单击“浏览”按钮，将出现“选择图形文件”对话框，利用该对话框选取已有的图形文件。

2）确定插入点。在该选项组中，可以直接在 X、Y、Z 输入框中输入 X、Y 和 Z 轴坐标值，也可以通过“在屏幕上指定”复选框来确定在图形窗口中拾取插入点。

3）确定缩放比例。用户可按不同比例插入块。X、Y 和 Z 轴方向的比例因子可以相同也可以不同。如果使用负比例系数，图形将绕着负比例系数作用的轴作镜像变换。

在该选项组中，用户还可以设置如下两项内容：

- 在屏幕上指定：利用光标在图形窗口中的拖动设置比例因子。
- 统一比例：如果只设置了 X 的比例因子，则 Y、Z 方向的比例因子也要按一定的比例变化。

4）确定旋转方式。可以按一定的旋转角度插入块。用户可以设置如下选项：

- 在屏幕上指定：在图形窗口中拖动鼠标来设置。
- “角度”输入框：直接在框中输入旋转角度。

5）确定块中的元素是否可以单独编辑。如果选中“分解”复选框，则分解后的块中的任一实体可以单独进行编辑。对于一个被分解的块，只能指定一个比例因子。

6）查看块的单位和插入比例。在“单位”和“比例”框中列出了输入单位和比例。

7）输入后单击“确定”按钮。

2．多重插入块

多重插入块操作是使用 MINSERT（多重插入）命令，它实际上是 INSERT 和 RECTANGULAR/ARRAY 命令的组合。该命令操作的开始阶段与 INSERT 命令一样，但随后提示构造一个阵列。

（1）操作方法。

用户可以通过如下方法输入 MINSERT 命令：

命令：MINSERT

输入块名 [?] <a>：(输入块名)

指定插入点或 [基点(B)/比例(S)/X/Y/Z/旋转(R)/]：

利用该提示行中的选项确定插入块的一些系数。其中各选项的含义与前面介绍的同名选项相同，此处不再具体介绍。

输入 X 比例因子，指定对角点，或 [角点(C)/XYZ(XYZ)] <1>：(输入 X 方向的比例系数)

输入 Y 比例因子或 <使用 X 比例因子>：(输入 Y 方向的比例系数)

指定旋转角度 <0>：(确定旋转角度)

输入行数 (---) <1>：(输入行数)

输入列数 (|||) <1>： (输入列数)

输入行间距或指定单位单元 (---)：(输入行与行之间的间距)

指定列间距 (|||)：(输入列与列之间的间距)

执行以上操作后，AutoCAD 会根据设置插入图块，生成新图形。

（2）说明。

MINSERT 命令生成的整个阵列与块有许多相同特性，但也有一些情况只适合于 MINSERT 命令：

1）整个阵列就是一个块，用户不可能编辑其中单独的项目。用 EXPLODE 命令不能把块分解为单独实体。如果原始块插入时发生了旋转，则整个阵列将围绕原始块的插入点旋转。

2）不能使用用于单个实体的块插入方法。

10.1.3 块属性

属性是存储于块文件中的文字信息，用来描述块的某些特征。使用属性的主要目的是为了与外部进行数据交换。用户可以从图形中提取属性信息，使用电子表格或数据库等软件对信息进行处理，生成零件表或材料清单等。

1．建立块属性

用户要使用属性，首先必须建立属性，块属性描述块的特性，包括标记、提示、值的信息、文字格式、位置等。

（1）启动。

可以采用下列方式启动。

- 功能面板：单击“常用”选项卡，“块”功能面板→“定义属性”按钮。
- 菜单：“绘图”菜单→“块”→“定义属性”命令。
- 命令：ATTDEF。

（2）操作方式。

激活该命令后，将打开“属性定义”对话框，如图 10-5 所示。

该对话框中的主要操作步骤如下：

1）设置属性模式。在“模式”选项组中可以设置属性为不可见、固定、验证、预设、锁定位置和多行。

- “不可见”选项用来控制属性值是否可见。若选择该选项，系统在向当前图形中插入块时将不显示属性值，否则将显示属性值。

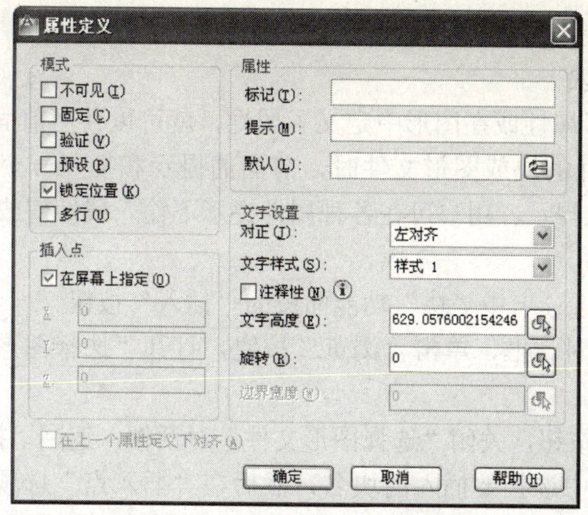

图 10-5 “属性定义”对话框

- “固定”选项用来控制属性值是否固定。若选择该选项，系统在向当前图形中插入块时将赋予该属性一个固定的值。
- “验证”选项用来控制属性的验证操作。若选择该选项，系统在向当前图形中插入块时，将提示用户验证属性值的正确性，否则不予以提示。
- “预设”选项用来控制属性的默认值。若选择该选项，系统在向当前图形中插入块时，将使用默认值作为该属性的属性值。
- “锁定位置”选项锁定块参照中属性的位置。 解锁后，属性可以相对于使用夹点编辑的块的其他部分移动，并且可以调整多行属性的大小。
- “多行”选项指定属性值可以包含多行文字。选定此选项后，可以指定属性的边界宽度。

2）确定块属性中的基本属性。“属性”选项组提供了属性标记、提示和默认值选项。

- 在“标记”编辑框中可以输入属性的标记。标记是用于标识属性在图形中的引用位置。
- 在“提示”编辑框中可以输入属性的提示。属性提示是指当插入含有该属性定义的块时，系统在屏幕中显示的提示。
- 在“默认”编辑框中可以输入属性的默认属性值。

3）确定属性的插入位置。可以取消“在屏幕上指定”复选框，从而直接在 X、Y、Z 的编辑框中输入各自的数值。否则，当关闭对话框后需要确定起点。

4）在“文字设置”选项组中设置属性文字的对齐方式、文字样式、文字高度及旋转角度。

- 在“对正”下拉列表中可以选取文字的对齐方式。
- 在“文字样式”下拉列表中可以选取属性文字的文字样式。
- 在“文字高度”编辑框中可以输入属性文字的高度，也可以单击“高度”按钮在屏幕上指定其高度。
- 在“旋转”编辑框中可以输入属性文字的旋转角度，也可以单击“旋转”按钮在屏幕上指定其旋转角度。

5）如果选取了“在上一个属性定义下对齐”选项，系统将该属性定义的标记直接放在上一个属性定义的下面。若在其之前没有定义属性，则该选项灰白显示，不可用。

6）单击“确定”按钮，关闭对话框，属性标签将显示在图形中。

2．插入带有属性的块

一旦用户给块附加了属性或在图形中定义了属性，就可以使用前面介绍的方法插入带属性的块。当插入带有属性的块或图形文件时，前面的提示和插入一个不带属性的块完全相同，只是增加了属性输入提示。用户可在各种属性提示下输入属性值或接受默认值。

操作步骤如下：

（1）单击“常用”选项卡中“块”功能面板的“插入”按钮。

（2）打开“插入”对话框，单击“浏览”按钮，打开“选择图形文件”对话框，从中选择图块文件。

（3）单击“打开”按钮，关闭“选择图形文件”对话框，返回“插入”对话框。

（4）在“名称”框中选择要插入的块名，然后在“插入点”选项组选取“在屏幕上指定”框，在“比例”选项组中选取“统一比例”，接受 Y 轴方向比例因子默认值等于 X 轴方向比例因子；在“比例”选项组的 X 框中设置 X 轴方向比例因子；在“旋转”选项组的“角度”框中，输入 0 接受块旋转角的默认值。

（5）单击“确定”按钮，关闭“插入”对话框。命令行提示如下：

指定插入点或 [基点(B)/比例(S)/X/Y/Z/旋转(R)]:

在此提示下确定插入点。

10.2 外部参照

当把一个图形作为块插入到当前图形中时，AutoCAD 会将块定义和所有相关联的几何图形存储在当前图形数据库中。如果修改原图形，当前图形中的块是不会跟着更新的。在这种情况下，如果要更新图形，必须重新插入这些块使当前图形得到更新。

为此，AutoCAD 提供了外部参照功能。所谓外部参照（XREF）就是把其他图形链接到当前图形中。当把图形作为外部参照插入时，当前图形就会随着原图形的修改而自动更新。因此，包含有外部参照的图形总是反映出每个外部参照文件最新的编辑情况。像块引用一样，外部参照在当前图形中作为单个对象显示。然而，外部参照不会显著增加当前图形的文件大小并且不能被分解。就像对待块引用一样，可以嵌套附着在图形上的外部参照。

AutoCAD 提供了两种类型的附着图形方式，即“附加型”和“覆盖型”。

（1）附加型。附加型外部参照可以嵌套在其他外部参照中。用户可以附着任意多的外部参照副本，并且每个副本可拥有不同位置、缩放比例和旋转角。也可以控制外部参照中的依赖图层和线型的特性。

（2）覆盖型。附着覆盖型与附加型外部参照的操作很类似，但当外部参照为覆盖型时，任何其他嵌套在这个图形内的覆盖型外部参照将被忽略，亦即嵌套的覆盖型外部参照不能显示出来。换句话说，AutoCAD 不能读入嵌套的覆盖型外部参照。

10.2.1 使用“外部参照”选项板附着外部参照

“外部参照”选项板可以管理当前图形中的所有外部参照图形。“外部参照”选项板显示了每个外部参照的状态及它们之间的关系。在选项板中，用户可以附着新的外部参照，拆离现有的外部参照，重载或卸载现有的外部参照，将附加转换为覆盖或将覆盖转换为附加，将整个外部参照定义绑定到当前图形中和修改外部参照路径。

1．启动方法

可采用下列方式启动：

- 功能面板：单击“插入”选项卡，“参照”功能面板→ 按钮。
- 菜单：“插入”菜单→“外部参照”命令。
- 命令行：XREF。

2．操作方法

调用外部参照 XREF 命令后，系统调用“外部参照”选项板，如图 10-6 所示。单击“列表图”按钮，以列表图形式查看当前图形中的外部参照，用户可以通过先选择列表中的参照名称，然后单击亮显文件名的方法来编辑外部参照名称。

在图 10-6（a）中单击“树状图”按钮，AutoCAD 将当前图形中的所有外部参照以树形列表的形式显示出来，如图 10-6（b）所示。树状图的顶层以字母顺序列出。显示的外部参照信息包含外部参照中的嵌套等级、它们之间的关系以及是否已被融入等。树状图只显示外部参照间的关系，它不会显示与图形相关联的附加型或覆盖型图的数量。同一个外部参照的重复附件是不会显示在树状图上的。

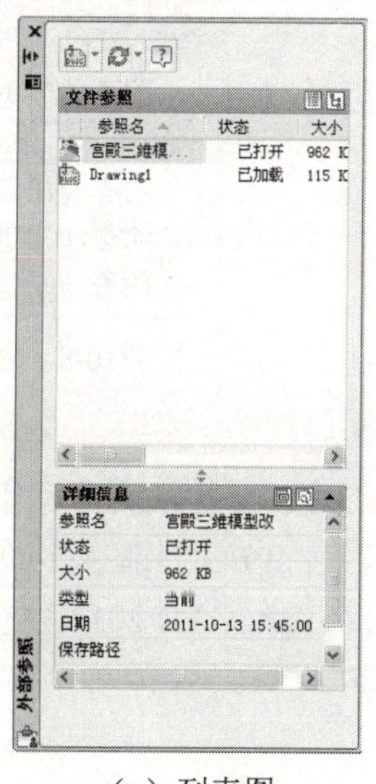

（a）列表图

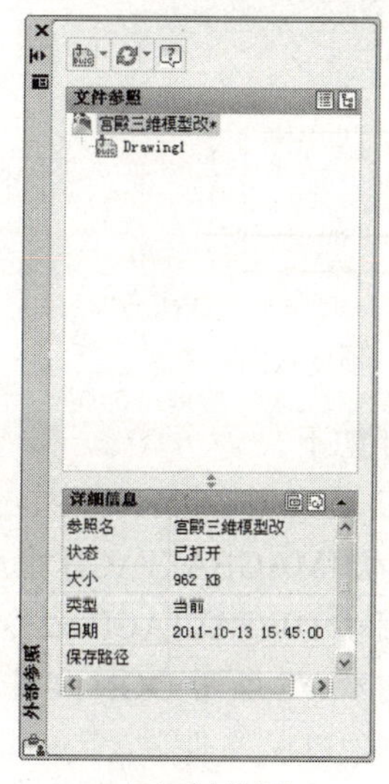

（b）树状图

图 10-6 “外部参照”选项板

选择某个外部参照后，将在选项板下面的“详细信息”部分列出当前外部参照的具体信息，除“找到位置”外，其他无法进行编辑。这些信息包括以下内容。

（1）参照名：显示存储在图形定义表中的外部参照名称。

（2）状态：显示外部参照的状态，如已加载、已卸载、未参照、未找到、未融入、已孤立，或标记为已卸载、重载。主要内容如下：

- 已加载：当前已附着到图形中。
- 已卸载：关闭“外部参照”选项板之后，标记为从图形中卸载。
- 重载：重新读取并显示最新保存的图形版本。

- 未参照：已附着到图形中但被删除。

（3）大小：当前外部参照文件大小。

（4）类型：显示“附着”和“覆盖”两种类型之一。

（5）日期：外部参照文件的创建时间。

（6）保存位置：显示选定文件参照的保存路径（不一定是找到此文件参照的路径）。

（7）找到位置：显示当前选定文件参照的完整路径。此路径是实际能够找到参照文件的路径，它不一定和保存路径相同。单击“...”按钮，将显示“选择图像文件”对话框，从中可以选择其他路径或文件名。也可以直接在路径字段中键入路径。如果新路径有效，这些更改将存储到“保存路径”特性中。

如果在该窗口中选择“预览”按钮，则可以查看该外部参照情况，如图 10-7 所示。

对于“外部参照”选项板来说，AutoCAD 2012 提供了功能面板来实现其功能，分别如下：

（1）“附着文件”按钮。“外部参照”选项板顶部左侧第一个按钮可以附着 DWG、DWF 或光栅图像。其默认状态为“附着 DWG”，如图 10-8 所示。此按钮可保留上一个使用的附着操作类型，如果附着 DWF 文件，则此按钮的状态将一直设置为“附着 DWF”，直到附着其他文件类型。

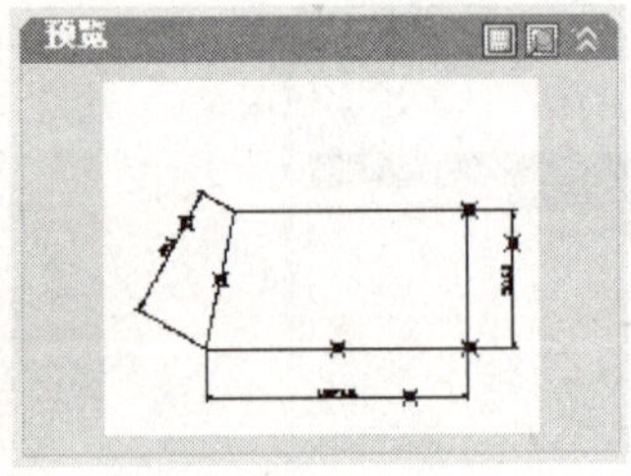

图 10-7 预览状态

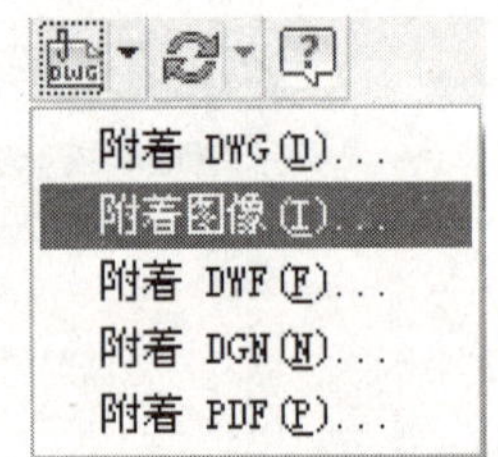

图 10-8 附着按钮

各个附着按钮功能如下。

1）附着 DWG：启动 XATTACH 命令，附着 DWG 文件，具体操作见后面。

2）附着图像：启动 IMAGEATTACH 命令，附着 JPEG 等非 AutoCAD 图形文件。

3）附着 DWF：启动 DWFATTACH 命令，附着 AutoCAD 2012 独有的 DWF 文件。

4）附着 DGN：附着 V8 所带 DGN 文件。

5）附着 PDF：附着 PDF 文件。

（2）“刷新”按钮，如图 10-9 所示。“刷新”按钮可以重新同步参照图形文件的状态数据与内存中的数据。“刷新”按钮主要与 Autodesk Vault 进行交互。

另外，在“文件参照”窗格中提供了快捷菜单，如图 10-10 所示，可以进行相关编辑操作。

3. 附着外部参照

单击“附着 DWG”按钮，AutoCAD 将显示“选择参照文件”对话框。选择文件后单击“打开”按钮，系统弹出“附着外部参照”对话框，如图 10-11 所示，这个对话框同“插入块”对话框的基本功能类似。选择参照类型，单击“确定”按钮，在图形窗口中选择插入点，即可将该参照图形插入到图形窗口中。用户可利用这种操作附着新的外部参照。该操作与“插入”菜单中的“DWG 参照”选项一致。

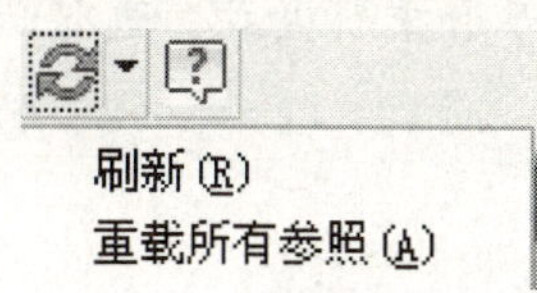

图 10-9 “刷新”按钮

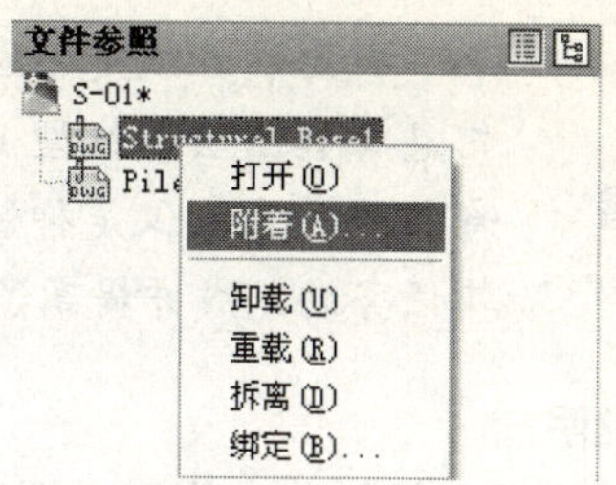

图 10-10 快捷菜单

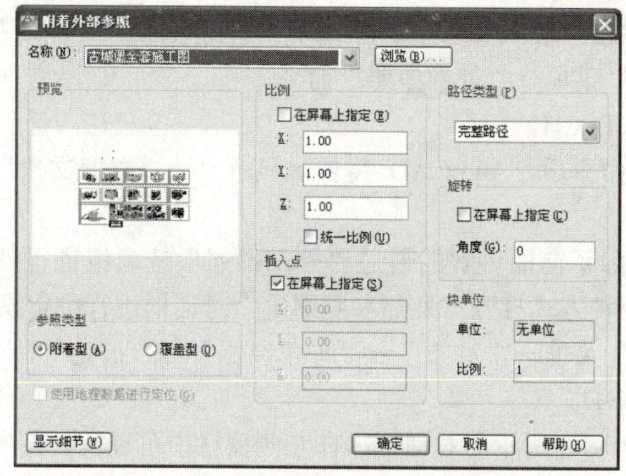

图 10-11 “外部参照”对话框

AutoCAD 2012 对参照路径功能进行了改善，现在可以选择完整路径、相对路径和无路径三种情况。分别介绍如下：

（1）完整路径。当使用完整路径附着外部参照时，外部参照的精确位置将保存到宿主图形中。此选项的精确度最高，但灵活性最小。如果移动工程文件夹，AutoCAD 将无法融入任何使用完整路径附着的外部参照。

（2）相对路径。使用相对路径附着外部参照时，将保存外部参照相对于宿主图形的位置。此选项的灵活性最大。如果移动工程文件夹，AutoCAD 仍可以融入使用相对路径附着的外部参照，只要此外部参照相对宿主图形的位置未发生变化。

（3）无路径。在不使用路径附着外部参照时，AutoCAD 首先在宿主图形的文件夹中查找外部参照。当外部参照文件与宿主图形位于同一个文件夹时，此选项非常有用。

4．附着外部参照后进行图形编辑

“文件参照”窗格中的快捷菜单（见图 10-10）都是围绕着附着后的参照图形进行的。

（1）打开外部参照文件。单击“打开”选项，直接打开选定的参照文件。

（2）卸载外部参照。单击“卸载”选项，在列表中选择要卸载的外部参照。

（3）更新外部参照。例如，如果对上面附着的外部参照文件进行过修改，单击“重载”按钮，图形窗口将更新。

（4）拆离外部参照。单击“拆离”选项，可以从图形文件中拆离选定的外部参照，拆离时，参考该参照的所有实例都将从图形中删除，当前图形文件定义将被清理，并且到该参照文件的链接路径也将被删除。

拆离和卸载是不同的。外部参照被拆离后，所有依赖外部参照符号表的信息（如图层和线型）将从当前图形符号表中清除。卸载不是永久地删除外部参照，它仅仅是抑制外部参照定义的显示和重新生成，这有助于当前的编辑任务的完成并提高了系统的性能。

5．说明

（1）外部参照附着。除了前面讲解的通过“外部参照”选项板进行外部参照附着的操作外，用户也可以通过以下几种方式打开“外部参照”选项板进行附着操作。

- 功能面板：单击“插入”选项卡，“参照”功能面板→“附着”按钮。
- 菜单：“插入”菜单→“外部参照”命令。
- 命令行：XATTACH。

执行 XATTACH 命令后，AutoCAD 将依次显示“选择参照文件”对话框和“附着外部参照”对话框。

（2）外部绑定。除了前面讲解的通过“外部参照”选项板进行外部参照绑定操作外，用户也可以通过以下几种方式打开“外部参照绑定”对话框进行绑定操作。

- 菜单：“修改”菜单→“对象”→“外部参照”→“绑定”命令。
- 命令行：XBIND。

系统将弹出如图 10-12 所示的对话框，在左侧窗格中可以从外部参照文件中单独选择所需要的参照元素，然后单击“添加”按钮，将绑定内容添加到右侧的“绑定定义”列表中。单击“确定”按钮，完成绑定工作。

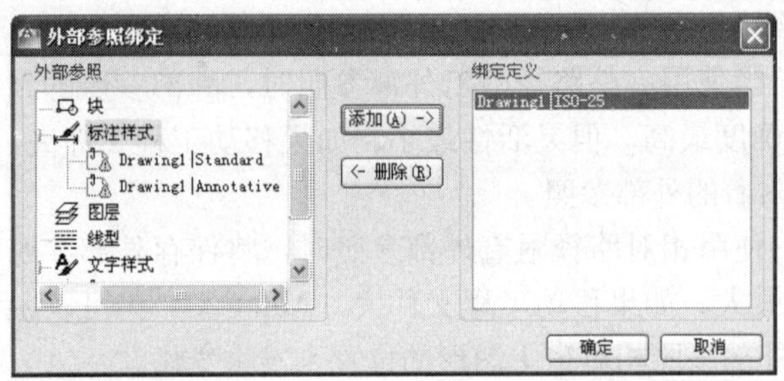

图 10-12 “外部参照绑定”对话框

这样做的绑定和上面讲解的既有区别又有联系。联系就是二者都是完成绑定工作；区别在于，这里的绑定可以只绑定参照图形中的部分元素，以免有些内容会随着参照的重载而失去，这样的方式更加灵活。

6．外部参照启动方式增强

除了传统的打开外部参照方式外，AutoCAD 2012 提供了状态托盘启动方式。它位于图形窗口的右下角，显示为。该图标只有在附着外部参照后方显示。当单击该图标时，系统将直接打开“外部参照”选项板。如果在其上右击，将显示如图 10-13 所示的菜单。选择“外部参照”选项，将显示“外部参照”选项板。

当外部参照源文件发生更新时，状态托盘将弹出如图 10-14 所示的气泡式通知，便于直接了解其变化情况。

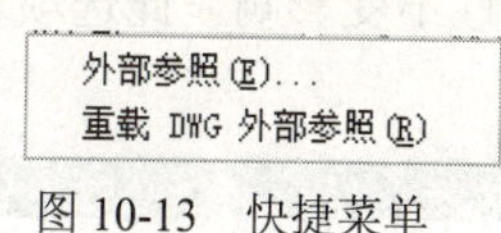

图 10-13　快捷菜单

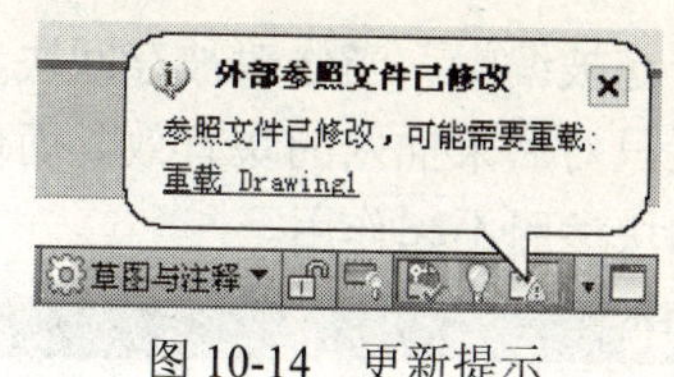

图 10-14　更新提示

10.2.2　外部参照的编辑

对于添加进来的外部参照，用户还是可以对其进行适当的编辑操作的，如图 10-15 所示。

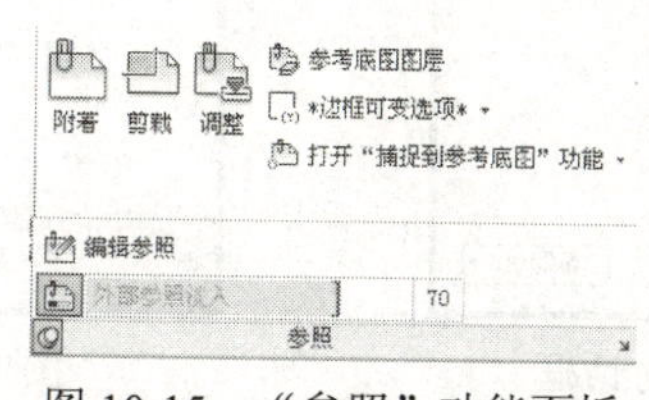

图 10-15　“参照”功能面板

1．编辑外部参照

利用以下方式可以进行外部参照的组件内容的修改。它们只是进入编辑状态，还没有进行任何编辑操作。

- 功能面板：单击“插入”选项卡，“参照”功能面板→“编辑参照”按钮。
- 命令行：REFEDIT。

具体步骤如下：

（1）系统首先提示选择要编辑的外部参照，选择参照图。

（2）系统弹出如图 10-16 所示的对话框。

（3）采用默认设置，单击“确定”按钮，开始编辑工作。

下面对图 10-16 进行讲解。该对话框包括如下两个选项卡。

（1）“标识参照”选项卡。

1）自动选择所有嵌套的对象：控制嵌套对象是否自动包含在参照编辑任务中。

2）提示选择嵌套的对象：控制是否逐个选择包含在参照编辑任务中的嵌套对象。

如果选中此选项，关闭“参照编辑”对话框并进入参照编辑状态后，AutoCAD 将提示用户在要编辑的参照中选择特定的对象。

选择嵌套的对象：(选择要编辑的参照中的对象)

（2）“设置”选项卡。如图 10-17 所示，为编辑参照提供选项。

1）创建唯一图层、样式和块名：控制从参照中提取的图层和其他命名对象是否是唯一可修改的。

如果选择此选项，外部参照中的命名对象将改变（名称加前缀$#$），与绑定外部参照时修改它们的方式类似。如果不选择此选项，图层和其他命名对象的名称与参照图形中的一致。未改变的命名对象将唯一继承当前宿主图形中有相同名称的对象的属性。

2）显示属性定义以供编辑：控制编辑参照期间是否提取和显示块参照中所有可变的属性定义。

如果选择该选项，则属性（固定属性除外）变得不可见，同时属性定义可与选定的参照几何图形一起被编辑。当修改被存回块参照时，原始参照的属性将保持不变。新的或改动过的属性定义只对后来插入的块有效，而现有块引用中的属性不受影响。此选项对外部参照和没有定义的块参照不起作用。

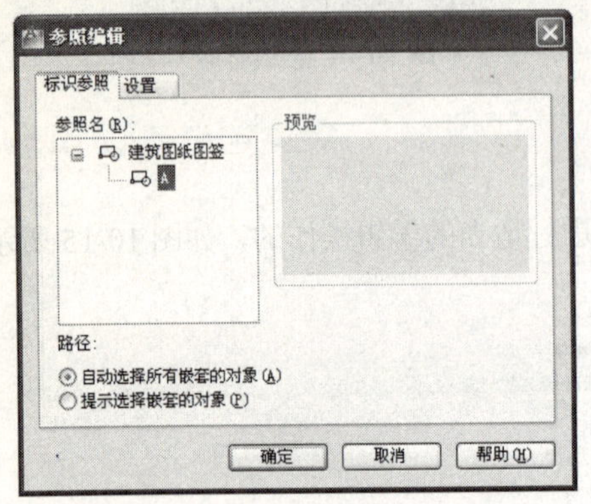

图 10-16 “参照编辑”对话框

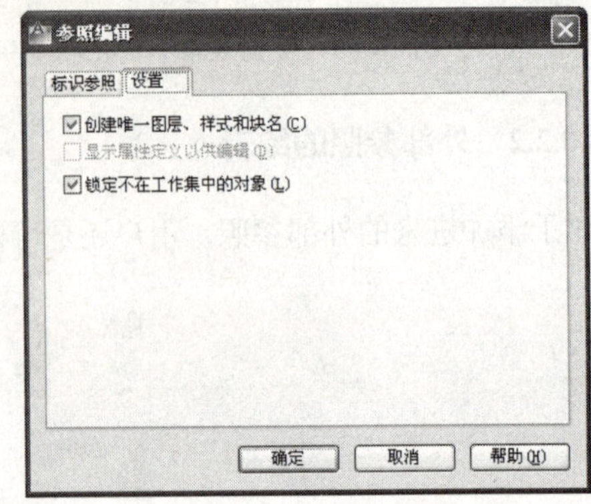

图 10-17 “设置”选项卡

3）锁定不在工作集中的对象：锁定所有不在工作集中的对象，从而避免用户在参照编辑状态时意外地选择和编辑宿主图形中的对象。

锁定对象的行为与锁定图层上的对象类似。如果试图编辑锁定的对象，它们将从选择集中过滤。

注意 如果需要对外部参照进行很大的改动，可以打开外部参照直接编辑文件。

2. 向工作集中添加参照

利用以下方式可以向当前定义的外部参照组件中添加元素。

- 命令行：REFSET。

按照系统提示如下操作：

命令: REFSET
在参照编辑工作集和宿主图形之间传输对象...
输入选项 [添加(A)/删除(R)] <添加>:↙
选择对象: （选择对象）
选择对象: ↙
1 个已添加到工作集。

3. 关闭外部参照编辑

对于编辑后的内容，可以进行保存或者放弃。其启动方式如下：

- 命令行：REFCLOSE。

命令: REFCLOSE
输入选项 [保存参照修改(S)/放弃参照修改(D)] <保存参照修改>: （选择选项后确定）
正在重生成模型。

10.3 设计中心

重复利用和共享图形内容是管理图形文档的有效手段，也是现代软件的发展趋势。在前面章节中介绍的块和附着外部参照是 AutoCAD 提供的重复利用图形内容的两种方式。而使用 AutoCAD 设计中心，用户可以高效地管理块、外部参照、光栅图像以及来自其他源文件或应用程序的内容。

使用设计中心可以完成以下工作：

（1）浏览用户计算机、网络驱动器和 Web 页上的图形内容（例如图形或符号库）。

（2）在定义表中查看图形文件中命名对象（例如块和图层）的定义，然后将定义插入、附着、复制和粘贴到当前图形中。

（3）更新（重定义）块定义。

（4）创建指向常用图形、文件夹和 Internet 网址的快捷方式。

（5）向图形中添加内容（例如外部参照、块和填充）。

（6）在新窗口中打开图形文件。

（7）将图形、块和填充拖动到工具选项板上以便于访问。

10.3.1 设计中心界面

1．启动

可分别用下列方式启动：

- 功能面板：单击“视图”选项卡，“选项板”功能面板→“设计中心”按钮。
- 菜单：“工具”菜单→“选项板”→“设计中心”命令。
- 命令行：ADCENTER。

执行 ADCENTER 命令后，AutoCAD 打开设计中心，如图 10-18 所示。

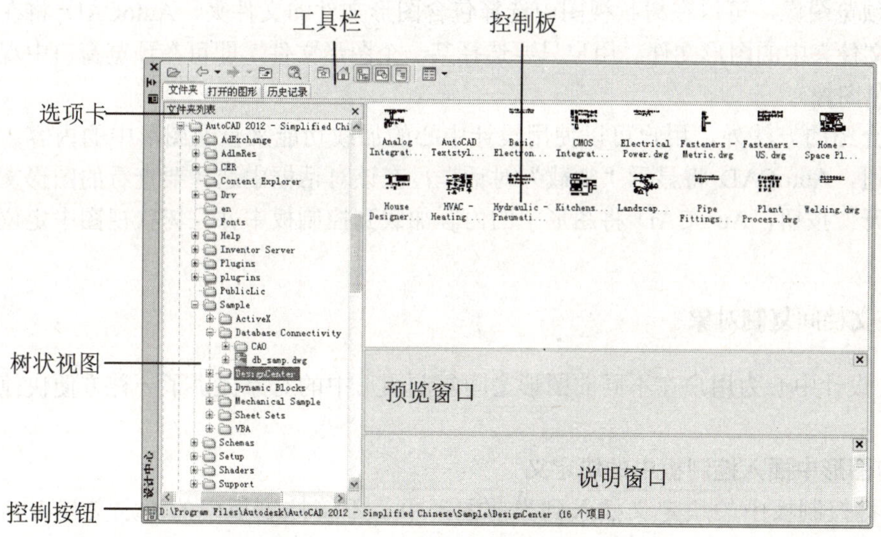

图 10-18 AutoCAD 设计中心

AutoCAD 设计中心可以停靠在 AutoCAD 主窗口的左右两侧，也可以处于浮动状态，另外可以实现自动隐藏，成为单独的标题栏状态。这个窗口的功能面板和 IE 基本一致，所以不再赘述。

2．基本环境

该窗口中各选项卡的功能均不相同。

（1）“文件夹”选项卡。显示导航图标的层次结构，包括网络和计算机，Web 地址（URL），计算机驱动器，文件夹，图形和相关的支持文件，外部参照、布局、填充样式和命名对象，例如图形中的块、图层、线型、文字样式、标注样式和打印样式。

单击树状图中的项目，在内容区域中显示其内容。单击加号（+）或减号（-）可以显示或隐藏层次结构中的其他层次。双击某个项目可以显示其下一层次的内容。在树状图中单击右键将显示带有若干相关选项的快捷菜单。

（2）“打开的图形”选项卡。显示在当前已打开图形的内容列表，包括图形中的块、图层、线型、文字样式、标注样式和打印样式。单击某个图形文件，然后单击列表中的一个定义表可以将图形文件的内容加载到内容区域中。

（3）“历史记录”选项卡。显示在设计中心中以前打开的文件列表。双击列表中的某个图形文件，可以在“文件夹”选项卡的树状视图中定位此图形文件并将其内容加载到内容区域中。

10.3.2 查看图形内容

使用设计中心，用户可以迅速地查看图形中的内容而不必打开该图形。当用户在树状视图中选择某一个图形文件后，无论该图形是否已被打开，AutoCAD 均在控制板中显示出该图形文件中的内容。对于每一个图形文件，AutoCAD 均会显示标注样式、布局、块、图层、外部参照、文字样式和线型等。用户可以查看图形中这些对象中的内容。如果要查看某一图形文件的预览图像，可以在树状视图中选择包含图形文件的文件夹，AutoCAD 将在控制板中显示该文件夹中的图形文件。用户只要选择某一个图形文件，即可在预览窗口中观察到该图形的预览图像。

除了上面介绍的方法外，用户可以使用设计中心的加载功能来查看图形中的内容。单击“加载”按钮，AutoCAD 将显示“加载”对话框；在该对话框中选择要查看的图形文件后，单击“打开”按钮，AutoCAD 将图形中的内容加载到控制板中并在树状视图中定位该文件。

10.3.3 在文档间复制对象

AutoCAD 设计中心为用户在不同的图形之间复制图形中的对象提供了一种方便快捷的方法。

1．向当前图形中插入控制板中的块定义

用户可以将控制板中的块定义插入到当前图形中，不管控制板中的块定义是否存在于当前的图形中。将块插入到当前图形时，块定义被复制到当前图形数据库中，以后在该图形中插入的块实例都将参照该定义。但在使用其他命令的过程中，用户不能向图形中添加块，每次只能插入或附着一个块。例如，当命令行上有处于活动状态的命令时，如果试图插入一个块，则图标会变为“禁止”，说明操作无效。在 AutoCAD 设计中心中可以使用以下方法插入块。

（1）按默认缩放比例和旋转角度插入。通过自动缩放比较图形和块使用的单位，根据两者之间的比率来缩放块的实例。插入对象时，AutoCAD 根据“图形单位”对话框中设定的“设计中心块的图形单位”值进行比例缩放。

1）在控制板或“搜索”对话框中，按住鼠标左键把块拖到当前打开图形中。定点设备在图形上移动时，对象自动按比例缩放和显示，同时还显示用户的运行对象捕捉设置点，以便根据现有几何图形确定块的位置。

2）在要放置块的位置松开定点设备按钮，按照默认的缩放比例和旋转插入块。

注意 将 AutoCAD 设计中心中的块或图形拖放到当前图形时，如果自动进行比例缩放，则块中的标注值可能会失真。

（2）按指定坐标、缩放比例和旋转角度插入。使用“插入”对话框指定选定块的插入参数。

1）在控制板或“查找”对话框中选择要插入的块，并用鼠标右键拖到当前打开图形中。

2）松开定点设备按钮，然后从快捷菜单中选择“插入块”，AutoCAD 将显示“插入”对话框。

3）在“插入”对话框中，输入“插入点”、“缩放比例”、“旋转”值，或选择“在屏幕上指定”。

4）如果要将块分解为组成对象，用户可以选择“分解”选项。

5）单击“确定”按钮，AutoCAD 按指定的参数插入块。

用户也可以使用以下方法启动上述操作过程：

- 双击一个要插入的块定义图标把块插入到当前图形中。
- 在块图标上右击，显示快捷菜单，从快捷菜单中选择“插入为块”选项，将块插入到当前图形中。
- 在块图标上右击，显示快捷菜单，从快捷菜单中选择“复制”选项。然后在当前图形中的绘图区域单击鼠标右键，在快捷菜单中选择“粘贴”选项，将块插入到当前图形中。

（3）将图形文件插入到当前图形中。用户可以以块或外部参照的形式将一个图形插入到当前图形中。操作方法有如下几种：

- 在控制板中，用鼠标左键将要插入的图形拖动到当前图形中，AutoCAD 将该图形以块的形式插入到当前图形中。
- 在控制板中，用鼠标右键将要插入的图形拖动到当前图形中。
- 在控制板中要插入的图形上右击，显示快捷菜单。选择“插入为块”选项，可以将图形以块的形式插入到当前的图形中。选择“附着为外部参照”选项，可以将图形以外部参照的形式插入到当前的图形中。或者选择“复制”选项，然后在当前图形的绘图区域中右击显示快捷菜单，在快捷菜单中选择“粘贴”选项，AutoCAD 将以块的形式将其插入到当前图形中。

2．向当前图形中插入控制板中的图层

使用 AutoCAD 设计中心，用户可以通过拖放操作在所有图形之间复制图层。复制方法如下：

- 双击控制板中的某一图层，AutoCAD 将该图层添加到当前的图形中。

- 用鼠标左键将控制板中的图层拖动到当前的图形中，AutoCAD 将该图层添加到当前的图形中。
- 用鼠标右键将控制板中的图层拖动到当前的图形中，释放鼠标右键，AutoCAD 将显示快捷菜单。
- 在控制板中选择要添加到当前图形中的图层，然后在选择的图层图标上右击，显示快捷菜单。在快捷菜单中选择“添加图层”选项，AutoCAD 将用户所选择的图层添加到当前的图形中。
- 在控制板中选择要添加到当前图形中的图层，然后在选择的图层图标上右击，显示快捷菜单。在快捷菜单中选择“复制”选项，然后在当前图形的绘图区域右击，显示快捷菜单，选择“粘贴”选项，AutoCAD 将用户所选择的图层添加到当前的图形中。

用户可以参照前面讲解的复制块和图层的方法复制其他的对象，如标注样式、布局、外部参照、文字样式和线型等。此外，用户也可以使用类似的方法从控制板中复制光栅图像到当前的图形中。

3．通过设计中心更新块定义

与外部参照不同，当更改块定义的源文件时，包含此块的图形的块定义并不会自动更新。通过设计中心，可以决定是否更新当前图形中的块定义。块定义的源文件可以是图形文件或符号库图形文件中的嵌套块。

在内容区域中的块或图形文件上右击，然后在显示的快捷菜单中单击“仅重定义”或“插入并重定义”选项，可以更新选定的块。

10.3.4 使用收藏夹

使用 Autodesk 收藏夹（AutoCAD 设计中心的默认文件夹），用户不用一次次寻找经常使用的图形、文件夹和 Internet 地址，从而节省了时间。收藏夹汇集了到不同位置的图形内容的快捷方式。例如，可以创建一个快捷方式，指向经常访问的网络文件夹。

1．将图形文件添加到收藏夹中

在设计中心的树状视图窗口或控制板中右击图形文件，AutoCAD 将显示快捷菜单。在快捷菜单中选择“添加到收藏夹”选项，AutoCAD 将所选择的图形文件添加到收藏夹中。向收藏夹中添加文件，实际上就是在收藏夹中创建一个指向文件的快捷方式。它不会移动原始文件或文件夹。

2．显示收藏夹中的内容

用户可以用几种不同的方式显示收藏夹中的内容：

- 单击设计中心中的“收藏夹”按钮，AutoCAD 将树状视图窗口定位到收藏夹所在的目录，并在控制板中显示收藏夹中的内容。
- 单击“桌面”按钮，然后在树状视图窗口中找到收藏夹所在的目录。

3．组织收藏夹

首先单击 AutoCAD 设计中心中的“收藏夹”按钮以在控制板上显示收藏夹中的内容，然后在控制板背景上右击并在快捷菜单中选择“组织收藏夹”选项。AutoCAD 将启动 Windows 资源管理器并在其中显示收藏夹中的内容。

用户可以在 Windows 资源管理器中移动、复制或删除收藏夹中的快捷方式。

10.4 动态块的创建

动态块功能具有参数化特性，即具有灵活性和智能性。用户在操作时可以轻松地更改图形中的动态块参照，可以通过自定义夹点或自定义特性来操作动态块参照中的几何图形。这使得用户可以根据需要在位调整块，而不用搜索另一个块以插入或重定义现有的块。用户可以向动态块中添加参数与动作，从而利用这些参数与动作来驱动动态块，形成所需要的几何图形。

例如，如果我们需要插入一个长度和宽度随时变化的一组长方形，可以首先将其创建为动态块，然后添加 XY 参数，并指定一组值集距离及与其相关的缩放动作，随后将其编辑为动态块。这样就可以根据需要灵活调整矩形图块自定义夹点至需要的大小和位置，或者通过“特性”选项板选择相应值。

如图 10-19 所示，就是添加了拉伸动作后的图块状态。图 10-20 则显示了插入动态块时的选取状态。

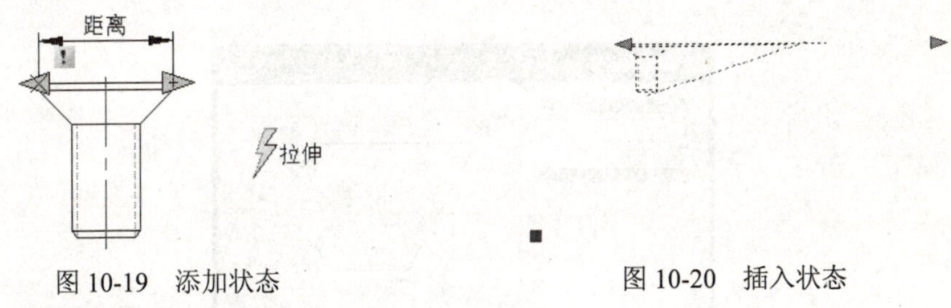

图 10-19 添加状态　　图 10-20 插入状态

10.4.1 动态块的创建过程

为了创建高质量的动态块，以便达到用户的预期效果，建议按照下列步骤进行操作：

（1）在创建动态块之前规划动态块的内容。在创建动态块之前，应当了解其外观以及在图形中的使用方式。确定当操作动态块参照时，块中的哪些对象会更改或移动，这些对象将如何更改。另外，调整块参照的大小时可能会显示其他几何图形。这些因素决定了添加到块定义中的参数和动作的类型，以及如何使参数、动作和几何图形共同作用。

（2）绘制几何图形。可以在绘图区域或块编辑器中绘制动态块中的几何图形，也可以使用图形中的现有几何图形或现有的块定义。

（3）了解块元素如何共同作用。在向块定义中添加参数和动作之前，应了解它们相互之间以及它们与块中的几何图形的相关性。在向块定义添加动作时，需要将动作与参数以及几何图形的选择集相关联。此操作将创建相关性。向动态块参照添加多个参数和动作时，需要设置正确的相关性，以便块参照在图形中正常工作。

（4）添加参数。按照命令提示向动态块定义中添加适当的参数。

（5）添加动作。向动态块定义中添加适当的动作。按照命令提示进行操作，确保将动作与正确的参数和几何图形相关联。

（6）定义动态块参照的操作方式。用户可以指定在图形中操作动态块参照的方式。可以通过自定义夹点和自定义特性来操作动态块参照。在创建动态块定义时，用户将定义显示哪些夹点以及如何通过这些夹点来编辑动态块参照。另外还指定了是否在“特性”选项板中显示出块的自定义特性，以及是否可以通过该选项板或自定义夹点来更改这些特性。

（7）保存块，然后在图形中进行测试。保存动态块定义并退出块编辑器。然后将动态块参照插入到一个图形中，并测试该块的功能。

10.4.2 使用动态编辑器

在 AutoCAD 2012 中，使用块编辑器来编辑动态块，为其添加所需要的元素，包括动作和参数。

其基本启动方式有 4 种：

- 命令：BEDIT。
- 菜单：“工具”菜单→“块编辑器”命令。
- 功能面板：单击“常用”选项卡，“块”功能面板→“编辑”按钮。
- 快捷菜单：在选定块上右击，选择“块编辑器”选项。

系统将打开如图 10-21 所示的对话框。

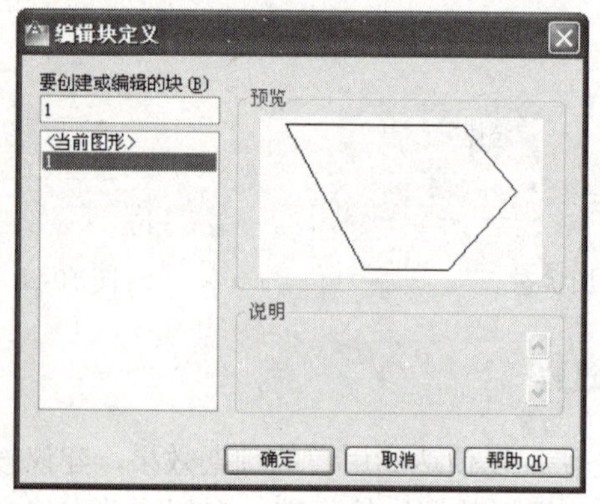

图 10-21 编辑块定义

在“编辑块定义”对话框中，可以从图形中保存的块定义列表中选择要在块编辑器中编辑的块定义，也可以输入要在块编辑器中创建的新块定义的名称。

直接单击“确定”按钮后，将关闭“编辑块定义”对话框，并显示块编辑器。如果从“编辑块定义”对话框的列表中选择了某个块定义，该块定义将显示在块编辑器中且可以编辑。如果输入新块定义的名称，将显示块编辑器，现在即可向该块定义中添加对象。

- 名称。指定要在块编辑器中编辑或创建的块的名称。如果选择“<当前图形>”，当前图形将在块编辑器中打开。在图形中添加动态元素后，可以保存图形并将其作为动态块参照插入到另一个图形中。
- 名称列表（无标签）。显示保存在当前图形中的块定义的列表。从该列表中选择某个块定义后，其名称将显示在“名称”框中。单击“确定”按钮后，此块定义将在块编辑器中打开。如果选择“<当前图形>”，则当前图形将在块编辑器中打开。
- 预览。显示选定块定义的预览。如果显示闪电图标，则表示该块是动态块。

- 说明。显示块编辑器中的“特性”选项板的“块”区域中所指定的块定义说明。
- 确定。在块编辑器中打开选定的块定义或新的块定义。

当确定并返回到图形窗口后，系统将显示“块编辑器”功能面板，如图 10-22 所示。同时显示“块编写选项板”，如图 10-23 所示。

图 10-22　“块编辑器”功能面板

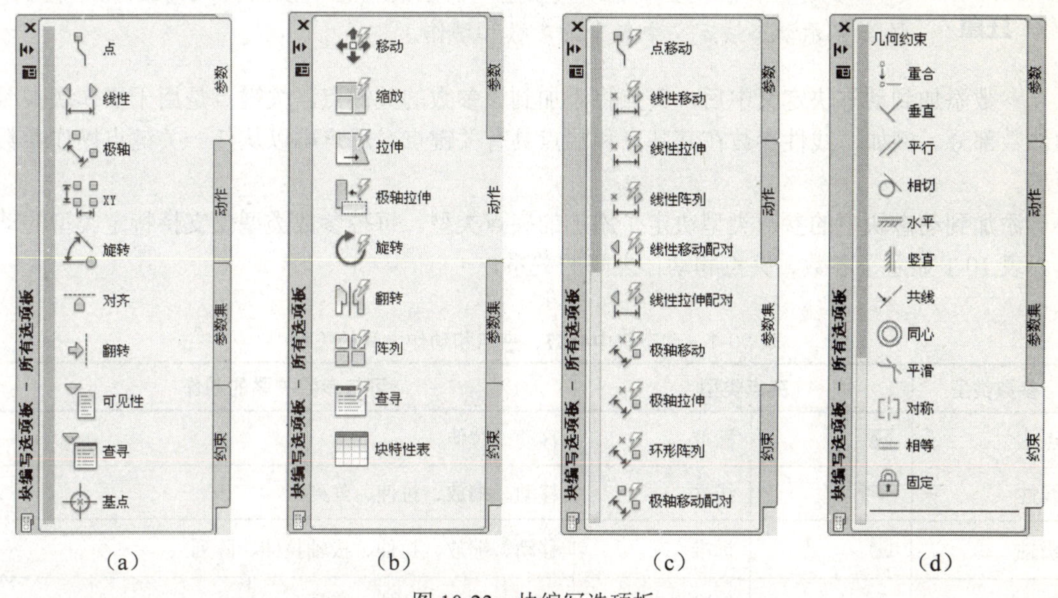

（a）　（b）　（c）　（d）

图 10-23　块编写选项板

可以使用块编辑器创建动态块。块编辑器是一个专门的编写区域，用于添加能够使块成为动态块的元素。用户可以从头创建块，也可以向现有的块定义中添加动态行为，也可以像在绘图区域中一样创建几何图形。

向块中添加参数和动作可以使其成为动态块。如果向块中添加了这些元素，也就为块的几何图形增添了灵活性和智能性。通过指定块中几何图形的位置、距离和角度参数可定义动态块的自定义特性。动作定义了在图形中操作动态块参照时，该块参照中的几何图形将如何移动或更改。向块中添加动作后，必须将这些动作与参数相关联，并且通常情况下要与几何图形相关联。

向块定义中添加参数后，会自动向块中添加自定义夹点和特性。使用这些自定义夹点和特性可以操作图形中的块参照。

注意　使用块编写选项板的“参数集”选项卡可以同时添加参数和关联动作。

10.4.3 向动态块中插入元素

AutoCAD 2012 可以在块编辑器中向块定义中添加动态元素。除几何图形外，动态块中通常包含一个或多个参数和动作。

（1）参数。通过指定块中几何图形的位置、距离和角度来定义动态块的自定义特性。

（2）动作。定义在图形中操作动态块参照时，该块参照中的几何图形将如何移动或修改。向动态块定义中添加动作后，必须将这些动作与参数相关联，也可以指定动作将影响的几何图形选择集。

注意

参数和动作仅显示在块编辑器中。当将动态块参照插入到图形中时，将不会显示动态块定义中包含的参数和动作。

参数添加到动态块定义中后，夹点将添加到该参数的关键点。关键点是用于操作块参照的参数部分。例如，线性参数在其基点和端点具有关键点。用户可以从任一关键点操作参数距离。

添加到动态块中的参数类型决定了添加的夹点类型。每种参数类型仅支持特定类型的动作。表 10-1 显示了参数、夹点和动作之间的关系。

表 10-1 动态块中参数、夹点和动作之间的关系

参数类型	夹点类型		可与参数关联的动作
点	■	标准	移动、拉伸
线性	▶	线性	移动、缩放、拉伸、阵列
极轴	■	标准	移动、缩放、拉伸、极轴拉伸、阵列
XY	■	标准	移动、缩放、拉伸、阵列
旋转	●	旋转	旋转
翻转	➡	翻转	翻转
对齐	▶	对齐	无（此动作隐含在参数中）
可见性	▼	查寻	无（此动作时隐含的，并且受可见性状态的控制）
查寻	▼	查寻	查寻
基点	■	标准	无

1. 添加参数

在块编辑器中，大部分参数的外观都与标注相似。如果为参数创建值集（范围或数值列表），这些值的位置处将显示标记。

用户可以在块编辑器中指定参数的以下设置：参数颜色、参数文字和箭头大小、参数字体、夹点颜色、参数值集标记（勾号标记）的显示。

如果在动态块定义中使用了可见性参数，就可以指定在某种给定的可见性状态中哪些几何对象不可见。用户可以指定是否在块编辑器中显示在可见性状态中不可见的几何图形。下

例中，块编辑器内显示了可见性状态。以较暗状态显示的几何图形在该可见性状态中是不可见的。

在图 10-23（a）中可以看到，块编写选项板的“参数”选项卡中提供了用于向块编辑器的动态块定义中添加参数的工具。参数用于指定几何图形在块参照中的位置、距离和角度。将参数添加到动态块定义中时，该参数将定义块的一个或多个自定义特性。

下面以点参数为例，讲解如何向动态块中插入参数。点参数定义图形中的 X 和 Y 位置。在块编辑器中，点参数类似于一个坐标标注。

向动态块定义中添加点参数的步骤如下：

（1）在“块编写选项板”窗口的“参数”选项卡中，单击“点”参数工具。

（2）按照命令提示指定以下参数信息：名称、标签、说明、链、选项板、显示的块参照的特性。系统提示：

指定参数位置或 [名称(N)/标签(L)/链(C)/说明(D)/选项板(P)]:

注意　将该参数添加到块定义中之后，还可以在“特性”选项板中指定和编辑这些特性。

黄色警告图标表明用户应该将动作与刚添加的参数相关联，如图 10-24 所示。

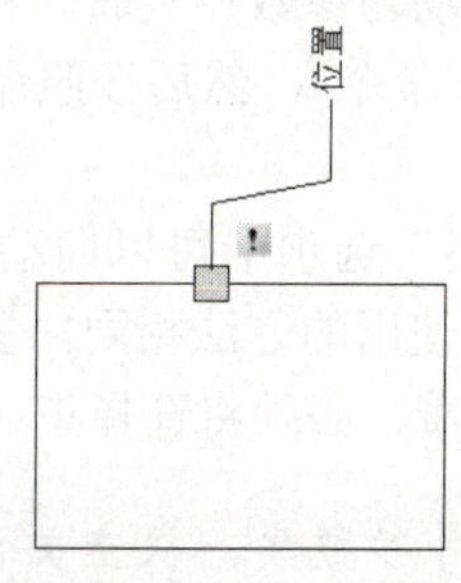

图 10-24　插入点参数

（3）要立即添加动作，双击警告图标。按照提示将一个动作与参数和几何图形选择集相关联。

（4）在“块编辑器”选项卡的“打开/保存”功能面板中单击“保存块”按钮。

（5）关闭块编辑器。

2．添加动作

动作用于定义在图形中操作动态块参照的自定义特性时，该块参照的几何图形将如何移动或修改，位于“块编写选项板”窗口的“动作”选项卡中，如图 10-23（b）所示。应将动作与参数相关联。

下面以移动动作为例，讲解如何向动态块中插入动作。移动动作类似于 MOVE 命令。在动态块参照中，移动动作将使对象移动指定的距离和角度。具体的操作过程如下：

在可以添加移动动作的参数上双击，如图 10-25 所示，系统弹出提示如下：

命令: _BACTION

输入动作类型 [移动(M)/拉伸(T)]: m

指定动作的选择集
选择对象：（选择要移动的几何对象）
选择对象:↙
指定动作位置或 [乘数(M)/偏移(O)]:（指定位置或者输入选项）

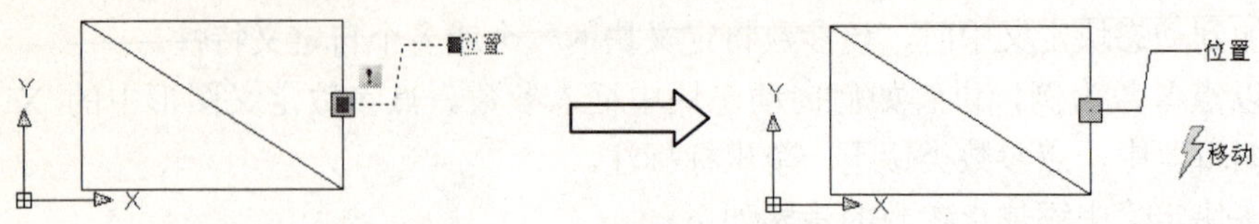

图 10-25　添加移动动作

其中：

- 乘数：触发动作时，按指定的因子更改关联参数的值。系统提示如下：

输入距离乘数 <1.0000>:（输入值或按 Enter 键选择 1.0000）

- 偏移：触发动作时，按指定的数字增加或减少关联参数的角度。

输入角度偏移 <0>:（输入值或按 Enter 键选择 0）

3．添加参数集

参数集提供用于在块编辑器中向动态块定义中添加一个参数和至少一个动作的工具。将参数集添加到动态块中时，动作将自动与参数相关联。将参数集添加到动态块中后，双击黄色警告图标（或使用 BACTIONSET 命令），然后按照命令提示将该动作与几何图形选择集相关联。

使用块编写选项板上的“参数集”选项卡可以向动态块定义添加一组成对的参数和动作。向块中添加参数集与添加参数所使用的方法相同。参数集中包含的动作将自动添加到块定义中，并与添加的参数相关联。接着，必须将选择集（几何图形）与各个动作相关联。

如果插入的是查寻参数集，双击黄色警示图标时将会显示“特性查寻表”对话框。与查寻动作相关联的是用户添加到此表中的数据，而不是选择集。

以线性参数集为例，向参数集中添加动作的步骤如下：

（1）在“块编写选项板”窗口的“参数集”选项卡中，在参数集上单击鼠标右键，然后单击“特性”命令，如图 10-26 所示。

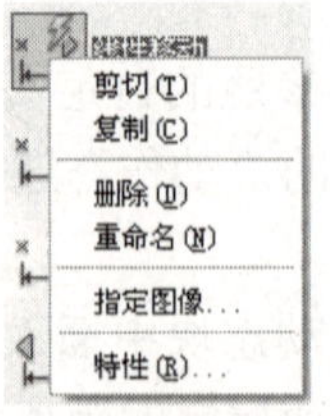

图 10-26　快捷菜单

（2）系统弹出如图 10-27 所示的“工具特性”对话框。单击“参数”选项下的“动作”，然后单击按钮。

（3）系统弹出如图 10-28 所示的“添加动作”对话框，从“要添加的动作对象”列表中选择一个动作，单击“添加”按钮。所添加的动作将列于下面的列表中。

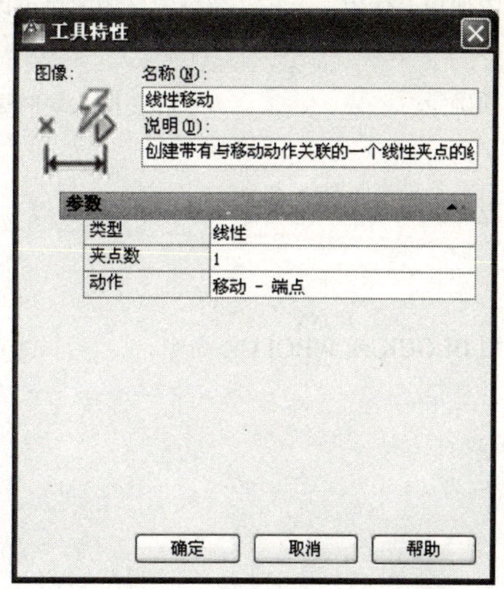

图 10-27　“工具特性”对话框

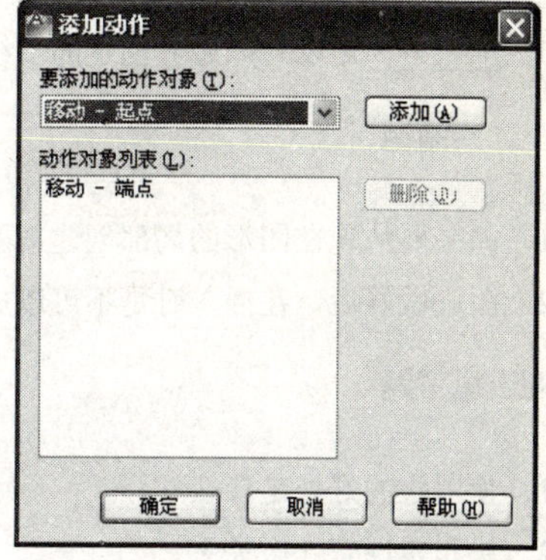

图 10-28　“添加动作”对话框

（4）单击“确定”按钮。

（5）在“工具特性”对话框中，单击“确定”按钮。

习题十

一、选择题

1．在 AutoCAD 中插入外部参照时，路径类型不正确的是（　　）。

A．完整路径　　B．相对路径

C．无路径　　D．覆盖路径

2．在 AutoCAD 的“设计中心”窗口的（　　）选项卡中，可以查看当前图形中的图形信息。

A．文件夹　　B．打开的图形

C．历史记录　　D．联机设计中心

3．下列命令操作中，不能插入图块的是（　　）。

A．DIVIDE　　B．MEASURE　　C．ARRAY　　D．INSERT

4．保存块是应用（　　）操作。

A．WBLOCK　　B．BLOCK　　C．INSERT　　D．MINSERT

5．用 BLOCK 命令定义的内部图块，下面说法正确的是（　　）。

A．只能在定义它的图形文件内自由调用

B．只能在另一个图形文件内自由调用

C．既能在定义它的图形文件内自由调用，又能在另一个图形文件内自由调用

D．两者都不能用

二、填空题

1. 使用________命令定义的图块只能在当前图形文件中使用，使用________命令定义的图块可以在任何图形文件中使用。

2. 块是一个或多个图形对象的集合，在定义块时，必须确定________、________和在插入块时要使用的________。

3. ________是以封闭边界创建的二维封闭区域，可使用布尔运算编辑实体。

三、判断题

1. 如果要从现在图形的局部创建新图形文件，可以使用 BLOCK 或 WBOLCK 命令。（ ）

2. 图块做好后，在插入时是不可以放大或旋转的。（ ）

四、思考题

1. 使用块的好处是什么？
2. 块和属性有什么关系？
3. 两种定义块的方法有什么不同？
4. 插入块时应注意哪些问题？
5. 外部参照有什么功能？
6. 外部参照和块有什么异同？如何根据情况选择使用块或外部参照？
7. 设计中心在绘图中带来了哪些方便？
8. 设计中心具有哪些功能？
9. 结合使用块和设计中心，对第 8 章练习中的高速轴图进行粗糙度标注。

第 11 章　参数化绘图

- 了解参数化设计与非参数化设计的区别。
- 熟练掌握几何约束处理。
- 熟练掌握尺寸标注约束的方法。

用 AutoCAD 绘图，尺寸之间是没有任何关联关系的。一旦绘制的图形线条有问题，是无法通过更改尺寸来修改图形内容的。解决的唯一方法只能是删除原来的图形并重新绘制。而采用参数化设计的方法，可以使绘制的图形之间互相影响，并通过修改尺寸来修改原来的图形内容。与 Pro/ENGINEER 等参数化设计软件相比，AutoCAD 2012 只是将参数化的概念应用到二维图形中，还无法应用到三维图形中，但是相比以前版本而言已经有了巨大的进步。下面从两个方面，即几何约束与尺寸标注约束，介绍参数化的应用。

AutoCAD 2012 的参数化工具的命令放在“参数”菜单中，如图 11-1 所示。同时，“参数化”功能面板提供了与菜单选项相应的命令按钮，如图 11-2 所示。

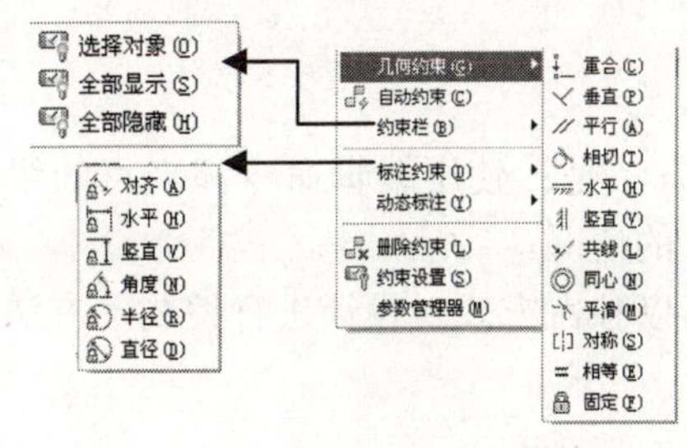

图 11-1　“参数”菜单

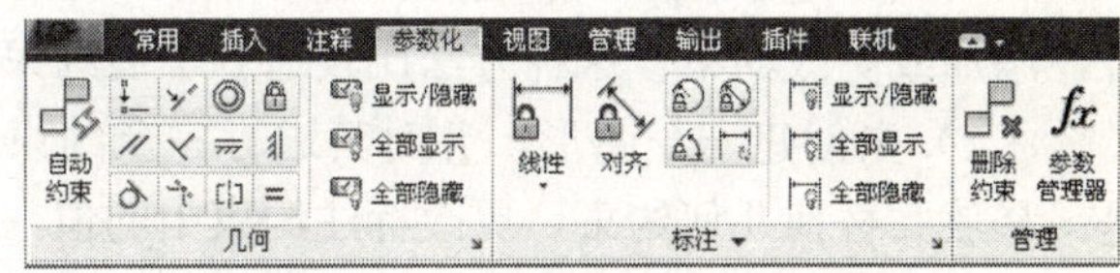

图 11-2　“参数化”功能面板

11.1　参数化概述

在 AutoCAD 中，约束分为两种：几何约束控制对象彼此影响且不可更改，如限制两个线段之间相互垂直，则无论某一条直线如何改变方向，另一条线段都将与其垂直；标注约束控制对象的距离、长度、角度和半径值。

如图 11-3 所示，显示了使用默认格式和可见性的几何约束和标注约束。将光标移至应用了约束的对象上时，始终会显示蓝色光标图标，如图 11-4 所示。

在工程设计阶段，实际上很多想法都是边设计边更改的。往往是先形成对象的几何形状，然后通过不断试验各种设计尺寸或者几何相对位置关系来确定最终方案。以前 AutoCAD 是无法这样做的，现在通过参数化工具对对象所做的更改可以自动调整图形对象，这大大提高了效率。

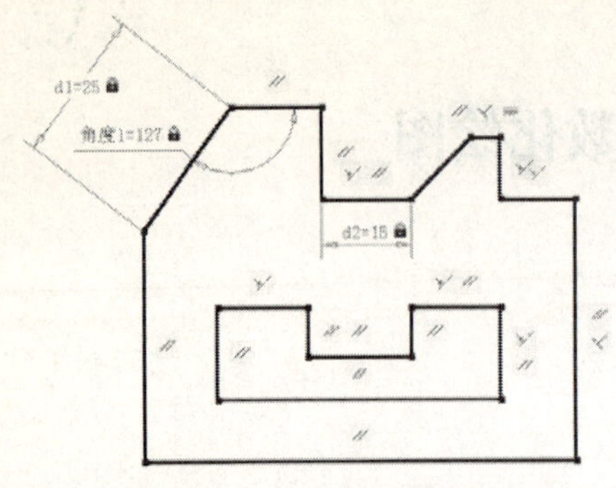

图 11-3 显示约束符号

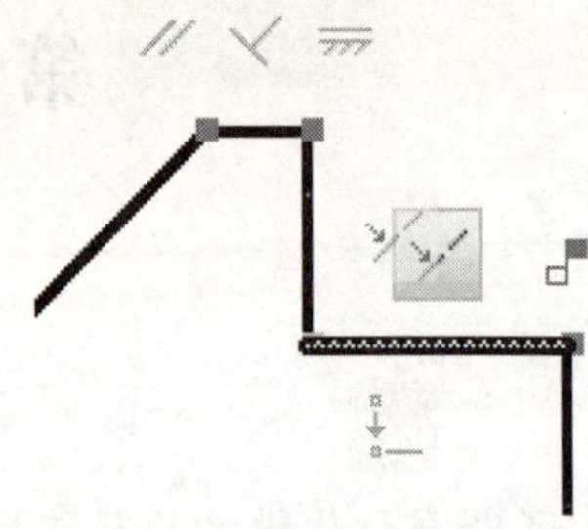

图 11-4 标注对象高亮显示

在 AutoCAD 中，通过约束可以进行下列工作：

（1）通过约束图形中的几何图形来保持设计规范和要求。

（2）将多个几何约束应用于对象。

（3）在标注约束中使用公式和方程式进行复杂控制。

（4）通过修改标注尺寸值可快速地进行设计修改。

1. 约束图形及对象

创建或更改设计时，图形会处于以下三种状态之一：

（1）未约束：未将约束应用于任何几何图形。

（2）欠约束：将某些约束应用于几何图形。

（3）完全约束：将所有相关几何约束和标注约束应用于几何图形。完全约束的一组对象还需要包括至少一个固定约束，以锁定几何图形的位置。

因此，有两种方法可以通过约束进行设计。

（1）在欠约束图形中进行操作，同时进行更改，方法是：使用编辑命令和夹点的组合，添加或更改约束。这种方法比较适合于边约束边设计的情况。

（2）先创建一个图形，并对其进行完全约束，然后以独占方式对设计进行控制，方法是：释放并替换几何约束，更改标注约束中的值。

AutoCAD 可以在以下对象之间应用约束：

（1）图形中的对象与块参照中的对象。

（2）某个块参照中的对象与其他块参照中的对象（而非同一个块参照中的对象）。

（3）外部参照的插入点与对象或块，而非外部参照中的所有对象。

对块参照应用约束时，可以自动选择块中包含的对象，而无需按 Ctrl 键选择子对象。但是，向块参照添加约束可能会导致块参照移动或旋转。但是，对动态块应用约束会禁止显示其动态夹点。要重新显示它们，必须从动态块中删除约束。但是，动态块中的值仍然可以使用“特性”选项板更改。实际上，动态块参照的操作已经包含了部分参数化操作的信息，请读者自行参照前面的内容。

2. 自动约束与约束删除

所谓自动约束就是指自动对所选择的对象进行几何约束。单击“参数化”选项卡，选择“几何”功能面板中的“自动约束”按钮，系统提示操作如下：

选择对象或 [设置(S)]:

当输入 S 时，系统弹出如图 11-5 所示的对话框。用户可以确定约束的优先度。从列表中选择某个约束后，可以通过“上移”和“下移”按钮进行顺序更改，或者全部清除这些约束。另外，“相切对象必须共用同一交点”和“垂直对象必须共用同一交点”选项决定了对两个对象之间的限制关系，即二者几何约束关系为必须共用一点。

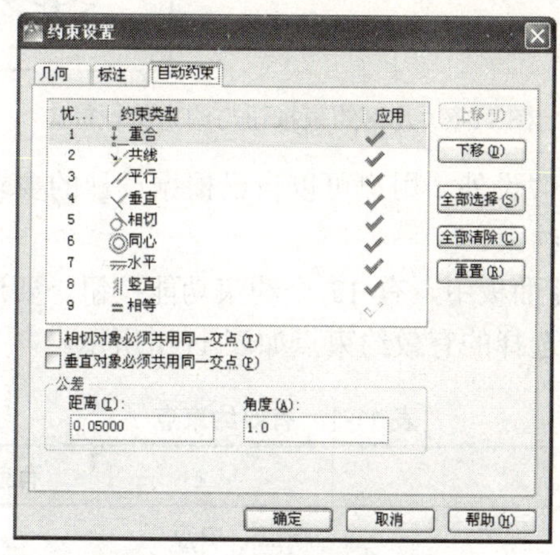

图 11-5　“约束设置”对话框

如果直接选择对象，则几何对象将自动进行计算并生成相应的几何约束。

当需要对设计进行更改时，有两种方法可取消约束效果：

（1）单独删除约束，过后应用新约束。将光标悬停在几何约束图标上时，可以使用 Delete 键或快捷菜单删除该约束。

（2）临时释放选定对象上的约束以进行更改。已选定夹点或在编辑命令使用期间指定选项时，按 Ctrl 键以交替释放约束和保留约束。也可以直接单击约束上的关闭按钮。

进行编辑期间不保留已释放的约束。编辑过程完成后，约束会自动恢复（如果可能）。不再有效的约束将被删除。

这些约束包括几何约束和标注约束。另外，在命令行中输入 DELCONSTRAINT 命令可以删除对象中的所有约束。

11.2　几何约束

在草绘过程中，系统会自动对用户所绘制的截面进行假设，用于减少尺寸标注。比如，假设用户绘制的是水平、垂直、平行的直线，两条线段长度相等，两个圆半径大小相等，系统都会用相应的标记显示出来，如图 11-6 所示。在图 11-6 中，![]表示直线是铅直线，![]表示直线是水平线，等等。

用户可以控制约束特征标志的显示与否，只要单击“几何”功能面板中的“全部隐藏”按钮就可以隐藏全部标志；单击“全部显示”按钮可以将所有约束显示出来。如果单击“显示”按钮，系统提示如下：

命令: _ConstraintBar

选择要显示约束的对象或 [全部显示(S)/全部隐藏(H)] <全部显示>:

当选择某个对象后，如果该对象曾经进行过约束设置，则在确定后将显示该约束。

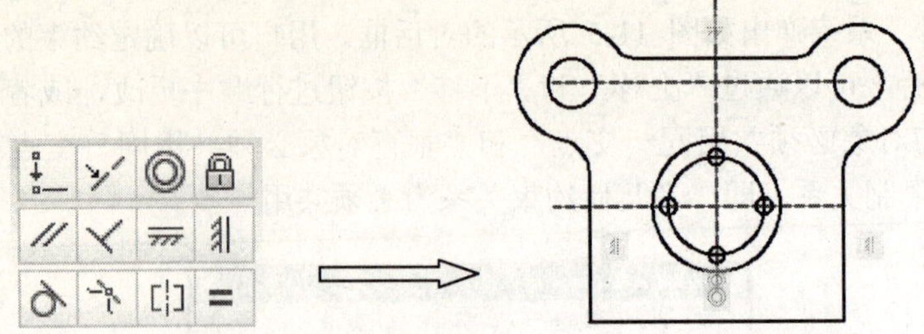

图 11-6 几何约束按钮与约束特征标志

除了系统自动施加约束假设外，用户可以自己根据设计的要求对截面的几何图元进行手工约束，下面讲解如何设置约束。

在如图 11-6 所示的功能面板中，有 12 个约束功能按钮。要进行几何约束，必须在对象上选择有效的约束点，可以选择的有效约束点如表 11-1 所示。

表 11-1 有效约束点

对象	有效约束点
直线	端点、中点
圆弧	圆心点、端点、中点
样条曲线	端点
椭圆、圆	圆心点
多段线	直线的端点、中点和圆弧子对象、圆弧子对象的圆心点
块、外部参照、文字、多行文字、属性、表格	插入点

下面针对图 11-6 中的约束按钮分别进行讲解。

1．重合约束

单击，系统将提示选取要对齐的两个图元或顶点，依次选择两个图元，选取的图元将变成重合状态，如图 11-7 所示。选择对象的顺序以及选择每个对象的点可能会影响对象彼此间的放置方式。

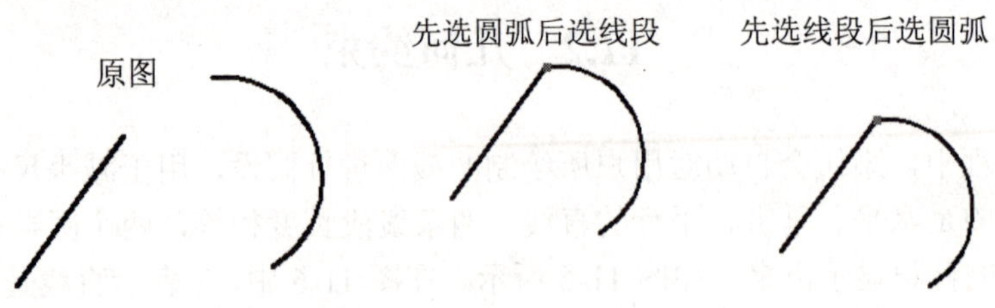

图 11-7 施加重合约束

2．共线约束

单击，系统将提示选取两条直线，选取要求约束的直线，二者将自动变为一条同向直线，如图 11-8 所示。第二条直线将直接向第一条直线方向过渡。

3．同心约束

单击，系统将提示选取两个圆，选取要求约束的圆，二者将自动同心，如图 11-9 所示。第二个圆将向第一个圆过渡。

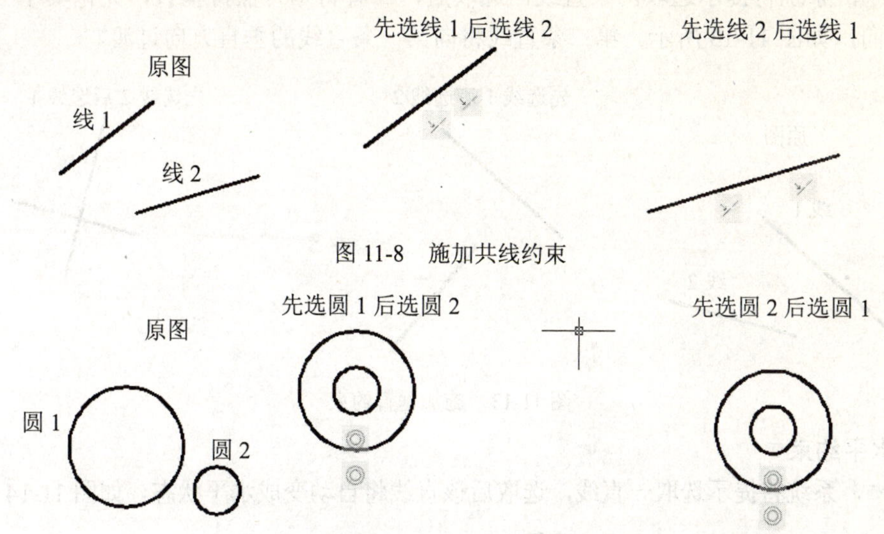

图 11-8 施加共线约束

图 11-9 施加同心约束

4. 固定约束

单击，系统将使一个点或一条曲线固定到相对于世界坐标系（WCS）的指定位置和方向上。如图 11-10 所示，已对左侧的斜边应用了固定约束，其中间点被固定到指定的坐标。红色 X 指出了受约束的点。

如图 11-11 所示，已固定了矩形左上角，可以移动矩形的其他三个角，但是受约束的点将保持在相同位置。

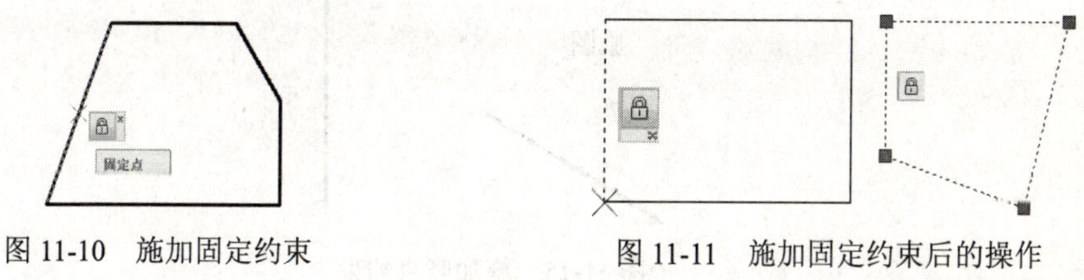

图 11-10 施加固定约束 图 11-11 施加固定约束后的操作

5. 平行约束

单击，系统将提示选取两条直线，选取后，二者将平行，如图 11-12 所示。第二条直线将向第一条直线方向过渡。

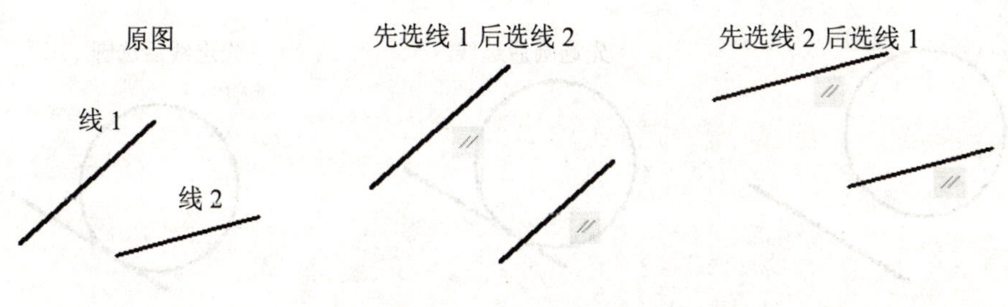

图 11-12 施加平行约束

6. 垂直约束

单击，系统将提示选取两条直线，选取后，二者将始终保持垂直，无论其中一条线如何更改方向，如图 11-13 所示。第二条直线将向第一条直线的垂直方向过渡。

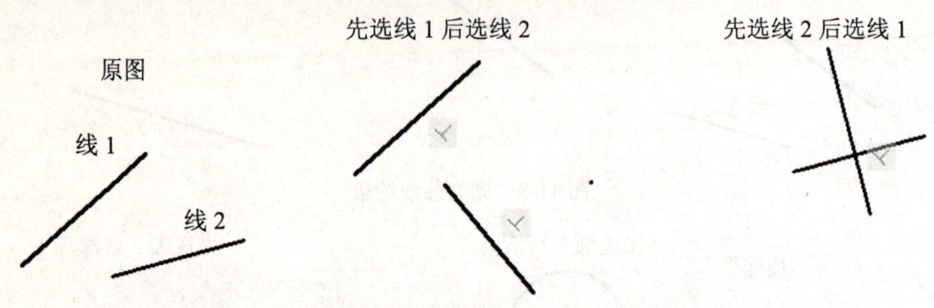

图 11-13 施加垂直约束

7. 水平约束

单击，系统将提示选取一直线，选取后该直线将自动变成水平状态，如图 11-14 所示。

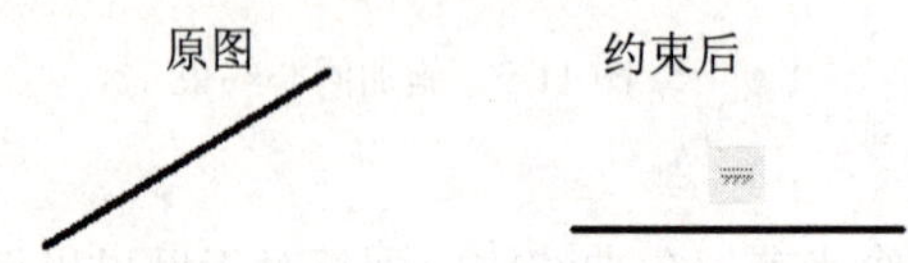

图 11-14 施加水平约束

8. 竖直约束

单击，系统将提示选取一直线，选取后该直线将自动变成竖直状态，如图 11-15 所示。

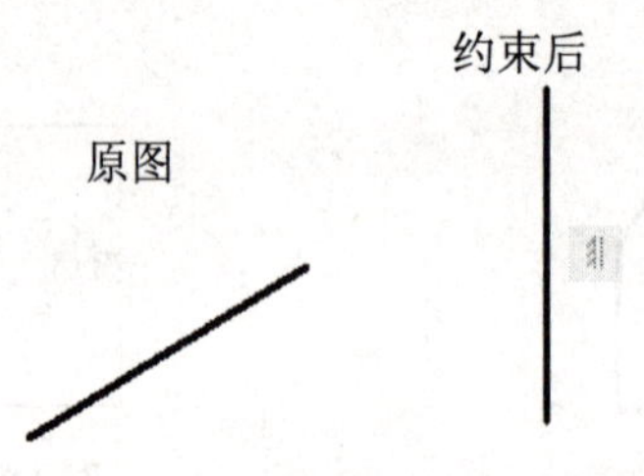

图 11-15 施加竖直约束

9. 相切约束

单击，系统将提示选取两条曲线或直线，选取后二者将变成相切状态，或者在延长线上相切，如图 11-16 所示。

图 11-16 施加相切约束

10. 平滑约束

单击，系统将提示选取两条样条曲线，选取后二者将光滑连接，如图 11-17 所示。

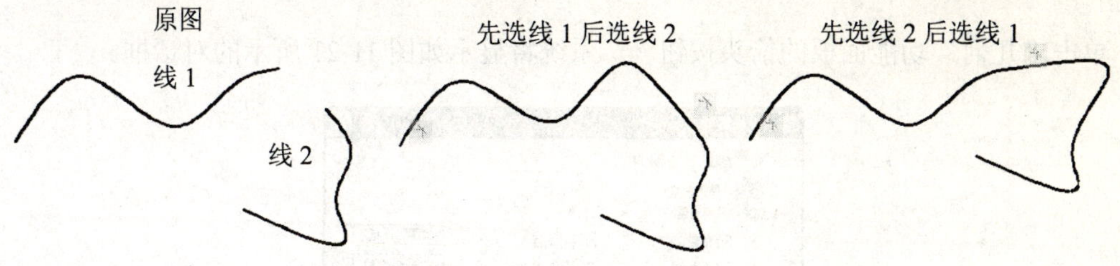

图 11-17　施加平滑约束

11. 对称约束

单击，系统将提示选取两条直线或者两个点，然后要求选取一条中心线作为对称线，所选直线或点将变成对称状态，如图 11-18 所示。

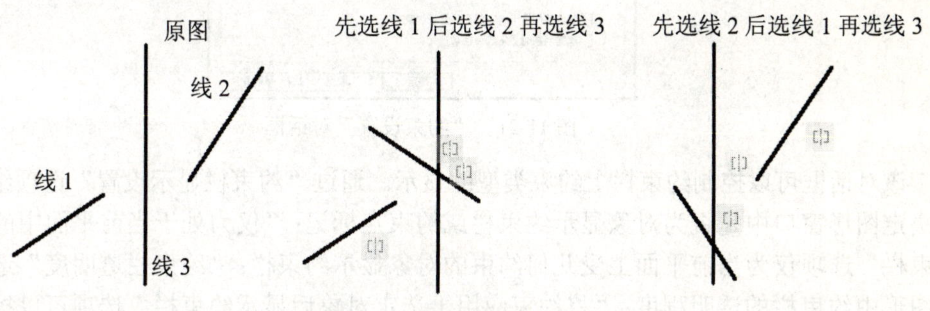

图 11-18　施加对称约束

12. 相等约束 =

单击 =，可以将选定圆弧和圆的尺寸调整为半径相同，或将选定直线的尺寸调整为长度相同，如图 11-19 和图 11-20 所示。

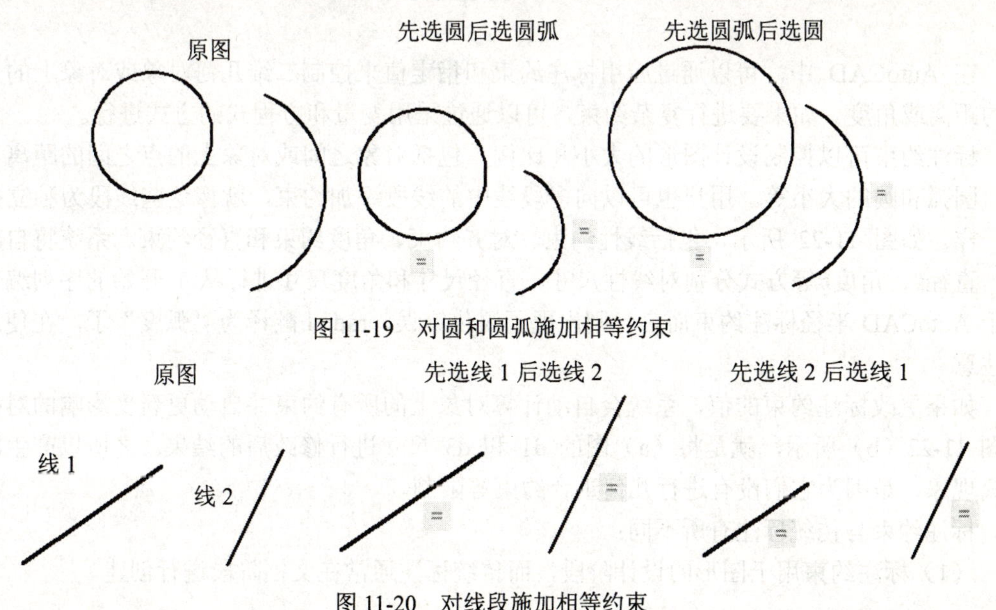

图 11-19　对圆和圆弧施加相等约束

图 11-20　对线段施加相等约束

在进行几何约束后，所有对象都将始终保持约束关系，而不管其中某个对象如何变化。

单击“几何”功能面板的箭头按钮 ，系统将显示如图 11-21 所示的对话框。

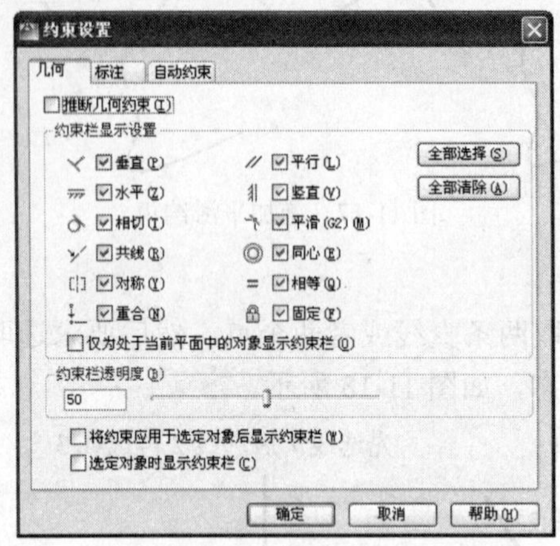

图 11-21　“约束设置”对话框

该对话框可以控制约束栏上约束类型的显示。通过“约束栏显示设置”选项组中的选项来决定图形窗口中是否为对象显示约束栏或约束点标记；“仅为处于当前平面中的对象显示约束栏”选项仅为当前平面上受几何约束的对象显示约束栏；“约束栏透明度”选项可以决定图形中约束栏的透明程度；“将约束应用于选定对象后显示约束栏”选项可以控制约束后是否显示相关约束栏；“选定对象时显示约束栏”选项可以控制选择对象时是否显示相关约束栏。

11.3　标注约束

在 AutoCAD 中，可以通过应用标注约束和指定值来控制二维几何对象或对象上的点之间的距离或角度。如果要进行复杂约束，可以通过采用变量和方程式的方式进行。

标注约束可以控制设计图形的大小和比例，包括对象之间或对象上的点之间的距离和角度、圆弧和圆的大小等。用户也可以向多段线中的线段添加约束，就像这些线段为独立的对象一样。如图 11-22 所示，包括线性约束、对齐约束、角度约束和直径约束。系统将自动以 d#、直径#、角度#等方式分别对线性尺寸、直径尺寸和角度尺寸进行从 1 开始的序列编号。对于 AutoCAD 半径标注约束而言，则出现了汉化错误，radial 翻译为“弧度”了，在使用中要注意。

如果更改标注约束的值，系统会自动计算对象上的所有约束并自动更新受影响的对象。如图 11-22（b）所示，就是将（a）图的 d1 和 d3 尺寸进行修改后的结果。之所以产生图线分离现象，是因为它们没有进行几何重合约束等限制。

标注约束与传统标注有所不同：

（1）标注约束用于图形的设计阶段，而传统标注通常在文档阶段进行创建。

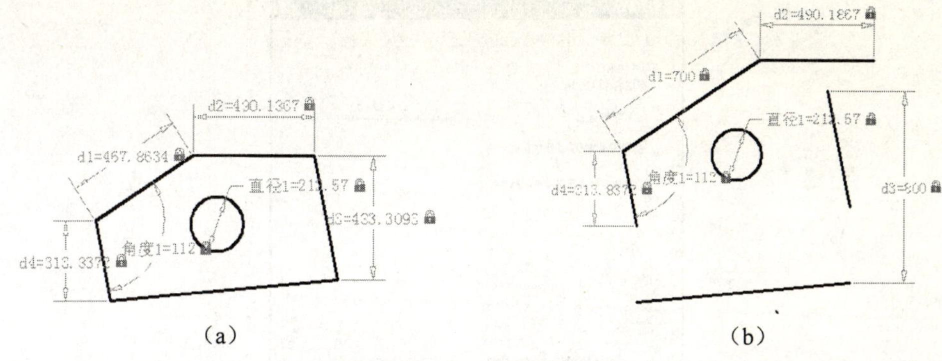

图 11-22　尺寸约束与修改

（2）标注约束驱动对象的大小或角度，而传统标注由对象驱动。

（3）默认情况下，标注约束并不是对象，只是以一种标注样式显示，在缩放操作过程中保持大小相同，且不能打印。如果需要打印，可以将标注约束的形式从动态更改为注释性。

另外，从显示效果看，标注约束的显示中带有一个锁定标志。

1. 标注约束类型

可以进行的标注约束包括如下内容。除了要从“参数化”选项卡的“标注”功能面板中选择相应按钮外，由于所进行的标注操作过程与传统标注一样，所以不再赘述。

（1）线性标注。系统自动确定是采用竖直标注还是水平标注，如图 11-22 中的 d4。

（2）水平标注。系统将对标注对象进行水平标注，如图 11-22 中的 d2。

（3）竖直标注。系统将对标注对象进行竖直标注，如图 11-22 中的 d3。

（4）对齐标注。系统将对标注对象进行对齐标注，如图 11-22 中的 d1。

（5）半径标注。系统将对圆弧或圆进行半径标注，显示为“弧度#”。

（6）直径标注。系统将对圆弧或圆进行直径标注，如图 11-22 中的直径 1。

（7）角度标注。系统将约束直线段或多段线段之间的角度、由圆弧或多段线圆弧段扫掠得到的角度或对象上三个点之间的角度，如图 11-22 中的角度 1。

另外，可以将传统的尺寸标注更改为标注约束。单击“转换”按钮，选择要转换的传统尺寸标注即可。

单击“标注”功能面板中的“显示动态约束”按钮，使其凹陷，则显示标注约束，否则将关闭显示。

要删除某个标注约束，先选中该约束，然后单击“删除约束”按钮即可。

如果单击“标注”功能面板的箭头按钮，系统将显示如图 11-23 所示的对话框，可以对显示的标注约束内容进行设置。

1）“标注名称格式”选项：为应用标注约束时显示的文字指定格式。将名称格式设置为显示：名称、值或名称和表达式。

2）“为注释性约束显示锁定图标”选项：针对已应用注释性约束的对象显示锁定图标。

3）“为选定对象显示隐藏的动态约束”选项：显示选定时已设置为隐藏的动态约束。

2. 通过变量和方程式进行标注约束

通过参数管理器，可以定义自定义用户变量，可以从标注约束及其他用户变量内部引用这些变量。定义的表达式可以包括各种预定义的函数和常量。

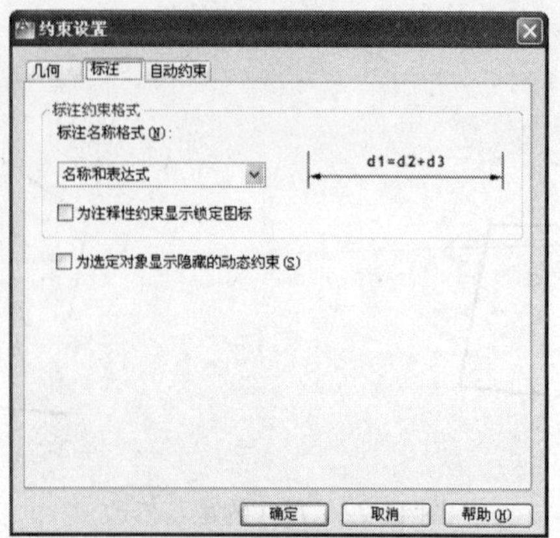

图 11-23 “约束设置”对话框

单击“标注”功能面板中的“参数管理器”按钮f_x，系统显示如图 11-24 所示的对话框。

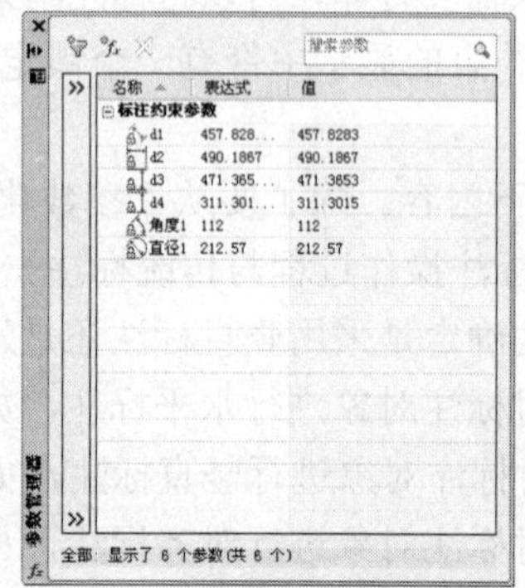

图 11-24 “参数管理器”选项板

其中，“名称”栏为目前已标注的约束变量名称，“表达式”栏可以输入相应的表达式，而“值”栏则直接显示表达式的计算值。

单击按钮，可以创建新的变量；选中某个变量后，单击按钮，则完成删除。单击按钮，可以决定“名称”栏中显示的变量类型。

标注约束和用户变量支持在表达式内使用如表 11-2 所示的运算符。

表 11-2 运算符

运算符	说明
+	加
-	减或取负值
%	浮点模数
*	乘
/	除
^	求幂
()	圆括号或表达式分隔符
.	小数分隔符

表达式是根据以下标准数学优先级规则计算的：

（1）括号中的表达式优先，最内层括号优先。

（2）标准顺序的运算符为：取负值优先，指数次之，乘除加减最后。

（3）优先级相同的运算符从左至右计算。

（4）表达式是使用表 11-2 中所述的标准优先级规则按降序计算的。

表达式中可以使用如表 11-3 所示的函数。

表 11-3　可用函数

函数	语法
余弦	cos(表达式)
正弦	sin(表达式)
正切	tan(表达式)
反余弦	acos(表达式)
反正弦	asin(表达式)
反正切	atan(表达式)
双曲余弦	cosh(表达式)
双曲正弦	sinh(表达式)
双曲正切	tanh(表达式)
反双曲余弦	acosh(表达式)
反双曲正弦	asinh(表达式)
反双曲正切	atanh(表达式)
平方根	sqrt(表达式)
符号函数 (-1,0,1)	sign(表达式)
舍入到最接近的整数	round(表达式)
截取小数	trunc(表达式)
下舍入	floor(表达式)
上舍入	ceil(表达式)
绝对值	abs(表达式)
阵列中的最大元素	max(表达式 1;表达式 2)
阵列中的最小元素	min(表达式 1;表达式 2)
将度转换为弧度	d2r(表达式)
将弧度转换为度	r2d(表达式)
对数，基数为 e	ln(表达式)
对数，基数为 10	log(表达式)
指数函数，底数为 e	exp(表达式)
指数函数，底数为 10	exp10(表达式)
幂函数	pow(表达式 1;表达式 2)
随机小数，0-1	随机

除上述函数外，表达式中还可以使用常量 Pi 和 e。

如果要输入这些函数，可以在参数表达式某处单击右击并选择“表达式”选项，如图 11-25 所示。选择后就直接贴附在当前选择点处。

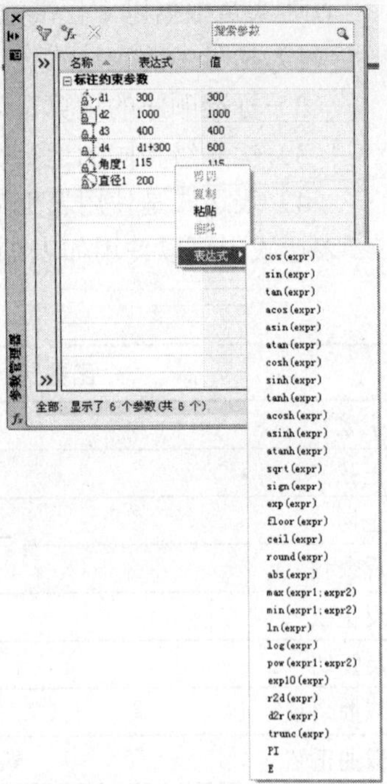

图 11-25　选择表达式

如图 11-26 所示，将圆约束到矩形中心，圆中某个区域与该矩形的某个区域面积相等。如图 11-27 所示，将 Length 和 Width 标注约束设置为常量，d1 和 d2 约束为引用 Length 和 Width 的简单表达式。半径标注约束 Radius 设置为包含平方根函数的表达式，用括号括起以确定操作的优先级顺序，Area 用户变量、除法运算符以及常量 PI 等均显示在参数管理器中。

可以看出，用于确定圆面积的方程式，有一部分包括在半径标注约束 sqrt (Area/PI)中，一部分由用户变量 Area= Length*Width 进行定义。或者，可以将整个表达式 sqrt (Length*Width/PI)直接指定给半径标注约束。

需要注意的是，当将二维参数化图形进行拉伸等三维操作后，这些约束将自动转换回非参数化状态，所以，所有这些参数化操作必须妥善保存。

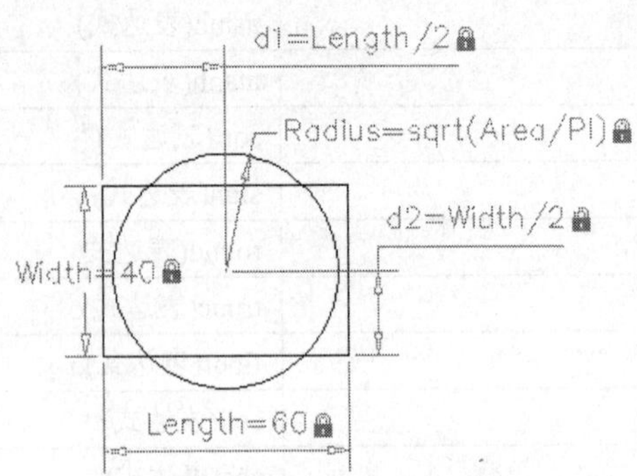

图 11-26　对图形进行方程式约束

搜索参数

名称	表达式	值
标注约束参数		
d1	494.79220293	494.7922
d2	124.5	125
length	6	6
radius	sqrt(Area/PI)	2.764
width	4	4
用户参数		
Area	length*width	24

全部：显示了 6 个参数(共 6 个)

参数管理器

图 11-27　参数管理器

习题十一

思考题

1．AutoCAD 的标注可以分为哪些类型？

2．如何进行参数化绘图的一般过程？

3．AutoCAD 中的参数化约束类型有哪几种？

4．几何约束有哪些类型？仔细体会所选对象顺序对约束结果的影响。

5．尺寸标注约束有哪些类型？

6．如何使用变量和方程式控制图形元素的尺寸？

第 12 章　打印输出

- 了解打印机的配置方法。
- 理解打印样式的作用。
- 学会打印页面的设置方法并能进行打印。

使用 AutoCAD 绘制完图形以后，图纸需要参与加工制造，为了与其他加工设计人员进行交流沟通，就需要将绘制好的图纸打印出来。AutoCAD 2012 对打印功能进行了改进，提供了更加方便的打印功能。

12.1　配置绘图仪

为了便于用户添加与管理打印设备，AutoCAD 2012 提供了类似于 Windows 资源管理器界面的绘图仪管理器，实际上它就是一个资源管理器。启动绘图仪管理器的方法如下：

- 功能面板：单击“输出”选项卡，“打印”功能面板→“绘图仪管理器”按钮。
- 菜单：“文件”菜单→“绘图仪管理器”命令。
- 命令行：PLOTTERMANAGER。

执行 PLOTTERMANAGER 命令后，AutoCAD 显示绘图仪（Plotters）管理器文件夹窗口。用户可以利用其中的“添加绘图仪向导”添加绘图仪。

在添加完绘图仪后，可以随时编辑绘图仪的配置。为此，在该窗口中双击要编辑配置的绘图仪，AutoCAD 将显示“绘图仪配置编辑器”对话框，如图 12-1 所示。

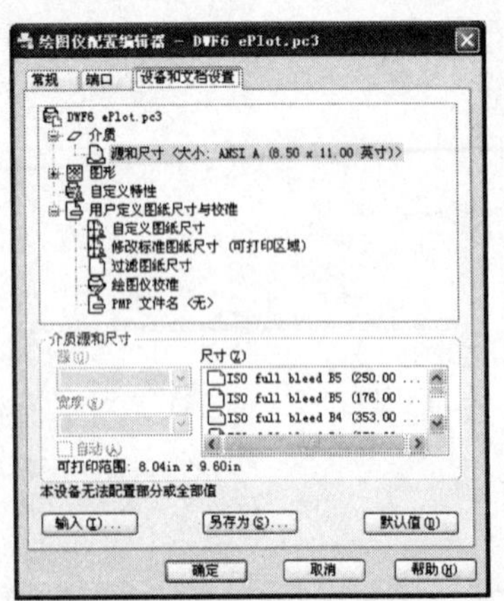

图 12-1　绘图仪配置编辑器

在“绘图仪配置编辑器”中，可以通过“常规”选项卡查看所选择绘图仪的基本配置信息，如配置文件名、系统驱动程序、Heidi 驱动程序、版本号及端口等。用户可以修改说明信息，但不能修改其他信息。可以通过“端口”绘图仪修改绘图仪与计算机连接的通信端口的设置。

由于所选择的绘图仪不同，具体的设置内容也会有所不同。这里仅作简单介绍，具体设置用户可以根据所使用的绘图仪进行调整。

（1）物理笔的配置：由于 AutoCAD 不能自动检测绘图仪使用的笔信息，因此必须在此提供相应的信息，如是否对笔进行优化及如何优化，每支笔的颜色、绘图速度和所绘制图线的宽度等。

（2）图形：用户可以设置在绘制矢量图形、光栅图像和 TrueType 字体时的参数，如颜色深度、分辨率等。

（3）设置图纸尺寸与绘图仪的调整：在此，用户可以校准绘图仪、创建自定义大小的图纸或者修改标准图纸尺寸的可打印区域。

12.2 管理打印样式表

所谓打印样式是一系列参数设置的集合，这些参数包括颜色、抖动、灰度、笔的分配、淡显、线宽、线条端点样式、线条连接样式和填充样式等。通过修改对象的打印样式，可以控制对象在打印时的效果。将打印样式组织起来就形成了打印样式表。

AutoCAD 提供了打印样式管理器，用于管理用户创建的各种打印样式表。启动打印样式管理器的方法如下：

- 菜单：“文件”菜单→“打印样式管理器”命令。
- 命令行：STYLESMANAGER。

执行 STYLESMANAGER 后，AutoCAD 显示打印样式（Plot Styles）管理器窗口，如图 12-2 所示。

图 12-2 打印样式管理

12.2.1 打印样式类型

AutoCAD 2012 提供了两种类型的打印样式：颜色相关打印样式和命名打印样式。

1．颜色相关打印样式

颜色相关打印样式是基于对象颜色的，每一种颜色有一种对应设置，如使用哪支笔进行绘图，绘图时的线型和线宽等。也就是说共有 255 种颜色相关打印样式与 255 种颜色相对应。在颜色相关打印样式表中，用户不能随意地添加、删除或重命名颜色相关的打印样式。使用颜色相关的打印样式时，用户通过调整与某一颜色相对应的颜色相关打印样式，即可控制在当前图形中所有使用该颜色的对象的打印效果。用户也可以通过改变对象的颜色来改变该对象的打印样式。AutoCAD 将颜色相关的打印样式表保存在扩展名为 .ctb 的文件中。

然而，使用颜色相关打印样式表给用户带来方便的同时，也给用户带来了一些不便，如用户在绘图时使用颜色受到限制。默认情况下，AutoCAD 2012 使用颜色相关打印样式表。

2．命名打印样式

与颜色相关打印样式不同，命名打印样式的使用与对象的颜色是无关的。也就是说，用户可以将任何打印样式赋给一个对象，而不必去管对象的颜色。AutoCAD 将命名打印样式保存在扩展名为 .stb 的文件中。

12.2.2 编辑打印样式表

用户在添加完打印样式表后，可以随时编辑打印样式表中的打印样式。为此，在打印样式管理器中双击要编辑的打印样式，AutoCAD 将显示“打印样式表管理器”对话框。

通过“打印样式表管理器”对话框用户可以完成以下工作：

- 查看打印样式表的基本信息。
- 使用表（格式）视图编辑打印样式：设置颜色、抖动、灰度、笔号、淡显、线型、线宽、填充等。

12.2.3 应用打印样式

如果当前的图形正在使用颜色相关打印样式，AutoCAD 将打印样式映射到对象的颜色特性。此时，在附着到图形的样式表中，用户可以通过修改对象的颜色来修改对象的打印样式，或者使用打印样式编辑器来修改其中的颜色相关打印样式的图形。如果当前图形正在使用命名打印样式，用户可以修改对象和图层的打印样式。

12.3 设置页面

通常在打印之前用户要进行页面设置，如选择打印机、纸张大小、打印方向等。如果用户在“选项”对话框的“显示”选项卡的“布局元素”选项组中选中“新建布局时显示页面设置管理器”选项，当用户第一次切换到某一布局时，AutoCAD 将显示“页面设置管理器”对话框供用户设置。AutoCAD 2012 允许用户为每个布局指定不同的页面设置，这样用户就可以使用同一个图形输出不同的图纸而用于不同的目的。使用 PAGESETUP 命令，用户可以进行页面设置。

启动 PAGESETUP 命令的方法如下：

- 功能面板：单击“输出”选项卡，“打印”功能面板→“页面设置管理器”按钮。
- 菜单：“文件”菜单→“页面设置管理器”命令。
- 命令行：PAGESETUP。

执行该命令后，AutoCAD 显示“页面设置管理器”对话框，如图 12-3 所示。

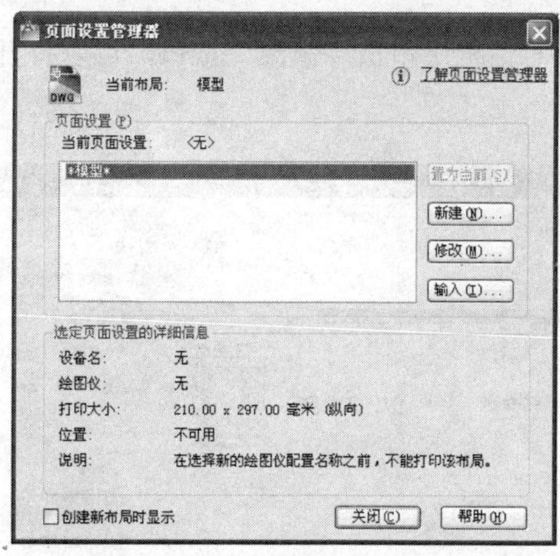

图 12-3　“页面设置管理器”对话框

AutoCAD 在“当前布局”框中显示当前进行页面设置的布局的名称，并在“当前页面设置”列表框中显示所有已命名并被保存过的页面设置。用户可以在其中选择一个已命名的页面设置，然后进行修改完成页面设置，也可以添加新的命名的页面设置。如果选中位于对话框左下角的“创建新布局时显示”选项，当创建一个新布局时，AutoCAD 会显示“页面设置管理器”对话框。单击“修改”按钮可修改页面设置。

12.3.1 设置打印设备

所有的打印设备设置都采用系统默认值，可以通过“选项”对话框进行修改。在命令行窗口右击，选择“选项”命令，或依次单击“工具”→“选项”菜单命令，将显示“选项”对话框，从中选择“打印和发布”选项卡，如图 12-4 所示。在该选项卡中可实现下列设置：

- 设置新图形的默认打印设备。
- 设置新图形的默认打印样式。
- 设置常规打印选项。

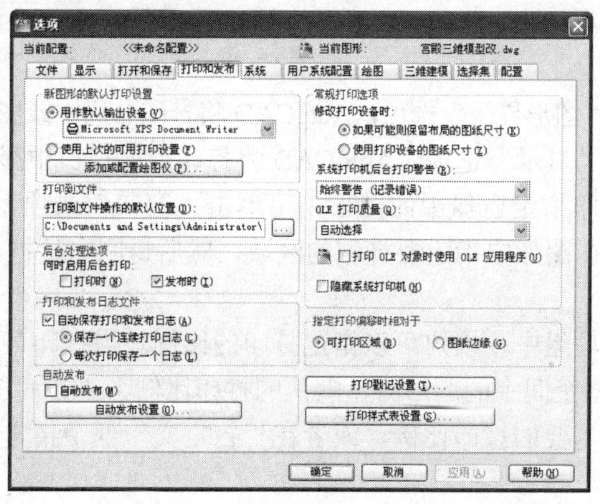

图 12-4　“打印和发布”选项卡

12.3.2 设置布局

在“页面设置管理器”对话框中单击“修改”按钮，可以打开“页面设置－模型”对话框，如图 12-5 所示。

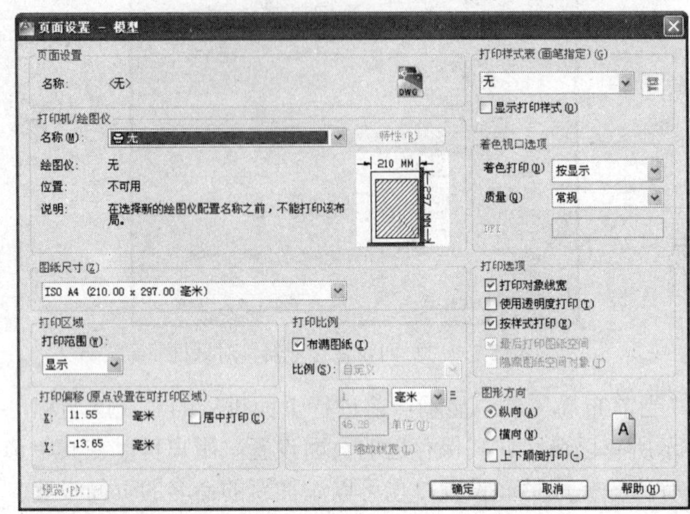

图 12-5 “页面设置”对话框

1．设置图纸

AutoCAD 在“图纸尺寸”选项组的“图纸尺寸”下拉列表框中列出了当前使用的打印设备所支持的图纸类型，用户可根据需要进行选择。选择图纸后，AutoCAD 在“打印区域”选项组中显示图纸的可打印有效区域。

2．设置图形的打印方向

在“图形方向”选项组中，用户可以指定图形在图纸上的打印方向。AutoCAD 支持 0、90、180、270 共四种打印方向。用户可以通过选择“纵向”、“横向”和“上下颠倒打印”三个选项的组合来获得需要的打印方向。

3．确定图形的打印区域

在“打印区域”选项组中，AutoCAD 允许用户选择是打印整个图形还是只打印图形的一部分。

- 如果用户选择“图形界限”选项，AutoCAD 将打印布局中或图形界限中的全部图形。
- 如果用户选择“显示”选项，AutoCAD 将打印当前视口中显示的视图。
- 如果用户要打印指定窗口中的图形，可单击“窗口”选项。AutoCAD 临时关闭对话框以让用户在图形中指定要打印的区域，然后返回对话框。

4．设置打印比例

在“打印比例”选项组中，用户可以指定打印的比例。当打印某一布局时，默认的打印比例为 1:1。当打印模型空间中的图形时，默认的打印比例为“布满图纸”。用户可以在“比例”下拉列表框中选择需要的打印比例，或者在“自定义”框中指定非标准比例并决定缩放线宽。

5．设置打印图形的偏移量

在“打印偏移”选项组中，用户可以指定打印区域相对于图纸左下角的偏移量。在一个布局中指定打印区域的左下角被放置在图纸可打印区域的左下角处，用户可以在 X 和 Y 编辑框中指定一个正或负的偏移量。如果用户选择了“居中打印”选项，AutoCAD 自动将要打印的图形区域放置在图纸的正中并计算左下角的偏移量。

6．设置打印选项

在“打印选项”选项组中，用户可以对打印作进一步的控制。如果用户选择了“打印对象线宽”选项，AutoCAD 将按打印对象的线宽打印。否则，AutoCAD 将不打印对象的线宽。如果用户选择了“按样式打印”选项，AutoCAD 将使用在打印样式表中定义的打印样式进行打印。如果用户选择了“最后打印图纸空间”选项，AutoCAD 将先打印模型空间中的图形。通常，AutoCAD 先打印图纸空间中的图形。如果用户选择了“隐藏图纸空间对象”选项，AutoCAD 在打印图形时将对图形进行消隐。

12.4 打印输出

12.4.1 打印预览

使用 PREVIEW 命令可以对要打印的图形进行预览，这样用户可以在屏幕上事先观察到打印后的效果。

启动 PREVIEW 命令的方法如下：

- 功能面板：单击“输出”选项卡，“打印”功能面板→“预览”按钮。
- 菜单：“文件”菜单→“打印预览”命令。
- 命令行：PREVIEW。
- 在快速访问工具栏中单击“打印预览”按钮。

执行 PREVIEW 命令后，AutoCAD 将根据当前的打印设置生成所在工作空间的打印预览图形。此时，鼠标光标变为实时缩放状态的光标，用户可以对预览图形进行实时缩放来观察图形。使用快捷菜单，用户可以对预览图形进行缩放和平移。按 Esc 键或 Enter 键结束预览命令，返回到图形状态。

12.4.2 打印图形

使用 PLOT 命令，用户可以对设置好的图形进行打印。

启动 PLOT 命令的方法如下：

- 功能面板：单击“输出”选项卡，“打印”功能面板→“打印”按钮。
- 菜单：“文件”菜单→“打印”命令。
- 命令行：PLOT。
- 工具栏。在快速访问工具栏中单击“打印”按钮。

执行 PLOT 命令后，AutoCAD 将显示“打印”对话框，如图 12-6 所示。该对话框与“页面设置”对话框基本相同，只是多了几组选项。对于相同的选项，用户可以参照“页面设置”对话框进行设置。这里讲解打印选项和特殊的选项。

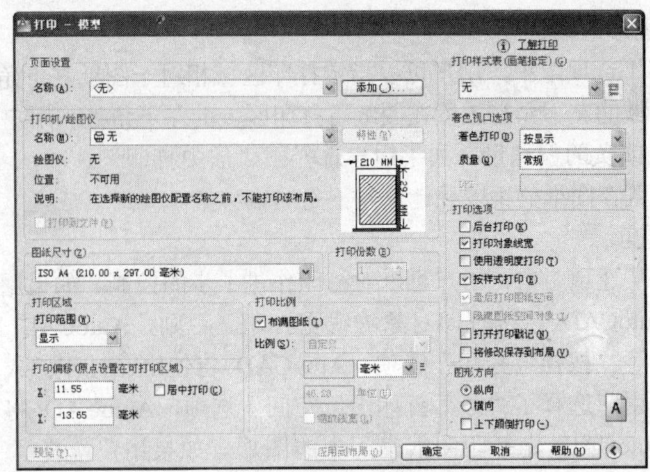

图 12-6　打印设置

1．配置打印机

在“打印机/绘图仪”选项组中，可以为当前布局设置打印机的有关配置。在“名称”下拉列表框中列出了当前系统和 AutoCAD 中已经安装的打印机，用户可以根据需要选择打印机。如果要编辑或修改打印机配置，单击“特性”按钮打开打印机配置编辑器修改。

2．设置打印样式

在“打印样式表（画笔指定）”选项组中，用户可以指定当前布局要使用的打印样式。在“名称”下拉列表框中，AutoCAD 列出了当前所有可用的打印样式表。用户可根据需要进行选择。如果用户要对打印样式表进行编辑，可单击“编辑”按钮打开打印样式管理器进行编辑。

在“打印份数”编辑框中，用户可以指定要打印的图纸份数。

3．着色打印增强

着色打印是从 AutoCAD 2004 开始的对打印功能的一个增强。以前，AutoCAD 只能将三维图像打印为线框。为了打印着色或渲染图像，必须将场景渲染为位图，然后在其他程序中打印此位图。使用着色打印，可以打印着色三维图像或渲染三维图像，还可以使用不同的着色选项和渲染选项设置多个视口。

“着色视口选项”选项组指定着色和渲染视口的打印方式，并确定其分辨率大小和 DPI 值。其中包括“着色打印”、“质量”和 DPI 三项内容。

（1）着色打印：指定视图的打印方式，如图 12-7 所示。各选项含义如下：

1）按显示：按对象在屏幕上的显示打印。

2）传统线框：在线框中打印对象，不考虑其在屏幕上的显示方式。

3）传统隐藏：打印对象时消除隐藏线，不考虑其在屏幕上的显示方式。

4）渲染：按渲染的方式打印对象，不考虑其在屏幕上的显示方式。

另外，可以打印一些三维图形。由于本书未涉及三维操作，所以不再赘述。

（2）质量：指定着色和渲染视口的打印分辨率，如图 12-8 所示。

可从下列选项中选择：

1）草稿：将渲染和着色模型空间视图设置为线框打印。

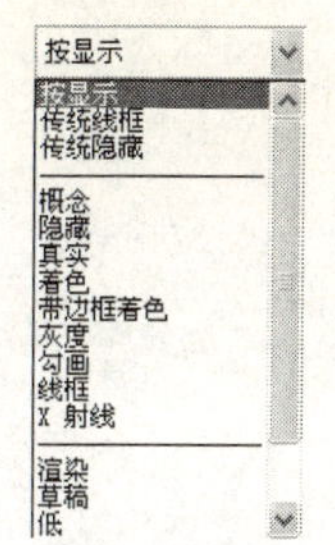

图 12-7　着色打印选项

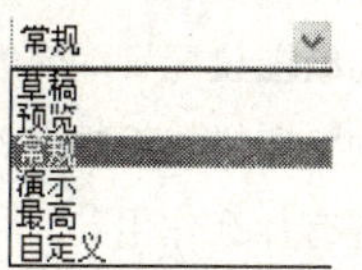

图 12-8　质量选项

2）预览：将渲染和着色模型空间视图的打印分辨率设置为当前设备分辨率的四分之一，DPI 最大值为 150。

3）常规：将渲染和着色模型空间视图的打印分辨率设置为当前设备分辨率的二分之一，DPI 最大值为 300。

4）演示：将渲染和着色模型空间视图的打印分辨率设置为当前设备的分辨率，DPI 最大值为 600。

5）最高：将渲染和着色模型空间视图的打印分辨率设置为当前设备分辨率，无最大值。

6）自定义：将渲染和着色模型空间视图的打印分辨率设置为 DPI 框中用户指定的分辨率，最大可为当前设备的分辨率。

（3）DPI：指定渲染和着色视图每英寸的点数，最大可为当前打印设备分辨率的最大值。

着色打印类型的设置仅在从“模型”选项卡打印时才可用。要控制“布局”选项卡上视口的着色打印设置，可在创建视口时使用-VPORTS 命令的“着色打印”选项。

4．保存页面设置

在“页面设置”选项组中单击“添加”按钮，系统弹出如图 12-9 所示的对话框，在其中设置页面设置名称并确定后，可以在“页面设置管理器”对话框中打开并编辑。

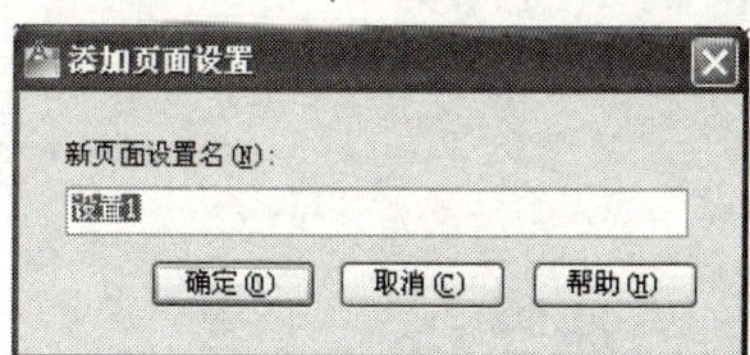

图 12-9　“添加页面设置”对话框

设置完成后，单击“确定”按钮开始打印。

思考题

1．AutoCAD 可以使用哪些类型的打印机？

2. 打印样式的作用是什么？
3. 如何设置打印样式？改变打印样式会有什么影响？
4. 改变打印样式会有什么影响？
5. 如何启动绘图仪配置编辑器？
6. 如何启动打印样式编辑器？
7. 页面设置有什么作用？
8. 可以使用哪些参数进行页面设置？
9. 打印预览有什么作用？

附录　部分习题参考答案

第 1 章

一、选择题

1．AC　2．B　3．B　4．C　5．C

二、填空题

1．标题栏　菜单栏　功能区　绘图区　状态栏　命令行　光标　选项板　工具栏
2．QUIT　EXIT
3．计算机辅助绘图与设计
4．Ctrl+Tab
5．模型　布局

第 2 章

一、选择题

1．C　2．CD　3．C　4．A　5．ACD　6．B　7．B
8．B　9．A　10．D　11．D　12．C　13．ABE　14．AC
15．ABCD　16．ACD　17．BD　18．A　19．D

二、填空题

1．世界坐标系　用户坐标系　世界坐标系
2．Continuous　中心线
3．开　冻结　锁定　颜色　线型
4．A0　A1　A2　A3　A4
5．297×210　420×297
6．0
7．极轴追踪　对象追踪
8．极轴角　草图设置

三、判断题

1．√　2．×　3．×　4．√　5．×　6．×
7．×　8．√　9．√　10．√　11．√　12．√

第3章

一、选择题

1. B　2. A　3. C　4. C　5. A　6. B　7. B
8. C　9. B　10. B　11. B　12. D　13. A　14. C
15. B　16. B　17. BD　18. A　19. D

二、填空题

1. 上　右
2. RECTANG　EXTEND
3. 3　1024
4. 6　6

三、判断题

1. √　2. ×　3. √　4. √

第4章

一、选择题

1. ABCD　2. C　3. ABC　4. A　5. A　6. A　7. C

二、填空题

1. 角度　距离
2. COPY
3. LIST
4. 加　减
5. 特性匹配

三、判断题

1. ×　2. ×　3. √　4. √　5. ×　6. ×　7. ×　8. √

第5章

一、选择题

1. A　2. D　3. D　4. AD　5. B　6. D　7. B　8. D

9．D　10．C　11．C　12．C　13．B　14．A　15．B　16．D
17．B　18．BCD　19．CD　20．C　21．A　22．B　23．D　24．D

二、填空题

1．剪切边　被修剪对象
2．上　右
3．矩形阵列　环形阵列
4．绕指定轴翻转对象，创建其对称对象
5．不变　拉伸　移动

三、判断题

1．×　2．√　3．×　4．×　5．×　6．√　7．√

第6章

一、选择题

1．D　2．C

二、判断题

1．×　2．√　3．√

第8章

一、选择题

1．C　2．B　3．A　4．B　5．C　6．C

二、填空题

1．尺寸界线　尺寸线　尺寸文字　箭头
2．线性　直径　角度　弧长　引线　坐标
3．基线　连续
4．指定标注文字的高度

三、判断题

1．√　2．×　3．×　4．×

第9章

一、填空题

1．TEXT　MTEXT

2．设置字符间距
3．%%D

二、判断题

1．× 2．× 3．× 4．× 5．×

第 10 章

一、填空题

1．D 2．B 3．C 4．A 5．A

二、填空题

1．BLOCK WBLOCK
2．名称 对象 基点
3．块

三、判断题

1．× 2．×

参考文献

[1] 孙江宏．AutoCAD 2010 实用教程．北京：中国水利水电出版社，2010.

[2] 孙江宏．AutoCAD 2010 实验指导．北京：中国水利水电出版社，2010.

[3] 孙江宏．AutoCAD 2009 实用教程．北京：中国水利水电出版社，2009.

[4] 孙江宏．AutoCAD 2009 实验指导．北京：中国水利水电出版社，2009.

[5] 秦少军等．AutoCAD 2007 基础篇．北京：化学工业出版社，2007.

[6] 宋小春．AutoCAD 2006 实用教程．北京：中国水利水电出版社，2006.

[7] 宋小春．AutoCAD 2006 实验指导．北京：中国水利水电出版社，2006.

[8] 孙江宏．实用 AutoCAD 2004 中文版学习教程．北京：高等教育出版社，2003.

[9] 孙江宏．中文 AutoCAD 2000 应用培训教程．北京：高等教育出版社，2000.

[10] 孙江宏．AutoCAD 2000 典型建筑应用．北京：机械工业出版社，2000.

[11] Autodesk 公司编著．AutoCAD 2004 培训教程．孙江宏等译．北京：清华大学出版社，2004.

[12] 赵文新，陈凤歧．AutoCAD 2002 完全使用手册．北京：科学出版社，2001.

[13] 赵国增．计算机辅助绘图与设计——AutoCAD 2000 上机指导．北京：机械工业出版社，2001.

[14] 康博创作室．AutoCAD 2000 中文版使用速成．北京：清华大学出版社，1999.

[15] 康博创作室．中文版 AutoCAD 2000 实用教程．北京：人民邮电出版社，1999.

[16] 赵腾任．AutoCAD 2000 中文版应用短期培训教程．北京：北京工业大学出版社，2000.

[17] 林龙震．AutoCAD 2000/2000i/2002 二维绘图基础教程．北京：科学出版社，2002.

[18] 林龙震．AutoCAD 2000/2000i/2002 三维绘图基础教程．北京：科学出版社，2002.

[19] 门槛创作室．AutoCAD R14 创作效果百例．北京：机械工业出版社，1999.

[20] [美]James E.Fuller．AutoCAD R13 for Windows 使用教程．康博创作室译．北京：中国水利水电出版社，1997.

21世纪高职高专教学做一体化规划教材

按照教育部2006年16号文件对高职高专的新要求，以服务为宗旨，以就业为导向，融
、学、做”为一体，着重培养学生职业能力。

问题导入　　案例驱动　　理论够用　　突出实践

21世纪 中等职业教育规划教材

动漫游戏设计系列教程

美术基础+项目创意+程序设计+产品实训

高职高专新概念规划教材

本套教材已出版百余种，发行量均达万册以上，深受广大师生和读者好评，近期根据作者自身教学体会以及各学校的使用建议，大部分教材已推出第二版，新版教材对原书内容进行了重新审核与更新，使其更能跟上计算机科学的发展、跟上高职高专教学改革的要求。

本套教材特色：

(1) 以《基本要求》和培养为编写依据，内容全面，结构合理，文字简练

(2) 采用"问题（任务）驱动"的编写方式，便于激发学习兴趣

(3) 精选实例并将知识点融于实例中，可读性、可操作性和实用性强

(4) 配有上机指导与实训教程，便于学生练习提高

高职高专创新精品规划教材

引进高新技术，复合技术，培养创新精神和能力，教学资源丰富，满足教学一线的需求。

"教、学、做"一体化，强化能力培养

"工学结合"原则，提高社会实践能力

"案例教学"方法，增强可读性和可操作性

高职高专规划教材

软件职业技术学院"十一五"规划教材

本套丛书特点：

(1) 以实际工程项目为引导来说明各知识点，使学生学为所用。

(2) 突出实习实训，重在培养学生的专业能力和实践能力。

(3) 内容衔接合理，采用项目驱动的编写方式，完全按项目运作所需的知识体系设置结构。

(4) 配套齐全，不仅包括教学用书，还包括实习实训材料、教学课件等，使用方便。

电脑美术与艺术设计实例教程丛书

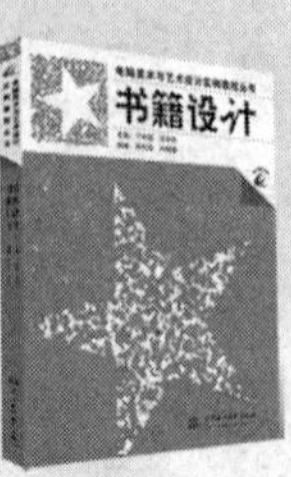